Alle de Brieven
van
Antoni van
Leeuwenhoek

De volledige werken van Van Leeuwenhoek, uitgegeven en toegelicht
onder de auspiciën van de Leeuwenhoek-Commissie
van het Huygens Instituut
der Koninklijke Nederlandse Akademie van Wetenschappen

Deel XVII (1712-1716)
Geredigeerd door Lodewijk C. Palm, Huib J. Zuidervaart,
Douglas Anderson & Elisabeth (Lizzy) W. Entjes

TAYLOR & FRANCIS - LONDON
2018

The Collected Letters of Antoni van Leeuwenhoek

The complete works of Van Leeuwenhoek, issued and annotated
under the auspices of the Leeuwenhoek Commission
of the Huygens Institute
of the Royal Netherlands Academy of Arts and Sciences

Volume XVII (1712-1716)
Edited by: Lodewijk C. Palm, Huib J. Zuidervaart,
Douglas Anderson & Elisabeth (Lizzy) W. Entjes

TAYLOR & FRANCIS - LONDON
2018

Deze uitgave is tot stand gekomen met steun van / The publication of this book was possible through financial assistance of:

Het Huygens Instituut voor Nederlandse Geschiedenis – KNAW,
De Louise Thijssen-Schoute Stichting,
De Stichting Professor van Winter Fonds,
De Stichting dr. Hendrik Muller's Vaderlandsch Fonds.

CRC Press/Balkema is an imprint of the Taylor & Francis Group, an informa business

© 2018 Taylor & Francis Group, Londen, UK

Printed and Bound in The Netherlands by PrintSupport4U, Steenwijk

All rights reserved. No part of this publication or the information contained herein may be reproduced, stored in a retrieval systeem, of transmitted in any form or by any means, electronic, mechanical, by photocopying, recording or otherwise, without written prior permission form the publisher.
Although all care is taken to ensure integrity and the quality of this publication and the information herein, no responsibility is assumed by the publishers nor the author for any damage to the property or persons as a result of operation or use of this publication and/or the information contained herein.

Libary of Congress Control Number: 2014935308

Published by: CRC Press/Balkema
Schipholweg 107C, 2316 XC Leiden, The Netherlands
e-mail: Pub.NL@taylorandfrancis.com
www.crcpress.com – www.taylorandfrancis.com

ISBN: 978-0-415-58642-9 (Hbk)
ISBN: 978-0-203-09340-5 (eBook)

HUBERT KORNELISZOON POOT
(1689-1733)
Ets en gravure van Philippus Velijn, naar een schilderij van
Thomas van der Wilt
Van der Wilt schreef verschillende lofredenen over Leeuwenhoek, en zijn grafschrift. Daarnaast was hij waarschijnlijk verantwoordelijk voor een deel van Leeuwenhoek's illustraties.

HUBERT KORNELISZOON POOT
(1689-1733)
Etching and engraving by Philippus Velijn, based on a painting by
Thomas van der Wilt
Van der Wilt wrote several eulogies about Leeuwenhoek, and his epitaph.
He probably drew some of Leeuwenhoek's illustrations.
(Rijksmuseum Amsterdam)

Voorwoord voor Deel XVII
Preface to Volume XVII

VOORWOORD

Het idee voor een wetenschappelijk verantwoorde uitgave van de bewaard gebleven correspondentie van Antoni van Leeuwenhoek is opgekomen naar aanleiding van de herdenking van zijn 200-ste sterfdag in 1923[1]. Uiteindelijk is het project in 1931 tijdens de voorbereidingen van het derde eeuwfeest van Van Leeuwenhoeks geboorte gestart, waarna het eerste deel in 1939 is verschenen. Toen werd dat deel 'uitgegeven, geïllustreerd en van aantekeningen voorzien door een commissie van Nederlandse geleerden'. Formeel was deze werkgroep een commissie van de Koninklijke Nederlandse Akademie van Wetenschappen. De kern ervan werd gevormd door de hoogleraar Gerard A. van Rijnberk (die als voorzitter van de Leeuwenhoek-commissie het voorwoord van de delen 1 t/m 4 ondertekende) en Gerard C. Heringa, hoogleraar in de histologie aan de Universiteit van Amsterdam, die als inhoudelijk eindredacteur optrad, daarbij gesteund door de expertise van een groot aantal deskundigen.

Na Van Rijnberks overlijden in 1953 is het project voortgezet door de inmiddels vernieuwde Leeuwenhoekcommissie, onder geregeld wisselende leiding. De voorzittershamer is in de loop van jaren gehanteerd geweest door achtereenvolgens de hoogleraren Willem Kouwenaar [1952-1954], Albert J. Kluyver [1954-1956], Henri W. Julius [1956-1971], Marinus A. Donk [1972], Gerrit A. Lindeboom [1972-1981], Frans A. Stafleu [1981-1991] en Harry A.M. Snelders [1991-2000].

Het Leeuwenhoek-project, dat vanaf het allereerste begin een initiatief was van de Koninklijke Nederlandse Akademie van Wetenschappen, is in 1994 ook effectief bij een instituut van de KNAW ondergebracht. Dit 'Constantijn Huygens Instituut voor tekstedities en intellectuele geschiedenis' te Den Haag is inmiddels opgegaan in het 'Huygens Instituut voor Nederlandse Geschiedenis' te Amsterdam. De Leeuwenhoek-Commissie functioneerde aanvankelijk als projectcommissie binnen dit instituut. Inmiddels is de verantwoordelijkheid voor de uitgave echter volledig overgegaan op het Huygens ING.

Zoals boven vermeld zijn de eerste twee delen van *Alle de Brieven* uitgegeven onder redactie van Gerard C. Heringa. Na diens aftreden in 1942 was de eindredactie achtereenvolgens in handen van Abraham Schierbeek, privaatdocent aan de Leidse universiteit (dl. 3 t/m 5 – 1948 t/m 1957); J.J. Swart, verbonden aan het toenmalige Biohistorisch Instituut van de Universiteit Utrecht (dl. 6 t/m 8 – 1961 t/m 1967) en Johannes Heniger, eveneens werkzaam bij het Utrechtse Biohistorisch

---

[1] A. Schierbeek, "The collected letters of A. van Leeuwenhoek, an appeal to the scientific World", *Antonie van Leeuwenhoek* 19 (1953) 181-188; M. Fournier, "Zo Leeuwenhoek, zo Leeuwenhoek-commissie", *Tijdschrift voor de Geschiedenis der Geneeskunde, Natuurwetenschappen Wiskunde en Techniek* 13:4 (1990), pp. 265-271; Lodewijk C. Palm, "The Edition of Leeuwenhoek's Letters: Changing Demands, Changing Policies", *Text* 17 (2005), pp. 265-276.

PREFACE

The idea of a scientifically sound edition of the surviving correspondence of Antoni van Leeuwenhoek emerged following the commemoration of the 200th anniversary of his death in 1923[1]. The project began in 1931 during the preparations for the third centenary of Leeuwenhoek's birth, after which the first volume was published in 1939. That volume was "edited, illustrated and annotated by a committee of Dutch scholars". Formally, this working group was a committee of the Royal Netherlands Academy of Sciences (KNAW). The core of it was formed by Professor Gerard A. van Rijnberk (who, as chairman of the Leeuwenhoek Commission signed the preface of volumes 1 through 4) and Gerard C. Heringa, professor of histology at the University of Amsterdam, who served as content editor, backed by the expertise of a large number of specialists.

After Van Rijnberk's death in 1953, the project was continued by the now renewed Leeuwenhoek Commission, with regularly changing leadership. The gavel has over the years been wielded by successors professors William Kouwenaar [1952-1954], Albert J. Kluyver [1954-1956], Henry W. Julius [1956-1971], Marinus A. Donk [1972], Gerrit A. Lindeboom [1972-1981], French A. Stafleu [1981-1991] and Harry A.M. Snelders [1991-2000].

The Leeuwenhoek project, from the very beginning an initiative of the Royal Netherlands Academy of Sciences, was effectively housed at an institute of the KNAW in 1994. This "Constantijn Huygens Institute for text editions and intellectual history" in The Hague has since been absorbed into the Huygens Institute for the History of the Netherlands (Huygens ING) in Amsterdam. The Leeuwenhoek Commission functioned initially as a project committee within the institute. Meanwhile, however, the responsibility for the edition has been fully transferred to the Huygens ING.

As mentioned above, the first two volumes of *The Collected Letters* were published under the editorship of Gerard C. Heringa. After his resignation in 1942, the final editing was successively in the hands of Abraham Schierbeek, private lecturer at the University of Leiden (vol. 3 to 5 - 1948 to 1957); J.J. Swart, attached to the then Biohistorical Institute of Utrecht University (vol. 6 to 8 - 1961 to 1967); and Johannes Heniger, also working at the Utrecht Biohistorical Institute (vol. 9 - 1976). After that, until 2016, the editing of *The Collected Letters* was carefully tended by Lodewijk C. Palm, who performed this work in addition to his job as a lecturer

---

[1] A. Schierbeek, "The collected letters of A. van Leeuwenhoek, an appeal to the scientific World", *Antonie van Leeuwenhoek* 19 (1953) 181-188; M. Fournier, "Zo Leeuwenhoek, zo Leeuwenhoek-commissie", *Tijdschrift voor de Geschiedenis der Geneeskunde, Natuurwetenschappen Wiskunde en Techniek* 13:4 (1990), pp. 265-271; Lodewijk C. Palm, "The Edition of Leeuwenhoek's Letters: Changing Demands, Changing Policies", *Text* 17 (2005), pp. 265-276

Instituut (dl. 9 – 1976). Daarna is tot 2016 de redactie van *Alle de Brieven* verzorgd door Lodewijk C. Palm, die deze werkzaamheden verrichtte naast zijn functie als universitair docent aan het Instituut voor Geschiedenis [later ook 'en Grondslagen'] van de Natuurwetenschappen van de Universiteit Utrecht. Van 1994 tot 2009 was hij bovendien verbonden aan het Huygens Instituut van de KNAW. Onder Palm's verantwoordelijkheid zijn in deze periode zijn zes volumes (de delen 10 t/m 16 – 1979 t/m 2014) verschenen. Ook dit zeventiende deel is nog grotendeels door Palm samengesteld. Na zijn pensionering is de zorg voor het project medio 2016 overgedragen aan de ondergetekenden, een en ander nog steeds onder auspiciën van het 'Huygens Instituut voor Nederlandse Geschiedenis' te Amsterdam.

Vele anderen hebben bijgedragen tot de inhoud van dit deel. De hulp van wijlen de hoogleraar Boudewijn C. Damsteegt (1915-2003) verdient hier bijzondere erkenning; hij heeft de transcriptie van de brieven voor zijn rekening genomen en de tekst waar nodig van taalkundige aantekeningen voorzien; ook op andere manieren is hij behulpzaam geweest. De wetenschappelijke annotaties zijn, voor zover niet taalkundig van aard, alle van de hand van Lodewijk Palm. De Engelse vertaling van de brieven is van de hand van wijlen mevr. Elze Kegel-Brinkgreve (1923-2002), op plaatsen aangevuld of verbeterd door Douglas Anderson.

Wat betreft de kwaliteit van Van Leeuwenhoeks proza gaat zijn leeftijd steeds meer een rol spelen (in 1712 werd hij tachtig jaar oud): veel vaker dan in vorige uitgaven is de tekst van de gedrukte uitgave A een verbetering ten opzichte van die van het manuscript. In de vertaling van de brieven is meestal die verbeterde tekst gevolgd. Alleen in heel opvallende gevallen is dit in de Engelse vertaling geannoteerd.

Op verschillende manieren hebben ook Coenraad M. Ballintijn, Rob H. van Gent, Albert van Helden, mw. Conny Klützow, Ad Leerintveld, Mart J. van Lieburg, E. Quak en Geert P.W. Vanpaemel bijgedragen aan de totstandkoming van deze uitgave, waarvoor dank.

Verschillende bibliotheken en archieven hebben toestemming gegeven voor de publicatie van de in hun bezit zijnde brieven. Dank hiervoor gaat in het bijzonder uit naar de Royal Society waarvan de medewerkers op verschillende manieren van dienst zijn geweest.

In dit deel 17 van *Alle de Brieven van Antoni van Leeuwenhoek* zijn 33 brieven opgenomen, alle geschreven in de periode november 1712 tot en met mei 1716. De brieven werden aan tien verschillende adressanten geschreven. Zeven aan de Hollandse raadpensionaris Anthonie Heinsius (295, 296 [I], 297 [II], 301 [VI], 303 [VIII], 312 en 321), zes aan de Royal Society (302 [VII], 306 [X], 307 [XI], 308 [XII], 310 [XIV] en 311 [XV]), vijf aan de Hannoverse bibliothecaris, wiskundige en natuurfilosoof Gottfried Wilhelm Leibniz (317 [XVIII], 319, 320 [XIX], 321 [XX] en 326 [XXIII]), drie aan de Leuvense hoogleraar Antoni Cink (305 [IX], 314 [XVI] en 315 [XVII]), twee aan elk van beide Delftse magistraten Adriaen van Assendelft (300 [V] en 309 [XIII]) en Jan Meerman (298 [III] en 299 [IV]), en telkens een aan Hans Sloane (304), de dichter Hubert Kornelisz Poot (324 [XXI]), de advocaat Gerard van Loon (325 [XXII]) en de Delftse magistraat Cornelis Spiering (327 [XXIV]).

at the Institute of History [later "and Foundations"] of Science of Utrecht University. From 1994 to 2009 Palm was also associated with the Huygens Institute of the KNAW. Under Palm's responsibility, six volumes appeared in this period (vol. 10 to 16 - 1979 to 2014). Also this seventeenth volume was largely put together by Palm. After his retirement, care for the project transferred to the undersigned in the middle of 2016, all new editors still working under the auspices of the Huygens Institute for the History of the Netherlands in Amsterdam.

Many others have contributed to the contents of this volume. The help of the late Professor Boudewijn C. Damsteegt (1915-2003) deserves special recognition here; he made the transcriptions of the letters and provided the text, where necessary, with linguistic notes; he has also been helpful in other ways. The scientific annotations are, if not linguistic in nature, all the work of Lodewijk Palm. The English translation of the letters is from the hand of the late Mrs. Elze Kegel-Brinkgreve (1923-2002), supplemented in places or improved by Douglas Anderson.

With regard to Leeuwenhoek's prose quality, his age increasingly plays a role (in 1712 he was eighty years old): more often than in previous editions, the text of the print edition A is an improvement over that of the manuscript. In the translation of the letters, the improved text has usually been followed. Only in very conspicuous cases is this annotated in the English translation.

In different ways, Coenraad M. Ballintijn, Rob H. van Gent, Albert van Helden, Mrs. Conny Klützow, Ad Leerintveld, Mart J. van Lieburg, E. Quak and Geert P.W. Vanpaemel have also contributed to the creation of this publication, for which we thank them here.

Several libraries and archives have given permission to publish the letters in their possession. For this the Royal Society in particular should be thanked; the members of its staff have helped in various ways.

In volume 17 of *The Collected Letters of Antoni van Leeuwenhoek* 33 letters by or to Van Leeuwenhoek have been included, all of them written in the period from November 1712 up to and including May 1716. The letters were written to ten distinct addressees. Seven to Anthonie Heinsius, Grand Pensionary of Holland (295, 296 [I], 297 [II], 301 [VI], 303 [VIII], 312 and 321, six to the Royal Society (302 [VII], 306 [X], 307 [XI], 308 [XII], 310 [XIV] and 311 [XV]), five to the Hanoverian librarian, mathematician and natural philosopher Gottfried Wilhelm Leibniz (317 [XVIII], 319, 320 [XIX], 319 [XX] and 326 [XXIII]), three to the Louvain professor Antoni Cink (305 [IX], 314 [XVI] and 315 [XVII]), two to each of the Delft magistrates Adriaen van Assendelft (300 [V] and 309 [XIII]) and Jan Meerman (298 [III] and 299 [IV]), and in each case one to Hans Sloane (304), the poet Hubert Kornelisz Poot (324 [XXI]), the lawyer Gerard van Loon (325 [XXII]) and the Delft magistrate Cornelis Spiering (327 [XXIV]). A few letters to Leeuwenhoek are also included. One by Heinsius (313) and three by Leibniz (316, 318 en 323).

Alle brieven met een rangnummer in Romeinse cijfers werden contemporain gepubliceerd in een Nederlandse en een Latijnse uitgave (resp. de *Send-Brieven* van 1718 en de *Epistolae Physiologicae* van 1719); zij werden bovendien alle samengevat en van commentaar voorzien door Nicolaas Hartsoeker in zijn *Extrait Critique des Lettres de feu M Leeuwenhoek* van 1730. Samuel Hoole geeft in zijn *Select Works* (1798-1807) gedeeltelijke vertalingen uit de brieven 299 [IV], 300 [V], 305 [IX] en 327 [XXIV]. De brieven 304, 319 en 321 zijn niet eerder gepubliceerd. Het is opvallend dat van de zes naar de Royal Society gestuurde brieven er slechts twee (296 [I] en 302 [VII]) in de *Philosophical Transactions* werden gepubliceerd (beide door bemiddeling van Sloane). Dit heeft te maken met het aantreden van Edmond Halley als secretaris (1713-1721) en uitgever (1714-1719) van de Royal Society en haar *Transactions*. Halley was niet geïnteresseerd in Van Leeuwenhoeks werk. In Halleys eerdere periode als uitgever (1686-1693) verscheen geen enkele brief van Van Leeuwenhoek in de *Transactions*. Brief 311 [XV] van 20 november 1714 was om die reden voorlopig de laatste die Van Leeuwenhoek aan de Royal Society zou schrijven. Pas met het aantreden van Halleys opvolger James Jurin kon het contact met de Royal Society hersteld worden. Deze omstandigheid zorgde ervoor dat Van Leeuwenhoek zijn recente brieven in 1718 en 1719 in druk liet verschijnen (zie Brief 317 [XVIII]). De eerstvolgende in de *Philosophical Transactions* gepubliceerde brief is Brief 347 van 9 januari 1720 (*Alle de Brieven*, dl. 19). De *Transactions* werden overigens wel nog steeds naar hem gestuurd; hij bedankt hiervoor in twee brieven (306 [X] en 307 [XI]).

In dit deel noemt Van Leeuwenhoek relatief veel namen van anderen, soms met waardering, soms afwijzend. Hij is dankbaar voor de lofdichten van Poot (324 [XXI]) en voor Leibniz' instemming met zijn theorie van de voortplanting (322 [XX]); ook vermeldt hij in dit verband met enige trots de instemming van Herman Boerhaave. Op Leibniz' verzoek om een onderzoeksschool op te richten, zodat zijn vaardigheden niet verloren zouden gaan, reageert Van Leeuwenhoek afwijzend (317 [XVIII]). De ideeën van Athanasius Kircher (o.a. spontane generatie) worden door hem afgewezen (305 [X]) en met Nicolaas Hartsoeker heeft hij ruzie (317 [XVIII]). Voorts vermeldt hij dat hij uit een familie van bierbrouwers stamt (325 [XXII]).

In dit deel worden geen mineralogische onderwerpen besproken. Onderzoekingen op botanisch terrein zijn: de zetmeelkorrels van verschillende planten (298 [III]), de kiemplant van een appel en een kokosnoot (idem); de gelede opbouw van riet, stro en enkele bomen (300 [V]); de klierharen van salie (305 [IX]); vaten en de kiemplant van peren (320 [XIX]); spriraalvaten in theebladeren (idem); zaden van de maagdenpalm (324 [XXI]); en olie uit hopbellen (325 [XXII]).

In dit deel worden veel brieven gepubliceerd waarin Leeuwenhoek over spiervezels en pezen schrijft. Het gaat om de Brieven 296 [I] (walvis), 297 [II] (gamaal, kabeljauw, spiering, bot, baars), 301 [VI] (koe, schaap, varken), 303 [VIII] (kreeft, krab), 306 [X] (aankondiging verder onderzoek), 307 [XI] (koe, muis, bij, vlieg, vlo, mier, walvis), 308 [XII] (mug vlieg, gouden tor, langpootmug, bij, koe), 309 [XIII] (werking), 310 [XIV] (os, muis, haas), 311 [XV] (muis, bunzing), 314

All letters with a Roman number were published contemporaneously in a Dutch and a Latin edition (the *Send-Brieven* of 1718 and the *Epistolae Physiologicae* of 1719 respectively); they were excerpted and commented upon by Nicolaas Hartsoeker in his *Extrait Critique des Lettres de feu M Leeuwenhoek* (1730). In his *Select Works* (1798-1807), Samuel Hoole published partial translations of Letters 299 [IV], 300 [V], 305 [IX] and 327 [XXIV]. Letters 304, 319 and 321 have not been published before. Remarkably, the Royal Society published in their *Philosophical Transactions* only two of the six letters they received (296 [I] and 302 [VII], both through the agency of Sloane). This had to do with the appointment of Edmond Halley as the Society's secretary (1713-1721) and editor of its *Transactions* (1714-1719). Halley was not interested in Leeuwenhoek's work. During Halley's earlier period as editor (1686-1693) not one letter of Leeuwenhoek was published in the *Transactions*. For that reason Letter 311 [XV] of 20 November 1714 was for the time being the last letter Leeuwenhoek would write to the Royal Society. Only upon the appointment of Halley's successor, James Jurin, could contact with the Royal Society be restored. This situation caused Leeuwenhoek to publish his recent letters in the editions of 1718 and 1719 (see Letter 317 [XVIII]). The *Transactions* were still sent to Leeuwenhoek anyway; he expressed his gratitude twice (in Letters 306 [X] and 307 [XI]).

In this volume Leeuwenhoek mentions comparatively many names of other people, sometimes with approval, sometimes unfavourably. He is grateful for the panegyrics by Poot (324 [XXI]), and for Leibniz's endorsement of his theory of generation (322 [XX]); in this respect he also mentions with some pride Herman Boerhaave's endorsement. Leeuwenhoek reacts dismissively to Leibniz' request to start a research school so that his expertise would not be lost (317 [XVIII]). He rejects Athanasius Kircher's ideas (for instance, spontaneous generation; 305 [X]), and he quarrels with Nicolaas Hartsoeker (317 [XVIII]). Furthermore he mentions that he descends from a family of beer brewers (321 [XXII]).

In this volume no discussion of mineralogical subjects is to be found. Botanical researches deal with the following subjects: starch grains from various plants (298 [III]), embryos of an apple and a coconut (idem); the articulated construction of reed, straw and a few trees (300 [V]); glandular hairs of sage (305 [IX]); vessels and the embryos of pears (319 [XIX]); spiral vessels in tea leaves (idem); seeds of the periwinkle (324 [XXI]); and oil from hops (325 [XXII]).

In this volume many letters are published in which Leeuwenhoek writes about muscle fibres and tendons. This includes Letters 296 [I] (whale), 297 [II] (shrimp, cod, smelt, flounder, perch), 301 [VI] (cow, sheep, pig), 303 [VIII] (lobster, crab), 306 [X] (announcement of further research), 307 [XI] (cow, mouse, bee, fly, flea, ant, whale), 308 [XII] (mosquito, fly, rose chafer, crane fly, bee, cow), 309 [XIII] (functioning), 310 [XIV] (ox, mouse, hare), 311 [XV] (mouse, polecat), 314 [XVI] (mouse, spiral model), 315 [XVII] (action), 317 [XVIII] (functioning), 322 [XX] (research question) and 326 [XXIII] (membranes).

[XVI] (muis, spiraalmodel), 315 [XVII] (werking), 317 [XVIII] (werking), 322 [XX] (onderzoeksvraag) en 326 [XXIII] (membranen).

Andere zoölogische onderwerpen zijn: het oog, hoornvlies en de ooglens van een walvis (299 [IV]); haren van verschillende dieren (300 [V]); veren van een papegaai en een zwaan (idem); raderdiertjes en hun velum (302 [VII]); kreeftsogen en de schaal van kreeften en krabben (303 [VIII]); vermeende holtes in zenuwen (315 [XVII] en 317 [XVIII]); spermatozoa van vissen (317 [XVIII] en 322 [XX]); de werking van het hart (322 [XX]); het aantal jongen bij verschillende diersoorten (idem); het ontstaan en de grootte van micro-organismen (324 [XXI]); de voortplanting (322 [XXIII]), met name die van vissen (327 [XXIV]); en de schubben van een karper en hun rol in de leeftijdsbepaling (327 [XXIV]).
Over zijn eigen baardhaar schrijft Van Leeuwenhoek in Brief 300 [V] en over de oorsprong van micro-organismen in zijn eigen mond, tenslotte, in Brief 302 [VII].

Amsterdam, 1 januari 2018

Lodewijk Palm, Huib Zuidervaart, Douglas Anderson & Lizzy Entjes
Huygens ING (KNAW)

Other zoological topics are: the eye, cornea and lens of a whale (299 [IV]); hairs from various animals (300 [V]); feathers from a parrot and a swan (idem); rotifers and their velum (302 [VII]); crabs' eyes and the shell of lobsters and crabs (303 [VIII]); supposed hollows in nerves (315 [XVII] and 317 [XVIII]); spermatozoa of fishes (317 [XVIII] and 322 [XX]); the functioning of the heart (322 [XX]); the number of young in case of various types of animals (idem); the generation and size of micro-organisms (324 [XXI]); generation (326 (XXIII]), especially of fishes (327 (XXIV]); and the scales of a carp and their role in age determination (327 [XXIV]). Leeuwenhoek writes about hair from his own beard in Letter 300 [V] and about the origin of the micro-organisms in his mouth, finally, in Letter 302 [VII].

Amsterdam, 1 January 2018

Lodewijk Palm, Huib Zuidervaart, Douglas Anderson & Lizzy Entjes
Huygens ING (KNAW)

Brieven 295-327.
Letters 295-327.

BRIEF No. 295   8 NOVEMBER 1712

Gericht aan: ANTHONIE HEINSIUS.

Manuscript: Eigenhandige, ondertekende brief. Het manuscript bevindt zich te
                      's-Gravenhage, Nationaal Archief, Archief Anthonie Heinsius, toegangsnr.
                      3.01.19, inv.nr. 1712; 1 kwartobladzijde.

GEPUBLICEERD IN:

A.J. VEENENDAAL JR & C. HOGENKAMP (red.), *De Briefwisseling van Anthoni Heinsius*, 1702-1720, deel 14 (Den Haag, 1995), p. 208, no. 325.

SAMENVATTING:

Aanbiedingsbrief bij Brief 296 [I] van 8 november 1712, in dit deel.

LETTER No. 295   8 NOVEMBER 1712

Addressed to: ANTHONIE HEINSIUS.

Manuscript: Signed autograph letter. The manuscript is to be found in The Hague, Nationaal Archief, Archief Anthonie Heinsius, toegangsnr. 3.01.19, inv.nr. 1712; 1 quarto page.

PUBLISHED IN.

A.J. VEENENDAAL JR & C. HOGENKAMP (ed.), *De Briefwisseling van Anthoni Heinsius*, 1702-1720, vol. 14 (Den Haag, 1995), p. 208, no. 325.

SUMMARY:

Accompanying letter to Letter 296 [I] of 8 November 1712, in this volume.

BRIEF No. 295   8 NOVEMBER 1712

Delft den 8ᵉ Novmb. 1712

d'Heer Mʳ Antoni Heinsius[1]

Wel Edele gestrenge Heere.

Hier nevens gaan weder eenige van mijn waarneminge, in de welke ik wil hoopen, dat ijets sal wesen waar in[2] sijn Wel Edele gestrenge Heere sal behagen; dit mijn[3] en soude ik niet derven bestaan, ten ware ik versekert was, dat[4] in desselfs hoogwigtige besigheden, nog wel soo veel tijd soude uijt vinden, om dese mijne tijd kortinge[5] te lesen; en ik sal na veel agtinge blijven[6].

Sijne Wel Edele gestrenge
Heere.

Alderonderdanigste dienaar
Antoni van Leeuwenhoek

---

[1] De brief is gericht aan ANTHONIE HEINSIUS (1641-1720), die van 1689-1720 Raadpensionaris van Holland was. Zie het Biogr. Reg, *Alle de Brieven*, Dl. 3, blz. 484. L.'s vorige brief aan HEINSIUS is Brief 291 van 29 december 1711, *idem*, Dl. 16, blz. 340-358.
[2] *waar in*, lees: dat (contaminatie van behagen scheppen in en iemand behagen).
[3] L. heeft het hierna geconcipieerde zelfstandig naamwoord vergeten; waarschijnlijk bedoelde hij dit mijn schrijven.
[4] *versekert*, er seker van; na dat is het onderwerp (sijn Wel Edele gestrenge Heere) weggelaten.
[5] *dese mijne tijd kortinge*, deze als prettig tijdverdrijf geschreven brief van mij.
[6] L.'s volgende brief aan HEINSIUS is Brief 296 [I] van 8 november 1712, in dit deel.

LETTER No. 295 — 8 NOVEMBER 1712

Delft, the 8th of November 1712

To Mr Antoni Heinsius,[1]

Right Honourable Sir.

Enclosed with this are again some of my observations, in which I like to hope that something will be found which will please your Honour; I would not dare to write this letter if I were not certain that your Honour in the midst of your most important pursuits would still find sufficient time to read this letter of mine, written as a pleasurable pastime; and I shall remain, with many regards[2].

Right Honourable
Sir

Your most humble servant
Antoni van Leeuwenhoek

---

[1] The letter was addressed to ANTHONIE HEINSIUS (1641-1720), who was Grand Pensionary of Holland from 1689 until 1720. See the Biogr. Reg., *Collected Letters*, vol. 3, p. 485. L.'s previous letter to HEINSIUS is Letter 291 of 29 December 1711, *idem*, vol. 16, pp. 341-359.

[2] L.'s next letter to HEINSIUS is Letter 296 [I] of 8 November 1712, in the present volume.

BRIEF No. 296 [I] 8 NOVEMBER 1712

Gericht aan: ANTHONIE HEINSIUS.

Manuscript: Eigenhandige, ondertekende kopie van de brief. Het manuscript bevindt zich te Londen, Royal Society, MS 2099, Early Letters L.4.48; 6 kwartobladzijden.

GEPUBLICEERD IN:

Philosophical Transactions 29 (1714-1716), no. 339 (april, mei en juni 1714), blz. 55-58, 7 figuren. - Vrijwel volledige Engelse vertaling van de brief.
 A. VAN LEEUWENHOEK 1718: *Send-Brieven*, ..., blz. 1-8, 7 figuren (Delft: A. Beman). - Nederlandse tekst [A].
 A. À LEEUWENHOEK 1719: *Epistolae Physiologicae* ..., blz. 1-8, 7 figuren (Delphis: A. Beman). - Latijnse vertaling [C].
 N. HARTSOEKER 1730: *Extrait Critique des Lettres de feu M. Leeuwenhoek*, in *Cours de Physique* ..., blz. 58 (La Haye: J. Swart). - Frans excerpt.
 A.J.J. VANDEVELDE 1923: *De Send-Brieven van Antoni van Leeuwenhoek* ..., in *Versl. en Meded. Kon. Vlaamsche Acad.*, Jrg. 1923, blz. 357-358. - Nederlands excerpt.

SAMENVATTING:

Over de spiervezels van een walvis.

FIGUREN:

fig. I-VII.   De oorspronkelijke tekeningen zijn verloren gegaan. In de uitgaven A en C zijn de zeven figuren bijeengebracht op één plaat tegenover blz. 3 in beide uitgaven.

OPMERKINGEN:

 Blijkens het woord *Copie* in L.'s hand boven de brief hebben we te doen met een afschrift; het is door L. zelf geschreven. Deze kopie werd door L. op verzoek van HANS SLOANE op 12 oktober 1713 naar de Royal Society gestuurd. Zie Brief 304 van 12 oktober 1713, in dit deel. In de *Philosophical Transactions* is de brief gedateerd op 12 oktober 1713. Het exemplaar dat met de aanbiedingsbrief naar HEINSIUS gegaan moet zijn, is in het Heinsiusarchief van het Nationaal Archief niet aanwezig; de aanbiedingsbrief wel (Brief 295 van 8 november 1712, in dit deel).
 Een eigentijdse, Engelse vertaling van de brief bevindt zich in handschrift te Londen, Royal Society, MS 2103, Early Letters L.4.52; 5 foliobladzijden. De brief werd voorgelezen op de vergadering van de Royal Society van 4 februari 1713/14 O.S. (Royal Society, *Journal Book Original*, Dl. 11, blz. 407). *Oude Stijl* (O.S.) is de datering volgens de Juliaanse kalender, *Nieuwe Stijl* volgens de Gregoriaanse. De eerste was in de zeventiende eeuw 10 dagen achter bij de laatste. De Gregoriaanse kalender werd in Holland reeds op de overgang van 1582 naar 1583 ingevoerd, in Engeland echter pas in 1752, zodat na 1700 het verschil tussen beide kalenders 11 dagen bedroeg. Zie ook aant. 3 bij Brief 84 [45] van 30 maart 1685, *Alle de Brieven*, Dl. 5, blz. 140.

6

LETTER No. 296 [I]   8 NOVEMBER 1712

Addressed to: ANTHONIE HEINSIUS.

Manuscript: Signed autograph copy of the original letter. The manuscript is to be found in London, Royal Society, MS 2099, Early Letters L.4.48; 6 quarto pages.

PUBLISHED IN:

Philosophical Transactions 29 (1714-1716), no. 339 (April, May and June 1714), pp. 55-58, 7 figures. - Practically complete English translation of the letter.
     A. VAN LEEUWENHOEK 1718: *Send-Brieven,* ..., pp. 1-8, 7 figures (Delft: A. Beman). - Dutch text [A].
     A. À LEEUWENHOEK 1719: *Epistolae Physiologicae* ..., pp. 1-8, 7 figures (Delphis: A. Beman). - Latin translation [C].
     N. HARTSOEKER 1730: *Extrait Critique des Lettres de feu M. Leeuwenhoek*, in *Cours de Physique* ..., p. 58 (La Haye: J. Swart). - French excerpt.
     A.J.J. VANDEVELDE 1923: *De Send-Brieven van Antoni van Leeuwenhoek* ..., in *Versl. en Meded. Kon. Vlaamsche Acad.*, 1923, pp. 357-358. - Dutch excerpt.

SUMMARY:

On the muscle fibres of a whale.

FIGURES:

The original drawings have been lost. In the editions A and C the seven figures have been combined on a single plate facing p. 3 in both editions.   *figs I-VII.*

REMARKS:

     It is evident from the word *Copie* in L.'s own hand that the manuscript is a copy; it has been written by L. himself. The copy had been sent to the Royal Society by L. on 12 October 1713 at the request of HANS SLOANE. See Letter 304 of 12 October 1713, in this volume. In the *Philosophical Transactions* the present letter has been dated 12 October 1713. The letter that must have been sent to HEINSIUS together with the accompanying letter is lacking in the Heinsius archive of the Nationaal Archief; the accompanying letter is Letter 295 of 8 November 1712, in this volume.
     A contemporary English translation of the letter is to be found in manuscript in London, Royal Society, MS 2103, Early Letters L.4.52; 5 folios. The letter was read out at the meeting of the Royal Society of 4 February 1712/13 O.S. (Royal Society, *Journal Book Original*, vol. 11, p. 407). *Old Style* (O.S.) is the dating according to the Julian calender, *New Style* according to the Gregorian one. In the seventeenth century the former lagged 10 days behind the latter. In the province of Holland the Gregorian calendar was already introduced with the transition from the year 1582 to 1583, but in England this came about only in 1752, so that after 1700 the difference between the two calendars increased to 11 days. See also n. 3 on Letter 84 [45] of 30 March 1695, *Collected Letters*, vol. 5, p. 141.

BRIEF No. 296 [I] 8 NOVEMBER 1712

Copie In Delft desen[a] 8 Novemb. 1712.

Aande Wel Edele Gestrenge Heere

de Heer M[r] Antoni Heinsius Raat Pentionaris
van Holland. etc. etc.[1]

Ik hadde de Commanduur IJsaak van Krimpen[2], versogt, dat wanneer hij een Wal-vis quam te vangen, mij een stukje vlees, digte bij de staart af gesneden, wilde mede brengen, om dat[b] ik tot mijn genoegen sien mogte[c][3], hoe het vlees, digte bij de staart, aan de soo genoemde senuwen[4], van soo een groot[d] schepsel, was vereenigt[5].

Walvis.

Dit vlees, door het Vergroot-glas beschouwende, oordeelde ik, dat de vlees striemtjens, fibertjens[6e], wel vier maal soo dik waren, als het vlees van de Wal-vis, voor desen bij mij beschout[7], waar over ik in gedagten nam[8], of het vlees, vande Wal-vis, ontrent de staart dikker was, dan het vlees aan het ligham, om de groote kragt, die het met de staart, te weeg brengt.

Wijders snede ik de vlees deelen, soo in lengte, als over dwars ontstukken, en ik bevont, dat ijder vlees deeltje met een menbraantje[f] was omwonden, dat mij nu[g] naakter voor quam[9], als ik voor desen hadde gesien.

---

[a] A: den   [b] A: op dat   [c] A: mogte sien   [d] A: groot *ontbreekt*   [e] A: de vlees-fibertjens, striemtjens
[f] hs: membrantje   [g] A: nu nog

[1] De brief is gericht aan ANTHONIE HEINSIUS (1641-1720), die van 1689-1720 Raadpensionaris van Holland was. Zie het Biogr. Reg., *Alle de Brieven*, Dl. 3, blz. 484. L.'s vorige brief aan HEINSIUS is Brief 295 van 8 november 1712, in dit deel.
[2] Isaack van Krimpen († Delft, 1716) was commandeur van een Groenlandvaarder met als thuisbasis Delfshaven. Oorspronkelijk afkomstig uit Emden, vestigde hij zich in 1702 als weduwnaar te Delft, na zijn huwelijk met de weduwe Lidia Voorstad († Delft, 1752). Leeuwenhoek leerde Van Krimpen kennen in maart 1712 (zie brief 292), mogelijk via zijn tekenaar Thomas van der Wilt, die een bekende was van Lidia Voorstad (Digitale arena Delft, 29-10-1701). Van Krimpen woonde op het Noordeinde bij de Wateringse Poort, maar bezat ook een perceel aan de Oude Delft, aan de achterzijde grenzend aan de Hippolytusbuurt, waar Leeuwenhoek woonde.
[3] *om dat ... mogte*, opdat ik tot mijn tevredenheid zou kunnen zien.
[4] *senuwen*, pezen.
[5] Zie voor de brieven over spiervezels in dit deel de opsomming in het Voorwoord. Vgl. SCHIERBEEK, *Leeuwenhoek*, Dl. 2, blz. 336-347; IDEM, *Measuring*, blz. 121-125; en COLE, "L.'s ... researches", blz. 36-39.
Zie over de bouw en werking van spiervezels Brief 8 [4] van 1 juni 1674, *Alle de Brieven*, Dl. 1, blz. 108-110 (rund); Brief 17 [11] van 26 maart 1675, *ibid.*, blz. 288-290 (koe); Brief 32 [20] van 14 mei 1677, *idem*, Dl. 2, blz. 210-214 (rund); Brief 67 [35] van (3) maart 1682, *idem*, Dl. 3, blz. 384-402 (rund en kabeljauw); Brief 68 [36] van 4 april 1683, *ibid.*, blz. 422-430, (kreeft en garnalen); Brief 70 [37] van 22 januari 1683, *idem*, Dl. 4, blz. 18-20 (vlo); Brief 72 [38] van 16 juli 1683, *ibid.*, blz. 84-86 (kikker); Brief 136 [82] van 2 april 1694, *idem*, Dl. 10, blz. 66-84 (bij de ossen- en varkenstong en het eenden-, kippen- en kabeljauwenhart); Brief 193 [11] van 9 mei 1698, *idem*, Dl. 12, blz. 226-228 (blinde bij); Brief 274 van 6 december 1707, *idem*, Dl. 16, blz. 62-86 (koe en varken); en Brief 292 van 1 maart 1712, *ibid.*, blz. 360-382 (walvis).
[6] De woorden *vlees striemtjens* en *(vlees)fibertjens* (vleesvezeltjes) zijn synoniemen, die L. hier en elders zonder voegwoord (*ofte*) naast elkaar zet.
[7] L. schreef eerder over de spiervezels van een walvis in Brief 249 van 22 juli 1704, *Alle de Brieven*, Dl. 15, blz. 4-6; en Brief 292 van 1 maart 1712, *idem*, Dl. 16, blz. 360-382.
[8] *waar ... nam*, op grond waarvan ik overwoog.
[9] *dat ... quam*, dat voor mij nu duidelijker te onderscheiden was.

LETTER No. 296 [1] 8 NOVEMBER 1712

Copy At Delft, the 8th of November, 1712

To the Right Honourable
Mr Antoni Heinsius, Grand Pensionary
of Holland, etc. etc.[1]

I had asked the commander IJsaac van Krimpen[2] that, when he came to capture a whale, he would bring me a piece of flesh, cut off close to the tail, in order that I might observe to my satisfaction how the flesh close to the tail was united to the so-called sinews in such a large creature[3].

Observing this flesh through the magnifying glass, I judged that the little fibres, strips, of the flesh were no less than four times as thick as the flesh of the whale I had examined earlier[4], this is why I considered the possibility that the flesh of the whale in the area of the tail was thicker than on the body because of the great strength it produces with the tail.

Whale.

Further I cut up the pieces of flesh lengthways and transversely, and I found that each particle of flesh was wrapped around with a little membrane, which was now more clearly perceptible to me than I had observed previously.

---

[1] The letter is addressed to ANTHONIE HEINSIUS (1641-1720), who was Grand Pensionary of Holland from 1689 up to 1720. See the Biogr. Reg., *Collected Letters*, vol. 3, p. 485. L.'s previous letter to HEINSIUS is Letter 295 of 8 November 1712, in this volume.

[2] Isaack van Krimpen († Delft, 1716) was commander of a whaler to Greenland, based in Delfshaven. Originally from Emden, he settled as a widower in Delft, after his marriage in 1702 to the widow Lidia Voorstad († Delft, 1752). Leeuwenhoek got acquainted with Van Krimpen in March 1712 (see letter 292), possibly through his draughtsman Thomas van der Wilt, who knew Lidia Voorstad (Digital Arena Delft, 29-10-1701). Van Krimpen lived at the Noordeinde near the Wateringen Gate, but he also owned a house on the Oude Delft, adjacent at the backside to the Hippolytusbuurt, where Leeuwenhoek lived.

[3] See the Preface for an enumeration of L.'s letters on muscle fibres in this volume. Cf. SCHIERBEEK, *Leeuwenhoek*, vol 2, pp. 336-347; IDEM, *Measuring*, pp. 121-125; and COLE, "L.'s ... researches", pp. 36-39. On the structure and action of muscle fibres see Letter 8 [4] of 1 June 1674, *Collected Letters*, vol. 1, pp. 109111 (ox); Letter 17 [11] of 26 March 1675, *ibid.*, pp. 289291 (cow); Letter 32 [20] of 14 May 1677, *idem*, vol. 2, pp. 211 215 (ox); Letter 67 [35] of (3) March 1682, *idem*, vol. 3, pp. 385 403 (ox and cod); Letter 68 [36] of 4 April 1683, *ibid.*, pp. 423 431, (lobster and shrimps); Letter 70 [37] of 22 January 1683, *idem*, vol. 4, pp. 19 21 (flea); Letter 72 [38] of 16 July 1683, *ibid.*, pp. 8587 (frog); Letter 136 [82] of 2 April 1694, *idem*, vol. 10, pp. 6785 (in the tongues of oxen and pigs, and the hearts of ducks, hens, and cods); Letter 193 [111] of 9 May 1698, *idem*, vol. 12, pp. 227229 (drone fly); Letter 249 of 22 July 1704, *idem*, vol. 15, pp. 5-7 (whale); Letter 274 of 6 December 1707, *idem*, vol. 16, pp. 63-87 (cow and pig); and Letter 292 of 1 March 1712, *ibid.*, pp. 361-383 (whale).

[4] L. wrote earlier on the muscle fibres of a whale in Letter 249 of 22 July 1704, *Collected Letters*, vol. 15, pp. 5-7; and Letter 292 of 1 March 1712, *idem*, vol. 16, pp. 361-383.

fig. I.

fig. II.

Omme een beter bevattinge te hebben, van de vlees fibertjens, striemtjens, vande[a] Walvis-vlees, hebbe ik een schibbetje[10b] van het selve over dwars door sneden, ende het selve op een glas geplaast hebbende[11], nat gemaakt, met die gedagten, dat het geseijde vlees, dat seer hart was gedroogt, sijne uijt settinge[c], seer na[12] soodanig soude wesen, als of het aan de walvis was, ende het selve in soo een stant[13] voor het Vergrootglas gestelt; een[d] kleijn gedeelte daar van laten af teijkenen, als hier met fig: 1. ABCD. wert aan gewesen, en welke[e] deelen soo vast in malkanderen leggen, dat men alleen maar de ommetrekken, komt te sien, waar van[14] de eene dikker is, als de andere, ende als men met op merkinge, deselve beschout, kan men seer naakt bekennen, dat ijder uijt veel deeltjens is bestaande, die mede over dwars sijn af gesneden, en welke figuur niet grooter is, dan dat het een gemeen sant[15] kan bedekken.

Alle dese vlees deeltjens, die over dwars sijn doorsnede, sijn soo vast in een gedrongen, dat ijder bij na een bijsondere[16] figuur heeft, want schoon een vande selve vlees deeltjens, van ses andere wierden[f] omvangen, was de eene sijde wel twee maal soo groot als de andere.

Ik hebbe voor desen geseijt, vande hoe kleijnheijt, ofte dunheijt, vande vlees deeltjens, fibertjens, van het Wal-vis vlees, en alsoo ik dit vlees vande wal-vis, wel vier maal soo dik oordeel, als het voor gaande, soo hebbe ik een schibbe[10] van het voor gaande Wal-vis-vlees, daar[g] nog een gedeelte onder mij berust, soo als het door nat was, mede door het selfde vergrootglas, laten af teijkenen, als hier met fig: 2: EFGH. wert aan gewesen.

---

[a] A: van 't   [b] A: schibbe   [c] A: gedagten, dat de uytsetting van het geseyde vlees, dat seer hart was gedroogt   [d] A: gestelt hebbende, heb   [e] A: gewesen, welke   [f] A: wierd   [g] A: daar van

[10] *schibbetje*, zeer dun schijfje, schilfertje.

[11] *op ... hebbende*, nadat ik het op een glaasje had gebracht.

[12] *het geseijde vlees (...) sijn uijt settinge*, eigenlijk: de zwelling van het genoemde vlees. L. bedoelt wel: dat dit vlees (...) nadat het weer gezwollen was; *seer na*, nagenoeg, ongeveer.

[13] *stant*, staat, toestand. - Voor het vervolg van de zin zie men de verbeterde lezing in A (aant. d), waarin *heb* 'heb ik' betekent.

[14] *waar van* verwijst naar *deelen*.

[15] *een gemeen sant* is 0,16 mm³.

[16] *bijsondere*, van de andere verschillende, eigen.

LETTER No. 296 [I] 8 NOVEMBER 1712

In order to gain a better understanding of the little fibres, strips, of the flesh of the whale, I cut a little sliver of this crosswise, and after having placed this on a glass, I moistened it, thinking that the expansion of the said flesh, which had become dehydrated and very tough, would be very nearly such as if it was on the whale, and in that condition I put it before the magnifying glass; ordering a small part of it to be drawn, as here has been shown in Fig. 1. ABCD, which parts are so tightly knit together, that one manages to distinguish only the outlines, of which parts the one is thicker than the other, and when one observes the same attentively, one can discern very clearly that each of them consists of many small parts, which also have been cut crosswise, and the configuration of which is not larger than a common grain of sand may cover[5]. *fig. I.*

All these particles of flesh, which have been cut transversely, are so tightly crowded together, that almost each of them has its particular form, for although a single one of those particles of flesh was surrounded by six others, one of its sides was at least twice as great as the others.

I have commented before on the smallness, or thinness of the flesh particles, small fibres, of the whale's flesh, and because I judge this flesh of the whale to be at least four times as thick as the earlier one, I have ordered a sliver of the previous flesh of the whale, part of which is still in my possession, to be drawn, when it was thoroughly moistened, through this magnifying glass, as is here shown in Fig. 2: EFGH. *fig. II.*

---

[5] A *common grain of sand* is 0.16 mm^2.

BRIEF No. 296 [I] 8 NOVEMBER 1712

    Dese geseijde kleijne vlees deelen, hebbe ik veel maal[a] als voor mijn gesigt[17], laten weg droogen, als wanneer[18] deselve, met dat[19] de vogt, daar uijt was verhuijsende, veel kleijnder wierden, als[b] wanneer de selve met water waren beset[20], ende quamen de menbraantjens[21c], waar van ijder vlees fibertje[d], als omvangen waren[22] geweest, die niet waren in krimpende[e], seer naakt[23] voor het gesigt, dat voor een weet geerige[f], een vermaak was om te aanschouwen; want hoe menige snede, van het vlees ik quam te doen, hoe veel bijsondere gesigte, ik daar van hadde[24].

fig. III.   Vorders hebbe ik soo een geseijt kleijn deeltje vlees laten af teijkenen, als hier met fig: 3. IKLM. wert aan gewesen, en welke[g] deeltjens, soo danige uijt breijdinge hebben gehadt, dat ze als aan den anderen[25] schenen vereenigt, te sijn geweest, ende nu int droogen, soo ingekrompen sijn, dat ze rontomme inde menbraantjens leggen, die niet en konnen in krimpen, om dat ze alle aan den anderen sijn vereenigt.

    Door dese vlees deelen, loopen soo danige dikke menbrane die wel een hair dikte[26] en meer hebben, en die[27] soo veel door de vlees deelen gaan, dat ze geen sant groote[28] van een leggen, ende dese menbrane spreijen van haar deelen, tussen alle de vlees deeltjens daar ze door gaan, ende dus konnen wij seggen, dat ijder vlees deeltje, schoon niet dikker als een hairtje, een muscultje is, dat omwonden leijt, in sijn menbraantje als te vooren, meer maal is geseijt[29].

fig. IV.   Alsoo nu den Teijkenaar de geseijde vlees deelen, soo groot niet en quam te sien, als ik en nog twee andere die sagen, en present bij de af teijkening waren, soo hebbe ik den selven, een weijnige[h] vlees laten af teijkenen, soo groot als ik deselve[i] quam te sien, als hier fig: 4. met NOP.[j] wert aan gewesen, waar door ons blijkt, de verscheijdenheijt van ons gesigt.

---

    [a] A: veel maal byna   [b] A: dan   [c] hs: membraamtjens   [d] A: vlees fibertje, striemtje   [e] A: waren krimpende   [f] A: weetgierige   [g] A: gewesen, welke   [h] A: een weynigje   [i] A: het selve   [j] A: Fig. 4. NOP.

[17] *als voor mijn gesigt*, als het ware voor mijn ogen.
[18] *als wanneer*, waarbij.
[19] *met dat*, tezelfdertijd dat, terwijl.
[20] *beset*, hier: doortrokken.
[21] *ende ... menbraantjens*, lees: en dan kwamen de membraantjes.
[22] *waren*, lees: was; in de volgende bijzin is *waren* juist, want *die* verwijst naar *menbraantjes*.
[23] *naakt*, duidelijk
[24] *hoe menige ... hadde*, want hoeveel plakjes (coupes) als ik van het vlees afsneed, evenveel verschillende figuraties (figuurtjes) kreeg ik te zien.
[25] *aan, bij den anderen*, aan, bij elkaar.
[26] *een hair dikte* is ongeveer 100μ.
[27] *die*, waarvan er.
[28] Een *sant groote* is 0,4 mm.
[29] Zie o.a. Brief 292 van 1 maart 1712, *Alle de Brieven*, Dl. 16, blz. 360-382; en de literatuur vermeld in aant. 5 bij deze brief.

I have made these said little particles of flesh dry out many times, as it were before mine eyes, and with that they became much smaller, simultaneously with the moisture vanishing out of them, than when these were saturated with water, and the little membranes, with which each little fibre of flesh had been wrapped around, and which did not shrink, became very clearly perceptible, which was for one who is eager to learn, a pleasure to observe; for as many slices I cut from the flesh, so many rare sights I obtained from them.

Moreover, I have ordered one of the said little parts of flesh to be drawn, as is shown here in Fig. 3, IKLM, which particles have had such a size that they seemed to be united to each other, and now during the drying process have shrunk so much, that they lie surrounded by the little membranes, which cannot shrink, because they are all united to each other. *fig. III.*

Along these parts of the flesh run membranes, such as have the thickness of a hair[6] and more, and of which there pass so many through the particles of flesh, that the distance between them is less than a grain of sand[7], and these membranes branch off between all particles of the flesh through which they pass, and we can therefore say that each particle of flesh, although not thicker than a little hair, is a small muscle, which is wrapped around by its little membrane, as has been said several times before[8].

Now because the draughtsman was unable to discern the size of the said particles of flesh, as large as observed by myself and two others who were present at the drawing, I have ordered him to draw some small part of the flesh, according to the dimensions I managed to observe, as is shown here in Fig. 4 with NOP, by which the difference as to our visual powers is being made manifest. *fig. IV.*

---

[6] The *thickness of a hair* is about 100 μ.
[7] A *grain of sand* is 0.4 mm.
[8] See among others Letter 292 of 1 March 1712, *Collected Letters*, vol. 16, pp. 361-383; and the literature mentioned in n. 3.

BRIEF No. 296 [I] 8 NOVEMBER 1712

fig. III en IV.

Ook hebbe ik veel malen gesien, dat eenige weijnige vlees striemtjens, hoe wel digt bij den anderen[25] wel vier maal dunder waren, als de geene die daar nevens lage[a]. Wanneer ik nu de fig: 3. ende 4. die dus ingedroogt waren, op nieuw[b] nat maakte, setten alle de vlees deelen in korten[c] tijd haar weder soo danig uijt, dat ze de plaatze tussen de menbraantjens weder vervulden, en namen de figuur aan, even als deselve hadden geweest, eer dat ze ingedroogt waren.

Nu stonter[d] voor een ander vergroot glas verscheijde stukjens vlees, waar onder een was, dat nat geweest sijnde[30], veele vlees deeltjens niet van een waren gescheijden, dat ik[e] vast stelde, alleen veroorsaakt te sijn[31f], om dat een groote menbrane, die tussen de vlees deeltjens waren door loopende, de menbrane[32] was van een geschuurt[33g], ende de vlees deeltjens, dus[34]

fig. V.

in krimpende, niet van een waren gescheijden, als met fig: 5 QRSTVW. wert aan gewesen, alwaar tussen ST en V. de gedroogde vlees deeltjes leggen, die niet van een sijn gescheijden, ende die ook wat dikker sijn gesneden, ende daarom ook wat bruijnder[35] sijn[h], en soo deselve nog dikker waren, dan souden ze bruijn root[36] in ons oog voor komen.

Met SW. wert aan gewesen de dikke menbrane die ontrent soo dik als een hair van ons hooft is[i], die met een tak spreijt[37], als met T. wert aan gewesen, ende wat boven W. spreijde deselve tak, in[j] twee takken. En al hoe wel onder[k] dese menbrane door gaans[38] een groote menigte van bloet vaaten loopen, stel ik vast[39], schoon wij deselve om haar kleijnheijt, niet konnen ontdekken, want die moeten het[l] voetsel geven.

Tussen RS. en WQ. wert[m] aan gewesen, de uijtnemende dunne vliesjens, of menbraantjens die int in droogen vande menbrane SW. sijn afgeschuurt[n].

---

[a] A: neven aan lage [b] A: weder opnieuw [c] A: vleesdeeltjens in seer korten [d] A: stonden'-er [e] A: zoo als ik [f] A: veroorsaakt was [g] was doorloopende, was van een geschuurt [h] A: syn geteykent [i] A: dik is als een hair van ons hooft [j] A: spreyde deselve in [k] A: en dat onder [l] A: moeten haar het [m] A: werden [n] A: afgescheurt.

[30] *waar onder ... sijnde*, waaronder er een was, waarbij, nadat het nat geweest was.
[31] *dat ... te sijn*, waarvan ik stellig meende, dat het alleen veroorsaakt was. Deze door L. veel gebruikte latinistische constructie is in A door een gewone Nederlandse vervangen.
[32] *de menbrane* is overtollig.
[33] De vorm *geschuurt* is waarschijnlijk in overeenstemming met L.'s Delflandse uitspraak (zie MENDELS, "Leeuwenhoek's taal", *Alle de Brieven*, Dl. 4, blz. 314-321, m.n. blz. 319).
[34] *dus*, zo (d.w.z. terwijl ze voor het vergrootglas stonden).
[35] *bruijnder*, donkerder.
[36] *bruijn root*, donkerrood.
[37] *met ... spreijt*, zich vertakt.
[38] *door gaans*, overal.
[39] *stel ik vast*, meen ik stellig. - Hierna kiest L. een verkeerde voortzetting van de zin. De vervanging van *al hoe wel* door *dat* in A is een doeltreffende verbetering.

14

I have also seen many times that some few little fibres of flesh, although close to each other, were as much as four times thinner than the ones lying alongside. Now when I once more moistened the figures 3 and 4, which thus had become dehydrated, all the parts of flesh soon expanded in such a manner that they again filled the space between the little membranes and assumed their shape just as it had been before they dried up. *fig. III and IV.*

Now there stood before another magnifying glass several little pieces of flesh, among which there was one of which, after it had been wet, many little particles of the flesh had not separated from each other; and I was firmly convinced that this had been brought about only by the fact that a big membrane which went between the particles of flesh had been torn apart, and the particles of flesh, thus shrinking, did not separate - as is shown in Fig. 5 QRSTVW, *fig. V.* where between ST and V the dehydrated particles of flesh lie, which have not become separate and which have been sliced somewhat thicker and are therefore slightly darker; and if they would have been still thicker they would have appeared to our eye to be deep red.

With SW the thick membrane is shown which is roughly as thick as a hair from our head, which ramifies, as is indicated by T; and slightly above W that branch divides in two branches. And I maintain that everywhere under this membrane a great number of blood vessels run, although we cannot discern them through their minuteness; for these must provide it with nutrition.

Between RS and WQ the extremely thin little pellicles or membranes are shown, which during the drying process have been torn off from the membrane SW.

BRIEF No. 296 [I]   8 NOVEMBER 1712

fig. V.   Moeten wij niet als verbaast staan, dat wij in groote schepsels[a], als de Wal-vis is, soo uijtnemende kleijne striemtjens ontdekken, als wij in eenig kleijn schepsel doen, ende de gantze fig: 5: QRSTVW. en heeft soo veel lighaams[40] niet, als[b] een grof sant[41] heeft.

Dese Wal-vis was soo groot, dat men van het boven lijf, sestig quarteelen[42] spek, of vet, daar van af snede[c], ende alsoo men 80. Rotterdamze stoopen[43], voor een quarteel in groote stelt, soo sal[d] seer na[44] vier en twintig duijsent ponden[45] spek van soo een Wal-vis af gesneden sijn[e], en wie weet wat[f] een menigte vet, de ingewanden sijn beset[46].

Eenige vande vlees deeltjens tussen Q en R. sijn wat ingekrompen.

fig. VI.   Vorders hebbe ik goet gedagt, een seer kleijn gedeelte van het vlees vande Wal-vis, in sijn lengte te laten afteijkenen dat maar uijt vijf striemtjens, fibertjens is bestaande, als hier met fig: 6. ABCDEF. wert aangewesen, sijnde AB. twee vlees deeltjens, waar aan[47] men voor een gedeelte kan sien, dat het twee striemtjens[g], en wel meest ontrent A. ende ook een weijnig na B.[h] ende tussen CF. wert[i] aan gewesen, de weijnige menbraantjens, die ontstukken sijn geschuurt[j], waar in deselve als om wonden gelegen hebben.

Ik hebbe veel maal met vermaak[48] gesien, hoe de vlees deeltjens, in haar lengte met rimpels waren, dat[k] ik mij in beelde[49], dat de vlees deelen, soo danig lagen gestrekt, als de selve in haar rust lagen, en nog meer, als het lighaam, daar dese musculs lagen, als toe gebogen wierden[l], ende dat wanneer de muscul wierde[m] uijt gerekt, dat dan geen de minste rimpel, inde vlees deelen waren.

Dog men moet alle de striemtjens, die inde geseijde vlees deelen worden[50] aan gewesen, niet voor rimpels aannemen, maar meest voor af geschuurde[n] deeltjens vande menbraantjens, daar deselve in om wonden sijn[o] geweest.

---

[a] A: in 't groote Schepsel   [b] A: niet in, als   [c] A: vet, afsnede   [d] A: soo sullen' der   [e] A: Walvis syn gesneden   [f] A: met wat   [g] A: striemtjens syn   [h] A: weynig aan B.   [i] A: werden   [j] A: gescheurt syn   [k] A: zoo dat   [l] A: wierd   [m] A: musculs wierden   [n] A: afgescheurde   [o] A: membraantjes, met dewelke deselve omwonden hebben

[40] *lighaams*, volume.
[41] Een *grof sant* heeft een volume van ongeveer 0,659 mm³.
[42] Een *quarteel* (spekton) is een vat van een bepaalde inhoud voor walvisspek of walvistraan.
[43] Een *stoop* is 2,3-2,5 l.
[44] *seer na*, ongeveer, nagenoeg.
[45] Een *pont* is 475 g.
[46] *beset*, bekleed.
[47] *waar aan* verwijst naar *AB*. Men leze na *aangewesen* een puntkomma en vervolgens: 'daarbij bestaat AB, waaraan men voor een gedeelte kan sien, dat het twee vezeltjes zijn, het meest bij A en ook een beetje bij B, uit twee vleesdeeltjes'. Daarnaast ziet men in de figuur de drie overige.
[48] *vermaak*, genoegen.
[49] *dat ... in beelde*, zodat ik het idee had.
[50] *worden* is door *waren* heen geschreven, zodat de -o- een -a- lijkt te zijn.

Ought we not to stand amazed upon discovering in great creatures, like the whale, even such extremely little fibres as we do in any small creature; and the whole of Fig. 5 QRSTVW has not as much volume as a coarse grain of sand[9]. *fig. V.*

This whale was so big that from the upper part of the body sixty barrels of blubber or fat have been cut, and since one equates a barrel with 80 Rotterdam stoups[10] as to size, then just about twenty-four thousand pounds[11] of blubber will have been cut from such a whale, and who knows how much fat is present in the entrails.

Some of the particles of flesh between Q and R have slightly shrunk.

Further I thought fit to order a very small part of the flesh of the whale to be drawn lengthwise, which consists of no more than five little strips, fibres, as is here shown in Fig. 6 ABCDEF; AB being two particles of flesh, in which one can partially discern that there are two little strips, and that for the most part close to A, and also, slightly, near B. And between CF the few little membranes are shown which have been torn apart, and in which these have lain wrapped around. *fig. VI.*

I have often seen with pleasure how the particles of flesh were wrinkled lengthwise, so that I hit upon the notion that the parts of flesh were stretched out in such a manner when they were at rest, and [that they wrinkled] even more when the body in which these muscles were lying was bent, as it were, in a curve, and that when the muscle was stretched there was not the slightest wrinkle in the parts of the flesh.

Yet one must not assume that all the little strips which are shown in the said parts of flesh are wrinkles, but for the most part that they are torn-off parts of the little membranes, with which they have been wrapped around.

---

[9] A *coarse grain of sand* has a volume of approximately 0.659 mm³.
[10] A *stoup* has a volume of 2.3-2.5 l.
[11] A *pound* is 475 g.

BRIEF No. 296 [I]   8 NOVEMBER 1712

        Wijders hebbe ik ook vier vlees deeltjens[a] van een Wal-vis, dat[51] ik twee jaren te vooren[b] hadde bekomen, laten af teijkenen, op dat men het onderscheijt, van der selver dikte soude konnen sien;

fig. VII.   Fig: 7: GHIK. verbeelt vier vlees striemtjens, van een Wal-vis, welkers[c] vlees, ik twee jaren hier te vooren hadde bekomen.

        Hier konnen wij als[d] met het oog af meten dat twee diameters van een vlees striemtje fig: 7. niet grooter sijn, als een diameter[e] van een vlees striemtje in fig: 6. aan gewesen, en bij
fig. VI en VII. gevolg dan, sijn de vlees striemtjens in fig: 6. vier maal dikker als in fig: 7.

        Als wij nu sien, dat ijder vlees striemtje[f] weder uijt veel fibertjens is bestaande, soo konnen wij wel in gedagten nemen[52], dat ijder van dese in leggende fibertjens, weder uijt in leggende fibertjens[g] is bestaande.

Rund.   Ik hebbe weder op nieuw verscheijde fibertjens van runt vlees mijn selven voor de oogen gestelt, ende waar genomen, dat ijder vande fibertjens omwonden lagen[h], met menbraantjens, dog ik kan die de werelt, soo klaar niet voor de oogen stellen, als ik inde walvis[53] hebbe gedaan, om dat het vlees van een runt, vaster van deelen is, en bij gevolg int in droogen, soo veel niet in krimpt.

        Ik ben van gedagten, dat het geene wij ontrent de menbraantjens, van de wal-vis hebben geseijt, dat het selve[54] plaats heeft in alle vlees[i], ja selfs tot Rot[55], en Muijs[j], waar van ik bij gesontheijt eenige vervolginge meen te doen. Ik sal af breeken, en met veel agtinge blijven. enz:[56] en was geteijkent

Antoni van Leeuwenhoek[k]

---

    [a] A: vleesstriemtjens   [b] A: Walvis, die ik twee Jaren geleden   [c] A: wiens   [d] A: wy nu als   [e] hs: diamet   [f] A: vleesfibertje, striempje   [g] A: uyt fibertjens   [h] A: lag   [i] A: membraantjens van 't Walvis-vlees hebben geseyt, in alle vlees plaats heeft   [j] A: en Muys toe   [k] A: blyven, enz: Antoni van Leeuwenhoek.

    [51] *dat* verwijst naar het element *vlees* in *vlees deeltjens*. L. had moeten schrijven: vier deeltjens van het vlees (...), dat. Zie ook de verbeterde lezing in A (aant. d).

    [52] *in gedagten nemen*, veronderstellen.

    [53] *inde wal-vis*, met (het vlees van) de walvis.

    [54] *dat het selve* is een hervatting van *dat het geene* en is dus overtollig.

    [55] *tot Rot*, tot rat (...) toe.

    [56] L.'s volgende brief aan HEINSIUS is Brief 297 [II] van 17 december 1712, in dit deel, weer over spiervezels. In Brief 306 [X] van 22 juni 1714, in dit deel, doet L. zijn beklag bij de Royal Society dat de tekeningen van de spiervezels van de walvis niet in de *Philosophical Transactions* zijn opgenomen.

Further I have also ordered four little parts of flesh of a whale to be drawn which I had obtained two years earlier, so that one could observe the difference in their thickness;

Fig. 7: GHIK represents four little fibres of flesh of a whale, which flesh I had obtained two years earlier. *fig. VII.*

Here we can now estimate, as it were, by sight that two diameters of a little fibre of flesh in Fig. 7 are not bigger than one diameter of a little fibre of flesh shown in Fig. 6, and, consequently, the little fibres of flesh in Fig. 6 are four times as thick as in Fig. 7. *figs VI and VII.*

If we now observe that each little strip of flesh in its turn consists of many little fibres, then we can assume that each of these little fibres which lie within the former in its turn consists of little fibres lying within them.

Once more I have put several little fibres of the flesh of a cow before my eyes, and observed that each of them was wrapped around with a little membrane, but I cannot get them before the eyes of the world as clearly as I did in the case of the whale; because the flesh of a cow is more compact as to its parts and, consequently, does not shrink so much in the drying. *Cow.*

I am of the opinion that what we have said on the little membranes of the whale happens to be the case in all kinds of flesh, yes, even of a rat or a mouse, and if I keep my health I aim to follow this up. I shall now finish, and remain very respectfully, etc.[12] and was signed

Antoni van Leeuwenhoek

---

[12] L.'s next letter to HEINSIUS is Letter 297 [II] of 17 December 1712, in this volume, on muscle fibres once again. In Letter 306 [X] of 22 June 1714, in this volume, L. makes a complaint to the Royal Society that the drawings of the muscle fibres of the whale have not been published in the *Philosophical Transactions*.

BRIEF No. 297 [II] 17 DECEMBER 1712

Gericht aan: Anthonie Heinsius.

Manuscript: Geen manuscript bekend.

GEPUBLICEERD IN:

A. van Leeuwenhoek 1718: *Send-Brieven,* ..., blz. 9-22, 6 figuren (Delft: A. Beman). – Nederlandse tekst [A].
  A. à Leeuwenhoek 1719: *Epistolae Physiologicae* ..., blz. 9-22, 6 figuren (Delphis: A. Beman). – Latijnse vertaling [C].
  N. Hartsoeker 1730: *Extrait Critique des Lettres de feu M. Leeuwenhoek*, in *Cours de Physique* ..., blz. 58 (La Haye: J. Swart). – Frans excerpt.
   A.J.J. Vandevelde 1923: *De Send-Brieven van Antoni van Leeuwenhoek* ..., in *Versl. en Meded. Kon. Vlaamsche Acad.*, Jrg. 1923, blz. 358-359. – Nederlands excerpt.

SAMENVATTING:

Over zouten in het bloed van een garnaal. Over de spiervezels en de membranen eromheen van een kabeljauw. Vergelijking met de spiervezels van een walvis. Over de spiervezels van een garnaal, van een bot en van een baars.

FIGUREN:

fig. VIII-XIII.   De oorspronkelijke tekeningen zijn verloren gegaan. In de uitgaven A en C zijn de zes figuren bijeengebracht op één plaat tegenover blz. 15 in beide uitgaven.

OPMERKINGEN:

De hier afgedrukte tekst is die van uitgave A.

LETTER No. 297 [II] 17 DECEMBER 1712

Addressed to: Anthonie Heinsius.

Manuscript: No manuscript is known.

PUBLISHED IN:

A. van Leeuwenhoek 1718: *Send-Brieven, ...*, pp. 9-22, 6 figures (Delft: A. Beman). - Dutch text [A].
A. à Leeuwenhoek 1719: *Epistolae Physiologicae ...*, pp. 9-22, 6 figures (Delphis: A. Beman). - Latin translation [C].
N. Hartsoeker 1730: *Extrait Critique des Lettres de feu M. Leeuwenhoek*, in *Cours de Physique ...*, p. 58 (La Haye: J. Swart). - French excerpt.
A.J.J. Vandevelde 1923: *De Send-Brieven van Antoni van Leeuwenhoek ...*, in *Versl. en Meded. Kon. Vlaamsche Acad.*, 1923, pp. 358-359. - Dutch excerpt.

SUMMARY:

On salts in the blood of a shrimp. On the muscle fibres and the enveloping membranes of a cod. Comparison with the muscle fibres of a whale. On the muscle fibres of a shrimp, a flounder, and a perch.

FIGURES:

The original drawings have been lost. In the editions A and C the six figures have been combined on a single plate facing p. 15 in both editions. *figs VIII-XIII.*

REMARKS:

The text as printed here is that of edition A.

BRIEF No. 297 [II]   17 DECEMBER 1712

In Delft den 17. December 1712.

Aan den Wel Edelen Gestrengen Heere,
Den Heer Mr. Antoni Heinsius Raat-Pensionaris van Holland, &c. &c.[1]

Wel Edele Gestrenge Heere.

 Myn laatste Alderonderdanigste is geweeest van den 8 der voorledene Maant[2]; sedert welke ik weder op het Papier hebbe gebragt dese volgende aanteekeningen.

Garnaal. Na dat ik het Vlees van de Walvis na myn vermogen hadde beschout, ben ik gevallen op[3] het ondersoeken van de Visdeelen van de Garnaat[4]; ende na dat ik de Garnaat overdwars hadde doorsneden, bevont ik dat wel een droppel bloet uyt de visdeelen voortquam; die ik beschoude, ende sag weder de heldere bolletjes bloet, die door de waterige vogt, serum, dreven. Dese bloetbolletjes, na datze een weynig tyd uyt de Garnaat hadden geweest, dreven in de vogt in meer en minder getal by den anderen[5], sonder dat die te samen stremden, ende alleen maar aan den anderen rakende[6]; dat voor my geen onaangenaam gesigt was: en alzoo ik eenige zoutdee-

Zout. len vernam[7], doen de vogt voor een gedeelte was weg gewaassemt, zoo nam ik op nieuw eenige levende Garnaaden, waar uyt ik het bloet op eenige glasen plaatste, die ik in myn Kabinet plaatste en de deuren toesloot, op dat de waterige vogt die in't bloet was soude weg waassemen: en wanneer ik oordeelde dat sulks konde wesen, besag ik de overgebleven deelen; en ik sag verscheyde zoutdeeltjes, die de lengte hadden van de diameter van een hairtje van ons hooft[8], ende eenige twee en andere drie maal zoo lang als breet: doch eenige waren ontrent half zoo dik als breet; ende alle dese zoutdelen lagen omset met een waterige vogt[9].

---

 [1] De brief is gericht aan ANTHONIE HEINSIUS (1641-1720), die van 1689 tot 1720 Raadpensionaris van Holland was. Zie het Biogr. Reg., *Alle de Brieven*, Dl. 3, blz. 484.
 [2] L. doelt hier op zijn vorige brief aan HEINSIUS, Brief 296 [I] van 8 november 1712, in dit deel, over spiervezels van een walvis.
 [3] *gevallen op*, overgegaan op, begonnen met.
 [4] *Garnaat* (meervoud *garnaden*), oudere, maar in dialecten nog gebruikte vorm van garnaal.
 [5] *by, aan, nevens, tegen den anderen*, bij, aan, naast, tegen elkaar.
 [6] *ende (...) rakende*, lees: en terwijl zij (...) waren rakende.
 [7] *vernam*, zag.
 [8] Een *hairtje van ons hooft* is 60-80 μ.
 [9] Zie voor zoutkristallen in het bloed van een mens Brief 17 [II] van 26 maart 1675, *Alle de Brieven*, Dl. 1, blz. 282; Brief 18 [12] van 14 augustus 1675, *ibid.*, blz. 300; en Brief 52 van 14 november 1679, *idem*, Dl. 3, blz. 128. Voor kristallen in het bloed van een krab Brief 141 [86] van 10 april 1695, *idem*, Dl. 10, blz. 172-174; in het bloed van een spin Brief 226 [138] van 21 juni 1701, *idem*, Dl. 13, blz. 344. Over de bloedsomloop van een garnaal schreef L. in Brief 113 [66] van 12 januari 1689, *idem*, Dl. 8, blz. 106-110; en Brief 137 [83] van 30 april 1694, *idem*, Dl. 10, blz. 124.

LETTER No. 297 [II] 17 DECEMBER 1712

At Delft, the 17th of December 1712.

To the Right Honourable Sir,
Mr Antoni Heinsius, Grand Pensionary of Holland, etc., etc.[1]

Right Honourable Sir,

My last most humble letter was dated on the 8th of last month[2]; since then I have again committed the following notes to paper.

Shrimp. After I had observed the flesh of the whale as well as I could, I have begun to examine the fish-parts of the shrimp; and after I had cut the shrimp crosswise I found that as much as a drop of blood emerged from the fish-parts, which I observed, and I saw again the transparent globules of blood which floated in the watery fluid, the serum. After these blood-globules had been outside the shrimp for some little time, they floated in the fluid together in greater or smaller numbers, without coagulating, and only touching one another; which was for me a rather pleasing sight: and because I discerned a few particles of salt when *Salt.* the fluid had partially evaporated, I took again some living shrimps, the blood of which I put on some glasses; these I put in my cabinet and closed the doors, in order that the watery fluid which was in the blood would evaporate: and when I judged that this would have come about I examined the parts left; and I saw several particles of salt which were as long as the diameter of a little hair from our head[3], and some which were twice, and others thrice as long as broad; yet the thickness of some was about half of their breadth; and all these particles of salt lay surrounded by a watery fluid[4].

---

[1] The letter was addressed to ANTHONIE HEINSIUS (1641-1720), who was Grand Pensionary of Holland from 1689 up to 1720. See the Biogr. Reg., *Collected Letters*, vol. 3, p. 485.

[2] L. here refers to his previous letter to HEINSIUS, Letter 296 [I] of 8 November 1712, in this volume, on the muscle fibres of a whale.

[3] *A little hair from our head* is 60-80 μ.

[4] See for salt crystals in human blood Letter 17 [11] of 26 March 1675, *Collected Letters*, vol. 1, p. 283; Letter 18 [12] of 14 August 1675, *ibid.*, p. 301; and Letter 52 of 14 November 1679, *idem*, vol. 3, p. 129. For crystals in the blood of a crab Letter 141 [86] of 10 April 1695, *idem*, vol. 10, pp. 173-175; in the blood of a spider Letter 226 [138] of 21 June 1701, *idem*, vol. 13, p. 345. L. wrote on the circulation of the blood of a shrimp in Letter 113 [66] of 12 January 1689, *idem*, vol. 8, pp. 107-111; and Letter 137 [83] of 30 April 1694, *idem*, vol. 10, p. 125.

Dese waterige vogt, wanneer het glas in een warme lugt hadde gestaan, waassemde allemaal weg: ende de verdere zoutdeelen, die alsdoen te voorschyn quamen, stremden doorgaans[10] zoodanig, als wy in de vorst sien dat vogt, die in 't huys is, tegens de binnen-syde van de buyten glasen stremt.

Wanneer ik nu verscheyde malen myn warmen adem over de laatstgeseyde zoutdeelen liet gaan, zoo wierden die zoutdeelen weder ontdaan[11], en vereenigden weder met de waterige vogt van myn adem; ende de eerst geseyde zoutdeelen bleven haar figuur behouden: waar onder eenige met een platte en scharpte, ofte schuynste[12] eyndigden, gelyk ik van de Salpeterdeelen hebbe geseyt[13].

Wanneer ik nu het bloet van de levende Garnaaden in een drooge lugt liet wegwaassemen[a], stremden de zoutdeelen, die in figuur met de Salpeterdeelen over een quamen, niet: waar uyt ik een besluyt maakte[14] dat dese tweede zoutdeelen[15], om de schielykheyt van de samenstremminge[16], bleven vereenigt, sonder dat ik in alle myne waarneemingen eenige zoutfiguur hebbe ontdekt, die een quadraat was, over een komende met ons gemeen Zee-zout[17].

Kabeljauw. Vorders hebbe ik een stuk van een Kabbeljauw genomen, zoo als deselve levent was ontstukken gehakt, ende deselve nog doorsneden[18]; op dat het geene, waar uyt ik het nat soude drukken, met geen hant of vinger zoude zyn aangeraakt.

Dit Sap ofte Visnat op verscheyde glasen plaatsende, sag ik kort daar aan, dat een groote menigte van zoutdeelen lag gestremt, die met de Salpeterdeelen over een quamen; ende dat in de lengte, breete en dikte, als ik van het Garnaats zout hebbe geseyt: dog het sagte zout[19] heb ik in het Sap van de Kabbeljauw niet vernomen[20].

---

[a] A: wegwassemen

[10] *stremden*, kristalliseerden (...) uit; *doorgaans*, telkens weer.

[11] *wierden (...) ontdaan*, losten op.

[12] *platte*, afleiding met *-te* van *plat*: platheid, platte kant; *schuynste*, afleiding van *schuyns*, een bijvorm van *schuin*.

[13] Zie voor eerder onderzoek naar kristallen van salpeter Brief 15 [9] van 22 januari 1675, *Alle de Brieven*, Dl. 1, blz. 222-224; Brief 83 [44] van 23 januari 1685, *idem*, Dl. 5, blz. 78-80, met afbeeldingen van de kristallen in fig. XV op Plaat VIII en afb. II op Plaat IX; Brief 89 [48] van 22 januari 1686, *ibid.*, blz. 368-376, met een afbeelding in fig. LXXIII op Plaat XXXV; Brief 255 van 3 maart 1705, *idem*, Dl. 15, blz. 128-130; en Brief 259 van 25 mei 1705, *ibid.*, blz. 230-232.

[14] *een besluyt maakte*, een conclusie tork.

[15] *dese tweede zoutdeelen*, deze tweede soort van zoutdelen.

[16] *om ... samenstremminge*, door de snelheid waarmee ze aan elkaar kristalliseerden.

[17] *gemeen Zee-zout*, keukenzout.
Deze beschrijving slaat op gewoon keukenzout (NaCl). Zie voor eerdere beschrijving van de kristallen van keukenzout Brief 6 van 16 april 1674, *Alle de Brieven*, Dl. 1, blz. 86; Brief 11 [6] van 7 september 1674, *ibid.*, blz. 156-158; Brief 16 [10] van 11 februari 1675, *ibid.*, blz. 232-234 en 240-242; Brief 17 [11] van 26 maart 1675, *ibid.*, blz. 292-294 (over het tekenen van zoutkristallen); Brief 52 van 14 november 1679, *idem*, Dl. 3, blz. 122-134; Brief 82 [43] van 5 januari 1685, *idem*, Dl. 5, blz. 10; Brief 141 [86] van 10 april 1685, *idem*, Dl. 10, blz. 172-174; Brief 149 [91] van 20 juli 1695, *idem*, Dl. 11, blz. 16; Brief 245 van 8 januari 1704, *idem*, Dl. 14, blz. 288; en Brief 261 van 29 december 1705, *idem*, Dl. 15, blz. 266-268.

[18] *nog doorsneden*, nog eens doorgesneden; met het volgende *het geene* doelt L. op het snijvlak.

[19] *het sagte zout*, het oplosbare zout,

[20] *vernomen*, gezien.

This watery fluid wholly evaporated when the glass had stood in a warm atmosphere: and the rest of the salt particles, which then became visible, usually coagulated in the same manner as we see the moisture in the house crystallizing against the inner side of the glass panes when it freezes.

Now when I made my warm breath several times pass over the salt particles mentioned just now, these salt particles dissolved again, and united themselves to the watery fluid of my breath; and the salt particles first mentioned kept their figure: some of which ended in a flat and sharp surface, or an oblique one, like I have described in the case of particles of saltpetre[5].

Now when I let the blood of the living shrimps evaporate in a dry atmosphere, the salt particles, the figure of which was like that of the particles of saltpetre, did not coagulate; from this I concluded that this second kind of salt particles through the speed with which they crystallized together remained joined to one another; in all my observations I did not discover any configuration of salt which was a square, resembling our common sea-salt[6].

Further I took a part of a cod which had been cut to pieces when alive, and I cut this piece again, in order that that part, from which I was to press the moisture, had not been touched by hand or finger. *Cod.*

When I had put this sap or fish-moisture on several glasses, I saw soon afterwards that a large number of salt particles lay coagulated, of the kind which resembled the particles of saltpetre: and this in length, breadth, and thickness, as I have already said of the salt in the shrimp; but I did not discern the soft salt in the sap of the cod.

---

[5] For earlier investigations of crystals of nitre see Letter 15 [9] of 22 January 1675, *Collected Letters*, vol. 1, pp. 223-225; Letter 83 [44] of 23 January 1685, *idem*, vol. 5, pp. 79-81, with illustrations of the crystals in fig. XV on Plate VIII and ill. 11 on Plate IX; Letter 89 [48] of 22 January 1686, *ibid.*, pp. 369-377, with an illustration in fig. LXXIII on Plate XXXV; Letter 255 of 3 March 1705, *idem*, vol. 15, pp. 129-131; and Letter 259 of 25 May 1705, *ibid.*, pp. 231-233.

[6] This description refers to common kitchen salt (NaCl). For an earlier description of the crystals of kitchen salt see Letter 6 of 16 April 1674, *Collected Letters*, vol. 1, p. 87; Letter 11 [6] of 7 September 1674, *ibid.*, pp. 157-159; Letter 16 [10] of 11 February 1675, *ibid.*, pp. 233-235, and 241-243; Letter 17 [11] of 26 March 1675, *ibid.*, pp. 293-295 (on drawing salt crystals); Letter 52 of 14 November 1679, *idem*, vol. 3, pp. 123-135; Letter 82 [43] of 5 January 1685, *idem*, vol. 5, p. 11; Letter 141 [86] of 10 April 1685, *idem*, vol. 10, pp. 173-175; Letter 149 [91] of 20 July 1695, *idem*, vol. 11, p. 17; Letter 245 of 8 January 1704, *idem*, vol. 14, p. 289; and Letter 261 of 29 December 1705, *idem*, vol. 15, pp. 267-269.

BRIEF No. 297 [II] 17 DECEMBER 1712

Spiervezels.

Ik hadde ook tot myn vermaak[21] verscheyde kleyne visdeelen van de Kabbeljauw op glasen geplaatst; ende wanneer die ontrent een uure daar op gelegen hadden, en ik deselve beschouwde, sag ik veele zoutdeeltjes op de vis leggen; dog geen andere, als die met de Salpeterdeelen over een quamen.

Ik hebbe sedert vyf-en-twintig en meerder Jaren de visdeelen van de Kabbeljauw beschout[22], om, was het voor my doenlyk, de maaksels van de musculen ende der selver uytwerkingen[23] te ontdecken: maar ik hebbe doorgaans[10] mynen arbeyt gestaakt, om dat ik sag dat 'er voor my geen doorkomen aan en was: want de vismusculen in deselve syn in een over groot getal, en syn in een groote Kabbeljauw aan de eene syde niet veel boven een quart van een duym[24] lang, en aan het ander eynde geen rugge van een mes dik: ende daar by leggen de vis striemtjens, fibertjens[25], seer schuyns in zoo een muscul; ende dese fibertjens eyndigen met hare dikte in een membrane: en uyt zoodanige musculs bestaat, voor zoo veel het my voorkomt, de Kabbeljauw van het hooft tot de staart: ende dese musculs synder verscheyde nevens den anderen[5] in de dikte van de Kabbeljauw.

Tussen yder van dese musculs leggen starke membranen, waar in de fibertjens van weder syde seer vast syn vereenigt.

Wanneer ik myne gedagten op dit maaksel van de visdeelen hadde laten gaan, konde ik my selven geen andere reden te binnen brengen[26], als dat dese korte musculen alleen gemaakt waren, om een schielyke uytrekkinge en inkrimpinge te doen; ende dat dese membranen zoo sterk waren, datze geen uytrekkinge toelieten: en als nu een muscultje om syn kortheyt[27] sig was uytrekkende ofte inkrimpende, dat als op een point des tyds[28] konde geschieden, dat dan alle de musculen te gelyk waren inkrimpende: daar[29] in tegendeel, wanneer der[30] eene muscul van 't hooft tot de staart was, zoodanige muscul langsaam soude inkrimpen, in vergelykinge van de korte musculen.

---

[21] *tot myn vermaak*, voor mijn genoegen.

[22] Zie voor de brieven over spiervezels in dit deel de opsomming in het Voorwoord. Vgl. SCHIERBEEK, *Leeuwenhoek*, Dl. 2, blz. 336-347; IDEM, *Measuring*, blz. 121-125; en COLE, "L.'s ... researches", blz. 36-39.
Zie voor L.'s eerdere brieven over spiervezels aant. 5 bij Brief 296 [I] van 8 november 1712, in dit deel.

[23] *der selver uytwerkingen*, hun werking, hun functioneren.

[24] Een *duym* is 2,61 cm.

[25] *vis striemtjens*, vezeltjes visvlees. Evenals in andere brieven heeft L. er tussen komma's het synoniem *(vis) fibertjens* achter gezet.

[26] *my selven (...) te binnen brengen*, bedenken.

[27] *om syn kortheyt*: deze bepaling had in de bijzin *dat ... geschieden* moeten staan: hetgeen als het ware in een fractie van een seconde kan gebeuren.

[28] *op een point des tyds*, in een kort ogenblik.

[29] *daar*, terwijl.

[30] *der*, er.

For my pleasure I had also put several little fish-parts of the cod on glasses; and when they had been lying on them for about an hour, and I examined them, I saw many salt particles lying on the fish; but only such as resembled the particles of saltpetre.

Muscle fibres.

During twenty-five years or more I have examined the fish-parts of the cod[7] in order to discover, if I could, the structures of the muscles and their working; but time and again I have left off from this labour, because I saw that there was for me no way to get through: for the fish-muscles in them are exceedingly numerous, and in a large cod they are on one side not much longer than a quarter of an inch[8], and at the other end not as thick as the back of a knife: and, moreover, the little fish-strips, fibres, lie in a very oblique direction in such a muscle; and these little fibres with their thickest part end up in a membrane; and as far as I can see, the cod consists from head to tail of such muscles: and several of these lie parallel to each other in the thickness of the cod.

Between all these muscles lie strong membranes, to which the little fibres on each side are very firmly attached.

When I had given thought to this structure of the fish-parts, I could not think of another reason than that these short muscles were only made for the purpose of swiftly extending and contracting; and that these membranes were so strong that they did not allow for extending; and if, then, a little muscle was extending or contracting – which could happen in a moment of time because of their shortness – that in that case all the muscles would be contracting simultaneously; whereas if there had been, on the contrary, one single muscle from the head to the tail, such a muscle would contract slowly, when compared to the short muscles.

---

[7] See for the letters on muscle fibres in this volume the enumeration in the Preface. Cf. SCHIERBEEK, *Leeuwenhoek*, vol. 2, pp. 336-347; IDEM, *Measuring*, pp. 121-125; and COLE, "L.'s ... researches", pp. 36-39.

For L.'s earlier letters on muscle fibres see note 3 to Letter 296 [I] of 8 November 1712, in this volume.

Dese vaardige[31] bewegginge aan de Kabbeljauw, ende veel andere Vissen, is ontrent de staart seer noodig, om datze haar Aes in 't opvangen[32] van andere Vissen moeten bekomen: dieze dan ook niet na de Maag senden, als met het hooft inwaarts[33].

Dese geseyde starke membranen, die tussen de vismusculen leggen, blyven, schoon de Vissen tweemaal vier-en-twintig uuren syn doot geweest[34], ende ook wanneer de Vissen syn ingezouten, haar starkte behouden. Maar wanneer men de Kabbeljauw kookt, zoo werden de membranen zoodanig ontdaan[35], dat men deselve niet ontdekt, ende dat de vis-musculen van de membranen gescheyden werden: zoo dat men dan van een goede Vis seyt, sy schilfert van een, en ze is seer smakelyk.

Ik hebbe weder de visdeelen, anders geseyt de vismusculen, van een gescheyden, ende deselve voor myn gesigt door[36] het Vergroot-glas gestelt; omme, was het mogelyk, de membrane, waar in yder Walvis fibertje omwonden leyt, mede in de Kabbeljauws deelen te ontdekken: in welk doen ik gesien hebbe, dat na myn oog af te meten, eenige van de visfibertjens, van een groote Kabbeljauw, wel agtmaal dikker syn, dan de vlees fibertjens van een Walvis[37].

Dese visfibertjens in de Kabbeljauw syn seer verschillende in dikte; zoo dat men met een opslag[38] wel twintig visfibertjens siet, die alle verschillende syn in dikte.

In welk doen ik weder vermaak schepte in de kringsgewyse streepjens, die ik in de visfibertjens sag, ende daar benevens de menigte van lange inleggende deeltjens, waar uyt een fibertje was bestaande; ende wanneer ik na myn genoegen[39] dese visfibertjens konde handelen[40], bevont ik dat yder van deselve zoo wel omvangen was van een membraantje, als ik van het Walvis vlees hebbe geseyt.

---

[31] *vaardige*, snelle.
[32] *opvangen*, als prooi vangen.
[33] *dieze ... inwaarts*, die ze dan ook alleen met de kop vooruit inslikken.
[34] *schoon ... geweest*, al zijn de vissen al 48 uur dood.
[35] *zoodanig ... ontdaan*, dan vallen de membranen zozeer uit elkaar.
[36] *voor myn gesigt*, voor mijn ogen; i.p.v. *door* (het Vergroot-glas) leze men *voor*.
[37] Zie Brief 296 [I] van 8 november 1712, in dit deel.
[38] *opslag*, blik.
[39] *na (tot) myn genoegen*, tot mijn tevredenheid.
[40] *handelen*, behandelen, prepareren.

This swift motion of the cod and of many other fishes is very necessary in the area of the tail, because they must gain their food by catching other fishes: and therefore they convey the latter to their stomach without exception head foremost.

These strong membranes, above mentioned, which lie between the fish-muscles, retain their strength, even when the fishes are already dead for more than twice twenty-four hours, and also when the fishes have been salted down. Yet when one boils the cod, then the membranes are boiled away, so much so, that one cannot discern them, and that the fish-muscles are separated from the membranes: so that it is said of a good fish that it flakes off, and it is very tasty.

I have again separated the fish-parts or, in other words, the fish-muscles, and put them before my eyes before the magnifying glass; in order to discover, if possible, the membrane, in which each little fibre of a whale lies wrapped up, in the parts of the cod as well: while I was doing this I saw that some of the little fish-fibres of a large cod, as estimated by my eye, are as much as eight times thicker than the little flesh-fibres of a whale[9].

These little fish-fibres in the cod vary greatly as to thickness: so that in a single glance one sees up to twenty little fish-fibres which are all different as to thickness.

While I was doing this I again delighted in the circular little stripes which I saw in the little fish-fibres and, moreover, in the multitude of long particles enclosed, of which a little fibre consisted; and when I could prepare these little fish-fibres to my satisfaction, I found that each of them was likewise wrapped up in a little membrane, as I have said with regard to the flesh of a whale.

---

[9] See Letter 296 [I] of 8 November 1712, in this volume.

fig. VIII.

Omme een beter bevattinge van de visdeelen, fibertjens, van de Kabbeljauw te hebben, zoo hebbe ik een kleyn gedeelte van de visfibertjens van de Kabbeljauw, van een gemene grootte, laten afteykenen, zoo als die voor het Vergroot-glas stonden, als hier Fig. 1. met ABCDE. wert aangewesen; die dwers syn doorsneden: waar in als voor de oogen gestelt wert de verschillende dikte, die[41] tussen de fibertjens is.

Wyders hadde ik voor een ander Vergroot-glas staan eenige visfibertjens, die mede dwars waren doorsneden, ende ingedroogt waren, om aan te wysen, hoe irregulier deselve ingekrompen syn; ende ten anderen[42], hoe tussen deselve de membranen lagen, waar mede yder visfibertje omvangen is geweest: waar van veele membraantjens ontstukken syn gebrooken, als niet konnende[43] de groote uytrekkinge, die de visfibertjens met haar stark inkrimpende komen te doen, wederstaan, als hier met Fig. 2. FGHI. wert aangewesen.

fig. IX.

Dese visfibertjens krimpen zoo sterk in een, dat men veelmaal de kleyne visfibertjens, waar uyt een vis fibertje is bestaande, aan eenige[44] maar voor een gedeelte kan bekennen, die in deselve figuur met stipjens syn aangewesen.

fig. X.

Omme nu de hier vooren verhaalde kringsgewyse ommetrekken, waar mede yder vis fibertje van de Kabbeljauw is beset[45], aan te wysen, zoo heb ik een kleyn gedeelte van zoo een fibertje, dat een weynig in syn lengte was afgesneden, om dat men selden de geseyde visfibertjens zoo over dwars kan doorsnyden, of men snyt eenige wat in der selver lengte ontstukken, laaten afteykenen, als hier met Fig. 3. KLM wert aangewesen; en als men een menigte van zoodanige fibertjens van een levende of onbesturve[46] Cabbeljauw by den anderen[5] siet leggen, zoo is het voor my een aangenaam gesigt. De laatste figuur was mede een ingedroogt stukje van een visfibertje.

---

[41] *de verschillende dikte, die*, het verschil in dikte, dat.
[42] *ten anderen*, in de tweede plaats.
[43] *als niet konnende*, omdat ze niet kunnen (konden).
[44] *aan eenige*, bij sommige (ervan).
[45] *is beset*, is omgeven.
[46] *onbesturve*, pas gedode (Hollandsche dialectvorm van 'onbestorven').

In order to gain a better understanding of the fish-parts, little fibres, of the cod I have ordered a small part of the little fish-fibres of the cod, of an average size, to be drawn, so as they stood before the magnifying glass, as is shown here in Fig. 1. with ABCDE; they have been cut crosswise: in which the difference as to thickness existing between the little fibres is as it were put before one's eyes. *fig. VIII.*

Further I had some little fish-fibres which stood before another magnifying glass, which had also been cut crosswise and had dried up, in order to show how irregularly the same have shrunk: and secondly, how the membranes lay between them, in which each little fish-fibre has been wrapped up: of these many little membranes are torn to pieces, not being able to sustain the great stretching which is caused by the little fish-fibres when they strongly shrink, as is here shown in Fig. 2. FGHI. *fig. IX.*

These little fish-fibres shrink so much that often one can only partially discern in some of them the tiny fish-fibres, which together constitute the little fish-fibre; these have been indicated by little dots in the same figure.

In order to show the circular envelopes with which each little fish-fibre of the cod is surrounded, I have ordered a small part of such a little fibre to be drawn – this had been cut off slightly lengthwise because it rarely happens that one is able to cut the said little fish-fibres transversely without cutting some of them more or less lengthwise to pieces as has been shown here in Fig. 3. KLM; and when one sees a large number of such little fibres of a living or a fresh cod lying close to one another, this is for me a pleasant sight. The last figure was also a dried-up part of a little fish-fibre. *fig. X.*

Spiering.

  Vorders ben ik gevallen op[5] de visdeelen van de Spiering, die van een gemene groote was, ende die ik oordeelde dat ses duymen[24] lang was[47].

  Dese visfibertjens waren in myn oog zoo dik, als de vleesdeelen van den laatst geseyden Walvis[48]; en gelyk[49] het by my vast staat, dat alle vlees en vis fibertjens in Dieren en Vissen niet vermeerderen, maar met het groot werden van Dier of Vis mede in groote toenemen; zoo soude ik, by aldien ik van de grootste Spiering hadde genomen, de visfibertjens ook grooter gevonden hebben.

Kabeljauw.

  Ik hebbe voor dese geseyt, dat wanneer ik in myne ontdekkingen quam te dwalen, dat ik daar van openhertig belydenisse soude doen; nu is 't sulks[50], dat ik voor twee distincte[51] Vergroot-glasen hadde staan visfibertjens van een Kabbeljauw, die ik aan verscheyde aansienlyke Heeren hebbe vertoont; met byvoeginge, datze[52] in agt wilden nemen de menigvuldige verwonderens waardige[53] door een gevlogte fyne deelen, die men in een opgespouwd[54] visfibertje van een Kabbeljauw quam te sien: en alleenlyk[55] waren die deelen, waar uyt een visfibertje was bestaande.

  Maar nu ik ontdekt hebbe, dat yder visfibertje als[56] omvangen leyt van een membraantje; zoo stel ik nu vast[57], dat men niet alleen met het opspouwen van een visfibertje de inwendige deelen van zoo een visfibertje komt te sien; maar dat men een gedeelte van het membraantje komt te sien, waar in een visfibertje omwonden is geweest.

fig. XI.

  Ik hebbe een geseyt visfibertje van een Kabbeljauw na myn vermogen ontdaan[58], ofte opgespouwen; en, zoo als het voor het Vergroot-glas stont, laten afteykenen, als in Fig. 4. met ABCDEFGHI. wert aangewesen, zoo veel den Teykenaar konde te weeg brengen; want het was hem niet doenlyk, alle de menigvuldige trekken[59], die men quam te sien, na behooren te volgen.

---

[47] Een spiering (*Osmerus eperlanus* [L.]) die in zoet water leeft, wordt als regel niet groter dan 10-15 cm.
[48] Zie Brief 296 [I] van 8 november 1712, in dit deel.
[49] *gelyk*, daar, aangezien.
[50] *nu is 't sulks*, nu is het zo gesteld.
[51] *distincte*, verschillende.
[52] *datze*, of ze.
[53] *verwonderens waardige*, bewonderenswaardig.
[54] *opgespouwd*, opengespleten; ook: *opgespouwen*.
[55] *en alleenlyk*, lees: en die alleenlyk.
[56] *als*, als het ware, om zo te zeggen.
[57] *stel (...) vast*, denk stellig.
[58] *ontdaan*, geopend, ontleed.
[59] *trekken*, lijnen.

Further I have turned to the fish-parts of the smelt[10], which was of an ordinary size, and which I judged to be six inches[8] long. *Smelt.*

These little fish-fibres were in my view as thick as the flesh-parts of the whale I described recently[11]; and because I feel certain that all little flesh- and fish-fibres in animals and fishes do not increase in number, but in size, parallel to the growth of an animal or fish: therefore, if I had taken a part of the biggest smelt, I would have found that the little fish-fibres were also larger.

I have said earlier that if I were to err in my discoveries I would frankly confess to that: now it happened that I had little fish-fibres of a cod standing before two different magnifying glasses, which I have shown to several distinguished gentlemen; adding that they should pay attention to the multiple delicate parts, wonderfully intertwined, which one could observe in a little fish-fibre of a cod which had been split open; and which were the sole parts of which a little fish-fibre consists. *Cod.*

But now that I have discovered that each little fish-fibre as it were lies wrapped up in a little membrane, I am therefore now firmly convinced that by merely splitting a little fish-fibre open one does not gain a view of the inner parts of such a little fish-fibre, but rather of a part of the little membrane in which a little fish-fibre lay wrapped up.

I have dissected or split open, such a little fish-fibre of a cod to the best of my ability: and I have ordered it to be drawn as it stood before the magnifying glass, as is shown in Fig. 4. with ABCDEFGHI., as far as the draughtsman could render it: for he was unable to reproduce the numerous lines which one came to observe. *fig. XI.*

---

[10] Smelts (*Osmerus eperlanus* [L.]) living in fresh water are usually not larger than 10-15 cm.
[11] See Letter 296 [I] of 8 November 1712, in this volume.

Walvis.

fig. XII.

Garnaal.

fig. XIII.

Met IA. ende DE. wert aangewesen de dikte, die een ingedroogt visfibertje van een Kabbeljauw heeft: ende BC. KL. ende HG. syn drie afgescheyde deelen van het visfibertje: ende G. en F. syn aan den anderen⁵ vereenigt geweest, ende door my in 't scheyden gebrooken.

Onder verscheyde waarnemingen quam my in 't oog een membraantje, dat tussen de vleesdeelen van den Walvis hadde gelegen; en waer van de vleesfibertjens aan wedersyde, in't indroogen van deselve, waren gescheyden; zoo dat de membraantjens, die van het eerste membraantje als afgingen[60], my naakter voorquamen[61], als ik tot nog toe hadde gesien; welke membraantjens tussen yder vleesfibertje doorgingen; als hier met Fig. 5. MNOP. wert aangewesen.

Wyders hebbe ik seer veel waarnemingen gedaan, omme, was het mogelyk, den loop van de visfibertjens van de Garnaat te ontdekken[62]. Maar dit schynt voor my onmogelyk, om dat de loop van de musculen onnaspeurlyk was: want hoe menige snede ik in de Garnaat dede, zoo snede ik tot verbaastheyt[63] de musculen zoo in de langte als over dwars ontstukken: ja wel zoodanig dat in een kleyne Sants spatie[64], wel drie bysondere[65] loopen van de visfibertjens, die vereenigt[66] waren, in een membrane eyndigden; en wel meest, als ik die seer na aan[67] 't eynde van de staart doorsnede.

Na veele bysondere waarnemingen hebbe ik tot myn genoegen[19] konnen sien, dat yder fibertje van de Garnaat mede omwonden was van een membraantje.

Omme een bevattinge te hebben van den loop van de visfibertjens in de Garnaat, die van een gemene groote was, hebbe ik een stukje seer na[68] in 't midden van desselfs ligham over dwars gesneden, ende een weynig van het selvige laten afteykenen, zoo als het voor het Vergroot-glas[a] stont, als hier Fig. 6. met NOPQRS. wert aangewesen; synde OPQR. de visfibertjens, die meest[69] vereenigt syn aan de membrane VW. Ende dese membrane spreyde sig ook uyt aan WP. ende WQ. zoo dat de visfibertjens tussen W.P.Q. ingevest, ofte vereenigt syn aan[70] de geseyde WP. ende WQ. ende wanneer men alle dese geseyde fibertjens in haar regte lengte niet[71] komt te doorsnyden, zoo vertoonen sig deselve als by SN.[b] wert aangewesen.

---

[a] A: Vergroos-glas   [b] A: *heeft onjuist* SM.
[60] *als afgingen*, als het ware aftakten van.
[61] *my naakter voorquamen*, voor mij duidelijker te zien waren.
[62] Zie Brief 68 [36] van 4 april 1682, *Alle de Brieven*, Dl. 3, blz. 426-430.
[63] *tot verbaastheyt*, tot mijn schrik, tot mijn grote verwondering.
[64] Een *kleyne Sants spatie* is 100-260 μ.
[65] *bysondere*, verschillende.
[66] *vereenigt*, met elkaar verbonden, aan elkaar vast.
[67] *seer na aan*, vlakbij.
[68] *seer na*, ongeveer.
[69] *meest*, grotendeels.
[70] *ingevest, ofte vereenigt syn aan*, ingeplant zijn of vast zitten aan.
[71] *in haar regte lengte niet*, niet precies in de lengterichting.

With IA. and DE. the thickness of a dried-up little fish-fibre of a cod is shown; and BC., KL., and HG. are three separate parts of the little fish-fibre: and G. and F. were united to each other, and have been broken when I separated them.

Among several observations my eye fell upon a little membrane which had been lying between the flesh-parts of the whale: and from which the little flesh-fibres on each side had been separated during the process of drying in; consequently, the tiny membranes which as it were branched off from the first little membrane appeared more clearly to me than I had seen before: and these tiny membranes went between all little flesh-fibres, as is shown here in Fig. 5. MNOP.

Whale.

fig. XII.

Further I have made very many observations in order to discover, if possible, the course of the little fish-fibres of the shrimp[12]. But this appears impossible to me, because the course of the muscles could not be traced: for however many incisions I made in the shrimp, each time, to my great amazement, I cut the muscles to pieces both length- and crosswise: indeed, so that within the space of a small grain of sand[13] as much as three different courses of the little fish-fibres, which were attached to one another, ended up in a membrane; and this happened most often when I cut them very close to the tip of the tail.

Shrimp.

After many special observations I have been able to see, to my satisfaction, that each little fibre of the shrimp was also wrapped up in a little membrane.

In order to gain an idea of the course of the little fish-fibres in the shrimp, which was of an ordinary size, I have cut a little piece, approximately in the middle of the body, across, and I have ordered a small part of this to be drawn, so as it stood before the magnifying glass, as is shown here in Fig. 6. NOPQRS, with OPQR. being the small fish-fibres, which are for the most part attached to the membrane VW. And this membrane also extended to WP. and WQ., so that the little fish-fibres between W.P.Q. are engrafted in, or attached to, the said WP. and WQ., and when one does not manage to cut all these said little fibres exactly lengthwise, then they are displayed as is shown by SN.

fig. XIII.

---

[12] See Letter 68 [36] of 4 April 1682, *Collected Letters*, vol. 3, pp. 427-431.
[13] The *space of a small grain of sand* is 100-260 μ.

Dog deselve syn aldaar wat te groot geteykent, om dat de snee van het mes daar wat schuyns is gegaan.

Wat nu de openingen aan T. ende een weynig daar boven syn, staat te ondersoeken.

Als wy nu sien dat de visfibertjens, zoo van Vlees als Vis by my beschout, omwonden leggen met membraantjens, zoo mogen wy ons wel inbeelden[72], dat sulks in alle Vlees en Vis ingeschapen is; ende dat wy zoodanige maaksels, zonder ontdekkinge door het Vergroot-glas, noyt in onse Hersenen zouden hebben konnen smeden. Dog onse gedagten daar ontrent meermalen hebbende laten gaan, hebben wy ons ingebeelt, dat de seer kleyne membraantjens, waar mede een vlees- ofte visfibertje omvangen is, nootsakelyk waren; want soo sulks niet en was, beelt ik myn in, zouden de vlees- en visfibertjens, die seer sagt ende onstark syn, door de beweginge ende drukkinge, die de lighamen doorgaans[10] wert aangedaan, selfs door yder polsslag, zoo tegen den anderen[5] vryven, dat de buytenste delen van de selve zouden werden ontdaan, ende ontdaan synde, aan den anderen vereenigen[73]; gelyk men bevint, dat in eenige deelen van de lighamen geschiet, die van de huyt ontbloot synde, aan den anderen vereenigen.

Ten anderen[42], zoo nu 40. à 50. fibertjens alleen omwonden lagen met eene membrane, ende men vast stelt[57] dat door dese en door alle membraantjens, als selfs geen vaatjens synde[74], de bloetbolletjens niet konnen overgevoert[75] worden, en alleen maar de dunne stoffe van het bloet, die men serum noemt, voetsel aan de vlees- of visfibertjens kan toebrengen; zoo zouden de fibertjens, die naast aan[76] de membraantjens leggen, meerder voetsel ontfangen, als de binnenwaarts leggende fibertjens[a], die dan geen voetsel en zouden bekomen, als[77] 't geen zy van de nevens leggende fibertjens waren overnemende; want zoo de ronde ovaals gewyse[78] deeltjens in 't bloet van de Vis, die het bloet root maaken, zoo gedivideert wierden, datze door de membraantjens tot in de visdeelen overgingen; zoo beelt ik my in, dat de vis eenige couleur, die na den roode was hellende[79], zoude aannemen, dat[80] wy niet komen te sien.

---

[a] A: fibettjens
[72] *ons (...) inbeelden*, denken, aannemen.
[73] *zouden ... vereenigen*, zouden losraken en als ze los zijn, aan elkaar vast zouden groeien.
[74] *als ... synde*, doordat ze zelf geen vaatjes zijn.
[75] *overgevoert*, getransporteerd.
[76] *naast aan*, het dichtst bij.
[77] *geen voesel (...) als*, geen ander voedsel dan.
[78] *ronde ovaals gewyse*, ovaalvormige, ovaalronde.

L. zag in 1677 voor het eerst ovale rode bloedlichaampjes bij de paling, maar herkende ze nog niet als zodanig, zie Brief 33 [21] van 5 oktober 1677, *idem*, Dl. 2, blz. 242-244. Dat deze bij vissen ovaal en plat zijn vermeldde L. in Brief 67 [35] van (3) maart 1682, *idem*, Dl. 3, blz. 404-406, bij de rog, kabeljauw en zalm. Zie voorts Brief 72 [38] van 16 juli 1683, *idem*, Dl. 4, blz. 72 (kikker, zalm, de celkern); Brief 80 [41] van 14 april 1684, *idem*, Dl. 4, blz. 240-242 (een nieuwe vermelding); Brief 110 [65] van 7 september 1688, *idem*, Dl. 8, blz. 52-54, waar L. stelt dat de rode bloedlichaampjes van alle vogels en vissen ovaal en plat zijn; Brief 214 [128] van 9 juli 1700, *idem*, Dl. 13, blz. 134-146 (bot en zalm). Zie ook aant. 14 bij Brief 195 [112] van 20 september 1698, *idem*, Dl. 12, blz. 244.

[79] *eenige ... hellende*, een roodachtige kleur.
[80] *dat*, wat, hetgeen.

Yet these have been drawn there slightly too large, because the incision of the knife has gone slightly askew.

What the apertures on T. and somewhat above that are, must still be explored.

If we now see that the little fish-fibres from both flesh and fish, as I have observed them, lie wrapped up in little membranes, we may well assume that this is innate to all flesh and fish: and that we could never have forged such structures in our brain, without discovering them through the magnifying glass. Yet because we have thought upon this several times, we have assumed that the very tiny membranes, in which a little fibre of flesh or fish is enclosed, are indispensable; for if they did not exist, I think that the little flesh- and fish-fibres, which are very soft and weak, would rub against one another through the movement and pressure which are continually experienced by the bodies, and indeed through each pulse; so much so, that their outer parts would come off and once this had happened, they would become stuck to one another, as one sees that happen in some parts of bodies which, when their skin is stripped off, get stuck to one another.

Secondly, given the fact that 40 to 50 little fibres lay wrapped up in a single membrane, and one feels firmly convinced that the blood-globules cannot be conveyed through these and all membranes, because they are not little vessels, and that only the fluid matter of the blood, which is called serum, is able to convey nourishment to the little flesh- or fish-fibres; therefore the little fibres which are closest to the little membranes would receive more nourishment than the little fibres which lie more inwards; which, then, would get no other nourishment than what would be transferred to them by the adjacent little fibres; for if the oval particles in the blood of the fish[14], which give the blood its red colour, were split up in such a way that they would pass through the little membranes into the fish parts: then the fish would, I think, acquire a reddish colour, which we do not see.

---

[14] In 1677 L. saw oval red blood corpuscles in the eel for the first time, but he did not yet recognize them as such; see Letter 33 [21] of 5 October 1677, *Collected Letters*, vol. 2, pp. 243-245. That they are oval and flat in fishes is mentioned by L. in Letter 67 [35] of (3) March 1682, *idem*, vol. 3, pp. 405-407, with regard to the ray, cod, and salmon. See also Letter 72 [38] of 16 July 1683, *idem*, vol. 4, p. 73 (frog, salmon, the cell nucleus); Letter 80 [41] of 14 April 1684, *idem*, vol. 4, pp. 241-243 (a new entry); and Letter 110 [65] of 7 September 1688, *idem*, vol. 8, pp. 53-55, where L. maintains that the red blood corpuscles of all birds and fishes are oval and flat; Letter 214 [128] of 9 July 1700, *idem*, vol. 13, pp. 135-147 (flounder and salmon). See also n. 5 on Letter 195 [112] of 20 September 1698, *idem*, vol. 12, p. 245.

BRIEF No. 297 [II]   17 DECEMBER 1712

Bot.   Na desen hebbe ik een Plat-vis die wy Bot noemen, welke Vis ontrent agt duymen[24] lang was, dog seer wel gevoet, ofte dik, na syn lengte doorsneden: ende van deselve eenige visdeelen na myn vermogen voor het Vergroot-glas gebragt hebbende, na dat ik die visdeelen over dwars hadde doorsneden, sag ik meer als ik in andere visdeelen hadde gesien, bestaande in[81] de verscheydenheyt van de dikte der visfibertjens. Onder dewelke eenige weynige zoo dun waren, dat een daar nevens leggende wel sestien maal dikker was: en wanneer dese over dwars doorsnedene visfibertjens begonden in te droogen, quamen de inleggende fibertjens, waar uyt een visfibertje van de Bot is bestaande, naakter voor de oogen[61], als ik tot nog toe in eenige[82] visdeelen hadde vernomen: en, na het afmeten van myn oog, oordeelde ik dat een visfibertje wel uyt drie hondert fibertjens was bestaande.

Dese visfibertjens krompen meer in, als eenige andere visfibertjens; waar door men de membraantjens, die yder visfibertje omvangen, seer naakt, ende dat in groote menigte, konde bekennen.

Uyt welk gesigte ik in gedagten nam, of zoo een kleyn fibertje, waar uyt de eerste fibertjens syn bestaande, niet wel mede yder met een membraantje mag omwonden wesen, ende dat yder van de selve weder uyt fibertjens is te samen gestelt. In't kort, ik seyde al weder tot my selven, o diepte der verborgentheden, hoe onnaspeurlyk is het maaksel aller Schepselen, en hoe weynig is't dat wy weten, schoon wy deselve[83] met wel geslepene ende scherp siende Vergroot-glasen soeken na te speuren.

---

[81] *bestaande in*, namelijk, en wel.
[82] *eenige*, welke dan ook.
[83] *deselve*, deze; aangezien *diepte der verborgentheden* voor L. waarschijnlijk een ondeelbaar begrip is (nl. God), zal hij met *deselve* wel verwijzen naar *Schepselen* en hun *maaksel*.

After this I have cut a flat-fish, which we call flounder, in two, lengthwise this fish was approximately eight inches long, but very well-nourished, or thick; and when I had put a few fish-parts of this before the magnifying glass, to the best of my ability, after I had cut these fish-parts crosswise, I saw more than I had seen in other fish-parts, to wit, the varying thickness of the little fish-fibres. Among them some few were so thin that another, lying alongside, was as much as sixteen times thicker: and when these little fish-fibres, cut across, began to dry up, the enclosed little fibres, of which the little fish-fibre of the flounder consists, became clearer to the sight than I had perceived earlier in any fish-parts whatsoever; and, estimated by my eye, I judged that a little fish-fibre consisted of as much as three hundred little fibres.

Flounder.

These little fish-fibres shrunk more than any other little fish-fibres; consequently, one could observe the little membranes which enclose each little fish-fibre very clearly and in a great number.

This sight suggested the idea to me that each such a tiny little fibre, which constitutes the first little fibres, may also be wrapped up in a little membrane, and that each of the former in its turn may consist of little fibres. Briefly, I said again to myself: O depth of hidden mysteries, how unfathomable is the making of all Creatures, and how little is that what we know, even if we try to scrutinize them with well-ground and clear-sighted magnifying glasses.

BRIEF No. 297 [II]   17 DECEMBER 1712

Baars.

Myn voornemen was af te breeken; maar alzoo ik een Baars in myn huys hadde, die men oordeelde dat negen oncen[84] was wegende; en ook kleyne Baarsjens, die men oordeelde dat eene once waren wegende; zoo hebbe ik een gedeelte van hun beyder visfibertjens voor een Vergroot-glas gestelt, ende geoordeelt, dat wanneer men de zyde ofte den diameter van de visfibertjens van de kleyne Baars stelde te syn een, dan[85] de zyde ofte diameter van de groote Baars was twee; en bygevolg dan zouden de visfibertjens van de groote Baars viermaal zoo dik syn; ende als wy stellen, dat de visfibertjens van de groote Baars tweemaal zoo lang syn als die van de kleyne Baars, zoo syn de visfibertjens van de groote Baars agt maal zoo groot, als die van de kleyne Baars.

Ik hebbe eenige schobbens van de groote baars ondersogt; en ik oordeelde dat deselve meer dan twaalf jaren out was[86].

Als wy nu sien, dat in de kleyne Baars de visfibertjens agt maal kleynder syn, dan in de groote Baars, zoo konnen wy meer als te vooren vast stellen[87], dat de visfibertjens in 't groot worden van de Schepselen, niet in getal, maar alleen in groote toenemen; ende hoe kleyn de Schepselen syn, dat haar getal[88] van fibertjens niet en vermeerdert. En waarom mogen wy niet verder gaan, en in gedagten neemen, dat de visfibertjens met hare omwonden membraantjens al in geschapen syn in het Diertje van het Mannelyk zaat van een Vis; want is het daar niet in, hoe kan't daar uyt komen?

---

[84] Een *once* is 30 g.
[85] *dan*, lees: dat dan.
[86] *schobbens*, schubben.
Zie voor L.'s ideeën over de leeftijdsbepaling van vissen aan de hand van hun schubben Brief 177 [107] van 27 september 1696, *Alle de Brieven*, Dl. 12, blz. 108-112.
[87] *vast stellen*, ons ervan overtuigd houden.
[88] Men leze: ende dat (*hoe ... syn*), *haar getal*.

40

I intended to conclude, but because I had a perch on hand, which was judged to weigh *Perch.*
nine ounces[15], and also small perches, judged to weigh one ounce, I have put a part of the little fish-fibres of both before a magnifying glass, and I judged that if one put the side or diameter of the little fish-fibres of the small perch at one, then the side or diameter of the large perch was two: and, consequently, the little fish-fibres of the large perch would be four times as thick; and if we assume that the little fish-fibres of the large perch are twice as long as those of the small perch, then the little fish-fibres of the large perch are eight times as large as those of the small perch.

I have examined some scales of the large perch; and I judged that this was more than twelve years old[16].

When we now see that in the small perch the little fish-fibres are eight times smaller than in the large perch, we can be more firmly convinced than before that the little fish-fibres during the growth of the creatures do not increase in number, but only in size: and that however small the creatures may be, their number of little fish-fibres will not increase. And why should we not be allowed to go further and to entertain the idea that the little fish-fibres with their enclosing little membranes are already innate in the little animal of the male semen of a fish: for if it is not present in the latter, how would it come forth from it?

---

[15] An *ounce* is 30 g.
[16] For L.'s ideas on the determination of age in fishes by means of their scales see Letter 177 [107] of 27 September 1696, *Collected Letters*, vol. 12, pp. 109-113.

Vorders hebbe ik waargenomen, dat de visfibertjens van de verhaalde Baarsen zoo wel[89] omwonden lagen van membraantjens, als ik van de andere Vissen hebbe geseyt: waar toe myn oogwit strekte[90].

Aan dese geseyde waarnemingen hebbe ik meer tyd besteet als veele zullen gelooven; dog ik heb ze met genoegen[91] gedaan, en geen agt gegeven op die geene die tot my zeggen, waarom zoo veel moeyte gedaan, en wat nut doet het; dog ik schryf niet voor sulke, en alleen voor de Wysgeerige[92]. Ik blyf na veel agtinge en yver, enz.[93]

Antoni van Leeuwenhoek.

---

[89] *zoo wel*, even goed, evenzeer.
[90] *waar toe ... strekte*, hetgeen mijn bedoeling was.
[91] *met genoegen*, met voldoening.
[92] *Wysgeerige*, weetgierigen, beoefenaars van de wetenschap.
[93] L.'s volgende brief aan HEINSIUS is Brief 301 [VI] van 29 maart 1713, in dit deel; het is tevens de volgende brief over spiervezels.

Further I have observed that the little fish-fibres of the said perches laid wrapped up in little membranes just as well, as I have said with regard to other fishes: and that was my aim.

I have devoted more time to these said observations than will be believed by many, but I did it with pleasure, and I did not heed people who say to me: why take so much trouble, and what is the use? but I do not write for such people, and only for natural philosophers. I remain with much respect and zeal, etc.[17]

Antoni van Leeuwenhoek.

---

[17] L.'s next letter to HEINSIUS is Letter 301 [VI] of 29 March 1713, in this volume; it is at the same time the next letter on muscle fibres.

BRIEF No. 298 [III]   28 FEBRUARI 1713

Gericht aan: JAN MEERMAN.

Manuscript: Van het eerste deel van de brief is geen manuscript bekend. Het manuscript van het *Vervolg* bevindt zich te 's-Gravenhage, Koninklijke
afb. 1-5.   Bibliotheek, 130 C 1-(2), fol. 447-451, met vijf figuren.

GEPUBLICEERD IN:

A. VAN LEEUWENHOEK 1718: *Send-Brieven*, ..., blz. 23-37, 11 figuren (Delft: A. Beman).
– Nederlandse tekst [A].
A. À LEEUWENHOEK 1719: *Epistolae Physiologicae* ..., blz. 23-37, 11 figuren (Delphis: A. Beman). – Latijnse vertaling [C].
N. HARTSOEKER 1730: *Extrait Critique des Lettres de feu M. Leeuwenhoek*, in *Cours de Physique* ..., blz. 58 (La Haye: J. Swart). – Frans excerpt.
A.J.J. VANDEVELDE 1923: *De Send-Brieven van Antoni van Leeuwenhoek* ..., in *Versl. en Meded. Kon. Vlaamsche Acad.*, Jrg. 1923, blz. 359-360. – Nederlands excerpt.

SAMENVATTING:

Over vliezen en zetmeelkorrels in tarwe- en gerstekorrels, bonen, erwten en tamme kastanjes. Over vaten en vliezen in de schors van de noot van een kokosnoot. Over de kiem in een appelpit en in een kokosnoot.

FIGUREN:

fig. XIV-XXIV.   De oorspronkelijke tekeningen zijn verloren gegaan. In de uitgaven A en C zijn de 11 figuren bijeengebracht op één plaat tegenover blz. 25 in beide uitgaven.

OPMERKINGEN:

De hier afgedrukte tekst van het eerste deel van de brief is die van uitgave A. Het *Vervolg* is conform het manuscript dat in 2006 werd teruggevonden in een collectie Varia van de Koninklijke Bibliotheek. Met dank aan dr. A. Leerintveld en E. Quak voor het attenderen op dit manuscript.

LETTER No. 298 [III]   28 FEBRUARY 1713

Addressed to: JAN MEERMAN.

Manuscript: No manuscript is known of the first part of the letter. The manuscript of the *Sequel* is to be found in The Hague, Koninklijke Bibliotheek (Royal Library), 130 C 1-(2), fol. 447-451, with 5 figures.

figs I-V.

PUBLISHED IN:

A. VAN LEEUWENHOEK 1718: *Send-Brieven, ...*, pp. 23-37, 11 figures (Delft: A. Beman). - Dutch text [A].

A. À LEEUWENHOEK 1719: *Epistolae Physiologicae ...*, pp. 23-37, 11 figures (Delphis: A. Beman). - Latin translation [C].

N. HARTSOEKER 1730: *Extrait Critique des Lettres de feu M. Leeuwenhoek*, in *Cours de Physique ...*, p. 58 (La Haye: J. Swart). - French excerpt.

A.J.J. VANDEVELDE 1923: *De Send-Brieven van Antoni van Leeuwenhoek ...*, in *Versl. en Meded. Kon. Vlaamsche Acad.*, 1923, pp. 359-360. - Dutch excerpt.

SUMMARY:

On the membranes and amyloplasts in grains of wheat and barley, in beans, peas, and chestnuts. On vessels and membranes in the rind of a coconut. On the embryo in an apple pip and in a coconut.

FIGURES:

figs XIV-XXIV.

The original drawings have been lost. In the editions A and C the 11 figures have been combined on a single plate facing p. 25 in both editions.

REMARKS:

The text of the first part of the letter as printed here is that of edition A. The text of the *Sequel* is that of the manuscript which was discovered in a collection Varia of the Koninklijke Bibliotheek in The Hague in 2006. We thank Dr A. Leerintveld and Mr E. Quak for drawing our attention to this manuscript.

In Delft den 28. February 1713.

Aan den Wel Edelen Heere,
De Heer Jan Meerman, Regerend Burgemeester der Stad Delft[1].

Wel Edele Heere.

Na dat ik ontdekt hadde de seer kleyne vleesfibertjens, vleesstriemtjens[2], ja zoo kleyn, dat een dik hair van de kinne[3] wel sestien maal dikker is als een vleesstriemtje: ende na dat de vleesstriemtjens van een Os, en ander Vee, ondersogt hebbende[4], bevonden had, dat ze niet dikker syn als die van een Muys; ende dat die uytnemende[5] kleyne vleesstriemtjens alle omwonden leggen met membraantjens, vliesjens, welke vliesjens zoo aan een geschakelt leggen, als of wy een Net sagen, ende dat[6] in yder opening van het Net een vleesstriemtje lag; zoo hebbe dat niet alleen vervolgt[7] in alle Vlees dat my voorgekomen is[8], maar ook in de Vissen[9].

Dese geseyde ontdekkingen hebben my doen gedenken aan de Vliesen, die ik over weynige Jaren[10] hadde ontdekt in de Garst[11]; wanneer ik ten tyde van groote dierte[12] van het Koorn aan U Edele schreef[13], dat de Garst de buyk wel vulde, maar weynig voetsel toebragt, ende waar over ik redencavelende was[14]; maar als men van zoodanige Vliesen, het zy in de Tarwe ofte Garst is spreekende, en men geen figuure daar van vertoont, zoo agte ik, dat men 'er geen regte bevattinge van kan hebben.

---

[1] De brief is gericht aan JOHAN FRANSZ. MEERMAN (1643-1724), burgemeester van Delft.
[2] De woorden *fibertjens* en *striemtjens* zijn synoniemen ('vezeltjes'). L. zet deze synoniemen zonder verbindingswoord naast elkaar, evenals in het vervolg van deze zin *membraantjens* en *vliesjens*.
[3] Een *hair van de kinne* is 100 μ.
[4] *nadat (...) ondersogt hebbende*, nadat ik, toen ik (...) onderzocht had.
[5] *uytnemende*, buitengewoon.
[6] *dat*, hier: alsof.
[7] *zoo ... vervolgt*, heb ik dat niet alleen voortgezet.
[8] *dat ... is*, dat ik in handen (of onder ogen) gekregen heb.
[9] Zie voor de brieven over spiervezels in dit deel de opsomming in het Voorwoord. Vgl. SCHIERBEEK, *Leeuwenhoek*, Dl. 2, blz. 336-347; IDEM, *Measuring*, blz. 121-125; en COLE, "L.'s ... researches", blz. 36-39.
Zie voor L.'s eerdere brieven over spiervezels aant. 5 bij Brief 296 [I] van 8 november 1712, in dit deel.
[10] *over weynige Jaren*, een paar jaar geleden.
[11] *Garst*, gerst.
[12] *dierte*, duurte (Hollands-Zeeuwse dialectvorm).
[13] Deze brief is niet bekend.
[14] *ende waar over ... was*, waarover ik toen liep te denken, mijn gedachten liet gaan.

LETTER No. 298 [III] 28 FEBRUARY 1713

At Delft, the 28th of February 1713

To the Honoured Sir,
Mr Jan Meerman, Present Burgomaster of the city of Delft[1].

Honoured Sir,
After I had discovered the very tiny fibres, little strips of flesh, so tiny indeed that a coarse hair of the chin[2] is as much as sixteen times thicker than a little strip of flesh; and after I had found, when I had examined the little strips of flesh of an ox and other cattle, that they were not thicker than those of a mouse; and that these exceptionally tiny flesh-strips lie all wrapped up in little membranes, pellicles, which little pellicles lie linked up together in such a manner that it is as if we were seeing a net, and as if in each aperture of the net a little flesh-strip was lying; I have, then, continued this not only in all kinds of flesh I could get hold of, but also in the fishes[3].

These said discoveries reminded me of the membranes which I discovered a few years ago in the barley, when I wrote to Your Honour[4], at the time when the prices of corn were very high, that barley did indeed fill the stomach, but provided little nourishment, a subject on which I happened to be thinking; but when one is talking about membranes of this kind, whether in wheat or in barley, and one does not show a figure thereof, one cannot, in my opinion, gain a correct understanding of it.

---

[1] The letter was addressed to JOHAN FRANSZ. MEERMAN (1643-1724), burgomaster of Delft.
[2] A *hair of the chin* is 100 μ.
[3] See for the letters on muscle fibres in this volume the enumeration in its Preface. Cf. SCHIERBEEK, *Leeuwenhoek*, vol. 2, pp. 336-347; IDEM, *Measuring*, pp. 121-125; and COLE, "L.'s ... researches", pp. 36-39.
For L.'s earlier letters on muscle fibres see note 3 to Letter 296 [I] of 8 November 1712, in this volume.
[4] This letter has not been traced.

BRIEF No. 298 [III]   28 FEBRUARI 1713

Boon.   Dit heeft my dan verpligt eenige afteykeningen te laten maken; ende eerst[15] een wit
           Boontje, dat wy een Turks Boontje[16] noemen, doorgesneden, ende dan een schibbetje[17] daar
           afgesneden, en laaten afteykenen: ende alszoo men aan die schibbe alsdan niet en komt te
           sien als[18] deelen, die men voor bolletjens zoude aansien; zoo hebbe[19] aan wedersyde van zoo-
           danig een schibbetje de bolletjens na myn vermogen daar uyt en af gearbeyt[20], op dat men de
           vliesjens zonder bolletjens zoude bekennen.

fig. XIV.   Fig. 1. ABCD. is een kleyn gedeelte van een stukje van een zoo genaemt Turks Boontje,
           door het Vergroot-glas geteykent, daar aan men eenige vliesjens siet; waar in de rontagtige dee-
           len, die men meel noemt, hebben gelegen, en 'er door my syn uytgearbeyt; uytgeseyt[21] eenige
           weynige, die noch in de vliesjens syn. En aan eenige siet men, als of[22] men in de vliesjens nog
           kleyne bolletjens sag leggen, die ik my inbeelt dat alleen veroorsaakt syn[23] door de indrukkinge
           van de geseyde meelagtige stoffen, die daar tegen gelegen hebben; ende in deselve Fig. wert met
           DA. aangewesen, hoe de meelagtige deelen in de vliesjens opgeslooten leggen.

fig. XV.   Fig. 2. EFGH. verbeelt een seer kleyn gedeelte van het vliesje, dat doorgaans[24] in een
Tarwekorrel.   Tarwtje leyt, synde het Tarwtje in de lengte gesneden. Waar in de meelagtige bolletjens als
           met bondelkens opgeslooten syn geweest, en welke vliesjens dunder syn als in het geseyt
           Boontje. Dese meelbolletjens syn niet alle even groot, maar van verscheyde groote; ja eenige
           zoo kleyn dat ze door het Vergroot-glas byna het gesigt ontwyken; na alle apparentie, om dat
           ze niet alle met gelyk voetsel hebben versien geweest, ofte ook[25] van andere verdrukt syn. In
           de geseyde figuur werden met HE. aangewesen de vliesjens waar in de meelbolletjens nog leg-
           gen, welke figuur niet grooter is, of een gemeen Santje[26] zoude het bedekken[27].

---

           [15] *ende eerst*, lees: ende hebbe ('ik heb') eerst.
           [16] Dit is waarschijnlijk de pronkboon (*Phaseolus coccineus* L.). Zie Brief 17 [11] van 26 maart 1675,
           Alle de Brieven, Dl. 1, blz. 278-280 (zetmeelkorrels) en Brief 84 [45] van 30 maart 1685, *idem*, Dl. 5, blz. 210.
           [17] *een schibbetje*, een heel dun plakje.
           [18] *niet en (...) als*, niets anders dan.
           [19] *hebbe*, heb ik (oude vorm van de eerste persoon); *zoo* is overtollig.
           [20] *uyt en af gearbeyt*, uit- en afgekrabd.
           [21] *uytgeseyt*, uitgezonderd.
           [22] *siet men, als of*, krijgt men de indruk dat.
           [23] *die ... syn*, die (nl. welke *bolletjens*), naar ik meen, alleen ontstaan zijn.
           [24] *doorgaans*, gewoonlijk; de bepaling *synde ... gesneden* moet worden opgevat als een zelfstandige
           zin, nl. de tarwekorrel is overlangs doorgesneden.
           [25] *ofte ook*, of wel.
           [26] Een *gemeen Santje* is 0,16 mm^2.
           [27] Zie voor het ontkiemen van tarwe Brief 26 [18] van 9 oktober 1676, *Alle de Brieven*, Dl. 2, blz.
           130-134; Brief 100 [55] van 13 juni 1687, *idem*, Dl. 6, blz. 252-270; Brief 109 [64] van 24 augustus 1688,
           idem, Dl. 7, blz. 374-386; Brief 120 [72] van 22 april 1692, *idem*, Dl. 9, blz. 32-34; en Brief 200 [116] van
           9 juni 1699, *idem*, Dl. 12, blz. 302-304.

This has obliged me, then, to order some drawings to be made; and to begin with I cut a little white bean, which we call a little Turkish bean[5], across, and then I cut a very thin little slice from this and ordered that to be drawn; and because one does manage to discern in that slice nothing but parts which one could take for little globules, therefore I have on each side of such a slice, as far as I could, scraped out the little globules and removed them, in order that one would discern the little membranes without globules. *Bean.*

Fig. 1. ABCD. is a small part of a piece of a so-called little Turkish bean, drawn through the magnifying glass, in which one sees some little membranes; in this the roundish parts have lain, which are called meal, and which have been removed by me; with the exception of a small number of them, which are still within the little membranes. And in some one seems to see that there are still little globules lying within the membranes, but I imagine that these are merely caused by the impression of the meal-like substances, already mentioned, which have been lying against them; and in the same Fig. DA. shows how the meal-like parts lie enclosed in the little membranes. *fig. XIV.*

Fig. 2. EFGH. is a picture of a very small part of the little membrane, which is always present in a grain of wheat, this grain having been cut lengthwise. In this the meal-like globules have been enclosed as it were in little bunches, and these little membranes are thinner than in the little bean mentioned. These meal-globules are not of an equal, but of a different size; indeed, some are so small that they almost manage to escape observation through the magnifying glass; in all probability the cause of this is that they haven't all been provided with an equal amount of nourishment, or perhaps that they have been squeezed together by others. In the said figure the little membranes in which the little meal-globules are still present, are shown by HE, which figure is so small that a common grain of sand[6] would cover it[7]. *fig. XV.* *Wheat grain.*

---

[5] This is probably the scarlet runner (*Phaseolus coccineus* L.). See Letter 17 [11] of 26 March 1675, *Collected Letters*, vol. 1, pp. 279-281 (starch grains) and Letter 84 [45] of 30 March 1685, *idem*, vol. 5, p. 210.

[6] *A common grain of sand* is 0.16 mm^2.

[7] For the germination of wheat see Letter 26 [18] of 9 October 1676, *Collected Letters*, vol. 2, pp. 131-135; Letter 100 [55] of 13 June 1687, *idem*, vol. 6, pp. 253-271; Letter 109 [64] of 24 August 1688, *idem*, vol. 7, pp. 375-387; Letter 120 [72] of 22 April 1692, *idem*, vol. 9, pp. 33-35; and Letter 200 [116] of 9 June 1699, *idem*, vol. 12, pp. 303-305.

Kastanje.

    Vorders hebbe ik ook verscheyde andere Zaaden, als van Garst, Rogge, en ook van Erten, doorsogt: dog seer na[28] alle van een en het selve maaksel gevonden met vliesen, daar de meelagtige stoffen in beslooten leggen.

    Eyndelyk ben ik gevallen[29] van de Zaaden der Planten, op de Zaaden der Boomen: ende hebbe dan genomen het Zaad van de Kastanje Boom[30], dat ook een vrugt is, ende waargenomen dat de Kastanje mede bestaat uyt vliesjens; dog veel kleynder als die der Tarwe, ofte der Erten en Boonen, waar in beslooten leggen seer kleyne bolletjens. De Plant[31] die in deselve leyt, hoewel kleyn na advenant van[32] de Kastanje, is aan een zyde gestelt[33].

fig. XVI.

fig. XIV en XV.

    Fig 3. wert met IKLMN. aangewesen een seer kleyn gedeelte van de Kastanje, daar uyt ik de bolletjens hebbe gearbeyt; dog in eenige van de vliesjens siet men nog wat bolletjens: die vliesen syn door het selve Vergroot-glas geteykent; waar door Fig. 1. ende 2. afgebeelt syn, op dat men zoude mogen oordeelen over het onderscheyt van de kleynheyt tussen de vliesjens van de Tarwe, ende de vliesjens van de Kastanje. Ende met NI. in deselve figuur werden aangewesen die vliesjens, waar in de bolletjens nog leggen[34].

    De Kastanje wort in een ander Lant ook een Noot genoemt[35]: en de Okker-noot, Haase-noot[36], en alle de harde Nooten, die wy steenen[37] noemen, als die in de Parsik, en in alle Pruymen, hebben twee Naaden; en, wanneer deselve in de aarde leggen, ende vogtigheyt ende de warmte ontfangen, komen de binnen leggende deelen in zoo een uytbreydinge[38], dat ze de Naaden van de zoo genaamde steenen van een stooten, ende alzoo een opening geven aan de inleggende Plant[31] van de Pit, om in de aarde haar voetsel te ontfangen.

---

[28] *seer na*, nagenoeg.

[29] *gevallen*, overgegaan, overgestapt.

[30] Dit is de tamme kastanje, *Castanea sativa* Miller.

[31] *Plant*, hier: kiem.

[32] *na advenant van*, in verhouding tot.

[33] *is ... gestelt*, is buiten beschouwing gelaten.

[34] L. schreef eerder over een ontkiemende kastanje in Brief 92 [50] van 14 mei 1686, *Alle de Brieven*, Dl. 6, blz. 72-78; over de walnoot op blz. 78-80. L. schreef eerder over de walnoot in Brief 85 [46] van 13 juli 1685, *idem*, Dl. 5, blz. 224.

[35] Mogelijk doelt L. op het Engelse *chestnut*.

[36] *Haase-noot*, ook *haasnoot*, is een vervorming van het oorspronkelijke *hazelnoot*.

[37] *steenen*, pitten; ook wel van kersen gezegd. Thans nog dialectisch in gebruik. In de zeventiende eeuw werden ook pitten van druiven en bessen stenen genoemd.

[38] *komen (...) in zoo een uytbreydinge*, zetten zo uit.

Further I have also examined various other seeds, for instance of barley, rye, and also of peas, but I found that almost all of them had the same structure with membranes in which the meal-like substances lie enclosed.

Finally I have turned from the seeds of plants to the seeds of trees, and then I took the seed of the chestnut tree[8], which is also a fruit, and I observed that the chestnut also consists of little membranes, but much smaller ones than those of the wheat, or peas and beans, and enclosed in them lie very tiny globules. The embryo which lies in the same, although it is small in proportion to the chestnut, has been left out. *Chestnut.*

Fig. 3. shows with IKLMN. a very small part of the chestnut, from which I have removed the little globules; yet in some of the little membranes one still discerns a few globules; those membranes have been drawn through the same magnifying glass through which Fig. 1. and 2. have been rendered, in order that one may judge the difference as to smallness between the little membranes of the wheat and the little membranes of the chestnut. And with NI. in the same figure are shown the little membranes in which the globules are still present[9]. *fig. XVI.*

figs XIV and XV.

In another country the chestnut is also called a nut[10]; and the walnut, hazelnut, and all the hard nuts which we call stones, for instance those in the peach and all kinds of plums, have two seams; and when they are lying in the soil, and receive moisture and the warmth, the inner parts extend so much that they thrust the seams in the so-called stones apart, and so provide an aperture for the embryo enclosed within the stone, to receive its nourishment in the soil.

---

[8] This is the sweet chestnut, *Castanea sativa* Miller.
[9] L. wrote earlier on a germinating chestnut in Letter 92 [50] of 14 May 1686, *Collected Letters*, vol. 6, pp. 73-79; on the walnut on pp. 79-81. L. wrote about the walnut earlier in Letter 85 [46] of 13 July 1685, *idem*, vol. 5, p. 225.
[10] The Dutch name for chestnut ('kastanje') lacks the suffix -nut ('noot'), contary to walnut ('okkernoot' or 'walnoot').

Appelpit.

fig. XVII.

Dog geheel anders is het met de Kastanje, die geen naden heeft, ende dus om haare starke schorse niet kan ontstukken barsten: ende de beweginge in de Kastanje komende[39], ende de harde schorse niet konnende barsten, most[40] de Plant aan de puntige openinge van de Kastanje uytgestooten werden, en soo verre gekomen synde, voetsel uyt de aarde trekken, terwyl de Kastanje nog in haar volkome[41] bast blyft.

Wat nu de Appelen, en Peeren, die wy Vrugten noemen, belangt, die syn inder daat[42] Zaat-huysen, want in yder leggen verscheyde Zaaden opgeslooten.

Ik hebbe te meermalen geseyt, hoe kleyn de Plant is, die in een Zaat van den Appel Boom, dat wy een Pit uyt den Appel noemen, opgeslooten leyt[43].

Ik hebbe een Zaatje uyt den Appel genomen, ende dat selvige aan schibben[17] gesneden, ende dat seer na by daar[44] de Plant leyt: ende uyt zoodanig deel de seer kleyne bolletjens, die in de vliesjens leggen, en waar uyt voor het meeste gedeelte het Zaatje bestaat, uytgebragt, op dat de Teykenaar de vliesjens voor het Vergroot-glas soude komen te sien.

Fig. 4 OPQRS. verbeelt mede[45] een seer kleyn gedeelte van het Zaat van een Appel Boom, daar mede voor het meeste gedeelte de bolletjens, die in de seer kleyne vliesjens opgeslooten leggen, door my syn uytgebragt.

In de geseyde Fig. werden met OS. aangewesen de vliesjens, die met de geseyde kleyne bolletjens nog gevolt syn.

---

[39] *de beweginge ... komen*, als er leven in de kastanje komt.
[40] *most*, lees: moet.
[41] *volkome*, gave.
[42] *inder daat*, in feite, eigenlijk.
[43] Zie voor een beschrijving van de kiem in het zaad van de appel Brief 84 [45] van 30 maart 1685, *Alle de Brieven*, Dl. 5, blz. 208-212; Brief 85 [46] van 13 juli 1685, *ibid.*, blz. 214-286, i.h.b. blz. 228; en Brief 201 [117] van 23 juni 1699, *idem*, Dl. 12, blz. 312-314.
Vgl. BAAS, "L.'s contributions", blz. 87-88.
[44] *ende dat ... daar*, en wel vlakbij de plaats waar.
[45] *mede*, ook, dat wil zeggen evenals de eerdergenoemde afbeeldingen; het volgende woord *mede* moet in dezelfde zin begrepen worden.

It is quite different, however, in the case of the chestnut, which has no seams, and so because of its tough rind cannot split to pieces, and when the chestnut comes alive, the tough rind being unable to split apart, the embryo must be thrust out of the pointed aperture of the chestnut; and when it has progressed so far, it must draw its nourishment from the soil while the chestnut still remains in its undamaged rind.

With regard to apples and pears, which we call fruits, these are actually capsules, for in each one several seeds lie enclosed.

I have mentioned several times how little the embryo is which lies enclosed in the seed of the apple tree, which we call a pip of the apple[11]. *Apple pip.*

I have taken a little seed from the apple and cut it into thin slices, and I did this very close to the place where the embryo lies; and from such a part I have removed the very tiny globules which lie within the membranes, and of which the largest part of the little seed consists, in order that the draughtsman would be able to discern the membranes through the magnifying glass.

Fig. 4. OPQRS. likewise shows a very small part of the seed of an apple tree, from which the greater part of the little globules, which lie enclosed within the very tiny membranes, have also been removed by me. *fig. XVII.*

In the said figure the little membranes which are still filled with the said tiny globules are shown by OS.

---

[11] For a description of the embryo in the pip of an apple see Letter 84 [45] of 30 March 1685, *Collected Letters*, vol. 5, pp. 209-213; Letter 85 [46] of 13 July 1685, *ibid.*, pp. 215-287, esp. p. 229; and Letter 201 [117] of 23 June 1699, *idem*, vol. 12, pp. 313-315.
See also BAAS, "Leeuwenhoek's contributions", pp. 87-88.

Kokosnoot.

In de geseyde Fig. werden met PQR. aangewesen de vaaten, die by PQ. gestrekt leggen na de Plant[46], om het voetsel aan deselve toe te voeren; welke vaaten in de Zaaden men selden komt te sien, om dat men seer weynig deselve in haar lengte zoo komt te doorsnyden, dat men die in haar lengte kan vervolgen[47]: want zoo de snede van het mes maar een weynig schuyns komt te gaan, zoo syn deselve buyten het bereyk van het gesigt.

Na dat ik te meermalen de Cocos-nooten hadde geopent, hebbe doorgaans ondervonden[48], dat van binnen tegen de harde schors, maar ontrent een vinger dikte, een witte stoffe sat, die wy de Pit[49] van de Noot noemen; ende dat de verdere holligheyt van de Noot gevolt was met een waterige smakelyke vogt[50].

Zoodanige waterige vogt vinden wy in geen Zaaden, die door my syn beschout, als ze tot haar rypigheyt syn gekomen; want gelyk[51] den Okker-noot en de Kastanje Zaaden van den Boom syn, soo staat het ons vry, den Cocos-noot ook een Zaat te noemen; de Nooten en Kastanjen zyn van binnen gevolt met vaste deelen, die wy de Pit noemen: en wanneer de geseyde Nooten hare volkome wasdom nog niet hebben bekomen, soo is de binne stoffe alsdan een qualagtige[52] vogt.

Nu seyde ik tot my selven, dat eer de binne stoffe van de Cocos-noot haar wasdom heeft bekomen[53], de schors van de Noot alrede zoo hart is, als geen Hout is, dat in ons Lant wast.

Nu beelde ik my ook in[54], dat in dien tyd, wanneer de schors van de Cocos-noot in hardigheyt toeneemt, dat dan de Noot niet meer in groote kan toenemen; nog de Pit door de instootende stoffe rontom het binnenste van de harde schors ook toeneemt[55]; ende dat wanneer de schors in zoo een hardigheyt is toegenomen, dat ze sig door de instootende stoffe niet meer kan uytsetten, dat dan om desselfs groote hardigheyt belet wort de invoeringe van de stoffe, die de vogt in de Pit zoude veranderen: en zoo blyft de waterige vogt in de Noot, zonder dat ze in de Pit kan verandert werden.

---

[46] *gestrekt ... Plant*, zich uitstrekken in de richting van de kiem.

[47] *vervolgen*, met het oog volgen.

[48] *hebbe ... ondervonden*, heb ik telkens bevonden.

[49] *Pit*, kern.

[50] Zie voor een eerdere waarneming aan de kokosnoot Brief 93 [51] van 10 juni 1686, *Alle de Brieven*, Dl. 6, blz. 98-100, en fig XL op Plaat X.

[51] *gelyk*, evenals.

[52] *qualagtige*, slijmerige.

[53] *haar wasdom heeft bekomen*, volgroeid is.

[54] *beelde ik my ook in*, denk, veronderstel ik ook.

[55] *nog ... toeneemt*, en dat ook de kern aan de binnenzijde van de harde schors door de naar binnen gestuwde (voedings)stof niet groeit. (Het tegenwoordig deelwoord *instootende* moet waarschijnlijk, zoals bij L. herhaaldelijk voorkomt, als verleden deelwoord geïnterpreteerd worden. Zie ook de volgende aant.).

LETTER No. 298 [III]   28 FEBRUARY 1713

In the said figure PQR. shows the vessels which at PQ. lie extended towards the embryo, in order to convey nourishment to it; it very rarely happens that one is able to observe these vessels in the seeds because very seldom does one manage to cut them lengthwise in such a way that one can follow them in their entire length, for if the incision of the knife goes only slightly awry, these are beyond the reach of our sight.

When I had opened the coconuts several times I found each time that a white substance adhered to the hard rind on the inside of about a finger's breadth, which we call the kernel of the nut, and that the remaining cavity of the nut was filled with a watery and tasty fluid[12]. *Coconut.*

We find such a watery fluid in none of the seeds I have examined after they had ripened, for in the same way as the walnut and chestnut are seeds of the tree, we are entitled to call the coconut a seed as well; the nuts and chestnuts are on the inside filled with solid parts, which we call the kernel; and when the said nuts are not yet fully grown the substance within is at that time a gelatinous fluid.

Now I said to myself that before the substance within the coconut has fully grown, the rind of the nut is already harder than any timber growing in our country.

Now I also suppose that in the period when the rind of the coconut gains in hardness the nut cannot anymore increase in size, and that the kernel around the inner side of the hard rind does not grow either through the substance which is driven into it, and that when the hardness of the rind has increased to such an extent that it cannot anymore extend through the substance driven into it, - that then, through its extreme hardness, the introduction of the matter which was to change the fluid into the kernel is precluded, and so the watery fluid remains in the nut because it has become impossible for it to be changed into the kernel.

---

[12] For an earlier observation of the coconut see Letter 93 [51] of 10 June 1686, *Collected Letters*, vol. 6, pp. 99-101, and fig XL on Plate X.

Hier op kome ik te spreeken[56] met twee Stuur-luyden, die in Indien, zoo na de Oost als de West, hadden gevaren, en die verscheyde Cocos-nooten van Boomen hadden laten plukken; die tot my seyden, dat wanneer de schorsen der geseyde Nooten nog zoo sagt waren, dat ze deselve met haar mes konden doorsnyden, dat ze dan in de Noot niet en vonden als[18] een waterige vogt, die seer smakelyk was om te drinken, door welke onderrigtinge ik in myn gevoelen was gesterkt.

Ik hebbe in den voorleden Somer weder de Pit van de Noot te meermalen beschout, ende doorgaans[57] zoo een groote quantiteyt oly uyt de deelen van de Pit gedrukt, dat ik daar over verstelt[58] stont.

Ende nu, in't begin van 't Jaar, open ik weder een Cocos-noot, die ontrent seve Maanden in myn Cabinet[59] hadde gelegen, ende welker drie sagte deelen, die men oogen in de harde schors noemt, ende uyt een van de welke de Plant wert gestooten als 'er wasdom in de Noot komt, met een harsagtige stoffe, die men harpuys[60] noemt, waren als versegelt.

Dese Pit in de Noot en was niet aan de binne schors vast, gelyk ik voor desen te meermaal hadde gesien; maar de Pit, ofte witte stoffe, was doorgaans[61] wel een vinger breete van de schors afgeweken; dat my vreemt voorquam, als niet konnende begrypen[62], hoe zoo veel vogtigheyt door de harde schors konde weg wasemen.

---

[56] *Hier op ... spreeken*, hierover heb ik gesproken.
[57] *doorgaans*, telkens.
[58] *verstelt*, verbaasd.
[59] *Cabinet*, kast voor het bewaren van curiosa, papieren enz.
[60] *harpuys*, mengsel van hars van verschillende boomsoorten, lijnolie of vet, soms ook zwavel, waarmee men de scheepshuid insmeerde.
[61] *doorgaans*, overal.
[62] *als ... begrypen*, omdat ik niet kon begrijpen.

I happened to talk on this with two mates who had sailed to the Indies, both in the East and in the West, and who had ordered several coconuts to be gathered from trees; and they told me that when the rinds of the said nuts were still so soft that they could cut them through with their knives, they found in the nut nothing but a watery fluid, which was a very agreeable drink; and through this information I have been confirmed in my opinion.

Last summer I have again examined the kernel of the nut several times, and each time I have pressed such a great quantity of oil out of the parts of the kernel, that I stood amazed.

And now, in the beginning of the year, I again open up a coconut, which had been lying in my cabinet for about seven months; and the three tender parts of this, which are called the eyes in the hard rind, and through one of which the embryo will be thrust out when the nut begins to sprout, were, as it were, sealed with a resinous substance, which is called 'harpuys'[13].

This kernel in the nut did not adhere to the inner rind, as I had seen several times before; but the kernel, or white substance, had everywhere receded for as much as the breadth of a finger from the rind; and this seemed strange to me because I could not understand how so much moisture could evaporate through the hard rind.

---

[13] *harpuys*, Stockholm tar without the addition of coal tar: a mixture of resin from various kinds of trees, linseed oil or grease, and sometimes sulphur, used to tar a ship's skin.

Ik hebbe mede een weynig⁶³ van de Pit ofte witte stoffe uyt de Cocos-noot, digte by daar de Plant leyt, doorsneden; en waargenomen, dat niet doorgaans⁶⁴ de meeste stoffe in zoodanige kleyne vliesjens lag opgeslooten, als ik in de voorgaande Zaaden hadde gesien, maar dat die Pit bestont uyt lange pypjes, of lange vliesjens, die haar begin hadden van de binne bast, of het dikke vlies, dat van binnen tegen de harde schors aan leyt; en welk basje vol vaaten is. Dese pypjens of vliesjens syn gevolt met uytnemend kleyne bolletjes: ende in deselve vliesjens lagen verscheyde vliesjens over dwars, die ik my inbeelde⁵⁴ dat klap-vliesen⁶⁵ waren; want ik seyde tot my selven, zoo dese vliesjens geen klap-vliesen waren, zoo soude na de groote hitte, daar dese Boomen wassen, met het ondergaan van de Son, ende ook by de koude nagten in die Lantstreeken, daar dan geen de minste voortstootinge van de Son is⁶⁶, de sappen weder te rugge gestooten werden, ende dus de Son door haare warmte een vergeefze werkinge gedaan hebben, dat tegen de volmaaktheyt zoude strekken, dat niet en kan wesen⁶⁷.

fig. XVIII.   Dese pypjens hebbe ik over dwars doorsneden, en een kleyn gedeelte daar van laten afteykenen, als hier met Fig. 5. TVWX. wert aangewesen; daar in eenige over dwars gesnedene pypjens de seer kleyne bolletjens, waar mede de pypjens ofte vliesjens syn gevolt geweest, werden aangeweesen, die nog in de vliesjens syn gebleven.

fig. XIX.   Met Fig. 6. ABCD. werden aangewesen de pypjens of vliesjens, zoo als die in haar lengte syn gesneden, en die niet naakter⁶⁸ waren af te beelden; om dat ze voor het meeste gedeelte gevolt waren met de zeer kleyne bolletjens, die alsdan niet en waren te kennen⁶⁹: ende tussen BC. wert een gedeelte van de vliesjens aangewesen, daar ik de kleyne bolletjens hebbe uytgebragt.

---

⁶³ *een weynig*, een stukje.
⁶⁴ *niet doorgaans*, helemaal niet, in 't geheel niet.
⁶⁵ *klap-vliesen*, kleppen die terugstroming van een vloeistof verhinderen.
⁶⁶ *daar ... is*, in welke omstandigheden de geringste voortstuwing door de zonnewarmte ontbreekt.
⁶⁷ *dat tegen ... wesen*, wat in strijd zou zijn met het beginsel van de volmaaktheid van de schepping, hetgeen onbestaanbaar is.
⁶⁸ *naakter*, duidelijker.
⁶⁹ *te kennen*, te onderscheiden.

I have also cut off a small part of the kernel, or white substance, close to the place where the embryo lies, of the coconut, and I perceived that the largest part of the substance was not at all enclosed in such little membranes as I had seen in the earlier seeds, but that the kernel consisted of long tubes, or long membranes, which originated in the inner rind, or the thick membrane, which lies against the hard rind on the inside, and this small rind is full of vessels. These tubes or membranes are filled with exceptionally tiny globules; and in these membranes several little membranes were lying crosswise, and I supposed that they were valves, for I said to myself that if these little membranes were no valves, then after the great heat where these trees grow, when the sun is setting and also given the cold nights in these regions – because at that time even the slightest propulsion on the part of the sun is lacking – the saps would be thrust backwards, and so the sun would have exerted its influence through its warmth in vain; which would be at variance with perfection, and therefore wholly impossible.

I have cut these little tubes crosswise, and ordered a small part of them to be drawn, as is here shown with Fig. 5. TVWX.; in some of the little tubes which have been cut crosswise, the very tiny globules with which the little tubes or membranes have been filled are shown, still remaining in the little membranes. *fig. XVIII.*

With Fig. 6. ABCD. the little tubes or membranes are shown, cut lengthwise, which could not be depicted more clearly, because they were for the most part filled with the very tiny globules which could, then, not be distinguished; and between BC, a part of the little membranes is shown, from which I have removed the little globules. *fig. XIX.*

Zaden.

Alle dese ses figuuren syn door een en het selve Vergroot-glas geteykent, op dat men de verschillende grootheden soude kennen, die de Teykenaar zoo groot heeft geteykent als hy die quam te sien: dog wanneer ik die na myn oog zoude uytbeelden, zoude ik die veel grooter uytbeelden. Hier uyt konnen wy wel vast stellen de verscheydentheyt van onse oogen, ontrent de hoegrootheyt van de voorwerpen.

Als wy nu sien, dat de binne stoffen van de verhaalde Zaaden, voor het meeste gedeelte, zoo uyt vliesen als uyt bolletjens syn bestaande, zoo konnen wy ons wel verbeelden[70] dat het met alle Zaaden zoo is gelegen: uytgesondert die Zaaden die niet anders en bevatten, als de Plant die de schors van de Zaaden volt; zoo dat de Wortel ende de Bladeren de binnenstoffe van die Zaaden uytmaken. Zoodanige verscheyde Zaaden, die niet als de Plant in haar hebben, heb ik over veel Jaren[71] aangewesen[72].

Dog onder de Zaaden van de Boomen synder my maar twee voorgekomen[73], in de welke ik niet anders en sag als de jonge Plant, bestaande uyt Wortel ende de Bladeren, die de Wortel als waren omvangende: en zoo veel myne gedagten toedragen, was het de Beuke, en Esdoorn Boomen[74].

---

[70] *verbeelden*, indenken, voorstellen.

[71] *over veel Jaren*, vele jaren geleden.

[72] Zie Brief 88 [47] van 12 oktober 1685, *Alle de Brieven*, Dl. 5, blz. 280-308; en Brief 92 van 14 mei 1686, *idem*, Dl. 6, blz. 80.

[73] *synder ... voorgekomen*, zijn er mij maar twee onder ogen gekomen.

[74] Zie voor het zaad van de de esdoorn Brief 88 [47] van 12 oktober 1685, *Alle de Brieven*, Dl. 5, blz. 306-308; en Brief 241 van 26 februari 1703, *idem*, Dl. 14, blz. 242 (ook voor de beuk).

All these six figures have been drawn through one and the same magnifying glass in order that one can recognize the various dimensions, which the draughtsman has drawn as large as he saw them, but if I were to depict them according to my eye, I would depict them much larger. From this we can deduce the differences between our eyes with regard to the size of things.

If we now see that the substance on the inside of the seeds discussed consists for the greater part of both membranes and little globules, we may, then, readily assume that this is the case with all seeds; those seeds excepted, which contain only the embryo which fills the whole of the rind of the seeds; so that the root and the leaves together make up the inner substance of those seeds. Many years ago I have shown various seeds of this kind, which contain only the embryo[14]. *Seeds.*

Yet among the seeds of the trees I have set eyes on no more than two kinds in which I saw nothing but the young embryo, consisting of root and the leaves, which were, as it were, enclosing the root; and as far as I remember these were the beech and the maple trees[15].

---

[14] See Letter 88 [47] of 12 October 1685, *Collected Letters*, vol. 5, pp. 281-309; and Letter 92 of 14 May 1686, *idem*, vol. 6, p. 81.

[15] For the seed of a maple see Letter 88 [47] of 12 October 1685, *Collected Letters*, vol. 5, pp. 307-309; and Letter 241 of 26 February 1703, *idem*, vol. 14, p. 243 (also on a beech).

Dese vliesen, die voor een groot gedeelte de Oranje- en Citroen-appelen uytmaaken, ende die seer groot syn, konnen wy met het bloote oog bekennen; ja in eenige[75] van die vliesen worden selfs eenige Zaaden voortgebragt: en om dat dese vliesen zoo groot syn, in vergelykinge van onse Appelen, zoo mosten de schillen van de Oranje en Citroenen, en ook de vliesen, dikker syn als die van onse Appelen; welkers vliesen kleyn syn: want zoo onse Appelen zoo groot van vliesen waren, daar[76] zy zoo dun van schille syn, zoo zouden deselve zoo buygsaam syn, dat die met, deselve op malkanderen te leggen, souden inbuygen, daar[77] zy nu om de kleynheyt van haar vliesjens, daar de sappen in opgeslooten leggen, een styfte genieten. Dese vliesen syn ook in de Vrugten ofte Zaat-huysjens, die wy Aalbesiën en Kruysbesiën noemen.

Ik sal afbreken, en met veel agtinge blyven

Wel Edele Heere, Uw

Onderdanigste Dienaar
Anthoni van Leeuwenhoek[78].

---

[75] *eenige*, sommige.
[76] *daar*, terwijl (gelijktijdigheid).
[77] *daar*, terwijl (tegenstelling: terwijl zij in tegendeel).
[78] Zie voor de -h- in L.'s voornaam noot 41 bij Brief 299 van 14 maart 1713, in dit deel.

These membranes which constitute the greater part of the oranges and lemons, and which are very large, can be distinguished by us with the naked eye: indeed, in some of these membranes even several seeds are brought forth, and because these membranes are so large, when compared to our apples, therefore the rinds of the orange and lemons, as well as the membranes, must be thicker than those of our apples; the membranes of which are small, for if our apples had such large membranes while they have only a very thin skin, they would be so malleable that when one would pile them up, one upon the other, they would be dented, whereas now, because of the smallness of their membranes in which the juices lie enclosed, they enjoy a certain degree of firmness. These membranes also exist in the fruits, or capsules, which we call currants and gooseberries.

I shall conclude and remain with humble respect,

Honoured Sir, Your

Humble Servant,
Anthoni van Leeuwenhoek[16].

---

[16] For the -h- in L.'s first name see note 9 on Letter 299 of 14 March 1713, in this volume.

In Delft desen .. Maart 1713[a]

Vervolg op de Missieve van den 28.ᵉ Februarij 1713. geschreven aan

D'Wel Edelen Heere,

D'Heer Jan Meerman, Regeerende Burgemeester der Stad Delft etc.[b]

Na de maal den duijsenste Mens niet en weet[79], dat de meeste zaaden der planten, en Boomen[c], alleen door een streng gevoet ende groot gemaakt werden, als voor desen nog bij mij is geseijt[80], het welk alder oogen schijnlijkst blijkt[d], aan de pit van den Haas-noot, welkers streng soo lang is, als de Noot en die in de holligheijt vande Noot is, daar[76] ze inden Amandel, Persik, Abricoos enz: voor het grootste gedeelte[e] in de harde Schors geplaast leggen[f].

Appelpit.

Ende alsoo ik hier vooren gesprooken hebbe, van het zaad van den Appel-boom, ende desselfs vliesen, soo hebbe ik dienstig geagt[g], een Zaatje van den Appel-Boom, die[h] wij een Pit noemen, af te beelden, ende de streng, waar door deselve groot gemaakt ende gevoet wert aan te wijsen.

---

[a] A: *datering ontbreekt*.   [b] A: Vervolg op den III. brief van dato den 28. February 1713. geschreven aan den Wel Edelen Heere, de Heer Jan Meerman, Regeerend Burgemeester der Stad Delft.   [c] A: en ook der Boomen   [d] A: zoo sal ik hier zeggen dat dit alderoogschynelykst blykt   [e] hs: gedeelte gedeelte   [f] A: legt   [g] A: gedagt   [h] A: dat

[79] *Nademaal ... weet*, omdat niet een op de duizend mensen weet.

[80] L. heeft dikwijls onderzoek gedaan naar de kiemplant in zaden van allerlei plantensoorten. De belangrijkste zijn te vinden in Brief 85 [46] van 13 juli 1685, *Alle de Brieven*, Dl. 5, blz. 216-268 (o.a. walnoot, appel, hazelnoot); Brief 88 [47] van 12 oktober 1685, *ibid.*, blz. 280-310 (o.a. muskaatnoot, katoen); Brief 90 [49] van 2 april 1686, *idem*, Dl. 6, blz. 6-12 (katoen); Brief 99 [54] van 9 mei 1687, *ibid.*, blz. 224-236 (mispel, koffie); Brief 100 [55] van 13 juni 1687, *ibid.*, blz. 252-308 (allerlei granen en andere voedselplanten); Brief 109 [64] van 24 augustus 1688, *idem*, Dl. 7, blz. 374-386 (tarwe, gerst); Brief 122 [74] van 12 augustus 1692, *idem*, Dl. 9, blz. 124-128 (mispel); Brief 143 [88] van 1 mei 1695, *idem*, Dl. 10, blz. 194-232 (muskaatnoot, tabak); Brief 165 [99] van 8 maart 1696, *idem*, Dl. 11, blz. 240-252 (muskaatnoot); Brief 169 [102] van 10 juli 1696, *ibid.*, blz. 320-322 (aardbei); Brief 201 [117] van 23 juni 1699, *idem*, Dl. 12, blz. 312-314 (appel); Brief 241 van 26 februari 1703, *idem*, Dl. 14, blz. 218-240 (sinaasappel); en Brief 263 van 19 maart 1706, *idem*, Dl. 15, blz. 290-296 (hennep).

At Delft the ... March 1713[17]

Sequel to the III. letter d.d. 28th of February 1713, written to
the Honoured Sir,
Mr Jan Meerman, Present Burgomaster of the City of Delft, etc.

Because not one man in a thousand knows that the greater part of the seeds of the plants and also of the trees are nourished and made to grow solely though a cord, as has been said by me already earlier[18], therefore I shall say here that this is to the highest degree manifest in the kernel of the hazelnut, its cord is as long as the nut, and it lies in the cavity of the nut, whereas, on the other hand, it is placed in the almond, peach, apricot, etc., for the most part in the hard rind.

And because I have spoken earlier about the seed of the apple-tree and its membranes, therefore it seemed useful to me to depict a little seed of the apple-tree, which we call a pip and to show the cord by means of which it has been made to grow and receive nourishment.

Apple pip.

---

[17] In A the date is lacking.
[18] L. has many times investigated the embryos in seeds of various kinds of plants. The most important passages are to be found in Letter 85 [46] of 13 July 1685, *Collected Letters*, vol. 5, pp. 217 269 (a.o. walnut, apple, hazelnut); Letter 88 [47] of 12 October 1685, *ibid.*, pp. 281 311 (a.o. nutmeg, cotton); Letter 90 [49] of 2 April 1686, *idem*, vol. 6. pp. 713 (cotton); Letter 99 [54] of 9 May 1687, *ibid.*, pp. 225 237 (medlar, coffee); Letter 100 [55] of 13 June 1687, *ibid.*, pp. 253 309 (various kinds of grain and other food plants); Letter 109 [64] of 24 August 1688, *idem*, vol. 7, pp. 375 387 (wheat, barley); Letter 122 [74] of 12 August 1692, *idem*, vol. 9, pp. 125 129 (medlar); Letter 143 [88] of 1 May 1695, *idem*, vol. 10, pp. 195-233 (nutmeg, tobacco); Letter 165 [99] of 8 March 1696, *idem*, vol. 11, pp. 241 253 (nutmeg); Letter 169 [102] of 10 July 1696, *ibid.*, pp. 321 323 (strawberry); Letter 201 [117] of 23 June 1699, *idem*, vol. 12, pp. 313-315 (apple); Letter 241 of 26 February 1703, *idem*, vol. 14, pp. 219-241 (orange); and Letter 263 of 19 March 1706, *idem*, vol. 15, pp. 291-297 (hemp).

fig. XX.

Fig: 7: AB. is een zaatje van een Appel-boom, ende met A. wert aan gewesen de streng, waar door het gevoet ende groot gemaakt wert.

Nu leijt[a] in dit Zaat op geslooten, soo veel bijsondere[81] vaaten, als in den Appel-boom sijn, ja alles wat inden[b] Appel-boom is, want soo het daar in niet en is[c], hoe soude het daar konnen uijt komen.

fig. XXI.

Fig: 8. wert met DEFG. aan gewesen, soo een geseijt Appel-boom zaatje, dat ik van sijn buijte schors en vliesen, waar in het om wonden[d] is geweest, hebbe gescheijden, ende om dat in het geseijde zaad, in[e] twee bladers gewijse[82] deelen, op een is[f] leggende, ende tussen die deelen als op gesloten leijt[g] de bladerkens, die eerst int begin van de wasdom in groote sullen uijt spruijten, soo hebbe ik die bladers gewijse deelen, wat van den anderen[83] gescheijden, op dat men deselve met het bloote oog soude konnen bekennen, als hier met Fig: 8:DEF. wert aan gewesen.

fig. XXI.

In de selfde figuur wert met G. aan gewesen, het punctige deeltje dat de gantze plant vanden Appel-boom is, dat[h] ik van het verdere gedeelte hebbe af gebrooken.

Omme nu het maaksel, van soo danige kleijne plant aan te wijsen, soo hebbe ik dat deel dat de plant is, in sijn lengte, soo danig door sneden, dat mijn snede[i] de kleijne bladerkens, die al inde zaade[j] gefourmeert sijn, ongeschonden waren, ende dat daar benevens, de snede die ik quam te doen[k], soo dun was, dat men de deelen, die int midden van de jonge plant sijn, naakt[68] konde ontdekken, dog niet verder, als het oog, door het Vergroot-glas, die konde bekennen, en welke sneden soo danig niet en waren, hebbe ik verworpen[84].

---

[a] A: leggen   [b] A: in een   [c] A: daar niet in en is   [d] A: omvangen   [e] A: in *ontbreekt*   [f] A: syn   [g] A: leggen   [h] A: ende dat   [i] A: dat door myn snede   [j] A: in 't Zaatk   [k] A: die ik quam te doen *ontbreekt*

[81] *bijsondere*, verschillende, afzonderlijke.
[82] *bladers gewijse*, op bladeren gelijkende.
[83] *van den anderen*, van elkaar.
[84] *en welke ... verworpen*, en coupes die niet zo waren, heb ik weggegooid.

Fig. 7. AB. is a little seed of an apple-tree, and with A. the cord is shown through which it is nourished and made to grow. *fig. XX.*

Now in this seed there lie enclosed so many different vessels as are existing in the apple-tree: indeed, everything which is present in an apple-tree, for when this is not present in that[19], how could it come forth from it?

With DEFG. in Fig. 8. such a said little seed of the apple-tree is shown, which I have separated from its outer skin and membranes in which it had been wrapped up, and because in the said seed two parts, resembling leaves, lie upon one another, and because between these parts the little leaves lie as it were enclosed, which are only to sprout and gain in size when the growth has begun, therefore I have slightly separated the leaf-like parts, in order that one would be able to distinguish them with the naked eye, as is here shown in Fig. 8. DEF. *fig. XXI.* *fig. XXI.*

The sharp little part, which is the whole of the embryo of the apple-tree, is shown in the same figure with G. I have severed this from the other part.

Now, in order to show the structure of such a little embryo I have cut that part which constitutes the embryo lengthwise in such a way that through my incision the tiny leaves, which have already been formed within the seed, remained intact; and that, furthermore, the slice I made was so thin that one could clearly perceive the parts which are in the middle of the young embryo, but not further than the eye could recognize through the magnifying

---

[19] Namely: the seed.

fig. XXII.

Fig: 9: GHIKLM. is een verhaalt dunne snede, die door het midden van de plant vande Appel boom is gegaan, soo als de snede in sijn lengte[a] was gedaan, waar in aan getoont[85] werden de menigte[b] vliesjens, soo groote als kleijne, die alle in haar lengte schijnen gestrekt[86] te leggen, ende die alle voor op gaande, en neder gaande vaten van de jonge Boom moeten strekken[87], en soo daar geen horisontale vaaten in sijn, soo moeten uijt de op gaande vaaten, de horisontale vaaten voortkomen, want men in ons en na buijrige[c] landen, geen boomen en heeft, of die sijn met veel meerder horisontale vaaten versien, als[d] op gaande vaaten, dog in de landen van Africa, Asia, en America, sal men veel boomen vinden (stel ik vast[88]) die geen horisontale vaaten hebben, maar soo danige Boomen hebben weder[89] veel leden, gelijk het riet en stroo heeft, en sonder sodanige leden, en soude de boomen geen stijfte hebben[90].

In de geseijde figuur wert met NOP. aan gewesen, een stukje van de bladers gewijse deelen, die aan de geseijde plant is vereenigt geweest, dat den Teijkenaar mede heeft af[e] geteijkent.

fig. XXIII.

Omme mijn selven, en ook andere te voldoen, soo hebbe ik de[f] geseijde plant over dwars door snede, ende dat aan soo danige dunne schibbens[91] als mij doenlijk was, op dat men des te beter, de seer uijtnemende kleijne vaatjens soude bekennen, als hier met fig: 10. QRST. wert aan gewesen, en hoe menige snede ik quam te doen, soo hebbe ik doorgaans[61] waar genomen, dat dese af gesnedene deelen geen[g] Circul-ronte, maar wat ovaals waren.

---

[a] A: gegaan, en in de lengte [b] A: menige [c] A: ons en in de nabuijrige [d] A: als met
[e] A: af *ontbreekt* [f] A: zoo hebbe een [g] A: niet

[85] *aangetoont*, getoond.
[86] *in haar lengte gestrekt*, in de lengterichting.
[87] *strekken (voor)*, dienst doen als.
[88] *stel ik vast*, meen ik stellig.
[89] *weder*, daartegenover.
[90] Zie hiervoor BAAS, "Leeuwenhoek's contributions", blz. 99-100.
[91] *schibbens*, heel dunne schijfjes. Meervoudsvormen op -ns treffen we bij L. vooral in vroegere brieven veel aan; bijv. siektens, krabbens, mandens. Dergelijke meervouden waren tot in de achttiende eeuw in het Hollands gebruikelijk.

glass, and I have rejected the slices which were not like that.

Fig. 9. GHIKLM. is a thin slice, as described, which went through the middle of the embryo of the apple-tree, and which was made lengthwise; in this were shown the many little membranes, both great and small, all of which seem to lie extended lengthwise, and all of which must serve as vessels of the young tree, ascending and descending; and if there are no horizontal vessels in it, it is necessary that the horizontal vessels come forth from the ascending ones, for in our country and the neighbouring ones one does not come upon trees which are not endowed with many more horizontal vessels than with ascending vessels. But in the countries of Africa, Asia, and America one will find many trees (I am firmly convinced of that) which have no horizontal vessels, but, on the other hand, such trees have many segments, like the reed and straw, and without such segments the trees would not have any firmness[20].

With NOP. in the said figure a little fragment is shown of the leaf-like parts which were joined to the said embryo, and which the draughtsman has included in his drawing.

In order to satisfy myself as well as other people, I have cut an embryo, as described, across, and in slices as thin as I could, in order that one would the better discern the very exceptionally tiny vessels, as are shown here with Fig. 10. QRST.; and however many slices I

fig. XXII.

fig. XXIII.

---

[20] See BAAS, "Leeuwenhoek's contributions", pp. 99-100.

fig. XX.

fig. XXIV.

fig. XXI.

    Nu was ik nog niet vergenoegt[92], om dat ik niet en konde aanwijzen[93], hoe de vaaten in de bladers[a] gewijse deelen na de plant gestrekt lagen[94], om de plant te voeden[b], tot dat de Plant soo veel Wortel geschooten heeft, dat deselve uijt de Aerde kan bestaan, ende als dan hebben de bladers gewijse deelen, haar werk volbragt, ende werden dan meest door gaans[95], aan de jonge plant nog vast sijnde, uijt de Aerde gestooten, ende soo gaat het ook door gaans[96] met het koorn gewas, dat men dan seijt, het koorn[c] moet eerst rotten, sal het vrugt voortbrengen.

    Gelijk[97] nu het zaad van den Appel-boom, anders geseijt, de bladers[d] gewijse deelen[e], plat agtig sijn, ende aan de jonge plant, Fig. 7. met G. aan gewesen, rontomme vereenigt sijn, soo hebbe ik het zaad op sijn smalste soo danig in[f] dunne schibbens gesneden, dat ik door het Vergroot-glas soude konnen aanwijzen, hoe de bladers gewijse deelen met de plant sijn vereenigt, ende ook te gelijk, hoe de gemaakte seer kleijne bladerkens tussen de bladers gewijse deelen leggen op geslooten.

    Fig. 11. wert met ABCDEFG. aan gewesen een gedeelte van de geseijde plant, ende een kleijn gedeelte van de bladers gewijse deelen, waar van[g] fig. 11. ABG. dat gedeelte vande plant is, dat uijt het midden van de plant, als een dunne schibbe is gesnede ende met HIK. sijn de eerste gemaakte[98] bladers gewijse deelen die in fig. 8.[h] met DEF. werden aangewesen; en wanneer[i] ik de snede in de plant, soo danig niet en quam te doen, dat de eerst gemaakte bladerkens, ongeschonden waren, soo verwierp ik soo danige snede, en ten ware ik[j] de geseijde bladers, soo konde van een scheijde, als ik wel in de plant van de taruw[99] hebbe gedaan, men soude verscheijde bladerkens aan wijsen[100].

    Nu waren in de geseijde plant de seer dunne vaatjens, die seer veel sijn, ende in dat[k] deel van de Plant ABG. opgeslooten[l], niet af te beelden.

---

    [a] hs: bladders   [b] A: lagen. Deselve leggen dan zoodanig datze de Plant konnen voeden,   [c] A: Koorngewas; waar van men dan seyt, het moet   [d] hs: bladrs   [e] A: Gelyk nu die deelen van den Appel-boom, dewelke genoemd worden de bladers-gewijse deelen   [f] hs: met   [g] A: waar van in   [h] de eerst gemaakte Bladeren, die tussen de bladers-gewyse deelen in Fig. 8.   [i] A:aangewesen. Dog wanneer   [j] A: snede; en indien ik   [k] A: het   [l] A: opgeslooten leggen

    [92] *vergenoegt*, tevreden.
    [93] *aanwijsen*, laten zien.
    [94] *na ... lagen*, in de richting van de plant liepen.
    [95] *meest door gaans*, meestal.
    [96] *door gaans*, altijd.
    [97] *Gelijk*, aangezien.
    [98] *eerste gemaakte*, pas gevormde.
    [99] *taruw*, tarwe.
    [100] *aanwijsen*, lees: kunnen aanwijzen.

cut, I saw each time that these cut-off parts were not circular but rather somewhat oval.

Now I was not yet satisfied, because I could not demonstrate how the vessels in the leaf-like parts extended towards the embryo. They lie, then, in such a way that they are able to nourish the embryo until the embryo has so far taken root that it can obtain its living from the soil; and then the leaf-like parts have performed their task, and usually they are thrust out of the soil, still attached to the young embryo; and this is always the case with the corn, of which, then, it is said that if it is to bear fruit, it must first decay.

Now because those parts of the apple-tree, which have been called the leaf-like parts, are flattish and all around are joined to the young embryo, shown with G. in Fig. 7., therefore I have cut the seed where it was narrowest in such thin slices, that I would be able to show through the magnifying glass how the leaf-like parts are joined to the embryo; and at the same time how the very tiny leaves, already formed, lie enclosed between the leaf-like parts. *fig. XX.*

With ABCDEFG. in Fig. 11. is shown a part of the said embryo, and a small part of the leaf-like parts, among these ABG. in Fig. 11. is that part of the embryo which has been cut from the middle of the embryo, as a thin slice. HIK. are the leaves first-formed, which are shown between the leaf-like parts with DEF. in Fig. 8. But when I did not manage to make the cut in the embryo in such a way that the first-formed little leaves were undamaged, then I rejected such a cut; and if I had been able to separate the said leaves as I did at some time with the embryo of the wheat, then one would be able to show several little leaves. *fig. XXIV.* *fig. XXI.*

As it was, the very thin vessels in the said embryo, which are very numerous and lie enclosed in the part ABG. of the embryo, could not be depicted.

Hier wert ook aangetoont[85], in het kleijn stukje van het bladers gewijse deel[a] BCD. hoe de vaaten die uijt vliesjens bestaan, en in welke een stoffe op geslooten[b] leijt, als voor desen is geseijt, vereenigt sijn met de plant, ende soo is het ook gelegen met dat deel EFG.

Wij sien ook in de af teijkeninge een af scheijdinge, daar[101] de bladerkens HIK. geplaatst sijn, dog, dit is alleen veroorsaakt, om dat ik soo ras als ik[c] de snede in de plant wel[102,d] hadde volbragt, het gesnede[e] hadde door nat[103]; en int droog werden, sijn die deelen, door de uijtwaseminge van de vogt, soo in gekrompen, dat wij de scheijdinge soo komen te sien.

Ik blijf na veel agtinge en ijver.[104]

Sijne Wel Edele Heere
Onderdanige en seer Verpligten Dienaar.
Antoni van Leeuwenhoek.

---

[a] A: gedeelte   [b] hs: stoffe in op geslooten   [c] hs: ik *ontbreekt*   [d] A: wel *ontbreekt*   [e] A: afgesnede

[101] *daar*, waar.

[102] *wel*, goed.

[103] *het afgesnede*, lees: het afgesneden deel; *doornat*, bevochtigd.

[104] L.'s volgende brief aan MEERMAN is Brief 299 [IV] van 14 maart 1713, in dit deel.

L.'s volgende brief over de kiem in een zaad is Brief 324 [XXV] van 12 juni 1716 (*Alle de Brieven*, Dl. 18; *Send-Brieven*, blz. 220-232).

Here is also shown in the small fragment of the leaf-like part BCD. how the vessels, consisting of little membranes, and in which a substance lies enclosed, as has been said earlier, are joined to the embryo; and the same situation is present in that part EFG.

In the drawing we also see a separation there where the little leaves HIK. are situated, but this has solely been caused by the fact that as soon as I had finished the incision in the embryo, I had moistened the cut-off part; and during the drying-up these parts have shrunk so much through the evaporation of the moisture, that we now see the separation in this way.

I remain with much respect and zeal[21],

Honoured Sir, your

Humble and Very Obliged Servant.
Antoni van Leeuwenhoek.

---

[21] L.'s next letter to Meerman is Letter 299 [IV] of 14 March 1713, in this volume.
L.'s next letter on the embryo in a seed is Letter 324 [XXV] of 12 June 1716 (*Collected Letters*, vol. 18; *Send-Brieven*, pp. 220-232).

BRIEF No. 299 [IV]　　　　　　　　　　　　　　　　　　14 MAART 1713

Gericht aan:　　JAN MEERMAN.

Manuscript:　　Eigenhandige, ondertekende brief. Het manuscript bevindt zich te 's-Gravenhage, Koninklijke Bibliotheek, 130 c 1-(2), fol. 44--3^r-445^v; 6 foliobladzijden.

GEPUBLICEERD IN:

A. VAN LEEUWENHOEK 1718: *Send-Brieven,* ..., blz. 38-43 (Delft: A. Beman). - Nederlandse tekst [A].

A. À LEEUWENHOEK 1719: *Epistolae Physiologicae* ..., blz. 38-43 (Delphis: A. Beman). - Latijnse vertaling [C].

C.G. ZORGDRAGER 1720: *Bloeyende Opkomst der Aloude en Hedendaagsche Groenlandsche Visschery (...)* ('t Amsterdam: Joannes Oosterwijk) - Nederlands citaat.

N. HARTSOEKER 1730: *Extrait Critique des Lettres de feu M. Leeuwenhoek*, in *Cours de Physique* ..., blz. 58 (La Haye: J. Swart). - Frans excerpt.

S. HOOLE 1799: *The Select Works of Antony van Leeuwenhoek* ..., Dl. 1, blz. 265-269, 270 (London). - Engelse vertaling van de brief.

A.J.J. VANDEVELDE 1923: *De Send-Brieven van Antoni van Leeuwenhoek* ..., in *Versl. en Meded. Kon. Vlaamsche Acad.*, Jrg. 1923, blz. 360. - Nederlands excerpt.

SAMENVATTING:

Waarnemingen over het oog, de ooglens en het hoornvlies van een walvis. Berekeningen over de druk op een walvisoog op grote diepte.

OPMERKINGEN:

Het manuscript van deze brief is in 2006 terguggevonden in een collectie Varia van de Koninklijke Bibliotheek. Met dank aan dr. A. Leerintveld en E. Quak voor het attenderen op deze vondst.

Deze brief is met afwijkingen in woordgebruik en zinsbouw en zonder aanhef en slot – dus van de woorden *De Commandeur* tot en met *meerder vergenoeginge te vinden* – geciteerd in ZORGDRAGER (Amsterdam 1720), blz. 83-85. ZORGDRAGER vermeldt de "Zendbrieven" als bron.

LETTER No. 299 [IV] 14 MARCH 1713

Addressed to: JAN MEERMAN.

Manuscript: Signed autograph letter. The manuscript is to be found in The Hague, Koninklijke Bibliotheek (Royal Library), 130 C 1-(2), fol. 443^r-445^v; 6 folios.

PUBLISHED IN:

A. VAN LEEUWENHOEK 1718: *Send-Brieven*, ..., pp. 38-43 (Delft: A. Beman). - Dutch text [A].

A. À LEEUWENHOEK 1719: *Epistolae Physiologicae* ..., pp. 38-43 (Delphis: A. Beman). - Latin translation [C].

C.G. ZORGDRAGER 1720: *Bloeyende Opkomst der Aloude en Hedendaagsche Groenlandsche Visschery (...)* ('t Amsterdam: Joannes Oosterwijk) - Dutch quotation.

N. HARTSOEKER 1730: *Extrait Critique des Lettres de feu M. Leeuwenhoek*, in *Cours de Physique* ..., p. 58 (La Haye: J. Swart). - French excerpt.

S. HOOLE 1799: *The Select Works of Antony van Leeuwenhoek* ..., vol. 1, pp. 265-269, 270 (London). - English translation of the letter.

A.J.J. VANDEVELDE 1923: *De Send-Brieven van Antoni van Leeuwenhoek* ..., in *Versl. en Meded. Kon. Vlaamsche Acad.*, 1923, p. 360. - Dutch excerpt.

SUMMARY:

Observations on the eye of a whale, the lens, and the cornea. Calculations regarding the pressure upon a whale's eye at great depth.

REMARKS:

The manuscript of this letter has been traced in a collection Varia of the Koninklijke Bibliotheek in The Hague in 2006. We thank Dr A. Leerintveld en Mr E. Quak for drawing our attention to this manuscript.

This letter was quoted with differences in the use of words and syntax, and without the opening and closing words, i.e. from *The commander* until *some more pleasurable things* – in ZORGDRAGER, pp. 83-85. ZORGDRAGER acknowledges the "Zendbrieven" to be his source.

BRIEF No. 299 [IV]   14 MAART 1713

In Delft desen[a] 14.[e] Maart 1713

Aan de Wel Edele Heere
d'Heer Jan Meerman Regeerende[b]
Burgemeester der Stad Delft[1].

Wel Edele Heere.

Walvisoog.   De Commanduur[2] IJsaak van Krimpe[3], brengt tot mijn[c] een Oog van een Wal-vis, soo als het in Kooren Brandewijn lag[d]; dit Oog hadde geen klootze ronte[4], want sijn grootste axe was 2$\frac{7}{10}$ duijm[5] ende de andere axe was 2 $\frac{1}{2}$ duijm[6].

Het vaste lighaam, dat de Cristlijne vogt omvangt, en in besloote leijt, was een halve duijm dik.[e]

De kloot-bult[7] van het hoornvlies, daar het gesigt wierde ontfangen[8], was sijn axe 2 $\frac{1}{2}$ duijm.

---

[a] A: den   [b] A: Regerend   [c] A: my   [d] A: het lag in Koorn Brandewyn   [e] A: *Deze zin ontbreekt in A.*

[1] De brief is gericht aan JOHAN FRANSZ. MEERMAN (1643-1724), burgemeester van Delft. L.'s vorige brief aan MEERMAN is Brief 298 [III] van 28 februari 1713, in dit deel.

[2] *Commanduur*, commandeur (d.i. een kapitein van een walvisvaarder).

[3] Zie vorige brief 292 van 8 november 1712.

[4] *hadde ... ronte*, was niet zuiver bolvormig.

[5] Een *duym* is 2,61 cm.

[6] L. schreef eerder over het oog van een walvis in Brief 249 van 22 juli 1704, *Alle de Brieven*, Dl. 15, blz. 6-14, 20, met fig. I-VI op Plaat I en afb. 1-6 op Plaat II.

L. heeft eerder over ooglenzen geschreven in Brief 11 [6] van 7 september 1674, *Alle de Brieven*, Dl. 1, blz. 140-146 (rund); Brief 80 [41] van 14 april 1684, *idem*, Dl. 4, blz. 210-234 (rund, schaap, varken, hond, kat, haas, konijn, kabeljauw en kalkoen); Brief 81 [42] van 25 juli 1684, *ibid.*, blz. 280 (mens); Brief 88 [47] van 12 oktober 1685, *idem*, Dl. 5, blz. 320 (paard); Brief 122 [74] van 12 augustus 1692, *idem*, Dl. 9, blz. 78; en Brief 137 [83] van 30 april 1694, *idem*, Dl. 10, blz. 124 (garnaal).

Zie voor een uitleg van de opbouw van de ooglens de aantekeningen bij Brief 80 [41] en de afbeeldingen op de Platen XXII-XXIV, *idem*, Dl. 4. Een analyse van L.'s werk aan ogen is te vinden in ZEEMAN, "Van Leeuwenhoek en de oogheelkunde", *ibid.*, blz. 300-306. Vgl. SCHIERBEEK, *Leeuwenhoek*, Dl. 2, blz. 421-432; IDEM, *Measuring*, blz. 125-129; en COLE, "Leeuwenhoek's ... researches", blz. 16-20.

[7] *kloot bult*, bolvormige bult; *De kloot bult (...) was sijn axe*, de as van de "kloot bult" was.

[8] *daar ... ontfangen*, waardoor het licht binnentreedt, waardoor wij de dingen zien.

LETTER No. 299 [IV] 14 MARCH 1713

At Delft, the 14th of March 1713.

To the Honoured Sir
Mr Jan Meerman, Present Burgomaster of the City of Delft[1]

Honoured Sir,

The commander IJsaak van Krimpe[2] brings to me an eye of a whale, such as it lay in corn brandy; this eye was not perfectly spherical, for its greatest axis was $2\ ^{7}/_{10}$ inches[3], and the other was $2\ ^{1}/_{2}$ inches[4].

Whale's eye.

"The fixed body that surrounded the crystalline fluid and in which it lay enclosed, was a half inch thick".

The axis of the spherical bulge of the cornea, through which the light was received, was $2\ ^{1}/_{2}$ inches.

---

[1] The letter was addressed to JOHAN FRANSZ. MEERMAN (1643-1724), burgomaster of Delft. L.'s previous letter to Meerman is Letter 298 [III] of 28 February 1713, in this volume.
[2] See the last letter 292 of 8 November 1712.
[3] An inch is 2.61 cm.
[4] L. wrote earlier about the eye of a whale in Letter 249 of 22 July 1704, *Collected Letters*, vol. 15, pp. 7-15, with figs I-VI on Plate I and ills 1-6 on Plate II.
L. has written before on lenses of eyes in Letter 11 [6] of 7 September 1674, *Collected Letters*, vol. 1, pp. 141 147 (ox); Letter 80 [41] of 14 April 1684, *idem*, vol. 4, pp. 211 235 (ox, sheep, pig, dog, cat, hare, rabbit, cod, and turkey); Letter 81 [42] of 25 July 1684, *ibid.*, p. 281 (man); Letter 88 [47] of 12 October 1685, *idem*, vol. 5, p. 321 (horse); Letter 122 [74] of 12 August 1692, *idem*, vol. 9, p. 79; and Letter 137 [83] of 30 April 1694, *idem*, vol. 10, p. 125 (shrimp).
For an explanation of the structure of the lens of the eye see the notes on Letter 80 [41] and the pictures on the Plates XXII-XXIV, *idem*, vol. 4. An analysis of L.'s work on eyes is to be found in ZEEMAN, "Van Leeuwenhoek and ophthalmology", *ibid.*, p. 301 307.
Cf. SCHIERBEEK, LEEUWENHOEK, vol. 2, pp. 421-432; *idem*, *Measuring*, pp. 125-129; and COLE, "Leeuwenhoek's .. researches", pp. 16-20.

Het Humor Cristalijn⁹, en hadde geen klootze^a ronte gelijk wij inde Vissen sien, maar was aan de eene sijde een weijnig platagtig, en sijn axe was ¹⁷/₉₀ van een duijm; en wanneer ik de axe ondersogt, die na de voorwerpen lag gestrekt¹⁰, bevonde ik deselve seer na ½ duijm.

De holte, daar de Cristalijne vogt, of water in opgeslooten, was, sijn diameter seer na 2 duijm, ende de om leggende seer vaste, en starke stoffe was soo stark dat ik moeijte hadde om deselve met een scharp mesje te doorsnijden.

Uijt welke waarneminge ik in gedagten nam, of dese dikke en starke stoffe, waar in de Cristalijne vogt, opgesloote leijt, niet nodig is, dat ze soo stark moet wesen, om dat de Walvissen wel soo diep int water sinken, dat 14. lijnen, ijder van 100. vademen lang¹¹, ten eijnde is; door welke diepte int water, de parsinge van het water meer op de gront, drukt, als den gemeene Man is te doen gelooven.

Want vast gestelt^b sijnde dat de gront vande zee 1400. vademen diep is, ende dat een vadem 6. voeten in hout, gelijk het gemene seggen is, komt dan¹² dat de zee diep is 8400. voeten.

Wij weten, dat een cubicq voet gragt water weegt 65 lb ende dat het zeewater dat swaarder is, en wel 66²⁄₃ lb moet wegen, maar genomen, dat het maar 66 lb weegt, komt dan 554400 lb. die ijder vierkante voet, de gront inde zee, daar het water 8400. voet hoog staat gedrukt wert. Na der hant wert mij geseijt, dat ijder lijn geen 120. vademen lang is, komt dan 10080. voeten.

---

^a hs: kloote   ^b A: vastgestel
⁹ *Humor Cristalijn*, ooglens.
¹⁰ *de axe (...), die ... gestrekt*, de as die gericht was naar de (waargenomen) objecten.
¹¹ Een *vadem* is zes *voet*, d.w.z. zes maal 31,4 cm, d.i. 1,88 m.
¹² *komt dan*, dan is de uitkomst.

The crystalline humour[5] was not perfectly spherical, as we observe it to be in the fishes, but on one side it was slightly flattish, and its axis was 17/30 of an inch; and when I examined the axis which lay extended towards the objects of vision, I found this to be all but half an inch long.

The diameter of the usual cavity in which the crystalline fluid or water lay enclosed was all but two inches; and the surrounding very firm and tough substance was so tough that I had some difficulty in cutting the same across with a sharp little knife.

This observation suggested the idea to me that this thick and tough substance, in which the crystalline fluid lies enclosed, must needs be so tough because the whales sink so deep into the water that 14 lines, each a hundred fathoms[6] long, and attached to it, are used up to the end, and through this depth the pressure of the water on the bottom is greater than the common man can be made to believe.

For it being ascertained that the bottom of the sea is at a depth of 1400 fathoms, and that a fathom encompasses 6 feet, as is commonly said, the outcome is, then, that the depth of the sea is 8400 feet.

We know that a cubic foot of canal water weighs 65 pounds and that seawater is heavier, and must weigh as much as 66 1/2 pounds; but, assuming that it weighs only 66 pounds, this makes, then, 554400 pounds with which each square foot on the bottom of the sea, where the water has an altitude of 8400 feet, is weighed down. Afterwards I was told that each line has a length, not of one hundred but of 120 fathoms – this makes 10080 feet.

---

[5] This is the lens of the eye.
[6] A fathom is six feet (of 31.4 cm), which is 1.88 m.

BRIEF No. 299 [IV] 14 MAART 1713

Nu seijt mij de voornoemde van Krimpen, dat hij een Wal-vis heeft op gewonden[13], die 14. lijnen diep op een bank[14] in zee lag, ende dat het soude onmogelijk sijn geweest, sulks te doen, ten ware de lijn, aan de Wal-vis vast was boven de harpoen, met een slag ofte twee om de staart van de Wal-vis was geslagen[15], ende dat de selven dus met de staart na boven quam.

Dese Wal-vis, was int eerste soo swaar op te winden, dat men ten minsten, ses Man om de spil daar toe van nooden hadde, ende men wel vijf uren werk hadde eer[a] de selve boven was, dog wanneer de selve tot op een lijn na boven was, soo quam deselve bij na sonder arbeijt boven, daar op ik tegen den Commanduur seijde, dat sulks te weege gebragt wierde, door de minder parsinge van het water, ende door het groote vet, waar mede de Wal-vis is versien, en welk vet ligter is dan het water.

Laten wij nu stellen, dat het oog vande Wal-vis, voor soo verre het van het zee water omvangen wert, ses vierkante duijmen groot is, ende dat het soo diep onder water is, als hier vooren is geseijt, soo sal men moeten seggen, dat soo danigen oog, een parsinge van het water wert aan gedaan van 23100. pont, want ses quadraat duijmen is een vierentwintigste gedeelte van een quadraat voet, ende een vierentwintigste gedeelte van een quadraat voet, die van 554400. lb. gedrukt wert, is 23100. ponden.

Als wij nu weten, dat 6. quadraat duijmen op de gront, daar de zee 8400. voeten diep is, een swaarte op staat, dat 23100. ponden weegt, soo hebben wij ons niet te verwonderen, dat men inde Spaanze zee[16], geen gront kan werpen[17], want doet het water op de gront soo een groot gewelt[18], als op de voor gaande diepte is geseijt, en wij stellen[19] dat op andere plaatsen, de zee wel agt maal dieper is, soo sal de gront van zoo een Zee wel agt maal soo veel last lijden[20].

---

[a] hs: een A: eer
[13] *opgewonden*, met een windas (lier of kaapstaander) opgehesen.
[14] *14 lijnen ... Bank*, 3024 m (14 x 120 x 1,80 m) diep op een verheffing van de zeebodem.
[15] *ten ware (...) was geslagen*, als de lijn zich niet ... had geslagen.
[16] *de Spaanze Zee*, de Golf van Biskaje.
[17] *gront werpen*, de diepte loden.
[18] *doet ... gewelt*, als het water zoveel druk op de bodem uitoefent.
[19] *dewijl wij stellen*, men leze: en als wij terecht stellen. – De hapering in het zinsverloop is een gevolg van de verbinding van een conditionele met een causale bijzin.
[20] *last lijden*, druk ondergaan.

Now the aforesaid van Krimpen told me that he has hauled in a whale which lay 14 lines deep[7] on a shoal in the sea, and it would have been impossible to do this, if the line which was attached to the whale, had not been twisted, close behind the harpoon, some two times around the tail of the whale and that, consequently, it surfaced with its tail first.

At first it was such heavy work to haul in this whale that one needed at least six men to turn the windlass, and it took as much as five hours of labour before it came up; but when it was within a distance of one line from the surface, it was brought up almost without effort; thereupon I said to the commander that this was brought about by the lessening pressure of the water, and by the great amount of fat with which the whale is equipped, this fat being lighter than the water.

Now let us assume that the eye of the whale in as far as it is encompassed by the sea-water, has an area of six square inches, and that it is as deep in the water as has been said before, then one is entitled to state that such an eye is subject to a pressure of water of 23100. pounds, for six square inches are one twenty-fourth part of a square foot; and a twenty-fourth part of a square foot which was weighed down with 554400., is weighed down with 23100. pounds.

When we know, then, that on 6. square inches on the bottom, where the sea has a depth of 8400. feet, a weight of water rests of 23100. pounds, then we need not be amazed that in the Spanish Sea one cannot sound the ground, for if the water exerts so much pressure on the bottom as has been said with regard to the depth mentioned earlier, and because we assume that in other places the sea is up to eight times deeper, the bottom of such a sea will suffer as much as eight times that amount of pressure.

---

[7] *14 lines deep*, 3024 m (14 x 120 x 1,80 m) deep.

Waar uijt wy dan een besluijt konnen maken[21], dat seker gewigt, al was het van loot, op de gront van soo een diepte niet en kan sinken, niet alleen om[a] de groote parsinge, die het loot geniet, maar het water parst nog meer op het lange touw, dat veel grooter lighaam uijtmaakt als het loot is[22], en welk touw maar een weijnig swaarder is, dan het water, en dus[23] het loot belet te sinken; en ten derden moeten wij vast stellen[24], dat de Zee inden grooten Oceaan[25], noyt stil staat, schoon men geen stroom inde selve gewaar werden[26], waar door dan het loot in de zee werpende, schoon het schijnt regt na de gront te gaan, soo sal het door den stroom weg drijven, ende de lijn een bogt krijgen, die van seconde, tot seconde sal toe nemen, ende dus sal het loot niet op de gront konnen sinken.

Het Humor Cristalijn was soo tegen het Hoorn-vlies geplaatst dat het selve aldaar een kleijne klootze[27] bult hadde, dat mij vreemt voor quam, als hebbende sulks, in de dieren nog vissen vernomen[28].

Ik snede het Hoorn-vlies ter groote van een duijm, diameters van het oog ende dat selvige voor een gedeelte latende droogen, snede ik het selvige met een schuijnze snede aan stukken, op[b] dat ik des te beter soude ontdekken, hoe veel vliesen het wel dik op den anderen was leggende, die[29] het Hoorn-vlies waren uijtmakende, dat ik ten minsten wel 16. à 18. bevont.

Onder dit Hoorn-vlies, lag een Vlies dat swartagtig was, en gans geen doorschijnentheijt toeliet, als[30] door een opening van een ovaal, dat voor het Humor Cristalijn was geplaatst, dat mij vreemt voor quam, en welke ovale opening, in sijn lengte genomen, was een halve duijm, ende op sijn breetste genomen was het seer na een vierde van een duijm.

---

[a] hs: op A: om   [b] hs: om A: op
[21] *een besluijt (...) maken*, de conclusie trekken.
[22] *veel grooter ... is*, veel meer volume heeft dan het lood.
[23] *dus*, dientengevolge.
[24] *vast stellen*, als vaststaand aannemen.
[25] *den grooten Oceaan* is geen geografische eigennaam; L. bedoelt de oceanen in het algemeen.
[26] *schoon men (...) gewaar werden*, ook al neemt men waar.
[27] *klootze*, ronde, bolvormige.
[28] *vernomen*, waargenomen.
[29] *hoe veel ... die*, hoeveel vliezen op elkaar lagen, die. – Er heeft contaminatie plaats gehad van *hoeveel vliezen dik het was* en *hoeveel vliezen op elkaar lagen*.
[30] *als*, dan, behalve.

From this we are therefore able to draw the conclusion that a certain weight, albeit of lead, cannot sink to the bottom at such depth, not only on account of the great pressure exerted on the lead, but the water exerts even more pressure on the long line, which has a much greater volume than that of which the sounding-lead consists, and which line is only slightly heavier than the water and, consequently, it keeps the sounding-lead from sinking; and, thirdly, we must take it for granted that the sea in the great oceans is never at rest, even if one does not perceive a current in it; hence when the sounding-lead has been cast into the sea, although it seems to go straight to the bottom, yet through this current it will drift away from the person who casts the sounding-lead, and the line will acquire a curve which will increase with each second, and so it will not be possible for the sounding-lead to sink to the bottom.

The crystalline humour was situated against the cornea in such a manner that it had a slight bulge on that side; this seemed strange to me, for I had never seen something of the kind, neither in animals nor in fishes.

I cut the cornea of well over an inch in diameter from the eye, and when I had left it to dry somewhat, I cut this to pieces with an oblique incision, in order that I would better discover how many membranes lay one upon the other, together constituting the cornea, and I found their number to be as much as 16. or 18.

Under this cornea a membrane was lying which was black and not transparent at all, except through an oval aperture which was situated before the crystalline humour; this seemed strange to me, and this oval aperture, measured lengthwise, was half an inch; crosswise it was very close to a quarter of an inch.

Uijt welke waarneminge ik in gedagten nam³¹, of de Wal-vis een vermogen hadde, om dit Ovaal te verwijden, ende te vernaeuwen, om de eene tijd wijder, of scharper³² te konnen sien, en soo danige toe sluijtinge ende ontsluijtinge, gedenkt mij³³, dat ik inde oogen van een kat wel hebbe gesien, als zij stil sat.

Vorders tragte ik het vlies, dat agter int oog leijt weg te nemen, om de gesigt senuwe te sien, die ik niet grooter vont, als van een Os, maar het geene mij vreemt voor quam, dat was, dat ontrent het geseijde vlies, wel op 25. plaatsen, met aderen en senuwen waren gehegt, en gingen³⁴ in het senuwe agtige deel³⁵, daar de gesigt senuwe door ging; die in eenige³⁶ soo wijt waren als gemene spelden dik sijn, ende andere veel kleijnder.

Dit is het geene ik van het oog van een Wal-vis weet te seggen, en ten ware wij soo een oog konden bekomen, soo als³⁷ het uijt de Wal-vis was genomen, ik en twijfel niet, of wij souden meerder vergenoeginge vinden.

Ik sal met veel agtinge blijven³⁸

Sijne Wel Edele Heere

Seer Verpligten, en Onderdanige Dienaar
Antoni van Leeuwenhoek³⁹.

P.S.

De hoogte van onse Nieuwe Kerks-Toorn is over veel jaren⁴⁰ door mij ende wijlen de Lantmeter Spoors⁴¹, ijder met sijn quadrant af gesien⁴², en bevonden hoog te sijn, 299 voeten, dat is dan, de diepte daar de Wal-vis op de gront lag, is meer 26. maal dieper als de Toorn hoog is.

---

³¹ *Uijt ... nam*, op grond van deze waarneming dacht ik erover na.
³² *den eenen tijd ... scharper*, nu eens verder, dan weer scherper.
³³ *gedenkt mij*, herinner ik me.
³⁴ *en gingen*, en zij gingen.
³⁵ *het senuwe agtige deel*, het op een zenuw gelijkende deel.
³⁶ *in eenige*, op enkele plaatsen.
³⁷ *zoo als*, dadelijk nadat.
³⁸ Dit is L.'s laatste brief aan MEERMAN.
³⁹ In A *Anthoni*; de toevoeging van de -h- is denkelijk een vrijheid van de zetter geweest.
⁴⁰ *over veel jaren*, veel jaren geleden. L. vermeldde dit eerder in Brief 137 [83] van 30 april 1694, *Alle de Brieven*, Dl. 10, blz. 126.
⁴¹ L. doelt hier op de landmeter JACOB SPOORS (c.1595-1677). Zie voor zijn relatie tot Leeuwenhoek: ZUIDERVAART & RIJKS, "Most Rare Workmen'... en ZUIDERVAART & ANDERSON, "Antony van Leeuwenhoek's microscopes and other scientific instruments".
⁴² *afgesien*, nauwkeurig waargenomen om afstand en richting en in dit geval de hoogte te bepalen.

By reason of this observation I considered the possibility whether the whale might have a capacity to widen and narrow this oval, in order to be able at one time to see farther, at another sharper, and I remember that I have at times seen such a closing and dilatation in the eyes of a cat when it was sitting still.

Further I tried to remove the membrane which was lying at the rear of the eye, in order to see the optic nerve, and I found this to be not larger than that of an ox, but what seemed strange to me was that on as much as 25. places to the said membrane veins and nerves were attached which went into the nerve-like part, through which the optic nerve was passing, and in some places these were as wide as the thickness of common pins, and in others much smaller.

This is what I am able to say on the eye of a whale, and if we could obtain an eye immediately after it had been taken out of the whale, I do not doubt that we should find some more pleasurable things.

I shall remain with much respect[8]

Honoured Sir, your

           Most Obliged and Most Humble
           Servant,
           Antoni van Leeuwenhoek[9].

P.S.

Many years ago the height of the tower of our New Church was carefully observed by me[10] and the late land surveyor Spoors[11], each with his own quadrant, and we found that it was 299. feet high, therefore the depth on which the whale was lying on the bottom was more than 26. times deeper than the height of the tower.

---

[8] This is L.'s last letter to MEERMAN.
[9] In A Anthoni; the addition of the -h- probably has been a liberty of the composer.
[10] L. mentioned this earlier in Letter 137 [83] of 30 April 1694, *Collected Letters*, vol. 10, p. 127.
[11] L. here refers to the land surveyor JACOB SPOORS (c.1595-1677). See for his relation to Leeuwenhoek: ZUIDERVAART & RIJKS, "Most Rare Workmen'... and ZUIDERVAART & ANDERSON, "Antony van Leeuwenhoek's microscopes and other scientific instruments".

BRIEF No. 300 [V] 25 MAART 1713

Gericht aan: ADRIAEN VAN ASSENDELFT.

Manuscript: Geen manuscript bekend.

GEPUBLICEERD IN:

    A. VAN LEEUWENHOEK 1718: *Send-Brieven*, ..., blz. 44-55, 6 figuren (Delft: A. Beman). - Nederlandse tekst [A].
    A. À LEEUWENHOEK 1719: *Epistolae Physiologicae* ..., blz. 44-55, 6 figuren (Delphis: A. Beman). - Latijnse vertaling [C].
    N. HARTSOEKER 1730: *Extrait Critique des Lettres de feu M. Leeuwenhoek*, in *Cours de Physique* ..., blz. 58 (La Haye: J. Swart). - Frans excerpt.
    S. HOOLE 1799: *The Select Works of Antony van Leeuwenhoek* ..., Dl. 1, blz. 276-278, 1 figuur (London). - Engelse vertaling van enkele kleine gedeeltes van de brief.
    A.J.J. VANDEVELDE 1923: *De Send-Brieven van Antoni van Leeuwenhoek* ..., in *Versl. en Meded. Kon. Vlaamsche Acad.*, Jrg. 1923, blz. 360-361. - Nederlands excerpt.

SAMENVATTING:

    Over haren van een muis, mol, hermelijn, kat, konijn, bunzing, beer, ijsbeer, varken, L.'s eigen kin, ree, en ongeboren lam. Over de veren van L.'s papegaai en van een zwaan. Vergelijking met de leden van riet, stro, een palm- en een kokosboom en de piekboom uit Cambodja.

FIGUREN:

fig. XXV-XXX.   De oorspronkelijke tekeningen zijn verloren gegaan. In de uitgaven A en C zijn de zes figuren bijeengebracht op één plaat tegenover blz. 47 in beide uitgaven. In HOOLE is fig. 5 afgebeeld als Fig. 14 op Plaat IX.

OPMERKINGEN:

De hier afgedrukte tekst is die van uitgave A.

LETTER No. 300 [V]   25 MARCH 1713

Addressed to: ADRIAEN VAN ASSENDELFT.

Manuscript: No manuscript is known.

PUBLISHED IN:

A. VAN LEEUWENHOEK 1718: *Send-Brieven,* ..., pp. 44-55, 6 figures (Delft: A. Beman). - Dutch text [A].
A. À LEEUWENHOEK 1719: *Epistolae Physiologicae* ..., pp. 44-55, 6 figures (Delphis: A. Beman). - Latin translation [C].
N. HARTSOEKER 1730: *Extrait Critique des Lettres de feu M. Leeuwenhoek*, in *Cours de Physique* ..., p. 58 (La Haye: J. Swart). - French excerpt.
S. HOOLE 1799: *The Select Works of Antony van Leeuwenhoek* ..., vol. 1, pp. 276-278, 1 figure (London). - English translation of a few small parts of the letter.
A.J.J. VANDEVELDE 1923: *De Send-Brieven van Antoni van Leeuwenhoek* ..., in *Versl. en Meded. Kon. Vlaamsche Acad.*, 1923, pp. 360-361. - Dutch excerpt.

SUMMARY:

On hairs of a mouse, a mole, an ermine, a cat, a rabbit, a polecat, a bear, a polar bear, a pig, L.'s own chin, a roe, and an unborn lamb. On the feathers of L.'s parrot, and a swan. Comparison with the segments of reed, straw, a palm and a coconut tree, and the Cambodian 'piekboom'.

FIGURES:

The original drawings have been lost. In the editions A and C the six figures have been combined on a single plate facing p. 47 in both editions. In HOOLE Fig. 5 has been reproduced as Fig. 14 on Plate IX.

figs XXV-XXX.

REMARKS:

The text as printed here is that of edition A.

In Delft den 25. Maart 1713.

Aan den Wel-Edelen Heere,
De Heer Mr. Adriaen van Assendelft,
Raat ende Out-Schepen der Stad Delft[1].

Wel Edele Heere.

Muis.

Wanneer ik besig was met het vlees van de Muysen door het Vergroot-glas te besien, quamen my in 't Oog eenige hairtjes van de Muys, die ik met verwonderinge aansag, om dat ik die van een gansch ander maaksel bevont, als van groote Dieren; want daar deselve aan[2] de huyt stonden, waren die wat dikker, als ze waren wat verder van de huyt: ende aldaar waren ze platagtig, ende ze schenen doorgaans[3] te bestaan uyt kringsgewyse deelen, die men ook wel voor ronde bolletjes zoude aansien, en wel meest daar de hairtjes seer dun syn: ende na dese plattigheyt namen de hairtjes in dikte toe, ende wat verder namen de hairtjes weder in dikte af, en liepen eyndelyk zoo spits toe, als wy eenig puntig deel konnen verbeelden[4]. Die dese hairtjes door het Vergroot-glas begeerig syn te beschouwen, dienen de hairtjes te nemen van den buyk van de Muys, om dat ze daar zoo swart[5] niet en syn, als boven op het lyf, ende dus haar maaksel beter te bekennen is.

---

[1] De brief is gericht aan ADRIAEN VAN ASSENDELFT (1664-1742), later burgemeester van Delft.
[2] *aan*, dichtbij.
[3] *doorgaans*, helemaal.
[4] *als ... verbeelden*, als wij ons van welk puntig voorwerp dan ook kunnen voorstellen.
[5] *swart*, hier: donker.

At Delft, the 25th of March 1713

To the Honoured Sir,
Mr Adriaen van Assendelft,
Councillor and formerly Alderman of the City of Delft[1].

Honoured Sir.

While I was engaged in observing the flesh of the mice through the magnifying glass, my eye fell upon some little hairs of the mouse, which I regarded with astonishment, because I found that they have a structure which is quite different from that of large animals, for where they were close to the skin they were somewhat thicker than farther away from the skin, and in that place they were flattish, and they seemed wholly to consist of circular parts, which one could perhaps also regard as round little globules, which was mostly the case where the little hairs are very thin, and after this flattish part the little hairs became thicker, and farther on they became again thinner, and eventually they tapered off so sharply as any pointed object whatsoever which we can think of. People who desire to regard these little hairs through the magnifying glass should take the little hairs of the mouse's belly, because they are not so dark as on top of the body, and therefore their structure can be better observed.

Mouse.

---

[1] The letter was addressed to ADRIAEN VAN ASSENDELFT (1664-1742), later burgomaster of Delft.

Ik hebbe voor desen geseyt, dat ons hair zoo wel⁶ een schors heeft als een Tak van een Boom, ende dat de binne-leggende deelen van de hairen weder uyt lange deeltjes waren bestaande: ende alsoo ik dit niet alleen hebbe gesien in ons hair, maar ook in Ossen, Paarden, Schapen ende Verkens, zoo oordeele ik, dat dit ook plaats heeft in alle Dieren, uytgesondert het hair van den Elant ende van de Harten⁷, die in de koude Landen syn⁸.

Ik ben ook van gedagten geweest, dat yder hairtje apart uyt de huyt gestooten wierd, het sy van wat Dieren de hairtjes ook waren; dog wanneer ik het hair van verscheyde Dieren, welkers huyt seer ruyg is, als onder andere het hair van den Beer, den Bever, en onse ruyge Honden en Katten, en selfs ook van de Muys beschouwde, vond ik de langste hairen der selven seer dik, in vergelykinge van de hairtjens die daar rontomme staan, en ik kan dit niet beter vergelyken, dan of wy ons verbeelden de stamme van een Abeel-boom⁹ te sien, om welke veele jarige¹⁰ scheuten waren opgeloopen¹¹.

Dese bondelkensª hebbe ik vervolgt¹², tot selfs in de huyt, en waargenomen, dat ik konde tellen dat agt, en op een ander plaats wel twaalf Worteltjes, zoo vast by den anderen¹³ lagen, als of ze aan een waren vereenigt: ende onder die staken een ende ook wel twee Worteltjes in dikte uyt, daar uyt dan ook de groote en dikke hairen voortkomen, die wy in de Dieren komen te sien: ende nevens dese geseyde bondelkens lagen andere bondelkens met Worteltjes, tot drie en vier toe, die men niet anders konde onderscheyden, als dat ze met een seer fyn streepje¹⁴ van een schenen gescheyden te syn: en yder bragt ten minsten een dik en lang hairtje voort; ende dus¹⁵ bestont een bondelken hairtjes, dat als uyt een punt scheen voort te komen, wel uyt vyf-en-twintig hairtjes.

ª A: bondelks

⁶ *zoo wel*, even goed, evenzo.

⁷ *Harten*, herten.

⁸ L. schreef eerder over haren in Brief 4 van 5 april 1674, *Alle de Brieven*, Dl. 1, blz. 66-70 (histologie, groei, mens, eland); Brief 5 [3] van 7 april 1674, *ibid.*, blz. 74-76 (groei, mens, eland); Brief 9 [5] van 6 juli 1674, *ibid.*, blz. 120 (bouw van het haar, mens, eland, paard, schaap, olifant); Brief 21 [14] van 22 februari 1676, *ibid.*, blz. 352-370 (bouw, groei en krullen van haar, eland, paard, varken, kat, hert, hond, eekhoorn, konijn, mens), met fig. XIV op Plaat XXXV (baardhaar); Brief 38 [24] van 18 maart 1678, *idem*, Dl. 2, blz. 348-350 (bunzing), met afb. 37 op Plaat XVII; Brief 39 [25] van 31 mei 1678, *ibid.*, blz. 370-376 (bouw, eland, hert, mens) met fig. VII.8 op Plaat XX (baardhaar); Brief 66 [24] van 4 november 1681, *idem*, Dl. 3, blz. 350-364 (bouw, varken, mens, haaruitval, comedonen), met fig. XXXVII-XL op Plaat XLII; Brief 67 [35] van (3) maart 1682, *ibid.*, blz. 402-404 (groei en uitval haar mens); Brief 116 [68] van 27 november 1691, *idem*, Dl. 8, blz. 196-198 (konijn, rol bloedvaten); Brief 134 [80] van 2 maart 1694, *idem*, Dl. 10, blz. 6-18 (bouw, mens, schaap), met fig. I-IV op Plaat I en fig. V-VI op Plaat II; Brief 177 [107] van 27 september 1696, *idem*, Dl. 12, blz. 108 (groei); Brief 281 van 23 november 1709, *idem*, Dl. 16, blz. 178-188 (baardhaar); en Brief 293 van 12 april 1712, *ibid.*, blz. 384-396 (olifant).
Vgl. SCHIERBEEK, *Leeuwenhoek*, Dl. 2. blz. 392-407; IDEM, *Measuring*, blz. 132-133; en COLE, "Leeuwenhoek's ... researches", blz. 41-43.

⁹ *Abeel-boom*, de witte populier *Populus alba*.

¹⁰ *jarige*, eenjarige.

¹¹ *opgeloopen*, opgegroeid, opgeschoten.

¹² *vervolgt*, gevolgd, onderzocht.

¹³ *by den anderen*, bij elkaar.

¹⁴ *streepje*, strookje, scheidingslijntje.

¹⁵ *dus*, daardoor.

Earlier I have said that our hair has a rind, just like a branch of a tree, and that the interior parts of the hair again consist of long little parts, and because I have seen this not only in our hair but also in oxen, horses, sheep, and pigs, I judge that this is also the case in all animals, with the exception of the hair of the elk[2] and those deer which live in the cold countries[3].

I have also entertained the thought that each little hair was thrust separately out of the skin, to whatever animals the little hairs did belong, but when I observed the hair of several animals, which have a very shaggy coat, as among others the hair of the bear, the beaver, and our shaggy dogs and cats, and even that of the mouse, I found that their longest hairs were very thick when compared to the little hairs surrounding them, and I cannot think of a better comparison for this than imagining that we see the trunk of an abele[4] around which many annual shoots had sprouted.

I have further examined these little bundles, even as far as within the skin, and I have observed that I could count eight, and in another spot as much as twelve, little roots which lay so close to one another as if they were joined together, and among these one or at times two little roots stood out as to their thickness and from these, then, come forth the great and thick hairs which we may observe in the animals; and next to these little bundles, just mentioned, other little bundles were lying with little roots, as much as three and four in number; one could not distinguish them otherwise than that they seemed to be separated by a very thin little stripe, and each of them brought forth at least one thick and long little hair, and so a little bundle of hairs which seemed as it were to originate in a single point, consisted of as much as five-and-twenty little hairs.

---

[2] US: moose.

[3] L. wrote earlier on hairs in Letter 4 of 5 April 1674, *Collected Letters*, vol. 1, pp. 67-71 (histology, growth, man, elk); Letter 5 [3] of 7 April 1674, *ibid.*, pp. 75-77 (growth, man, elk); Letter 9 [5] of 6 July 1674, *ibid.*, p. 121 (structure of hair, man, elk, horse, scheep, elephant); Letter 21 [14] of 22 February 1676, *ibid.*, pp. 353-371 (structure, growth and curling of hair, elk, horse, pig, cat, deer, dog, squirrel, rabbit, man), with fig. XIV on Plate XXXV (hair from the beard); Letter 38 [24] of 18 March 1678, *idem*, vol. 2, blz. 349-351 (polecat), with ill. 37 on Plate XVII; Letter 39 [25] of 31 May 1678, *ibid.*, pp. 371-377 (structure, elk, deer, man) with fig. VII.8 on Plate XX (hair from the beard); Letter 66 [24] of 4 November 1681, *idem*, vol. 3, pp. 351-365 (structure, pig, man, shedding, comedones), with figs XXXVII-XL on Plate XLII; Letter 67 [35] of (3) March 1682, *ibid.*, pp. 403-405 (growth and shedding of man's hair); Letter 116 [68] of 27 November 1691, *idem*, vol. 8, pp. 197-199 (rabbit, role of blood vessels); Letter 134 [80] of 2 March 1694, *idem*, vol. 10, pp. 7-19 (structure, man, scheep), with figs I-IV on Plate I and figs V-VI on Plate II; Letter 177 [107] of 27 September 1696, *idem*, vol. 12, p. 109 (growth); Letter 281 of 23 November 1709, *idem*, vol. 16, pp. 179-189 (hair from the beard); and Letter 293 of 12 April 1712, *ibid.*, pp. 385-397 (elephant).
Cf. SCHIERBEEK, *Leeuwenhoek*, vol. 2. pp. 392-407; IDEM, *Measuring*, pp. 132-133; and COLE, "Leeuwenhoek's ... researches", pp. 41-43.

[4] *abele*, the white poplar *Populus alba*.

fig. XXV.   Wanneer ik nu de hairtjes van de Muys met meerder opmerkinge[16] beschouwde, sag ik met verwonderinge, dat deselve niet zoo glat waren, als ik in veele hairen hadde gesien; maar dat deselve ontrent het lyf verscheyde ledekens hadde; even als of wy ons inbeelden te sien een seer dun Takje van een fyne Palm-boom, anders Box-boom[17], die seer kleyne bladerkens hadde, ende wiens bladerkens digte aan het Takje waren afgesneden. Zoo een kleyn gedeelte van een hairtje van een Muys, zoo als het digte by de huyt is, word hier met Fig. 1. AB. aangewesen; ende als men die ledensgewyse[18] deelen vervolgt, tot daar het hair dikker wert, verliest men deselve uyt het gesigt.

fig. XXVI.   Met Fig. 2. CD. wert een kleyn gedeelte van het geseyde hairtje aangewesen, daar het selve op syn dikste is.

fig. XXVII.   Met Fig. 3. EFG. wert aangewesen het spits toeloopende eynde van het hairtje, waar van veele hairtjes aan haar eynde doorschynende syn, als met FG. wert aangewesen, daar[19] andere tot het eynde toe kringsgewyse ledekens schynen te hebben.

Uyt alle de waarnemingen die ik ontrent de hairen van ons ligham, en van verscheyde Dieren, hebbe gedaan, hebbe ik vast gestelt, dat hun wasdom niet by uytspruytinge, gelyk in de Planten geschiet, maar by voortstootinge wert te weeg gebragt; namentlyk, dat deel van het hair, dat heden in de huyt is, sal morgen als[20] uyt de huyt wesen.

Wat sullen wy nu seggen[21] van de hairen van de Muys, en hoe de ledensgewyse deelen, als hier vooren met Fig. 1. AB. wert aangewesen, geformeert werden?

fig. XXV.
Mol.   Van het hair van een Muys ben ik gevallen tot op[22] het hair van de Mol; dat ik seer na[23] van een ende het selve maaksel hebbe bevonden.

---

[16] *opmerkinge*, aandacht, opmerkzaamheid.
[17] *Box-boom*, Hollands getinte vorm naast *buksboom*, buxus (*Buxus sempervirens* L.), ook wel 'palmboompje' genoemd.
[18] *ledensgewyse*, op leden gelijkende.
[19] *daar*, terwijl.
[20] *als*, om zo te zeggen.
[21] L. gaat op de retorische vraag niet door, maar begint in de volgende alinea met een ander aspect van het onderwerp. Waarschijnlijk bedoelde hij: Wat moet ik verder zeggen enz.
[22] *gevallen tot op*, overgegaan op.
[23] *seer na*, nagenoeg, vrijwel.

Now when I observed the little hairs of the mouse with closer attention, I saw to my astonishment that they were not as smooth as I had seen in many hairs, but that they had several segments in their body; just as if we imagine seeing a very thin sprig of a tiny palm-tree, or box tree⁵, which had very small leaves, and of which the little leaves had been cut off close to the sprig. Such a small part of a little hair of a mouse, as it is close to the skin, is shown here in Fig. 1. AB., and if one traces the parts, which look like segments, up to where the hair becomes thicker, they disappear from sight. *fig. XXV.*

In Fig. 2 CD. a small part of the said hair is shown where it is thickest. *fig. XXVI.*

In Fig. 3. EFG is shown the end of the little hair, tapering off; many of these little hairs are transparent towards their end, as is shown with FG., while others seem to have circular little segments up to their end. *fig. XXVII.*

From all the observations I carried out with regard to the hairs of our body and of several animals, I have ascertained that their growth does not result from sprouting, as happens in the plants, but from an outward thrust: that is to say, that that part of the hair which today is within the body, will as it were emerge from the skin tomorrow.

Now what are we to say about the hairs of the mouse, and how the parts, which consist of segments, as has been shown before this in Fig. 1. AB., are formed? *fig. XXV.*

From the hair of a mouse I have turned to the hair of the mole, which I have found to be almost wholly of the same structure. *Mole.*

---

⁵ *Buxus sempervirens* L., also called 'palm-tree'.

Hermelijnen.

fig. XXV.

Bunzing.

fig. XXV.

Beer.

Ik hebbe ook de witte hairen van het Diertje Ermine[24], de Kat, ende van het Konyn, door het Vergroot-glas besien; ende alhoewel eenige grooter waren, zoo syn se egter[25] seer na van maaksels als die van de Muys; alleen met dat onderscheyt, dat ik de ledige[26] deelen, als in Fig. I. syn aangewesen, niet wel en hebbe konnen bekennen, alhoewel ik niet en twyffel of ze zynder mede in.

Ik hebbe ook het hair genomen, waar mede myn onderkleet[27] gevoert is, synde huyden van de Dieren, die wy Bonsems[28] noemen, en welkers bont men den naam van vis-bont[29] geeft; dese hairen, hoewel veel grooter als van Muysen, ofte Erminen, syn mede van maaksel als die van de geseyde Dieren, in dewelke my de ledensgewyse deelen, met Fig. I. AB. aangewesen, naakter voorquamen[30] als in de hairen van de Muys.

Vorders is myn oog gevallen op de sware of dikke hairen die op de Beere huyden staan, ende wel op die geene die uyt de West-Indische Landen tot ons gebragt werden, om dat die hairen niet swart en syn, ende hebbe doorgaans[31] gesien, dat in die dikke hairen, van binnen, een duystere streep liep; dat ik ook wel veelmaal in onse hairen hebbe ontdekt.

Dese streepen doorgaans in de Beere hairen siende, en konde my niet voldoen[32]; en omme dit na te vorssen, nam ik voor[33], zoo het my doenlyk was, de Beere hairen in hare lengte te doorsnyden; ende doen sag ik, dat die hairen voor een gedeelte gevolt waren met bolletjes, die my toescheenen lugtbolletjes te syn; en die ik my inbeelde dat in haar maaksel[34] met een vogt syn beset[35] geweest, ende de vogt daar uytgewasemt synde, nu lugtbolletjes waren[36].

---

[24] *Ermine*, hermelijn.
[25] *egter*, toch.
[26] *ledige*, op leden gelijkende.
[27] *onderkleet*, een kledingstuk dat onder het opperkleed gedragen werd.
[28] *Bonsems*, bunzings; bijvorm naast *bon(t)sinck*.
[29] *vis-bont*, bont van de bunzing. Het woord is samengesteld met het oude Zuidnederlandse woord *visse* voor bunzing.
[30] *(my) naakter voorquamen*, (voor mij) duidelijker te zien waren.
[31] *doorgaans*, telkens.
[32] *Dese ... voldoen*, dat ik deze strepen telkens in de bereharen zag, kon ik niet bevredigend verklaren.
[33] *nam ik voor*, besloot ik.
[34] *die ... maaksel*, waarvan ik dacht dat ze tijdens hun vorming (groei).
[35] *beset*, gevuld.
[36] *ende ... waren*, en doordat het vocht eruit verdampt was, waren het nu luchtbolletjes.

I have also examined the white hairs of the little animal, the ermine, the cat, and the rabbit, through the magnifying glass, and although some of them were larger, with regard to their structures they are still very close to that of the mouse; with this difference only, that I have not been able clearly to observe the parts resembling segments, as are shown in Fig. 1., although I do not doubt that they are also present in them.

Ermine.

fig. XXV.

I have also taken the hair with which my undergarment is lined, being skins of those animals which we call polecats, and the fur of which is called fitch fur; these hairs, although much larger than those of mice, or ermines, have also the same structure as those of the said animals; in them the parts resembling segments, shown in Fig. 1. AB., were for me more clearly to be seen than in the hairs of the mouse.

Polecat.

fig. XXV.

Further my eye fell upon the coarse or thick hairs which grow upon the skins of bears, and in particular on those which have been imported among us from the countries in the West Indies, because these hairs are not black, and each time I have seen that in these thick hairs on the inside a dark line ran – something which I have also discovered very many times in our hairs.

Bear.

I could not find a satisfactory explanation for the fact that each time I saw these lines in the hairs of bears, and in order to explore this, I decided to cut, if I could, the hairs of a bear lengthwise, and then I saw that these hairs were partly filled with little globules which seemed to me to be air bubbles; and I assumed that when these were formed they had been filled with a fluid, and the fluid having evaporated, they had become air bubbles.

BRIEF No. 300 [V] 25 MAART 1713

Dese bolletjes besloegen, ofte maakten in eenige hairen seer na de helft van de dikte van het hair uyt; ende de verdere gedeelten van de hairen, die dese bolletjes waren omvangende, waren seer dunne striemtjes of hairtjes, uyt dewelke, in menigte t'samen gevoegt, de hairen doorgaans[37] bestaan.

IJsbeer.

Dese hairen hebbe ik vervolgt[12] in de witte Beeren, die onse Walvis-vangers op het Ys ofte in de Zee dooden; dog, die hairen en syn soo dik niet als van de eerste Beeren, ende ze syn doorgaans[31] mede van binnen met een duystere streep versien.

Als wy nu sien dat'er zoo veel lugtbolletjes in een hairtje syn, sullen wy niet[38] mogen besluyten, dat de Beeren meer, als veel viervoetige Dieren, haar konnen begeven eenige mylen verre van Lant in de Zee, om haar kost te soeken, terwyl[39] sy om de lugt, in yder hairtje opgeslooten, als op haar hair ten deele konnen dryven. En ik beelt my ook in[40], dat dese lugtbolletjes, wanneer sy haar maaksel ontfingen, met geen lugt, maar met een vogt waren gevolt; ende de hairen in de lugt synde, de vogt uyt deselve is gewasemt, ende zy met lugt ten deele syn beset[35]; ende dat de stoffe of de vogt die in de bolletjes is geweest, niet konnende tenemaal[41] weg wasemen, op veel plaatsen een duyster gesigt in 't hair heeft veroorsaakt.

Beer.

Ik hebbe een kleyn stukje van een hairtje van een West-Indische Beer, dat ik midden in syn lengte hadde doorsneden[42], zoo als het voor het Vergroot-glas stont, laten afteykenen.

fig. XXVIII.

Fig. 4. HIKLMN. vertoont een seer kleyn gedeelte van een hairtje van een Beerenhuyt, die uyt de West-Indien komt, ende dat in syn lengte[a] is doorsneden.

Waar aan met HI. ende ML. werden aangewesen de seer dunne hairtjes, waar uyt een Hair in veel Dieren is bestaande.

---

[a] A: lengt
[37] *doorgaans*, altijd, allemaal.
[38] *sullen wy niet*, zullen wij dan niet (begin van een retorische vraag).
[39] *terwyl*, omdat.
[40] *ik ... in*, ik denk ook.
[41] *tenemaal*, ten enenmale, geheel.
[42] *midden ... doorsneden*, overlangs middendoor had gesneden.

These little globules occupied, or made up, in some of the hairs close to half the thickness of the hair, and the further parts of the hairs, which enclosed these little globules, were very thin strips, or little hairs, which, joined together in great numbers, always constitute the hairs.

I have further explored these hairs in the white bears which are often killed by our whalers on the ice or in the sea; these hairs, however, are not as thick as those of the bears first mentioned and they are likewise always endowed with a dark line on the inside. *Polar bear.*

Now if we see that so many air bubbles are present in a little hair, are we, then, not entitled to conclude that the bears more than many four-footed animals are able to move several miles away from the land into the sea to search for their food, because they can to some extent float on their hair through the air which is enclosed in each little hair? And I also think that when they were formed these air bubbles were filled, not with air, but with a fluid; and the hairs being in the air, the fluid has evaporated from them, and they were partially filled with air, and that because the substance or fluid which has been in the globules could not wholly evaporate, it has caused a dark trace to become visible in the hair.

I have ordered a small part of a little hair of a bear of the West Indies, which I had cut in the middle lengthwise, to be drawn, such as it stood before the magnifying glass. *Bear.*

Fig. 4. HIKLMN. shows a very small part of a little hair of a bear-skin, which has been imported from the West Indies, and which has been cut lengthwise. *fig. XXVIII.*

In this the very thin little hairs of which in many animals a hair consists are shown with HI. and ML.

Met NK. wert aangewesen het binnenste van de hairen van de Beeren, zoo[43] van die geene die verre om de Noort[44], als van de grauwe Beeren, die uyt der Moscou tot ons werden gebragt.

Als men tot my van ons hair spreekt, zoo is het seggen byna doorgaans[45], dat ons hair hol is; ende andere seggen daar by, dat ons hair van binnen met een merg is versien, dat ik dan tegenspreek.

Ik hebbe voor desen geseyt, dat ik hairen doorsneden hebbe, die een scheur ofte barst hadden; ende dat hebbe ik wel meest in Verkens hairen gesien: ende hoe dat[46] dese scheuren ofte reten, met droog werden van deselve, wierden veroorsaakt; als mede dat de hairen zoo wel een bast hadden, als de Boomen; ende dat het binnenst van de hairen uyt een menigte van kleyne hairtjes was bestaande; ende zoo sulks niet en was, dat de hairen zoo een starkte niet soude hebben, als wy nu aan de hairen bevinden.

Kinne.

Ik hebbe in de hairen van ons lighaam mede wel een bruyne[47] streep gesien, die meest in 't midden van de hairen is: ende nu hebbe ik op nieuw seer veele hairen, die van myn kinne geraseert waren, door het Vergroot-glas beschout, ende eenige van de selve met een swartagtige streep bevonden, die niet lini-regt, maar met bogjens, en uyt ongelyke deelen was bestaande: welke bruynigheyt in 't hair met opmerkinge besiende[48], most ik oordeelen, dat uyt zoodanige kleyne deelen bestond, dat ze by na door een scherpsiende Vergroot-glas het gesigt ontweken. Als ik nu sag dat een kleyn stukje hair, dat in vyf, en andere in vier, en ook in drie dagen uyt de huyt was gestooten, een doorgaande bruyne streep hadde, en seer verre de meeste hairtjes doorgaans[49] doorschynende waren, sonder dat'er eenige de minste ondoorschynentheyt aan te bekennen was, ende andere maar voor een seer kleyn gedeelte eenige bruynigheyt hadden, ende de rest doorschynent was; en weder andere maar met een seer kleyn puntje waren beset[50], zoo nam ik in gedagten, of die bruynigheyt in 't hair niet en was veroorsaakt uyt een verdroogde stoffe van het bloet.

---

[43] *zoo*, zowel.
[44] *verre om de Noort*, van verre uit het Noorden.
[45] *zoo ... doorgaans*, zegt men bijna altijd.
[46] *ende hoe dat*, en (ik heb gezien) hoe.
[47] *bruyne*, donkere.
[48] *welke ... besiende*, toen ik die donkere strepen nauwkeurig bekeek.
[49] *seer verre*, verreweg; *doorgaans*, helemaal.
[50] *maar ... beset*, maar een heel klein donker puntje hadden.

With NK. the inside is shown of the hairs of the bears; both of those which have been brought from far in the North, and of the grey bears which have been brought to us from Moscow.

If people talk to me about our hair they say almost always that our hair is hollow, and others add to this that it is endowed on the inside with marrow, then I contradict this.

I have said earlier that I have cut hairs in two which had a fissure or crack, and I have seen this most often in the hairs of pigs, and how these fissures or chinks were caused during the process of drying-up; also that the hairs had a bark, just like the trees, and that the inner part of the hairs consisted of a multitude of little hairs, and that, if this were not the case, the hairs would not have such a strength as we now find to be present in the hairs.

In the hairs of our body I have at times also found a dark line, which is usually at the centre of the hairs, and now I have once again examined very many hairs, which had been shaved off from my chin, through the magnifying glass, and in some of them I found a blackish line which was not wholly straight, but going in little curves, and consisting of unequal parts, and when I examined this darkish substance closely, I could not but conclude that it consisted of such small parts that through a clear-sighted magnifying glass they almost disappeared from sight. Now when I saw that a tiny piece of hair, which had been thrust out of the skin in five days, and others in four or even in three, had a continuous dark line, and that by far the largest part of the little hairs was quite transparent without the slightest opacity being noticeable, while others contained some darkish substance only in a very small part, and the remaining part was transparent, and again others had only a very tiny dark spot, then I began to think whether the darkish matter in the hair was caused by a dried-up substance of the blood.

Chin.

fig. XXIX.

Ree.

fig. XXX.

Eland.

Omme een meerder vergenoeginge ontrent de bruyne streep in het hair te geven[51], hebbe ik een hairtje dat ik my inbeelt, dat[52] in drie dagen uyt de huyt was gestooten, laten afteykenen, als hier in Fig. 5. met OPQRSTVW. wert aangewesen; synde QRS. ende VWO. beyde de sneden die het mes in't afsnyden heeft gedaan; ende van W. tot aan P. ofte T. wert aangewesen de bruynigheyt, die men in verscheyde hairtjes dus[53] komt te sien, en in andere minder; ende van R. na TP. werden aangewesen de kleyne bruyne plekjes, die men ook in eenige[54] hairtjes komt te sien.

Nu quamen my ook in de hant eenige hairtjes van een Ree of Hart, waar van ik ook om hun bysonder maaksel een seer kleyn stukje hebbe laten afteykenen, als hier met Fig. 6. ABCD. wert aangewesen. Dese ende de laatst voorgaande figuuren syn door een minder Vergrootend-glas geteykent.

My gedenkt ook, dat ik over veel jaren het hair van een Elant door het Vergroot-glas hebbe besien, dat, hoewel dikker, van het selve maaksel was; ende dat het binnenste van zoodanige hairtjes bestond uyt vliesjes, die na alle aparentie in haar maaksel[55] sullen gevult syn geweest met een vloeybare stoffe; maar eenige weynige tyd in de lugt synde, sal de vogtigheyt uyt de vliesjes syn weg gewasemt.

Ik hebbe meerder hairen van Dieren besien, maar daar geen aanteekeningen van gehouden; en zoo ik genegen was om de bysondere voortkominge[56] van de hairen van een Kat ofte Konyn te sien, zoo soude ik een kleyn gedeelte van de huyt, van zoo een Dier, met het Scheer-mes laten af raseren; ende het op nieuw uytkomende hair, van veertien tot veertien dagen, weder laten af raseren, ende telkens de af geraseerde hairen door het Vergroot-glas beschouwen; door welk doen, ik my inbeelt, dat men van tyd tot tyd[57] de verandering van dikte of dunte in't hair soude konnen naspeuren. Afbrekende blyve, &c.

Anthoni van Leeuwenhoek.[58]

---

[51] *Omme ... te geven*, om de weetgierigheid aangaande de donkere streep in het haar beter te bevredigen.
[52] *dat ik ... dat*, waarvan ik aanneem dat het.
[53] *dus*, zo, zoals afgebeeld is.
[54] *eenige*, sommige.
[55] *in haar maaksel*, tijdens hun vorming.
[56] *de bysondere voortkominge*, de karakteristieke groei.
[57] *van tyd tot tyd*, van het ene tijdstip tot het andere, in het verloop van de tijd.
[58] Zie voor de ongebruikelijke -h- in L.'s voornaam noot 41 bij Brief 299 van 14 maart 1713, in dit deel.

In order better to satisfy one's eagerness to learn about the dark line in the hair, I have ordered a little hair to be drawn, which I assume to have been thrust out of the skin in the course of three days, which is here shown in Fig. 5. with OPQRSTVW., both QRS. and VWO. representing the cuts made by the knife in the shaving, and from W. to P. or T. is shown the darkish substance which one thus may discern in several little hairs, and less so in others, and from R. to TP. the little dark spots are shown which one may also discern in some little hairs. *fig. XXIX.*

Now I also obtained a few little hairs of a roe or deer, from which I have also ordered a small part to be drawn because of their unusual structure, as is shown here in Fig. 6. ABCD. These figures and the ones last mentioned have been drawn through a magnifying glass of lesser strength. *Roe. fig. XXX.*

I also remember that many years ago I have examined the hair of an elk through the magnifying glass, which had the same structure, although it was thicker, and that the inner part of such little hairs consisted of little membranes, which to all appearances will have been filled with a fluid substance during their formation, but having for some time been exposed to the air, the moisture will have evaporated from the membranes. *Elk.*

I have examined still more hairs of animals, but I haven't taken notes of that, and if I desired to view the characteristic way of growing of the hairs of a cat or a rabbit, then I would order a small part of the skin of such an animal to be shaved with the razor, and again order the newly grown hair to be shaved at intervals of fourteen days, and each time I would examine the shaved-off hairs through the magnifying glass, and I think that by doing this one would in the course of time be able to investigate the changes as to thickness or thinness of the hair. I conclude, and remain, etc.

Anthoni van Leeuwenhoek[6]

---

[6] For the unusual -h- in L.'s first name see note 9 on Letter 299 [IV] of 14 March 1713, in this volume.

BRIEF No. 300 [V]   25 MAART 1713

Vervolg op den V. Brief van den 25. Maart 1713. geschreven aan
den Wel-Edelen Heere, de Heer Mr Adriaan van Assendelft,
Raat ende Out-Schepen der Stad Delft[59].

Papegaaienveer.   Ik hebbe my niet konnen verbeelden[60] hoe dat het hair op de Muys, enz. van tyd tot tyd grooter wierde: maar de seer fyne veeragtige deelen die op het lyf van het gevogelte sitten, en die myne Papegay[61] in dit gety van 't jaar uytpluyst, en in syn Kooy leyt, die wy dons noemen, met opmerkinge[62] door het Vergroot-glas beschouwende, sag ik met verwonderinge, dat uyt een schachtsgewyse deel, dat in de huyt geseten hadde, en ontrent de dikte hadde van vier hairtjes van myn kin[63], twee stammen voortquamen: en uyt yder van deselve quamen weder veel takken voort, en uyt yder van die takken oordeelde ik dat meer dan twee hondert veeragtige lange deelen voortquamen, die seer dun waren: ende dese veeragtige deelen hadden zoo veel leden, dat ik het getal niet konde vervolgen[64]; want ik quam in myn tellinge doorgaans[65] te dwaalen; ende daar by quamen uyt yder syde van die veeragtige deelen, ende dat seer ordentelyk, aan weder syde[66] seer dunne lange deeltjes, die yder, de eene door de andere[67], meer dan vyftig ledekens hadde: ende dese ledekens stonden zoo digt by den anderen[13], als de spatie is van den diameter van een dun hairtje van ons hooft[68].

---

[59] Tussen dit opschrift en de eerste zin van de brief staat in A de samenvatting van de inhoud van het *Vervolg*.
[60] *verbeelden*, een beeld vormen van.
[61] Zie voor L.'s papegaai Brief 126 [76] van 15 oktober 1693, *Alle de Brieven*, Dl. 9, blz. 208.
[62] *met opmerkinge*, aandachtig.
[63] Een *hair van myn kin* is 100 μ.
[64] *het getal ... vervolgen*, ze niet kon tellen.
[65] *doorgaans*, telkens.
[66] *aan weder syde* is een herhaling van *uyt yder syde*. In C is deze herhaling terecht weggelaten.
[67] *de eene door de andere*, door elkaar genomen, gemiddeld.
[68] Een *hairtje van ons hooft* is 60-80 μ.
Zie voor de bouw van een vogelveer Brief 122 [74] van 12 augustus 1692, *Alle de Brieven*, Dl. 9, blz. 70-78 en fig. IX-XII op Plaat VII.

Sequel to the 5th letter of the 25th of March, 1713, written to
the Honoured Sir, Mr Adriaan van Assendelft.
Councillor and former Alderman of the City of Delft[7].

I could not gain a clear notion of the way the hair on the mouse, etc., grew in the course of time, but I closely examined through the magnifying glass the very fine feather-like parts which are on the body of the birds, which my parrot[8] in this season plucks off and leaves in his cage, and which we call down, and I saw to my astonishment that two trunks sprung from a shaft-like part, which had been inside the skin and was about as thick as four little hairs from my chin[9], and from each of them sprang again many branches, and I judged that from each of these branches sprang more than two hundred feather-like long parts, which were very thin, and these feather-like parts had so many segments that I could not keep count of them, for each time I made mistakes in my counting, and, moreover, from each of these feather-like parts sprang on each side, in a very orderly manner, very thin and long little particles, each of which had on average more than fifty little segments, and these segments were so close to one another as the space of the diameter of a thin little hair from our head[10].

Parrot feather.

---

[7] In A a summary of the contents of the *Sequel* has been printed between this heading and the first sentence of the *Sequel*.
[8] For L.'s parrot see Letter 126 [76] of 15 October 1693, *Collected Letters*, vol. 9, p. 209.
[9] A *hair from my skin* is 100 μ.
[10] A *little hair from our head* is 60-80 μ.
For the structure of a bird's feather see Letter 122 [74] of 12 August 1692, *Collected Letters*, vol. 9, pp. 71-79 and figs IX-XII on Plate VII.

BRIEF No. 300 [V]   25 MAART 1713

Zwaan.   Dese geseyde pluymagtige deelen, die men dons noemt, hebbe ik vervolgt[69] in de Zwaan; en hebbe deselve mede zoo bevonden als die van de Papegay, alleen met dit onderscheyt, dat de laatst-geseyde dunne deelen zoo lang niet en waren.

Dese seer dunne deelen met haar menigte van ledekens overwegende[70], oordeelde ik dat[71] alzoo mosten gemaakt syn, souden de seer dunne en lange deelen eenige styfte hebben, en als in een regte linie uytgestrekt wesen; ende daar benevens wierde ik ook indagtig, het geene ik ontrent twee jaren geleden hadde geschreven ontrent de ledige[72] deelen van het Riet

Stro.   en Stroo: ende dat sonder zoodanige leden het Stroo syn vrugt niet en soude konnen dragen, om dat nogte het Stroo nogte het Riet geen horisontale vaaten hebben; want de horisontale vaaten moeten in dese Landen een styfte en starkte aan het Hout geven, daar[73] in de heete Landen veel Boomen syn, als onder andere de Palm- en Cocos-boomen, die geen horisontale vaaten hebben: maar dat wert (stel ik vast[74]) vergoet met de veel-ledigheyt van die Boomen, en waar van ik sulks gesien hebbe[75] in den veel ledigen[a] Kambodiasen Piek-boom[76].

Lam.   Hier komt my in de hant een kleyn wit ongeboore Lams-velletje, dat men seyt in Engelant is bereyt.

---

[a] A: ledigen.
[69] *vervolgt*, vervolgens onderzocht.
[70] *Dese (...) deelen (...) overwegende*, toen ik over deze delen nadacht.
[71] *dat*, dat deze.
[72] *ledige*, gelede.
[73] *daar*, terwijl.
[74] *stel ik vast*, meen ik stellig.
[75] *en waar van*, lees: waarvan; *sulks*, (eig.) dit. Waarschijnlijk bedoelt L.: waarvan ik een voorbeeld, een geval, heb gezien.
[76] *Kambodiasen Piek-boom*, deze boom is niet geïdentificeerd.
Vgl. BAAS, "Leeuwenhoek's contributions", blz. 99-100.

I have further explored these said plume-like parts in the swan, which are called down, *Swan.*
and I found that the same were also like those of the parrot, with this difference only that
the last-mentioned thin parts were not so long.

When thinking upon these very thin parts with their multitude of little segments, I
judged that they needs must have been formed in that manner, if the very long and thin parts
were to have any stiffness, and to be extended as in a straight line, and moreover, I also
remembered what I had written about two years ago with regard to the segmental parts of
the reed and straw, and that without such segments the straw would not be able to support *Straw.*
its fruit because neither the straw nor the reed have horizontal vessels, for in these countries
it is the horizontal vessels which are to give a stiffness and strength to the wood, whereas in
the hot countries there are many trees, as, amongst others, the palm- and coconut-trees,
which have no horizontal vessels, but I am firmly convinced that this was compensated for
by the segmental structure of those trees, and of which I have seen an example in the many-
segmented structure of the Cambodian *Piek*-tree[11].

Here I happen to obtain a little white skin of an unborn lamb, which is said to have *Lamb.*
been prepared in England.

---

[11] This tree has not been identified.
Cf. BAAS, "Leeuwenhoek's contributions", pp. 99-100.

Dit hair ofte wol door het Vergroot-glas besiende, bevont ik dat alle die hairtjes, als die eerst[77] te voorschyn komen, seer dun en spits aan haare eynde toeloopende syn, gelyk ik my selve hadde ingebeelt[78].

Dese verhaalde waarneminge bragt ik over[79] op de hairen van de Muys, ende diergelyke; seggende tot my selven, als de hairen eerst[77] te voorschyn komen, syn ze om het weynig voetsel, dat ze als dan hebben, seer dun, en nemen langsaam in dikte toe; en eyndelyk het voetsel minder werdende, nemen zoodanige hairen weder in dikte af.

Zoo nu de hairen van de Muys, ende diergelyke hairen, in hare dunte toenemende met geen ledekens[80] en wierden gemaakt, zoo soude die dunheyt, die zoodanige hairen onder by de huyt hebben, het bovenste gedeelte van de hairen niet konnen dragen, maar deselve souden ombuygen: en dus syn de veel ledige deelen onder aan de hairen seer nootsakelyk, en hier mede vinde ik my selven voldaan. Afbrekende blyve onder des, enz.[81]

Antoni van Leeuwenhoek.

---

[77] *eerst*, juist, net.
[78] *my selve ... ingebeelt*, had gedacht.
[79] *bragt ik over*, paste ik toe.
[80] *met geen ledekens*, niet met geledingen.
[81] L.'s volgende brief aan VAN ASSENDELFT is Brief 309 [XIII] van 4 november 1714, in dit deel. Dit is L.'s laatste brief over haren.

When I examined this hair or wool through the magnifying glass, I found that all these hairs, when they have just emerged, are very thin and tapering off to a sharp point, as I had imagined.

I applied this said observation to the hairs of the mouse, and the like; saying to myself that when the hairs first emerge they are very thin because they have got very little nourishment at that time, and then they slowly increase as to thickness, and when eventually the amount of nourishment diminishes, such hairs again decrease as to thickness.

Now if the hairs of the mouse and such like hairs, increasing as to thinness, were not created with little segments, then the thin structure, which such hairs have beneath the skin, would not be able to support the upper part of the hairs, but the same would bend, and therefore the many segmental parts at the lower part of the hairs are very necessary, and with this I feel satisfied. Concluding, I remain in the meantime, etc.[12]

Antoni van Leeuwenhoek.

---

[12] L.'s next letter to VAN ASSENDELFT is Letter 309 [XIII] of 4 November 1714, in this volume. This is L.'s last letter about hairs.

BRIEF No. 301 [VI]　　　　　　　　　　　　　　　　　29 MAART 1713

Gericht aan:　　ANTHONIE HEINSIUS.

Manuscript:　　Eigenhandige, ondertekende brief. Het manuscript bevindt zich te 's-Gravenhage, Nationaal Archief, Archief Anthonie Heinsius, toegangsnr. 3.01.19, inv.nr. 1792; 7 kwartobladzijden.

GEPUBLICEERD IN:

A. VAN LEEUWENHOEK 1718: *Send-Brieven*, ..., blz. 56-62 (Delft: A. Beman). - Nederlandse tekst [A].

A. À LEEUWENHOEK 1719: *Epistolae Physiologicae* ..., blz. 56-62 (Delphis: A. Beman). - Latijnse vertaling [C].

N. HARTSOEKER 1730: *Extrait Critique des Lettres de feu M. Leeuwenhoek*, in *Cours de Physique* ..., blz. 58 (La Haye: J. Swart). - Frans excerpt.

A.J.J. VANDEVELDE 1923: *De Send-Brieven van Antoni van Leeuwenhoek* ..., in *Versl. en Meded. Kon. Vlaamsche Acad.*, Jrg. 1923, blz. 361-362. - Nederlands excerpt.

SAMENVATTING:

Over spiervezels van een koe, een muis, een schaap, een varken en een Deense os.

OPMERKING:

Deze brief is vermeld, maar niet gepubliceerd in: A.J. VEENENDAAL JR & C. HOGENKAMP (red.), *De Briefwisseling van Anthoni Heinsius, 1702-1720*, deel 14 (Den Haag, 1995), p. 646, no. 957.

LETTER No. 301 [VI]   29 MARCH 1713

Addressed to: ANTHONIE HEINSIUS.

Manuscript: Signed autograph letter. The manuscript is to be found in The Hague, Nationaal Archief, Archief Anthonie Heinsius, toegangsnr. 3.01.19; inv.nr. 1792; 7 quarto pages.

PUBLISHED IN:

A. VAN LEEUWENHOEK 1718: *Send-Brieven, ...*, pp. 56-62 (Delft: A. Beman). - Dutch text [A].

A. À LEEUWENHOEK 1719: *Epistolae Physiologicae ...*, pp. 56-62 (Delphis: A. Beman). - Latin translation [C].

N. HARTSOEKER 1730: *Extrait Critique des Lettres de feu M. Leeuwenhoek*, in *Cours de Physique ...*, p. 58 (La Haye: J. Swart). - French excerpt.

A.J.J. VANDEVELDE 1923: *De Send-Brieven van Antoni van Leeuwenhoek ...*, in *Versl. en Meded. Kon. Vlaamsche Acad.*, 1923, pp. 361-362. - Dutch excerpt.

SUMMARY:

On the muscle fibres of a cow, a mouse, a sheep, a pig, and a Danish ox.

REMARK:

This letter is mentioned, but not published in: A.J. VEENENDAAL JR & C. HOGENKAMP (ed.), *De Briefwisseling van Anthoni Heinsius, 1702-1720*, vol. 14 (The Hague, 1995), p. 646, no. 957.

BRIEF No. 301 [VI] 29 MAART 1713

Delft desen[a] 29.[e] Maart 1713.

Aande Wel Edele gestrenge Heere[b]

d'Heer[c] M.[r] Antoni Heinsius,
Raat Pentionaris[d] van Hollant
etc[1e]

Wel Edele Heere.

Al hoe wel het bij mij vast stont, dat het vlees van alle viervoetige Dieren, uijt vlees striemtjens[2], die men ook fibertjens noemt, is bestaande, soo hebbe ik egter[3] voor genomen, om verscheijde Dieren haar vlees[f] door het Vergroot glas te beschouwen[4].

Koe.   Ik hebber[g] dan een stukje vlees van een seer vette[h] Koe, ontrent het schilt been[5], af gesneden, daar[6] men tot mij seijde, dat het vlees dikst van vlees deelen[i] ware, als mede een stukje vlees, ontrent de laaste ribbe, om te vernemen[7], of daar geen onderscheijt, in die vlees deelen waren[j], ontrent der selver dikte[8]. Dog ik konde geen de minste[k] verschil, in der selver dikte vernemen: hoe wel met[l] het bloote oog te beschouwen[9], soude men moeten[m] oordeelen, dat het vlees ontrent het schilt been, dikker was, dog dit ontstaat[n], dat[10] ontrent het schiltbeen, de vlees striemtjens aldaar met grooter[o] getal, bij den anderen[11] leggen, die dan met een Vlies omvangen sijn, en maken dus[12] een vlees-muscultje uijt, schoon de in leggende vlees striemtjens, ijder nog met vliesjens sijn omvangen[p], en hier uijt sal het voortkomen, dat de onkundige, een gans vleesmuscultje[q], voor een vlees striemtje sal[r] aansien, ende dus haar[13] oordeel vellen, over de fijnte, ende grofte[s] van het vlees[14].

---

[a] A: den   [b] A: Aan den Wel-Edelen Gestrengen Heere   [c] A: den Heer   [d] A: Pensionaris   [e] A: Holland etc. etc.   [f] A: om het vlees van verscheyde Dieren   [g] A: hebbe   [h] A: een groote en vette   [i] A: dikst van deelen   [j] A: was   [k] A: konde gansch geen 't minste   [l] A: hoewel men, met   [m] A: soude moeten   [n] A: ontstaat hier uyt   [o] A: de vleesstriemtjens in grooter   [p] hs: ovangen   [q] A: een vleesmuscultje   [r] A: sullen   [s] A: fynte ofte grofte

[1] De brief is gericht aan ANTHONIE HEINSIUS (1641-1720), die van 1689-1720 Raadpensionaris van Holland was. Zie het Biogr. Reg., *Alle de Brieven*, Dl. 3, blz. 484. L.'s vorige brief aan HEINSIUS is Brief 297 [II] van 17 december 1712, in dit deel.

[2] *striemtjens*, vezeltjes.

[3] *egter*, toch.

[4] L.'s vorige brief over spiervezels is Brief 297 [II] van 17 december 1712, in dit deel. Zie voor de brieven over spiervezels in dit deel de opsomming in het Voorwoord.
Zie voor L.'s eerdere brieven over spiervezels aant. 5 bij Brief 296 [I] van 8 november 1712, in dit deel. Vgl. SCHIERBEEK, *Leeuwenhoek*, Dl. 2, blz. 336-347; IDEM, *Measuring*, blz. 121-125; en COLE, 'L.'s ... researches', blz. 36-39.

[5] *schilt been*, schouderblad.

[6] *daar*, waar (dus: waar, naar men mij vertelde, het vlees enz.)

[7] *vernemen*, zien, waarnemen.

[8] *ontrent der selver dikte*, wat de dikte betrof.

[9] *te beschouwen*, lees: beschouwd. - Zie ook de verbeterde woordvolgorde in A in aant. h en i.

[10] *dat*, doordat.

[11] *bij den anderen*, bij elkaar.

[12] *dus*, zo, op die wijze. - Lees: en zo samen een *vlees-muscultje* (spiervezeltje) uitmaken.

[13] *haar*, hun. L. vat *onkundige* in tweede instantie dus als een meervoud op.

[14] L.'s vorige brief over de spiervezels van een koe is Brief 274 van 6 december 1707, *Alle de Brieven*, Dl. 16, blz. 62-86.

110

LETTER No. 301 [VI] 29 MARCH 1713

At Delft, the 29th of March 1713

To the Right Honourable Sir,

Mr Antoni Heinsius
Grand Pensionary of Holland
etc.[1]

Honoured Sir,

Although I was quite certain that the flesh of all four-footed animals consists of little strips of flesh, which are also called little fibres, nevertheless I have resolved to examine the flesh of several animals through the magnifying glass[2].

I have, then, cut off a little piece of flesh of a very fat cow, close to the shoulder-blade, where, as I was told, the flesh had the thickest flesh-parts, and also a little piece of flesh close to the last rib, in order to ascertain whether there was no difference in the flesh parts with regard to their thickness. But I could not perceive the slightest difference in their thickness; although, when viewed with the naked eye, one ought to judge that the flesh close to the shoulder-blade was thicker, but this is caused by the fact that close to the shoulder-blade the little strips of flesh lie in a greater number beside each another, and they are then wrapped up in a membrane and constitute a little muscle of flesh; although the enclosed little strips of flesh are each also wrapped up in little membranes, and this will be the reason why an ignorant person will take an entire little muscle of flesh for a little strip of flesh, and so form an opinion on the fineness and coarseness of the flesh[3].

Cow.

---

[1] The letter was addressed to ANTHONIE HEINSIUS (1641-1720), who was Grand Pensionary of Holland from 1689 up to 1720. See the Biogr. Reg., *Collected Letters*, vol. 3, p. 485. L.'s previous letter to HEINSIUS is Letter 297 [II] of 17 December 1712, in this volume.

[2] L.'s previous letter on muscle fibres is Letter 297 [II] of 17 December 1712, in this volume. See the Preface for an enumeration of the letters on muscle fibres in this volume.

For L.'s earlier letters on muscle fibres see note 3 on Letter 296 [I] of 8 November 1712, in this volume.

Cf. SCHIERBEEK, *Leeuwenhoek*, vol. 2, pp. 336-347; IDEM, *Measuring*, pp. 121-125; and COLE, "L.'s ... researches", pp. 36-39.

[3] L.'s previous letter on the muscle fibres of a cow is Letter 274 of 6 December 1707, *Collected Letters*, vol. 16, pp. 63-87.

Muis.

Wijders hebbe ik twee muijsen gehadt, die ik haar agterste pooten hebbe af gesneden, om dat ik oordeelde, dat ik aldaar de dikste vleesmuscullen soude vinden, en ook[a] bequaamst[15] oordeelde om de vlees deelen[b] te ontdekken; en na mijn oordeel waren de vlees-striemtjens vande Muijs wat dunder, als ik vande vlees-striemtjens vande eerste Wal-vis[16] hebbe geseijt.

Ik hebbe het vlees vande pooten vande Muijs[c], daar het dikst was veel maal door sneden, ende alsoo[17] de vleesmuscultjens, aldaar meer als men denken soude, veel verscheijde wegen[18] waren loopende, soo dede ik geen snede, of ik door snede de vlees striemtjens soo in haar lengte als over dwars, en eijntelijk sag ik tot mijn groot genoegen, dat ijder van die[d] vlees-striemtjens, als omwonden lagen, van de menbraantjens[e], vliesjens[19] en ik konde ook bekennen, dat ijder vlees-striemtje, weder uijt striemtjens is bestaande, ende in de vliesjens die tussen de vlees striemtjens door gingen, sag ik op verscheijde plaatsen, vet deeltjens leggen, ende dat veel bij den anderen[11]; dog dese vet deelen[f] waren seer kleijn, in vergelijkinge van de vet deelen, die ik in ander vlees hadde ontdekt.

Men moet sig niet in beelden dat ijder vlees striemtje, met een apart vliesje[g] is omvangen, maar de verbeeldinge, daar van te hebben[20h], is, als of wij een uijt gespreijt Nettje met ons bloote oogen sagen, ende dat[21] het Net, de vliesen waren, ende dat in ijder opening van het Net, een vlees-striemtje was, waar door een gantsche aan een schakelinge vande Vlees muscullen wert te weeg gebragt.

---

[a] A: en deselve ook   [b] A: om de dikte der vleesdeelen   [c] A: Muysen   [d] A: de   [e] A: van membraantjes   [f] A: vetdeeltjes   [g] A: apart membraantje, vliesje   [h] A: verbeeldinge, die wy daar van hebben

[15] *bequaamst*, het geschiktst, de meest geschikte plaats.
[16] Zie Brief 296 [I] van 8 november 1712, in dit deel.
[17] *alsoo*, aangezien.
[18] *veel verscheijde wegen*, in veel verschillende richtingen.
[19] Sinds Brief 296 [I] van 8 november 1712, in dit deel, zet L. soms twee synoniemen zonder het verbindingswoord *of* achter elkaar.
[20] *de verbeeldinge ... hebben*, de voorstelling die men zich daarvan moet maken.
[21] *dat*, hier: alsof.

Further I have had in my possession two mice, from which I have cut off the hind legs, because I judged that there I would find the thickest flesh-muscles, and also judged that these would be most suitable to discover the parts of flesh; and in my opinion the little strips of flesh of the mouse were slightly thinner than I have said of the little strips of flesh of the first whale[4].   *Mouse.*

I have many times cut the flesh of the legs of the mouse where it was thickest, and because the little muscles of flesh in that part ran in many different directions, more than one would imagine, therefore I could not make an incision without cutting the little strips of flesh both length- and crosswise; and eventually I saw to my great pleasure that each of those strips of flesh lay as it were wrapped up in the little membranes, pellicles[5], and I could also perceive that each little strip of flesh consists again of little strips, and in the little membranes, which went in between the little strips of flesh, I saw little particles of fat lying on several places, and many of them close together, but these parts of fat were very little, when compared to the parts of fat which I had observed in other flesh.

One should not imagine that each little strip of flesh is wrapped up in a separate little membrane, but one should visualize this as if we saw with the naked eye a little net being spread out, and as if the net constituted the membranes, and that in each aperture of the net a little strip of flesh is lying, through which an entire structure, linking up the muscles of flesh, is formed.

---

[4] See Letter 296 [I] of 8 November 1712, in this volume.
[5] Since Letter 296 [I] of 8 November 1712, in this volume, L. sometimes writes two synonyms in succession without a connecting term such as *or*.

Schaap.

Men heeft voor desen mij[a] versogt, dat wanneer ik eenige nieuwigheijt quam te ontdekken, dat ik niet met een[b] waarneming in een schepsel soude laten berusten[22]; maar dat ik het in verscheijde Schepsels soude vervolgen[23]; dit hebbe ik dan ook gedaan int[c] vlees van een schaap, dat men oordeelde dat nog geen jaar out was, dat men een Zeeuws-lam noemt, als sijnde[24] een kleijne soort van schapen, die op stal gemest sijnde, ende op de Vlees-hal[25] gebragt, maar tussen de dertig, ofte veertig ponden[26] wegen, daar[27] andere[d] soort van schapen, ontrent tagtig ponden wegen[28e].

Dit vlees beschouwende sag ik eerst de vliesjens, waar mede de vleesstriemtjes was[f] om vangen, als mede dat ijder vlees-striemtje weder uijt verscheijde striemtjens[g] was bestaande.

Vorders plaaste ik eenige vlees-striemtjens, die het vlees vande[h] schaap uijt maken, nevens de vlees striemtjens van een Muijs, soo in der selver lengte als over dwars door sneden, voor een ende het selve Vergroot glas, en ik oordeelde, dat de vlees striemtjens van de Muijs, immers soo groot[i] waren[29], als van een[j] schaap, en ik bevont dat de vlees-muscultjens in de poot van het schaap, mede soo bij sonder[k] lagen gestrekt[30], als ik vande poot vande Muijs hebbe geseijt[l].

---

[a] A: my voor desen   [b] A: dat ik het niet met eene   [c] A: dan gedaan aan het   [d] A: daar een andere   [e] A: weegt   [f] A: waar mede de vleesstriemtjes waren   [g] A: uyt striemtjes   [h] A: van een   [i] A: zoo dik waren   [j] A: van het   [k] A: van een Schaap, zoo bysonder   [l] A: als in de Poot van den Muys.

[22] *dat ik niet ... berusten*, dat ik het niet bij één waarneming bij één dier zou laten.

[23] *vervolgen*, verder nagaan.

[24] *als sijnde*, omdat het is.

[25] De nieuwe Vleeshal te Delft werd gebouwd in 1650 en stond op de hoek van de Volderskade en de Hippolytusbuurt. Zie hierover MEISCHKE, "Klassicisme", blz. 181-182.

[26] Een *pont* is 475 g.

[27] *daar*, terwijl.

[28] Zie voor de spiervezels van een lam Brief 72 [38] van 16 juli 1683, *Alle de Brieven*, Dl. 4, blz. 84.

[29] *immers soo groot waren*, zeker zo groot waren, op z'n minst even groot waren.

[30] *mede ... gestrekt*, ook zo elk in een eigen richting lagen.

I have been asked before that if I came to discover some novelty I would not confine myself to a single observation in one creature; but that I should further pursue this in several creatures; therefore I have done this with the flesh of a sheep, which was judged to be less than one year old, which is called a Zeeland lamb, being a small kind of sheep which are fattened in the fold, and when they have been brought to the meat market[6] they weigh no more than thirty to forty pounds[7], whereas other kinds of sheep weigh about eighty pounds[8]. *Sheep.*

When I examined this flesh I saw to begin with the little membranes in which each little strip of flesh was wrapped up, and also that each little strip of flesh in its turn consisted of several little strips.

Further I placed several little strips of flesh, which constitute the flesh of the sheep, next to the little flesh-fibres of a mouse, both cut lengthwise and across, before one and the same magnifying glass, and I judged that the little strips of flesh of the mouse were at least as large as the ones of a sheep; and I found that the little muscles of flesh in the leg of the sheep also lay extended each in its own direction, as I have said with regard to the leg of the mouse.

---

[6] The new Meat Market in Delft was built in 1650. It stood on the corner of the Volderskade and the Hippolytusbuurt. On this see MEISCHKE, "Klassicisme", pp. 181-182.

[7] A *pound* is 475 g.

[8] For the muscle fibres of a lamb see Letter 72 [38] of 16 July 1683, *Collected Letters*, vol. 4, p. 85.

| | BRIEF No. 301 [VI] | 29 MAART 1713 |

Varken. Ik hebbe ook een stukje vlees van een verken genomen, en welk[a] verken ontrent seven maanden out was, ende het selve door het Vergroot-glas beschouwende[b], ende niet anders konnende sien[c][31], als dat de vlees striemtjens omset[d] lagen tussen[32] de aan een geschakelde vliesjens, ende dat dese vlees striemtjens, niet grooter waren, als de vlees striemtjens van een Muijs, ende dat wanneer[e] men de vlees-striemtjens, op haar eijnde quam te sien, konde men naakter[33] de vlees-striemtjens bekennen, als die mij in ander vlees waren te vooren gekomen[34]; dog dese vlees striemtjens waren sagter als ik in ander vlees hadde vernomen[7], en ze scheijden soo niet van een[35]; of dit nu is, dat[f] het vlees met seer veel vet deelen is beset, dat is mij onbekent.

Os. Alsoo ik veel maal hebbe gehoort, dat men het vlees van een deensen Os, seer was agtende, boven het Ossen ofte Koeijen vlees[g] van dit lant, om dat men seijde, dat het veel fijnder van deelen was[h], soo hebbe ik genomen een stukje vlees van een lende stuk, dat men ook een korte ribbe[i] noemt, van een seer vetten[j] Deensen Os, ende die[k] niet alleen den gantze soomer inde weijde hadde geloopen, maar nog drie maanden op stal[l] gemest was[36].

Dit stukje vlees, hadde ik af gesneden[m], dat na de buijk vande Os strekte[37], en welke vlees striemtjens[n], ik oordeelde dat dikker waren als de vlees striemtjens van eenig ander vlees, van viervoetige dieren, dog ik vont dese vlees striemtjens, met meerder bogten in getrokken[38], als ik in ander vlees hadde gesien, uijt welk gesigt, ik in gedagten nam, of dese vlees striemtjens met het op snijden[39] vande buijk soo in gekrompen waren, dat ze een boven gemeene[40] dikte hadden aan genomen.

---

  [a] A: genomen, welke [b] A: beschout [c] A: konnen sien [d] A: vleesstriemtjes mede omset
[e] A: en wanneer [f] A: om dat [g] A: boven het vlees van Ossen- ofte Koeyen-vlees [h] A: van vleesdeelen is [i] A: de korte ribben [j] A: van een vetten [k] A: Os, die [l] A: op 't stal [m] A: afgesneden van het vlees [n] A: vleesstriemen
  [31] De constructie met de deelwoorden *beschouwende* en *konnende* is niet op de juiste wijze opgenomen in het zinsverband. In A is de zin verbeterd (zie aant. a en b).
  [32] *omset lagen tussen*, omgeven waren door.
  [33] *naakter*, duidelijker.
  [34] *die ... gekomen*, die ik in ander vlees had gezien.
  [35] *ze ... van een*, ze gingen niet zo gemakkelijk van elkaar.
  [36] Zie voor de vetweiderij van Deense ossen, die daartoe jaarlijks in groten getalen vanuit Denemarken in de Republiek werden geïmporteerd: BIELEMAN, *Geschiedenis van de landbouw*, blz. 62-64, 171; IDEM, *Boeren in Nederland*, blz. 84-86 en 223-224; WESTERMANN, *Internationaler Ochsenhandel*, blz. 235-254.
  [37] *dat ... strekte*, (van het vlees) waarvan de vezels in de richting van de buik liepen. – Zonder de aanvulling in A (zie aant. l) is de zin onbegrijpelijk.
  [38] *in getrokken*, ingekrompen.
  [39] *op snijden*, opensnijden.
  [40] *boven gemeene*, buitengewone, meer dan gewone.

Pig.

I have also taken a piece of flesh of a pig, which was about seven months old, and when I examined this through the magnifying glass, I could discern nothing else but that the little strips of flesh lay in between the linked little membranes, and that these little strips of flesh were not bigger than those of a mouse, and when one came to see the end parts of the little strips of flesh, these strips of flesh could be more clearly perceived than the ones I had seen in other flesh; yet these little strips of flesh were softer than I had seen in other flesh, and they were not as easy to separate; I do not know whether this is caused by the fact that the flesh is equipped with very many parts of fat.

Ox.

Because I have many times been told that the meat of a Danish ox is higher valued, than the meat of oxen or cows of this country, because people said that its parts were far more delicate, therefore I have taken a little piece of flesh of a sirloin, which is also called a short rib, of a very fat Danish ox, which had not only been turned out to grass throughout the summer, but had moreover been fattened during three months in the cowshed[9].

I had cut off that little part of flesh which extended towards the belly of the ox, and I judged its little strips of flesh to be thicker than the little strips of flesh of any other kind of flesh of four-footed animals; but I found that these little strips of flesh had shrunk into curves, more so than I had observed in other flesh, because of this observation I considered whether these little strips of flesh had shrunk so much when the belly was cut open, that they had acquired an unusual thickness.

---

[9] See for the graziery of Danish oxen, which were imported from Denmark into the Dutch Republic in large numbers: BIELEMAN, *Geschiedenis van de landbouw*, p. 62-64, 171; IDEM, *Boeren in Nederland*, pp. 84-86, and 223-224; WESTERMANN, *Internationaler Ochsenhandel*, pp. 235-254.

Ende daar benevens moeten wij vast stellen[41], dat dese in krimpinge, ende uijt rekkinge, vande vlees spiere[a], ontrent de buijk, meer moet[b] wesen, als op andere plaatsen, om dat de in gewanden, met overvloet van de spijs konnen beladen werden, dat niet en kan geschieden, dan met uijt rekkinge van de vlees deelen, en nog meer wanneer een koe met een voldragen kalf is beladen.

Vorders nam ik een stukje vlees, van het geene dat onder tegen de korte ribbens[42] aan sit, die men den haas noemt, en ik bevont dit vlees[c] fijnder van striemtjens, als het vlees vande Muijs, en wat belangt de aan een geschakelde vliesen, waar in ijder vleesstriemtje lag op geslooten, dat quam met de andere[d] vliesen over een. Nu hadde ik de[e] tweede Muijs, die seer na[43] met de eerste Muijs over een[f] quam gewogen, en ik bevont dat den selven dertien engelze Gout-smits gewigt[44], swaar was. Ik vraagde een[g] kundige ontrent het Runt vee[45], hoe swaar den Os levent sijnde, wel soude gewogen hebben, die oordeelde dat den Os, tussen de twaelf ende dertien hondert ponden[26] soude gewogen hebben; dit soo sijnde, soo konnen wij seggen, dat meer dan dertig duijsent Muijsen soo swaar niet en wegen, als een Os, en nogtans sijn de vlees striemtjens vande Os, ende Muijs[h], seer weijnig verschillende inde dikte[i], ja die vande Muijs eerder[j] dikker.

Omme nu een bevattinge te geven, van de hoe dunheijt van de geseijde vlees striemtjens, soo hebbe ik verscheijde hairtjens, die van mijn kinne[46] af geraseert[k] waren, voor het Vergroot-glas, nevens de vlees striemtjens geplaast, en geoordeelt, dat eenige hairtjens wel negen maal dikker waren, als een vlees striemtje, ende andere dikker hairen wel sestien maal dikker, als een vlees striemtje.

---

[a] A: inkrimpingen van de vleesdeelen   [b] A: moesten   [c] A: bevont die vleesdeelen   [d] A: opgeslooten, die quamen met andere   [e] A: een   [f] A: Muys in groote over een   [g] A: vraagde aan een   [h] A: ende van den Muys   [i] A: in dikte   [j] A: Muys syn eerder   [k] A: van myn kinne geraseert

[41] *vast stellen*, ervan overtuigd zijn.
[42] *ribbens* vertoont de in het oudere Nederlands bij woorden op -e voorkomende koppeling van de twee meervoudsuitgangen -n en -s. Bij L. zijn ze zeer gewoon; o.a. krabbens, siektens, mandens. In A heeft de drukker in dit geval de -s weggelaten.
[43] *seer na*, nagenoeg, vrijwel.
[44] *Gouts-mits gewigt*, volgens het gewichtenstelsel van goud- en zilversmeden. Een *engels* is 1,5 g.
[45] *een kundige, ontrent het Runt Vee*, iemand die verstand heeft van rundvee.
[46] Een *hair van mijn kinne* is 100 μ.

And we ought, moreover, feel very sure that this contracting and extending of flesh muscles in the belly cannot but be greater than in other places, because the intestines may be burdened with a surfeit of food, and this can only be effected by the extension of the flesh parts and this applies even more when a cow is burdened with a full-term calf.

Further I took a little piece of flesh from that which lies beneath, and close to the short ribs, which is called the fillet, and I found that the little strips of this flesh were finer than the flesh of the mouse; and as regards the linked membranes in which each little strip of flesh was enclosed, these were similar to the other membranes. Now I had weighed the second mouse, which was very similar to the first one, and I found that the same weighed thirteen pennyweights[10] of the goldsmiths. I asked someone who has expert knowledge of cattle how much the ox would have weighed when alive, and he judged that the ox must have weighed between twelve and thirteen hundred pounds; this being so, we are entitled to say that more than thirty thousand mice weigh less than an ox, and yet the little strips of flesh of the ox and the mouse differ only slightly as to thickness – indeed, those of the mouse are rather thicker.

In order to demonstrate how thin the said little strips of flesh are, I have placed several little hairs which had been shaved from my skin[11], before the magnifying glass besides the little strips of flesh, and I judged that some little hairs were as much as nine times thicker than a little strip of flesh, and other, thicker, hairs were as much as sixteen times thicker than a little strip of flesh.

---

[10] A *pennyweight* is 1.5 g.
[11] A *hair from my skin* is 100 μ.

Als wij nu sien de dunheijt van de vlees striemtjens, ende gedenken, aan de uijt nemende[47] dunheijt waar uijt[a] een geseijt vlees striemtje is bestaande, ende daar nevens gedenken, aan de onbegrijpelijke dunheijt van deeltjens waar uijt de Nets gewijse vliesjens, sijn te samen gestelt, sullen ze soo een seer dun vliesje uijt maken, waar van wij door het Vergroot glas, maar eenige komen te sien, ende de verdere voor het gesigt verborgen sullen blijven[48], want[b] wij beelden ons vastelijk in[49], dat als wij een blaas van een Os, of ander dier komen te sien, ende die soo veel ons doenlijk is, ontledigen, ende dan door het Vergroot-glas beschouwen, dat insgelijks de seer kleijne vliesen[c], van soo danige tesamengestel[50] sijn, waar over wij dan, om der selver kleijnheijt van deelen, als verbaast[d] staan.

Na mijne ontdekkinge ontrent de vlees striemtjens, inde viervoetige dieten, sijn mijn gedachten geloopen op de vlees striemtjens vande voogelen om te ondersoeken wat onderscheijt van dikte datter mogte sijn, tussen de vleesstriemtjens van een gans, ende van een Mos ofte[e] Vink, dog also dit jaar[f], geen wilde gansen sijn te koop gekomen[g], daar[51] men in voorleden jaar[h] veel wilde gansen hadde, soo hebbe ik mijne[i] geseijde waarneminge moeten staaken, ik blijf na[j] veel agtinge[52].

Sijne Wel Edele gestrenge Heere.[k]

Onderdanige Dienaar
Antoni[l] van Leeuwenhoek.

---

[a] A: dunheyt van de kleynder vleesstriemtjes, waar uyt   [b] A: blyven, moeten wy als verbaast staan; want   [c] A: seer dunne vliesen   [d] A: als verwondert   [e] A: of van een   [f] A: alzoo van dit Jaar   [g] A: te koop syn gekomen   [h] A: voorleden Jaren overvloet van   [i] A: die   [j] A: met   [k] A: Wel Eedele gestrenge Heere, Uw   [l] A: Anthoni

[47] *uijt nemende*, buitengewone; voor de na *dunheijt* ontbrekende woorden zie men aant. e.

[48] De door L. bedoelde, maar in zijn hs. ontbrekende voortzetting van de zin staat wel in A (zie aant. f).

[49] *beelden ons vastelijk in*, zijn ervan overtuigd.

[50] *tesamengestel*, samenstelling, structuur.

[51] *daar*, terwijl.

[52] L.'s volgende brief aan HEINSIUS is Brief 303 [VIII] van 30 juni 1713, in dit deel; dit is tevens L.'s volgende brief over spiervezels.

Now when we see how thin the little strips of flesh are, and we keep in mind the exceptional thinness of the tiny strips of flesh of which the said strip of flesh consists, and moreover keep in mind the incredible thinness of the little particles of which the net-like little membranes are composed, if they are to constitute such a very thin little membrane that we only manage to see a few of them through the magnifying glass whereas the rest will remain hidden from our sight, then we cannot but be amazed[12], for we are convinced that when we happen to see a bladder of an ox or another animal, and to dissect it to the best of our ability, and then observe it through the magnifying glass, that then likewise the very little membranes have such a structure at which we wonder because of the smallness of the parts.

After my discoveries with regard to the little strips of flesh in the four-footed animals I planned to examine the little strips of flesh of birds, what difference may exist between the little strips of flesh of a goose, and a sparrow or finch, but because this year no wild geese have been offered for sale, whereas last year there have been numerous wild geese, therefore I have been forced to desist from my said observations; I remain with much respect[13].

Right Honourable Sir,

Your Humble Servant,
Antoni van Leeuwenhoek

---

[12] *then ... amazed*, is an emendation in A; it is not to be found in the ms.
[13] L.'s next letter to HEINSIUS is Letter 303 [VIII] of 30 June 1713, in this volume; it is at the same time L.'s next letter on muscle fibres.

BRIEF No. 302 [VII]   28 JUNI 1713

Gericht aan: de Royal Society.

Manuscript: Eigenhandige, ondertekende brief. Het manuscript bevindt zich te Londen, Royal Society, MS 2100, Early Letters L.4.49; 6 kwartobladzijden.

GEPUBLICEERD IN:

Philosophical Transactions 28 (1713), no. 337 (het jaar 1713), blz. 160-164. - Engelse vertaling van de brief met uitzondering van de laatste zeven alinea's; de een na laatste alinea is echter wel vertaald.
    A. VAN LEEUWENHOEK 1718: *Send-Brieven*, ..., blz. 63-69 (Delft: A. Beman). - Nederlandse tekst [A].
    A. À LEEUWENHOEK 1719: *Epistolae Physiologicae* ..., blz. 63-70 (Delphis: A. Beman). - Latijnse vertaling [C].
    N. HARTSOEKER 1730: *Extrait Critique des Lettres de feu M. Leeuwenhoek*, in *Cours de Physique* ..., blz. 58-60 (La Haye: J. Swart). - Frans excerpt.
    A.J.J. VANDEVELDE 1923: *De Send-Brieven van Antoni van Leeuwenhoek* ..., in *Versl. en Meded. Kon. Vlaamsche Acad.*, Jrg. 1923, blz. 362-363. - Nederlands excerpt.
    C. DOBELL 1932: *Antoni van Leeuwenhoek and his "Little Animals"* ..., blz. 291-296 (Amsterdam: Swets & Zeitlinger). - Engelse vertaling van gedeelten van de brief.

SAMENVATTING:

Over raderdiertjes en klokdiertjes op eendekroos. Over de functie van het velum. L. veronderstelt dat de micro-organismen in het tandplak in de mond zijn gekomen door het afspoelen van drinkglazen in vijverwater. Lijst met onbeantwoorde brieven aan de Royal Society. Spiervezels zijn omsloten door een membraan.

OPMERKINGEN:

Bij HARTSOEKER is de brief abusievelijk gedateerd op 18 juni 1713.
    Een eigentijdse, Engelse vertaling van de brief bevindt zich in handschrift te Londen, Royal Society, MS 2101, Early Letters L.4.50; 4 foliobladzijden. De brief werd voorgelezen op de vergadering van de Royal Society van 22 oktober 1713 O.S. (Royal Society, *Journal Book Original*, Dl. 11, blz. 380). Zie voor de Oude Stijl (O.S.) de Opmerkingen bij Brief 296 [I] van 8 november 1712, in dit deel.
    Op het omslag heeft L. eigenhandig de volgende adressering geschreven: *for the Secretarij of the Roijall Societij ad Gresham Colledge. London.*

LETTER No. 302 [VII]   28 JUNE 1713

Addressed to: the Royal Society.

Manuscript: Signed autograph letter. The manuscript is to be found in London, Royal Society, MS 2100, Early Letters L.4.49; 6 quarto pages.

PUBLISHED IN:

Philosophical Transactions 28 (1713), no. 337 (the year 1713), pp. 160-164. - English translation of the letter with the exception of the last seven paragraphs; the second last paragraph, however, has been translated.

A. VAN LEEUWENHOEK 1718: *Send-Brieven, ...*, pp. 63-69 (Delft: A. Beman). - Dutch text [A].

A. À LEEUWENHOEK 1719: *Epistolae Physiologicae* ..., pp. 63-70 (Delphis: A. Beman). - Latin translation [C].

N. HARTSOEKER 1730: *Extrait Critique des Lettres de feu M. Leeuwenhoek*, in *Cours de Physique* ..., pp. 58-60 (La Haye: J. Swart). - French excerpt.

A.J.J. VANDEVELDE 1923: *De Send-Brieven van Antoni van Leeuwenhoek* ..., in *Versl. en Meded. Kon. Vlaamsche Acad.*, 1923, pp. 362-363. - Dutch excerpt.

C. DOBELL 1932: *Antoni van Leeuwenhoek and his "Little Animals"* ..., pp. 291-296 (Amsterdam: Swets & Zeitlinger). - English translation of parts of the letter.

SUMMARY:

On rotifers and vorticellids on duckweed plants. On the function of the velum. L. supposes that micro-organisms in the dental plaque in his mouth originate from the rinsing of drinking glasses with pond water. List of unanswered letters to the Royal Scoiety. Muscle fibres are enclosed by a membrane.

REMARKS:

In HARTSOEKER the manuscript has been wrongly dated 18 June 1713.

A contemporary English translation of the letter is to be found in manuscript in London, Royal Society, MS 2101, Early Letters L.4.50; 4 folios. The letter was read out at the meeting of the Royal Society of 22 October 1713 O.S. (Royal Society, *Journal Book Original*, vol. 11, p. 380). See for the *Old Style* (O.S.) the Remarks on Letter 296 [I] of 8 November 1712, in this volume.

On the cover L. himself has written the following address: *for the Secretarij of the Roijall Society ad Gresham Colledge. London.*

BRIEF No. 302 [VII]   28 JUNI 1713

                                                        In Delft, desen^a 28^e junij. 1713.

              Aan de Hoog Edele Heere.
              Mijn Heeren die vande Coninklijke Societeit in London¹.

Raderdiertje.   Ik hebbe in mijn Missive van den 4. Novemb. 1704. aan UE. Hoog Edele Heeren geschreven, het verwonderens waardige maaksel van een diertje^b, dat in een kokertje geplaast was, en welk kokertje was vast gehegt aan een kroosje^c als inde geseijde brief, met fig. 1. aan gewesen^{2d}.

              Hoe menigmaal ik soo danige diertjens hebbe beschout, ende ook aan andere hebbe laten sien, soo heeft men sig niet konnen versadigen, in³ soo een wonderlijk maaksel^e, te meer om dat men niet konde^f thuijs brengen, hoe soo een onbedenkelijke⁴ beweginge, konde te weeg gebragt werden, ende ten anderen⁵, waar toe soo een beweginge nut was, want als wij aan eenig schepsel, dat met een beweginge begaaft is, eenig deel sien bewegen^g, soo staat het bij ons vast, dat soo danig deel niet te vergeefs is^h geschapen, maar noodig is aan soo danige lighaam en bij gevolg dan, is soo danige raderwerk dienstig aan het lighaam van een diertje, schoon wij nietⁱ en konden erinneren⁶, waar toe het noodig was.

---

    ^a A: den   ^b *De vormen* diertje *en* diertjens *zijn in A stelselmatig vervangen door* Dierke *en* Dierkens.   ^c A: geplaatst was; welk kokertje aan een Eendekroosje was vastgehegt   ^d A: word aangewesen.   ^e A: maakzel te beschouwen   ^f A: niet en konde   ^g A: aan eenig Schepsel eenig deel sien dat bewogen werd   ^h A: te vergeefs en is   ⁱ A: wy ons niet

    ¹ L.'s vorige brief aan de Royal Society is Brief 294 van 10 juni 1712, *Alle de Brieven*, Dl. 16, blz. 398-412, waarin hij onder andere de trilharen in de kieuwen van mosselen beschrijft.

    ² *De vormen* diertje *en* diertjens *zijn in A stelselmatig vervangen door* Dierke *en* Dierkens.
    L. verwijst hier naar Brief 252 van 4 november 1704, *Alle de Brieven*, Dl. 15, blz. 64-84; *fig. 1* is daar afgebeeld als fig. XXXIII op Plaat IX. Het betreft hier *Limnias ceratophylli*.
    Zie voor een analyse van L.'s waarnemingen aan raderdiertjes FORD, "Rotifera". In dit artikel wordt een overzicht gegeven van alle brieven waarin L. (mogelijk) over raderdiertjes schrijft en een beschrijving van raderdiertjes die de auteur aantrof in een nog bij het manuscript van Brief 104 [59] van 17 oktober 1687, *Alle de Brieven*, Dl. 7, blz. 80-132, aanwezig preparaat van groene algen. In deze brief geeft L. de eerste onmiskenbare beschrijving van raderdiertjes (*ibid.*, blz. 94). Eerdere, doch veel minder eenduidige verwijzingen zijn te vinden in Brief 11 [6] van 7 september 1674, *idem*, Dl. 1, blz. 164, en Brief 26 [18] van 9 oktober 1676, *idem*, Dl. 2, blz. 92.
    Vgl. SCHIERBEEK, *Leeuwenhoek*, Dl. 1, blz. 166, 184-191, 266 en Dl. 2 blz. 476-477; IDEM, *Measuring*, blz. 164-171; en COLE, "Leeuwenhoek's ... researches", blz. 39-41.

    ³ *sig (...) versadigen in*, genoeg krijgen van.
    ⁴ *onbedenkelijke*, ondenkbare, onvoorstelbare.
    ⁵ *ten anderen*, ten tweede.
    ⁶ *erinneren*, bedenken.

LETTER No. 302 [VII] — 28 JUNE 1713

At Delft, the 28th of June 1713.

To the Very Noble Sirs,

Gentlemen of the Royal Society in London[1].

In my letter of the 4th of November 1704 I wrote to Your Honours on the amazing structure of a little animal which was situated in a little tube, which little tube was attached to a duckweed plant, as has been shown in the said letter in fig. 1[2]. *Rotifer.*

However many times I have observed such little animals, and shown them to others, one could still not get enough of looking at[3] such an astonishing structure, and even more so because one could not recognize how such an inconceivable kind of motion could be brought about, and, secondly, what was the use of such a motion, for when we see any part moving in any creature which has been endowed with motion, then we feel certain that such a part has not been created without a purpose, but that it is indispensable in such a body; and, consequently, such a wheelwork is of service for the body of a little animal, although we could not think for what purpose it was required.

---

[1] L.'s previous letter to the Royal Society is Letter 294 of 10 June 1712, *Collected Letters*, vol. 16, pp. 399-413, in which he describes among others the ciliary junctions in the gills of mussels.

[2] L. here refers to Letter 252 of 4 November 1704, *Collected Letters*, vol. 15, pp. 65-85; *fig. 1* has been illustrated there as fig. XXXIII on Plate IX. We are here dealing with the rotifer *Limnias ceratophylli*.

For an analysis of L.'s observations of rotifers see FORD, "Rotifera". In this article a survey is given of all letters in which L. (possibly) writes about rotifers, and a description of rotifers which the author came upon in a preparation of green algae, still attached to the manuscript of Letter 104 [59] of 17 October 1687, *Collected Letters*, vol. 7, pp. 80-133.

In this letter L. gives the first unmistakable description of rotifers (*ibid.*, p. 95). Earlier references which are, however, far more equivocal, are to be found in Letter 11 6 or 7 September 1674, *idem*, vol. 1, p. 165, and Letter 26 [18] of 9 October 1676, *idem*, vol. 2, p. 93.

Cf. SCHIERBEEK, *Leeuwenhoek*, vol. 1, pp. 166, 184-191, 266 and vol. 2 pp. 476-477; IDEM, *Measuring*, pp. 164-171; and COLE, "Leeuwenhoek's ... researches", pp. 39-41.

[3] *looking at* is an emendation in A.

Ik hebbe int[a] laast van julij, ende int begin van Augustij, weder op nieuw kroost voor mijn huijsinge[7], uijt het water dat met een zeedige[8] stroom, door onse stad, gevoert wierde, alleen[b] om het plaijsier dat ik hadde, om de verhaalde diertjens, nevens andere van verscheijde soorten, die aan de kroos worteltjens vast gehegt saaten, als[9] die geene die op het kroost liepen[10] te beschouwen.

Ik hebbe onder andere diertjens[c] aan getroffen, welkers kokertjens[d] aan haar[e] uijterste eijnde, wat dikker waren[f] als een hair van ons hooft is[11], en welk kokertje, te samen gestelt was, uijt kleijne ronde bolletjens, die men seer klaar konde bekennen[12].

---

[a] A: hebbe nu in 't   [b] A: gevoert wierd, laten haalen; alleen   [c] A: andere eenige Dierkens   [d] A: kokertje   [e] A: aan het   [f] A: was

[7] *kroost*, Hollandse dialectvorm voor *kroos*; de vorm was in elk geval in de eerste decennia van de twintigste eeuw nog in gebruik. – De bepaling *voor mijn huijsinge* had vóór *met een seedige stroom* moeten staan. Verder ontbreekt het gezegde van de zin.

[8] *zeedige*, rustige.

[9] *als*, evenals, alsook.

[10] Lees een komma na *liepen*.

[11] Een *hair van ons hooft* is 60-80 μ.

[12] *klaar konde bekennen*, duidelijk kon onderscheiden.

Het betreft hier het raderdiertje *Melicerta ringens*.

Towards the end of July and in the beginning of August I have again collected[4] duckweed plants before my house, from the water which is made to run through our city with a quiet flow, only for the pleasure I experienced in observing the little animals I mentioned, as well as several other kinds which either were attached to the little roots of the duckweed, or moved upon the duckweed plant.

I came, among others, upon little animals, the tubes of which were at the tip slightly thicker than a hair from our head[5], and this tube was composed of little round globules, which could be very clearly perceived[6].

---

[4] *collected* is an emendation in A.
[5] A *hair from our head* is 60-80 μ.
[6] We are here dealing with the rotifer *Melicerta ringens*.

Velum.

Op soo een geseijt diertje, een geruimen tijd, selfs tot moede werdens toe, staande oogen[13a], sag ik verscheijde malen agter den anderen[14], dat wanneer het diertje, sijn lighaam uijt het kokertje bragt, ende de raders en tants gewijse[15] deeltjens, in[b] rontagtige om loop[16] waren[c] bewegende, dat dan[17] uijt een helder of door schijnende plaats, soo een kleijn ront deeltje te voorschijn quam, dat men niet als met groote op merkinge[18] konde gewaar werden, en welk deeltje[19d] in groote toe nemende, draaijde met een groote vaardigheijt als[20] om sijn axe, en bleef[e] onveranderlijk sijn plaats behouden, tot soo lang, dat het diertje sijn lighaam, voor een gedeelte in sijn kookertje plaaste, en in[21f] welk doen, het diertje sijn gemaakte kloots gewijse deeltje[22], plaaste op de rant van het kookertje, ende dus[23] wierde het kookertje met een ront bolletje vergroot: en gelijk[24] nu het diertje[g] sijn bolletje, na het oosten van het kookertje hadde geplaast, soo plaasten het[25] op een ander maal wel[h] tegen het suijden[26], ofte noorden, ende dus wierde het kookertje, ordentelijk[27] in sijn ronte vergroot, waar uijt ons al weder bleek, dat de in geschapenheijt, en ordentelijkheijt[28i] van het diertje, van de Alwijsheijt was af hangende.

---

[a] A: toe, staroogende   [b] A: in een   [c] A: was   [d] A: werden: welk deeltje   [e] A: en het bleef   [f] A: plaatste. In   [g] A: vergroot. Gelyk het Dierke nu   [h] A: andermaal dat selve bolletje wel   [i] A: ordentelykheyt - hs: ordentelijk

[13] *op (...) staande oogen*, terwijl ik (...) stond te bekijken.
[14] *agter den anderen*, na elkaar.
[15] *raders en tants gewijse*, op een tandrad gelijkende.
[16] *om loop*, omwenteling.
[17] *dat dan* is overtollig (hervatting van *dat wanneer*).
[18] *niet ... op merkinge*, slechts met grote oplettendheid, opmerkzaamheid.
[19] Hierna zou een bijzinsconstructie moeten volgen, maar aangezien dit niet het geval is, leze men: en dit deeltje.
[20] *vaardigheijt*, snelheid; *als*, als het ware.
[21] In het zeventiende-eeuws was *en* voor een betrekkelijk voornaamwoord niet ongebruikelijk.
[22] *sijn gemaakte kloots gewijse deeltje*, het door hem voortgebrachte bolvormige deeltje.
[23] *dus*, aldus, op die manier
[24] *gelijk*, terwijl.
[25] *plaasten het*, plaatste het (zijn bolletje). Het in het hs. vergeten lijdend voorwerp is in A toegevoegd (zie aant. h).
[26] *tegen het suijden*, aan de zuidkant.
[27] *ordentelijk*, volgens een bepaalde regelmaat, systematisch.
[28] *in geschapenheijt en ordentelijkheijt*, ingeschapen eigenschappen en systematisch gedrag.

While I kept my eyes fixed on such a said little animal for a considerable period, even tiring them out, I saw several times running that when the little animal brought its body forth from the little tube, and the particles which resemble a wheelwork, moved in a more or less circular course, that then from a clear or transparent spot such a tiny round particle emerged that it was only by very close observation that one could perceive it; and this little particle, increasing as to size, rotated, as it were, on its axis with great speed, and constantly kept its place, until eventually the little animal put part of its body back in its tube; while it was doing this, the little animal put the globular particle it had fashioned on the rim of the little tube; and thus the little tube was enlarged with a round little globule, and while the little animal had put its globule on the east side of the little tube, another time it put the same, for instance, on the south side, or the north, and so the little tube was all around enlarged in an orderly manner; from this it became again manifest to us that the innate nature and orderliness of the little animal depended on the Omniscient.

Velum.

Vorders nam ik met groote opmerkinge agt op[29] de[a] om loopende tants gewijse[30] raderwerk, en ik sag dat een onbedenkelijke[4] groote beweginge, door het geseijde werktuijg[31], aan het water ontrent[32] het geseijde werktuijg wierde te weeg gebragt, waar door veele kleijne deelen, die door het vergroot glas te beschouwen[33] sigbaar waren, na het diertje wierden gevoert, en andere weg geworpen, waar van[34] eenige als int midden[b] van het om loopende werktuijg gevoert sijnde, het diertje als tot spijs gebruijkte[c], en andere deeltjens mede soo verre gekomen sijnde, wierden met een snelheijt van het diertje verwijdert, en als[20] weg geworpen, uijt welk gesigt, ik een besluijt maakte[35], dat de als weg geworpe deeltjens, niet dienstig waren, tot voetsel van het diertje.

Uijt welke geseijde waar neminge, wij wel een besluijt konne maken, dat gelijk soo danige diertjens, haar int water niet konnende verplaatsen, ook[d] niet en konnen haar voetsel soeken[36], gelijk andere[e] dieren doen, die met een beweginge[37] sijn begaaft, soo danig, dat ze van de eene plaats, tot de andere over gaan.

Dese diertjens[f] dan, en ook alle die haar niet konnen[g] verplaatsen, het sij datze met haar staart, of anders vast gehegt zijn[38], met soo danige werktuijgen, moeten[h] begaaft sijn[39], om een beweginge in het water te maken, waar door deselve eenige stoffe[40], die int water is, tot haar konnen brengen, om daar uijt haar voetsel[i], groot makinge[41], en haar lighaams bescherminge, te weeg te brengen[j].

---

[a] A: het [b] A: eenige, in 't midden [c] A: gevoert synde, van het Dierke als tot spys gebruykt wierden; [d] A: niet konnen verplaatsen, zy daar ook [e] A: gelyk alle andere [f] A: Dieren [g] A: niet en konnen [h] A: moeten met zoodanige werktuygen [i] A: die in 't water is tot haar voetsel [j] A: lighaams bescherminge, bekoomen.

[29] *nam ik ... agt op*, lette ik op, keek ik in het bijzonder naar. In het vervolg van de brief gebruikt L. de uitdrukking *acht geven op*.

[30] *om loopende tants gewijse*, ronddraaiende getande.

[31] *werktuijg*, orgaan.

[32] *ontrent*, rondom.

[33] *te beschouwen*, beschouwd. Het gebruik van de infinitief in plaats van het voltooid deelwoord komt bij L. herhaaldelijk voor.

[34] De hier beginnende zin (*waar van ... gebruijkte*) moet als volgt gelezen worden: waarvan (nl. van de eerst genoemde categorie) het diertje er enkele, die (ongeveer) in het midden van het rond draaiende orgaan gevoerd werden, als het ware als voedsel gebruikte.

[35] *een besluijt maakte*, de conclusie trok.

[36] *dat ... soeken*, dat, aangezien zulke diertjes zich niet in het water kunnen (vgl. aant. d.) verplaatsen, zij ook niet hun voedsel kunnen zoeken.

[37] *een beweginge*, het vermogen zich te bewegen.

[38] *anders vast gehegt sijn*, op een andere wijze aan iets vast zitten.

[39] *met ... sijn*, moeten van zodanige organen voorzien zijn.

[40] *eenige stoffe*, de een of andere stof.

[41] *groot makinge*, groei.

Further I observed with close attention the rotating toothed wheelwork, and I saw that by the said organ an inconceivably great motion was imparted to the water around the said organ; through this many little parts, which were visible when regarded through the magnifying glass, were conveyed towards the little animal, and others were thrown out, and some of the former[7], having been conveyed to the centre of the said rotating organ, were taken by the little animal, as it were, by way of nourishment, whereas other tiny particles, which had also arrived there, were quickly removed by the little animal and, as it were, thrown out; from this sight I concluded that the little particles which had been, as it were, thrown out were not convenient to serve as nourishment for the little animal.

From this said observation we may well conclude that little animals of this kind, being unable to move around in the water, are also unable to seek out their food, as other animals do which have been endowed with a capacity of movement, so that they move from one place to the other.

These little animals, then, and also all others which cannot change their place, being attached either by their tail or in another way, must be endowed with such organs that they are able to stir up the water, through which they can rake in some substance which is in the water, from which they obtain their food, growth, and a protection for their body.

---

[7] *of the former* has been added because of an incomplete Dutch sentence.

BRIEF No. 302 [VII]   28 JUNI 1713

Vorticelliden.   Als wij agt geven, op[29] de diertjens, die met een lange staart, aan het een ofte ander deel sijn vast gehegt, gelijk wij soo danige, veel aan de worteltjens van het Eendekroost[a], ontdekt hebben[42], die maken[43] niet alleen met het uijterste van haar ligham mede[44] een circulaire ronte, waar door ze na[45b] de kleijnte van hare lighame, een groote bewegine int water maken, maar die diertjens konnen, ook haar staarte[c] in trekken, ende dat met een seer snelle beweginge, waar door ze het water, dat ontrent[32] haar is, wanneer ze weder haar staarten uijt gerekt hebben, van plaats doen veranderen, ende dus[23] ander water om haar hebbende, konnen ze daar weder voetsel uijt bekomen.

Raderdiertjes.   Nu sag ik ook eenige seer weijnige diertjens, die veel grooter waren[46], en welkers lighame kort en dik waren, als[47] de diertjens, die tot haar huijs vestinge een kokertje maken, aan de worteltjens van de kroosjens[d], met haar agterste, ofte staarts gewijse deel, vast gehegt sitten, en al hoe wel sij haar konnen verplaatsen, soo hadde deselve egter[48] mede een circulaire beweginge, aan het voorste gedeelte van haar lighaamme, waar uijt ik een[e] besluijt maakte[35], dat soo danige beweginge, mede niet anders en was, als om[49] het geene tot voetsel diende, tot haar te doen komen.

Ik hebbe voor desen tot mijn selven geseijt, waar toe dient soo een tants gewijse raderwerk[f], over een komende met een tants gewijse rader[f] van een uurwerk[g], dog als wij[h] onse gedagten verder laten gaan, soo sullen wij moeten oordeelen, dat sulks noodig is, sal daar[50] een groote beweginge in het water veroorsaakt werden; want soo het een ront ende effen[51] rat was, soo soude sulken rat[52] weijnig bewegine int water maken; daar[53] nu ijder tant, die buijten de circulaire ronte uijt steekt, een groote beweginge te weeg brengt, in vergelijkinge, van een glat en[i] effen omme loop[54].

---

[a] A: van Eende-kroost   [b] A: naar   [c] A: staart   [d] A: van 't Kroost   [e] A: ik mede een   [f] A: tantsgewys radt   [g] hs: uuwerk   [h] A: wy nu   [i] A: gladden ofte

[42] Deze beschrijving betreft Vorticelliden (DOBELL, *"Little Animals"*, blz. 276). Zie voor eerdere beschrijvingen door L. Brief 26 [18] van 9 oktober 1676, *Alle de Brieven*, Dl. 2, blz. 66-68; Brief 28 van 7 november 1676, *ibid.*, blz. 170-172; Brief 46 van 15 mei 1679, *idem*, Dl. 3, blz. 46 (alle over *Vorticella campanula* Ehrbg.); Brief 160 [96] van 9 november 1695, *idem*, Dl. 11, blz. 128-134 (*Vorticella* en *Zoothamnium*); en Brief 239 van 25 december 1702, *idem*, Dl. 14, blz. 162-164 en 172 (*Vorticella* en *Zoothamnium*).

[43] Hier hapert de aansluiting met de voorzin; L. had moeten schrijven: dan zien wij dat die (...) ronte maken.

[44] *mede*, ook.

[45] *na*, in verhouding tot.

[46] Dit zijn niet identificeerbare raderdiertjes.

[47] *als*, dan. In A staat de tussenzin *en welkers ... waren* tussen haakjes; dit verduidelijkt L.'s bedoeling.

[48] *egter*, toch.

[49] *niet anders en was, als om*, nergens anders voor diende, dan om.

[50] *sal daar*, wil er.

[51] *effen*, glad, niet getand.

[52] *sulken rat*, gebruikelijke spelling voor *sulk een rat*.

[53] *daar*, terwijl.

[54] *een glat .. omme loop*, de omwenteling van een glad, ongetand rad.

If we pay attention to the little animals which are attached with a long tail to one part or another – and we have discovered many of this kind on the little roots of the duckweed[8] – then we see that these not only move in a circle with the tip of their body, by means of which they create a motion in the water which is strong in proportion to the small size of their bodies; but these little animals are also able to draw in their tail; and they do this with a very swift movement; by means of this they dislocate the water, which surrounds them when they have again extended their tails, and so, having other water around them, they are again able to draw their nourishment from that.

Vorticellids.

Now I also saw some, very few, little animals, which were much bigger[9], and whose bodies were short and thick, just like the little animals which fashion a little tube for their housing; these were attached with their rear, or tail-like, part to the little roots of the duckweed, and although they were able to move around they had likewise a circular motion in the foremost part of their bodies; from this I drew the conclusion that a motion of this kind served no other purpose than to draw to themselves whatever was to be used for their nourishment.

Rotifers.

I have said to myself before now: what purpose is served by such a toothed wheelwork, which resembles the cog-wheels of a clockwork, but when we think further on that, then we cannot but conclude that this is necessary if a great motion in the water is to be stirred up, for if it had been a round and smooth wheel, such a wheel would have created little motion in the water; whereas now each cog which juts out from the circular course causes a great motion when compared to a smooth and flush orbit.

---

[8] This description refers to *Vorticellids* (DOBELL, *"Little Animals"*, p. 276). See for earlier descriptions by L. Letter 26 [18] of 9 October 1676, *Collected Letters*, vol. 2, pp. 67-69; Letter 28 of 7 November 1676, *ibid.*, pp. 171-173; Letter 46 of 15 May 1679, *idem*, vol. 3, p. 47 (all discussing *Vorticella campanula* Ehrbg.); Letter 160 [96] of 9 November 1695, *idem*, vol. 11, pp. 129-135 (*Vorticella* and *Zoothamnium*); and Letter 239 of 25 December 1702, *idem*, vol. 14, pp. 163-165, and 173 (*Vorticella* and *Zoothamnium*).

[9] These rotifers cannot be identified.

Dit soo sijnde, blijkt[a] ons al weder de verborgentheden, en[b] onbedenkelijke ordre[55], die sulke kleijne schepselen, die onse bloote oogen ontwijken[56], in geschapen sijn.

Int begin vande maant Augustij, ben ik[57c] in een tuijn, daar een visrijke vijver was, op welkers water doorgaans met[58] een[d] dun vliesje, dat uijt den groene sag[59], dreef, sonder dat men eenige andere groente[60] int water sag, dat[61] mij vreemt voor quam, om dat ik op andere jaren, het water seer klaar[62] in de[e] vijver hadde gesien, ende dat[63] de sloot waar uijt de vijver sijne geduijrige verversinge geniet, seer klaar was, en mij wierde geseijt, dat wanneer het regent, het geseijde vlies weg is.

Protozoën. Ik ging wat ter sijden in mijn eenigheijt[64], en ik nam een houte lat, daar mede ik op de[f] oppervlakte van het water quam te raken, en ik plaaste een kleijne droppel water op een groen wijn glas, en ik sag[g] door een Vergroot-glas, dat ik bij mij hadde, het water, en ik ontdekten in het selve, soo een onbedenkelijke[4] menigte van kleijne diertjens, die bij na door het Vergroot glas het gesigt, ontweken[65], dat het geen Mens en is te doen gelooven, dan die het gesigt daar van heeft[66], alsmede verscheijde soorten van grooter[h] diertjens, vermengt met veel[i] lugt belletjens, van uijt nemende[67] kleijnheijt; eenige dagen[j] daar na versogt ik, dat men een weijnig water tot mij soude brengen, om het selve[k] nader te beschouwen; dog ik konde niet anders ontdekken, als hier vooren is verhaalt, en ik vernam kort daar aan[68] datter geen lugt bellen[l] te bekennen waren[69].

---

[a] A: blyken [b] A: ende een [c] A: Augustus was ik [d] A: op wiens water meest doorgaans een [e] A: in dien [f] A: ik de [g] A: besag [h] A: groote [i] A: met seer veele [j] A: Eenige weynige dagen [k] A: het selvige [l] A: lugtbolletjes

[55] *onbedenkelijke ordre*, onvoorstelbaar (doelmatige) ordening.

[56] *die ... ontwijken*, voor het blote oog onzichtbaar zijn.

[57] *ben ik*, waarschijnlijk is hierbij *geweest* vergeten.

[58] *doorgaans*, overal, over de gehele oppervlakte; *met* moet hier geschrapt worden; waarschijnlijk heeft *bedekt met* L. door de gedachten gespeeld, ofschoon hij vlak tevoren al *op welkers plaats* had neergeschreven.

[59] *dat ... sag*, dat er groenachtig uitzag.

[60] *groente*, groen, planten.

[61] *dat*, wat, hetgeen.

[62] *klaar*, helder.

[63] *dat*, omdat.

[64] *in mijn eenigheijt*, in mijn eentje.

[65] *het gesigt ontweken*, niet te sien waren.

[66] *dat het ... heeft*, zodat niemand van het bestaan ervan overtuigd kan worden, behalve degene die het met eigen ogen ziet.

[67] *uijt nemende*, uitzonderlijke.

[68] *vernam kort daar aan*, zag kort daarna.

[69] Deze bacteriën en protozoën zijn niet te identificeren (DOBELL, *"Little Animals"*, blz. 295).

This being so, the mysteries and inconceivable order are again manifest for us, which are innate in such tiny creatures which escape from the view of our naked eye.

In the beginning of the month of August I am in a garden where was a pond, containing plenty of fish; on its water a thin little film floated everywhere, which was greenish, while one did not discern any other greenery in the water; this seemed strange to me, because in other years I had seen that the water in the pond was very clear, and that the ditch from which the pond was continually freshened was very clear, and I was told that when it rains the said film disappears.

I went somewhat aside, on my own, and I took a wooden slat with which I managed to touch the surface of the water, and I put a little drop of water on a green wineglass, and through a magnifying glass which I had with me I observed the water, and I discovered in it such an inconceivable multitude of tiny animals, which through the magnifying glass almost escaped from our sight, that nobody who does not actually see them, can be made to believe it; and also several kinds of bigger animals, mingling with many air bubbles of an exceptionally small size; some days later I asked for a little of the water to be brought to me in order to examine it more closely, but I could not discover anything else than what has been told in the above, and shortly afterwards I heard that no air bubbles could be seen in it[10].

Protozoa.

---

[10] These bacteria and protozoa cannot be identified (DOBELL, *"Little Animals"*, p. 295).

Als men nu bier en wijn glasen, in soo een vijver spoelt, wie weet hoe veel diertjens, aan soo danige glasen blijven[70], waar van eenige tot in onse mont konnen gebragt werden, en dit soo sijnde, soo en heeft men geen meer redenen[a], om mij af te vragen[71] hoe de kleijne diertjens, die ik over veel[b] jaren geleden[72] hebbe geseijt, dat[73] inde stoffe die tussen onse tanden, ende inde holle kiesen is konnen[c] komen.

Dus verre zijn mijne aanteekeninge, die ik over eenige jaren geleden hebbe gehouden, ende nu[74] sedert eenige dagen geleden[d] inde hant sijn gekomen.

Ik neme de vrijheijt, tot UE. Hoog Edele Heeren te seggen, dat ik op den 22. Septmb. 1711. mijne dankbaarheijt[75] aan UE. Hoog Edele Heeren, hebbe laten toe komen, over de toe gesondene *Transactions*, ende daar nevens UE: Hoog Edele Heeren laten[e] toe komen, mijne waarneminge ontrent het kleijne diertje de Mijt[76].

Ende op den 1ᵉ Maart 1712. mijne waarneminge, ontrent het vlees vande Wal-vis[77].

Ende op den 12ᵉ April. 1712. mijne waarneminge ontrent de af schilferende deelen, vande huijt vande Oliphant[78].

---

    [a] A: geen redenen   [b] A: die ik veel   [c] A: stoffe tussen onse Tanden, ende in de holle Kiesen sitten, daar konnen   [d] A: dagen my   [e] A: heb laten

[70] *blijven*, blijven zitten, blijven kleven.

[71] *geen meer redenen*, geen redenen meer; *af te vragen*, met enige klem te vragen.

[72] *die ... geleden*, waarvan ik veel jaren geleden (contaminatie van: *over* d.i. voor) *veel jaren* en *veel jaren geleden*).

[73] *dat*, lees: dat zij. Het slot van de zin lezen men las volgt: inde holle kiesen *sijn* (of: *sitten*) daar *konden* (of: *hebben konnen*) komen. Vgl. ook aant. c.

[74] *ende nu*, en die mij nu.

[75] *dankbaarheijt*, elliptische formulering voor 'betuiginge van dankbaarheid'.

[76] Zie Brief 288 van 22 september 1711, *Alle de Brieven*, Dl. 16, blz. 276-316.

[77] Zie Brief 292 van 1 maart 1712, *Alle de Brieven*, Dl. 16, blz. 360-382.

[78] Zie Brief 293 van 12 april 1712, *Alle de Brieven*, Dl. 16, blz. 384-396.

Now if one rinses beer- and wineglasses in such a pond, who knows how many little animals will remain on such glasses, and some of them may well be carried into our mouth, and if this is true, people have not any more grounds for asking me how the little animals, of which I have said many years ago that they are present in the substance which lies between our teeth and in cavities of the molars, could have arrived there.

Thus far my notes which I took several years ago, and which again fell into my hands a few days ago.

I take the liberty to say to you, Very Noble Sirs, that on the 22nd of September 1711 I have communicated to you, Very Noble Sirs, the expression of my thanks for the *Transactions* sent to me and, moreover, I sent to you Very Noble Sirs, my observations on the little animal, the mite[11].

And on the 1st of March 1712 my observations on the flesh of the whale[12].

And on the 12th of April, my observations on the parts peeling off from the skin of the elephant[13].

---

[11] See Letter 288 of 22 September 1711, *Collected Letters*, vol. 16, pp. 277-317.
[12] See Letter 292 of 1 March 1712, *Collected Letters*, vol. 16, pp. 361-383.
[13] See Letter 293 of 12 April 1712, *Collected Letters*, vol. 16, pp. 385-397.

Ende op den 10ᵉ Junij 1712. mijne waarneminge ontrent de Mossel⁷⁹.

Ende alsoo ik op die vier verhaalde brieven geen antwoort en hebbe bekomen, soo hebbe ik wel inᵃ gedagten genomen, of de Coninklijke Societeit stil stont⁸⁰.

Ik kan niet na laten, tot UE: Hoog Edele Heeren teᵇ seggen, dat ik sedert eenige tijd hebbe waar genomen, dat het vlees⁸¹ vanᶜ een wal-vis, hetᵈ Osse vlees, en selfs tot het vlees van een Muijs, welkers vlees striemtjens (fibertjens) schoon dieᵉ sestien maal dunder sijn, als een dik hair van mijn kinne, egter⁴⁸ die dunne deelen gansᶠ om wonden sijn, met vliesjens (membraantjens) soo danig dat die vlees deelen malkanderen niet en raken.

Dese mijne waarneminge hebbe ik gesonden, aan de Hoog Edele Heere, deᵍ Heer Mʳ Antoni Heinsius Raatpentionarisʰ van Hollant⁸², die veel agtinge heeft voor mijne ontdekkinge. Ik sal afbreeken, en met veel agtinge blijven⁸³.

Hare Hoog Edele Heeren

Onderdanige Dienaar,
Antoni van Leeuwenhoekⁱ

ᵃ A: ik in   ᵇ A: tot UE. te   ᶜ A: dat de vleesstriemtjes (fibertjes) van   ᵈ A: van het   ᵉ A: Osse-vlees, selfs tot het vlees van een Muys toe, schoon die   ᶠ A: egter gansch   ᵍ A: den   ʰ A: Raat Pensionaris   ⁱ A: afbreeken ende onder des blyven, enz. Antoni van Leeuwenhoek

⁷⁹ Zie Brief 294 van 10 juni 1712, *Alle de Brieven*, Dl. 16, blz. 398-412.

⁸⁰ Zie hiervoor PALM, "Leeuwenhoek ... correspondents", blz. 196-197.

⁸¹ Lees de hier beginnende, slecht lopende zin als volgt: dat de vezels van het walvisvlees, het ossevlees, (ja) zelfs tot het vlees van een muis toe – waarvan de vezels 16 maal dunner zijn als een dikke haar van mijn kin –, toch helemaal omwonden zijn enz.

⁸² L. doelt hier op Brief 296 [I] van 8 november 1712 en Brief 301 [VI] van 29 maart 1713, beide aan HEINSIUS, in dit deel.

⁸³ L.'s volgende brief aan de Royal Society is Brief 304 van 12 oktober 1713, in dit deel.

L. schrijft weer over raderdiertjes in Brief 328 [XXIX] van 5 november 1716 (*Alle de Brieven*, Dl. 18; *Send-Brieven*, blz. 284-291), over de rusttoestand van raderdiertjes.

And on the 10th of June 1712, my observations on the mussel[14].

And because I have received no answer to the four letters mentioned, I have been thinking whether the Royal Society had come to a standstill[15].

I cannot refrain from saying to you, Very Noble Sirs, that for some time I have noticed that in the flesh of a whale, the flesh of an ox, and even the flesh of a mouse, although the little strips (fibres) of this are sixteen times thinner than a thick hair of my chin, yet these thin parts are wholly wrapped up in little pellicles (membranes) in such a way that the flesh parts do not touch one another.

I have sent these observations of mine to the Very Noble Sir, Sir Antoni Heinsius, Grand Pensionary of Holland[16], who holds my discoveries in high esteem. I shall conclude, and remain with much respect[17],

Very Noble Sirs.

Your Obedient Servant,
Antoni van Leeuwenhoek.

---

[14] See Letter 294 of June 1712, *Collected Letters*, vol. 16, pp. 399-413.

[15] See for this PALM, "Leeuwenhoek... correspondents", pp. 196-197.

[16] L. here refers to Letter 296 [I] of 8 November 1712 and Letter 301 [VI] of 29 March 1713, both to HEINSIUS, in this volume.

[17] L.'s next letter to the Royal Society is Letter 304 of 12 October 1713, in this volume. L. writes about rotifers once again in Letter 328 [XXIX] of November 1716, *Collected Letters*, vol 18; *Send-Brieven*, pp. 284-291), on the resting behaviour of rotifers.

BRIEF No. 303 [VIII]   30 JUNI 1713

Gericht aan: ANTHONIE HEINSIUS.

Manuscript: Eigenhandige, ondertekende brief. Het manuscript bevindt zich te
                     Leiden, Universiteitsbibliotheek, BPL 885; 13 kwartobladzijden.

GEPUBLICEERD IN:

    A. VAN LEEUWENHOEK 1718: *Send-Brieven,* ..., blz. 70-82 (Delft: A. Beman). - Nederlandse tekst [A].
    A. À LEEUWENHOEK 1719: *Epistolae Physiologicae* ..., blz. 71-83 (Delphis: A. Beman). - Latijnse vertaling [C].
    N. HARTSOEKER 1730: *Extrait Critique des Lettres de feu M. Leeuwenhoek*, in *Cours de Physique* ..., blz. 60 (La Haye: J. Swart). - Frans excerpt.
    A.J.J. VANDEVELDE 1923: *De Send-Brieven van Antoni van Leeuwenhoek* ..., in *Versl. en Meded. Kon. Vlaamsche Acad.*, Jrg. 1923, blz. 363-364. - Nederlands excerpt.

SAMENVATTING:

    Beschrijving van chemische experimenten om de samenstelling van kreeftsogen en de schaal van kreeften en krabben te weten te komen. In de schaal van de schaar van een kreeft ontdekt L. ringvormige structuren, die hij met de jaarringen van houtige gewassen vergelijkt. Spiervezels van een kreeft zijn ook door een vlies omgeven.

OPMERKING:

    Deze brief is vermeld, maar niet gepubliceerd in: A.J. VEENENDAAL JR & M.T.A. SCHOUTEN(red.), *De Briefwisseling van Anthoni Heinsius, 1702-1720*, deel 15 (Den Haag, 1996), p. 115, no. 192.

LETTER No. 303 [VIII]   30 JUNE 1713

Addressed to: ANTHONIE HEINSIUS.

Manuscript: Signed autograph letter. The manuscript is to be found in Leiden, Universiteitsbibliotheek, BPL 885; 13 quarto pages.

PUBLISHED IN:

A. VAN LEEUWENHOEK 1718: *Send-Brieven*, ..., pp. 70-82 (Delft: A. Beman). - Dutch text [A].

A. À LEEUWENHOEK 1719: *Epistolae Physiologicae* ..., pp. 71-83 (Delphis: A. Beman). - Latin translation [C].

N. HARTSOEKER 1730: *Extrait Critique des Lettres de feu M. Leeuwenhoek*, in *Cours de Physique* ..., p. 60 (La Haye: J. Swart). - French excerpt.

A.J.J. VANDEVELDE 1923: *De Send-Brieven van Antoni van Leeuwenhoek* ..., in *Versl. en Meded. Kon. Vlaamsche Acad.*, 1923, pp. 363-364. - Dutch excerpt.

SUMMARY:

Description of chemical experiments for the investigation of the composition of crabs' eyes and of the shell of lobsters and crabs. L. discovers ring-shaped structures in the shell of a lobster's pincer, which he compares to the annual rings of woody vegetation. Muscle fibres of a lobster are wrapped up by a membrane, too.

REMARK:

This letter is mentioned, but not published in: A.J. VEENENDAAL JR & M.T.A. SCHOUTEN(ed.), *De Briefwisseling van Anthoni Heinsius, 1702-1720*, vol. 15 (The Hague, 1996), p. 115, no. 192.

BRIEF No. 303 [VIII]   30 JUNI 1713

                                              In Delft desen{a} 30{e} junij 1713.

Aan de Wel Edele gestrenge Heere.

d'Heer Mr Antoni Heinsius,
Raat Pentionaris van Hollant etc. etc.[1]

Wel Edele{b} Heere.

Kreeftsogen. Ik hebbe verscheijde malen, die deelen die men kreefte Oogen noemt, ende die in de Medicine veel gebruijkt werden[2], inden asijn geplaast, om de werkinge die deselve op den Asijn heeft{c}, door het Vergroot-glas, soo veel mij doenlijk was na te speuren.

Dese soo genoemde kreefteoogen, en hebben gans geen gelijkenisse na Oogen, en als ik aan die geene{d} die Coopman schap inde selve is doende, vraagde wat voor een stoffe dat het was, soo en kreeg ik geen ander antwoort, als dat hem deselve van dansik[3] worden toe gesonden, en een andere en wist{e} mij geen andere onderrigtinge te geven, als dat ze ontrent de stad dantsik, aan de stranden van de Zee, door de kinderen werden op gesogt.

Hier uijt nam ik in gedagten of het niet wel uijt werpselen[4], op de opperste huijt van de kreeften{f} mogten wesen, ende datter[5] een tijd onder kreeften{g} was, dat dese soo genaamde kreefte oogen, vande huijt af vielen, dog ik hebbe sulks aan de kreeften, die ik gehandelt hebbe[6] niet konnen vernemen[7].

Dit soo sijnde, soo nam ik in gedagte, dat de schorsse[8] vande kreeften een ende deselve uijt werkinge soude te weeg brengen, als de soo genaamde kreefte oogen.

{a} A: den   {b} hs: Edel   {c} A: doen   {d} A: aan yemant   {e} A: een ander wist   {f} A: uytwerpselen, sittende op 't opperste van de huyt der Kreeften   {g} A: onder de kreeften

[1] De brief is gericht aan ANTHONIE HEINSIUS (1641-1720), die van 1689-1720 Raadpensionaris van Holland was. Zie het Biogr. Reg., *Alle de Brieven*, Dl. 3, blz. 484. L.'s vorige brief aan HEINSIUS is Brief 301 [VI] van 29 maart 1713, in dit deel.

[2] *kreefte-Oogen*, kreeftsogen.
Kreeftsogen zijn kalkachtige afzettingen aan de maagwand van verschillende kreeftensoorten. Ze zijn onoplosbaar in water, maar lossen gedeeltelijk op in verdunde zuren onder ontwikkeling van kooldioxide. Zie voor kreeftsogen Brief 61 van 14 juni 1680, *Alle de Brieven*, Dl. 3, blz. 258-260 en afb. 45 op Plaat XXXIV; Brief 82 [43] van 5 januari 1685, *idem*, Dl. 5, blz. 12-16 en 62; Brief 89 [48] van 22 januari 1686, *ibid.*, blz. 394-396; en Brief 176 [106] van 12 september 1696, *idem*, Dl. 12, blz. 86.
Vgl. SCHIERBEEK, *Leeuwenhoek*, Dl. 1, blz. 153-154. Zie voor de medische toepassing van kreeftsogen BEUKERS, "Genezen met alkali", blz. 41-42.

[3] *dansik, dantsik*, Dantzig (thans Gdańsk in Polen).

[4] *uijt werpselen*, uitscheidingsprodukten.

[5] *datter*, of er niet.

[6] *gehandelt hebbe*, in handen gehad heb.

[7] *vernemen*, waarnemen.

LETTER No. 303 [VIII]　　　　　　　　　　　　　　　30 JUNE 1713

At Delft, the 30th of June 1713.

To the Right Honourable Sir,
Mr Antoni Heinsius
Grand Pensionary of Holland etc. etc.[1]

Honoured Sir,

Several times I have placed those parts which are called crabs' eyes, and which are often used in medicine, in vinegar, in order to observe through the magnifying glass, as far as I was able, the effects which these have on the vinegar[2].　　*Crabs' eyes.*

These so-called crabs'-eyes do not resemble eyes at all, and when I asked the man who deals in them what kind of substance it was, the only answer I got was that they were sent to him from Danzig[3]; and the only information another man could give me was that they were gathered by the children on the beaches in the neighbourhood of the town of Danzig.

This is why it occurred to me that they might be excretions on the outer skin of the lobsters, and that there was a period among the lobsters in which these so-called crabs' eyes drop off from the skin; but I have not been able to perceive such a thing on the lobsters which came into my hands.

This being so, it occurred to me that the shell of the lobsters might have a similar effect as the so-called crabs' eyes.

---

[1] The letter was addressed to ANTHONIE HEINSIUS (1641-1720), who was Grand Pensionary of Holland from 1689 up to 1720. See the Biogr. Reg., *Collected Letters*, vol. 3, p. 485. L.'s previous letter to HEINSIUS is Letter 301 [VI] of 29 March 1713, in this volume.

[2] Crab's eyes are calcareous deposits (gastroliths) on the wall of the stomach of different species of crustaceans. They are insoluble in water, but dissolve partly in dilute acids, with generation of carbon dioxide. For crabs'-eyes, see Letter 61 of 14 June 1680, *Collected Letters*, vol. 3, pp. 259-261 and ill. 45 on Plate XXXIV; Letter 82 [43] of 5 January 1685, *idem*, vol. 5, pp. 13-17 and 63; Letter 89 [48] of 22 January 1686, *ibid.*, pp. 395-397; and Letter 176 [106] of 12 September 1696, *idem*, vol. 12, p. 87.
Cf. SCHIERBEEK, *Leeuwenhoek*, vol. 1, pp. 153-154. For the medical application of crabs'-eyes, see BEUKERS, "Genezen met alkali", pp. 41-42.

[3] Now Gdańsk in Poland.

Schaar.

Omme eenige na sporinge te doen, soo⁹ ontrent^a de vaste sout deelen, inde zee kreeften-scharen, soo hebbe ik ontrent een nagel groote van deselve schors^b vande Nijpers¹⁰, geplaast, op een stuk houts-kool, ende daar bij soo een kragtig vuijr gebragt, dat het stukje^c kreefte schaar, wit ende seer gloeijende was geworden, ende^d laten vallen, in een kleijn glaasje, waar in een lepel-vol schoon regen water was.

Op welke^e oppervlakte¹¹, aanstonts een vlies stremde, aan het welke niet te sien was als¹² eenige lugt belletjens^f, ende eenige kleijne deeltjens, die van de kreeft-schors waren af gegaan, en een gedeelte vande kreeft-schors, wiert in het water, in soo kleijne deelen gedeelt, als of het witte kalk was; dog wanneer het geseijde water met de geseijde schors vande kreeft, in het selve ontrent 20. uren hadde gestaan, lag het sout op de oppervlakte van het water gestremt¹³, dat ik verscheijde malen door het Vergroot glas beschoude, dog ik konde geen figuur aan deselve^g bekennen, eens deels, om dat deselve soo aan een geschakelt waren, als¹⁴ om der selver kleijnheijt.

Ik nam verscheijde malen het water onder de oppervlakte, en ik plaaste het selve op schoone glasen, en ik liet het water weg wasemen, op dat ik de zout deelen des te beter soude sien, die in soo een onnoemelijk getal ende soo kleijn waren, dat het niet en is uijt te drukken.

Wanneer^h dit water eenige dagen int glaasje hadde gestaan, waren de zout deelen, ront om het glaasje in menigte gestremt, verbeeldende plants gewijse figuuren¹⁵.

Ik hebbe dan voor de tweede maal een stukje vande groote schaar van een gekookte kreeft, dat ontrent een duijm breet¹⁶ lang, en na mijn gissinge een quart van een duijm breet was, dat aan^i twee stukken was, in een glase tuba gedaan, die ontrent twee maal soo wijt was, als een gemene schrijf-penne¹⁷, en ontrent vijf duijm lang was, ende^j daar op gegoote wijn asijn, tot soo verre, dat de tuba op een vinger breet na vol was.

---

^a A: te doen ontrent ^b A: van schors ^c A: het stukje van de ^d A: ende heb het zoo ^e A: wiens ^f A: lugtbolletjes ^g A: aan de zoutdeelen ^h A: Wanneer nu ^i A: was, en aan ^j A: lang; ende heb

⁸ *schorsse*, schaal.
⁹ *soo* moet hier geschrapt worden.
¹⁰ *Nijpers*, scharen.
¹¹ *op welke oppervlakte (...) stremde*, op de oppervlakte hiervan stremde (...).
¹² *niet (...) als*, niets anders dan.
¹³ *gestremt*, uitgekristalliseerd.
¹⁴ *als*, alsook (het juiste woord was geweest: anderdeels).

In order to conduct some investigations with regard to the solid salt particles in the pincers of lobsters, I have put a part the size of a nail of that shell of the pincers on a piece of charcoal, and brought that close to such a blazing fire that the piece of the lobster pincer became white and wholly incandescent; and then I dropped it in a little glass which contained a spoonful of pure rainwater.

Pincer.

Immediately a film coagulated on its surface, in which nothing else could be seen than a few air bubbles, and a few little parts which had come away from the lobster shell, and a part of the lobster shell in the water became divided in such small parts, that it was like white chalk, but when the said water with the said shell of the lobster in it had stood for about 20 hours, the salt had crystallized on the surface of the water; I observed this several times through the magnifying glass, but I could not discern a shape in it, on the one hand because the particles were so much linked together, and on the other because they were so tiny.

Several times I took some of the water beneath the surface, and I placed this on clean glasses, and I let the water evaporate, in order to be better able to see the salt parts, which were so innumerable and so tiny that it cannot be expressed.

When this water had stood for some days in the little glass, a large part of the salt particles had crystallized all around the glass, and formed figures resembling plants.

Then I have for the second time put a little part of the large pincer of a boiled lobster – which was about an inch[4] long and, as I guess, a quarter of an inch wide, and which had come apart in two pieces – in a glass tube, which was about twice as wide as a common quill, and about five inches long, and I have poured wine vinegar on it until the tube was quite full, but for a finger breadth.

---

[4] An *inch* is 2.61 cm.

De menigte van lugt bollen, die als[18] uijt[a] de stukjens vande geseijde schaar schenen voort te komen, waren soo veel[b], dat het niet en is te doen geloven, als die het gesigt daar van heeft[19], ende dit was[c] niet voor een korten tijd, maar het duurde[d] twaelf uren lang, dog inde laaste uren veel minder, dan inde eerste uren, na welke tijd, ik de glase tuba wat neder leggende was[e], dog soo danig, dat het op de eene[f] eijnde ontrent twee vingeren hooger lag, met die insigte[20][g], dat wanneer de werkinge van de lugt bolletjens, waren op houdende[h], de zout deelen die inden asijn sijn, souden stremmen, ende dus door gaans[21] int glas leggen, om bij mij beter beschout te konnen werden, gelijk ik met de kreefte oogen hadde gedaan.

Dog de werkinge vande stukjens van de kreefte scharen bleef in de tuba nog soo lang aan houden, dat door de menigte lugt, die nog wierde gemaakt, dat[22] de asijn[i], wel een derde deel, uijt het glas was gestooten.

Inde tijd[j], dat de lugt bellen voort quamen, nam ik verscheijde malen, als[23] uijt het midden vande glase tuba, een weijnig asijn, ende die plaasten, ik met menigte van spelde hoofdens groote op suijvere[k] glasen[24].

Zouten.

Wanneer nu voor een groot gedeelte de waterige vogt uijt de[l] verhaalde kleijne gedeelte[25] vanden asijn, was weg gewasemt, besag ik deselve door het Vergroot glas, en ik sag soo een[m] onbedenkelijk[26] groot getal van kleijne gestremde deeltjens, die ik vast stelde dat[27] sout deeltjens van den asijn en sout deeltjens uijt de schaar vande kreeft[n] waren, maar ik konde geen figuur daar aan bekennen[28], eensdeels om der selver kleijnte, ende ten anderen, om de deelen van den asijn, die als[23] een lijmagtige stoffe[29], die niet[o] weg wasemde, na liet, die die deelen waren bedekkende[p].

Na dat meer dan twee maal vier en twintig uren de stukjens van de kreefte schaar[q], op den asijn hadde geweest, smaakte[30] ik den asijn, daar aan ik weijnig suijrigheijt[r] konde gewaar werden, maar soo[31] veel bitterheijt als suijer.

---

[a] A: die uyt [b] A: was zoo groot [c] A: dit en was [d] A: maar duyrde [e] A: neder was leggende [f] A: dat ze op het eene [g] A: met dit insigt [h] A: lugtbolletjens souden ophouden [i] A: gemaakt, de Azyn [j] A: In dien tyd [k] hs: sijvere [l] A: het [m] A: sag een [n] A: en sout deeltjens uijt de schaar vande kreeft *ontbreekt* [o] hs: die die als een lijmagtige stoffe niet [p] A: stoffe in 't weg wasemen na lieten; welke stoffe die deelen bedekte [q] A: Na dat de stukjes van de schaar meer dan twee maal vier-en-twintig uuren [r] hs: suijriigheijt

[16] Een *duijm* is 2,61 cm.
[18] *als*, als het ware. Het woord is hier, zoals heel vaak bij L. van zeer weinig belang; in de druk is het dan ook weggelaten.
[19] *dat ... heeft*, dat het slechts te geloven is voor iemand die het ziet
[21] *dus*, zodoende, daardoor; *door gaans*, overal verspreid.
[22] *dat* is hier overtollig (zie ook aant. l.)
[25] *gedeelte* is meervoud, aangenomen althans dat L. met dit woord doelt op de genoemde druppeltjes. In deze veronderstelling is de verandering van *de* in *het* in de druk (zie aant. a) ten onrechte geschied.
[26] *onbedenkelijk*, ondenkbaar.
[27] *die ... dat*, waarvan ik stellig meende, dat het.
[28] *geen ... bekennen*, niet zien welke vorm ze hadden.
[29] De woorden *die ... stoffe* zijn met een verwijzingsteken in de marge geschreven; het corresponderende teken in de tekst staat tussen *die* en *niet* in plaats van vóór *die*.
[30] *smaakte*, proefde.
[31] *soo*, even.

The multitude of air bubbles which, as it were, seemed to come forth from the pieces of the said pincer was so great that one cannot be made to believe this, if one does not actually see it, and this happened not during a brief time, but it went on for twelve hours, yet in the last hours much less than in the first; and after this period I laid the glass tube down, but in such a way that with its one end it lay about two fingers higher; it was my purpose that when the activity of the air bubbles would have ceased, the salt parts which are in the vinegar would crystallize and so lie everywhere in the glass, in order that they could be better observed by me, as I had done in the case of the crabs' eyes.

Yet the activity of the pieces of the lobster pincers in the tube continued for so long, that through the amount of air which was still created, as much as a third part of the vinegar was thrust out of the glass.

During the period that the air bubbles came forth, I took several times as it were from the centre of the glass tube a little bit of vinegar, and I put that on clean glasses in a large number of little drops, the size of pinheads.

Now when the watery fluid of the said small parts of vinegar had for the greater part evaporated, I observed this through the magnifying glass and thus I saw an inconceivably great number of little crystallized particles, and I concluded that these were salt particles from the vinegar and salt particles from the pincer of the lobster; but I could not distinguish their form, partly because of their small size, and partly because of the parts of the vinegar, which had left behind something like a glutinous substance which did not evaporate and which covered those particles. *Salts.*

After the little pieces of the lobster pincer had remained in the vinegar for more than twice twenty-four hours, I tasted the vinegar, and I could perceive but little acidity in it, but as much bitterness as sour.

BRIEF No. 303 [VIII] 30 JUNI 1713

Ik tapten den asijn vande kreefte schaar, om de te samen gestremde[32] sout deelen te beschouwen, en ik sag, soo een[a] onbedenkelijk groot getal van zout deeltjens, die int glas waren gebleven, hebbende ijder bij na een bijsondere[33] figuur, ende dat soo[b] helder als Cristal en soo[c] een platte sijde voor het gesigt lag, warenze[34] uijt nemende blinkent, ende der selver sijde[35] verbeelden dan een duijsterheijt[36], int kort, kleijne menigte[d] diamantjens, en konden geen andere figuur verbeelden[37] dan dese te samen gestremde sout deelen uijt den asijn[38], ende de sout deelen vande kreefte schaar, hebbende veele van die sout figuure[e] vier sijden, als[39] twee lange sijden, ende aan ijder eijnde twee korte sijden, loopende met een scharpe hoek, ofte met een punct toe, over een komende met de kleijne sant figuurtjens, die ik, onder het stof-gout[f], dat uijt Guinea[g] komt ontdekt hebbe[40]. Wanneer nu de gestremde zout deelen eenige dagen inde glase tuba hadde geweest, scheen het ons toe, dat de zout deele in een waterige vogt, waren smeltende, (dat ik mij niet konde[h] in beelden[41]) ende om mij daar van te versekeren[42], goot ik de glase tuba vol water, en kort daar na goot ik het water weder af, als wanneer[43] ik de zout deelen met haar scharpe hoeken[i], soo net[44] sag leggen, als daar te vooren, soo dat ik vast stelde[45], dat de vogtigheijt geen andere deelen[j] waren, als de lijm agtige stoffe, die van den asijn was over gebleven.

---

[a] A: sag een   [b] A: ende zoo   [c] A: als 'er   [d] A: menige kleyne   [e] A: Azyn. Ende veele zoutdeelen van de Kreefte schaar hadden   [f] A: het stof van Gout   [g] hs: Guiena   [h] hs: niet en konde   [i] A: ik de scharpe hoeken der zoutdelen   [j] A: de vogtigheyt niet anders waren

[32] *te samen gestremde*, uitgekristalliseerde.
[33] *bijsondere*, eigen, verschillend van de andere.
[34] *warenze*, nl. de platte kanten.
[35] *sijde*, zijkanten, opstaande kanten.
[36] *verbeelden ... duijsterheijt*, zagen er donker uit.
[37] *int kort ... verbeelden*, kortom, veel kleine diamantjes konden geen ander beeld opleveren.
[38] Hierna had L. de zin moeten afbreken, zoals in A is gebeurd (zie aant. e). De vertaling in C is op de verbeterde redactie gebaseerd.
[39] *als*, namelijk.
[40] Zie Brief 285 van 11 november 1710, *Alle de Brieven*, Dl. 16, blz. 236-258.
[41] *in beelden*, voorstellen, indenken,
[42] *versekeren*, vergewissen.
[43] *als wanneer*, waarna.
[44] *soo net*, even fraai.
[45] *vast stelde*, ervan overtuigd was.

I drained the vinegar off from the lobster pincer, in order to observe the crystallized salt parts, and thus I saw an inconceivably great number of salt particles left behind in the glass, each of which had its individual shape, and that as clear as crystal, and if a flat side was to be seen, these were exceptionally glittering, and the upright edges were, then, dark to look at – in brief, a mass of tiny diamonds could not yield a different picture than these crystallized salt parts from the vinegar. And many salt parts of the lobster pincer had four sides, to wit, two long sides and at each end two short sides, which tapered off into a sharp angle or point, resembling the little figures of sand which I have discovered among the gold dust which comes out of Guinea[5]. Now when the crystallized salt parts had been in the glass tube for some days, it seemed to us that the salt parts were dissolving into a watery fluid (which I could not understand), and in order to ascertain this I filled up the glass tube with water and shortly after I again drew the water off, and afterwards I saw the salt parts with their sharp angles lying as beautifully as before, so that I was convinced that the moisture represented no other parts than the glutinous substance which had been left behind by the vinegar.

---

[5] See Letter 285 of 11 November 1710, *Collected Letters*, vol. 16, pp. 237-259.

BRIEF No. 303 [VIII] 30 JUNI 1713

*Huid-
verwisseling.*

Seker Heer uijt Zeelant[46], heeft tot mijn geseijt, dat de kreeften alle jaren haar huijt verwisselden[a], dat voor mij niet aan nemelijk is, want ik kan niet begrijpen, hoe de schaare, ende de volgende leden vande kreeften, konnen verwisselen, want soo sulks was[47], soo soude de dikte vande Vis die inde schaaren is, door een naeuwte vande schaar, daar het eerste lid is, moeten door gaan, ende daar en boven, nog een[b] plat en breet beenagtig deel, dat int midden vande[c] Nijpers leijt, dat nog minder wesen kan[48].

Maar dat het vorder gemaakte deel[d], van het lighaam vande vis, als mede het geene men het hooft vande kreeft noemt, als mede de[e] werktuijgen[49], onder aan 't lighaam, die men pooten noemt, kan[f] verwisselen, dat is in te schikken[50].

Men noemt het voorste gedeelte vande kreeft, het hooft, daar nogtans[51] het hooft, maar een kleijn gedeelte van het selve is, sijnde de rest de maag ende lever[g], ende ook voor[h] een gedeelte, daar[52] de Eijeren, anders kuijt, vande wijfjens kreeften groot gemaakt werden.

Leeftijd.

Vorders hebbe ik aan de schaar vande kreeft, die van een gemene[53] groote was, soeken te ontdekken, hoe veel jaren soo een kreeft out was, dog ik konde maar eenige deelen ontdekken, die de selve[54] in dikte was[i] toe genomen, ende alsoo[55] ik bevont, dat de schaar van binnen met een vlies was bekleet, soo hebbe ik dat vlies, op verscheijde plaatse vande schaar gescheijde, ende het selvige[j] alsoo voor het Vergroot-glas gestelt, en ik oordeelde dat het vlies nu veertien dik op den anderen[56] was leggende, en weder, aan een ander deel twaelf dik op den anderen lag[57].

---

[a] A: verwisselen   [b] A: nog door een   [c] A: dat midden in de groote   [d] A: het vordere gedeelte   [e] A: noemt en de   [f] A: konnen   [g] A: ende de lever   [h] A: ende voor   [i] A: die in dikte waren   [j] A: het selve

[46] Mogelijk doelt L. hier op de Middelburgse arts VAN WIKHUIZEN. Zie het Biogr. Reg., *Alle de Brieven*, Dl. 16, blz. 426.

[47] *soo sulks was*, als dat het geval was.

[48] Kreeften verwisselen tijdens hun groei met een zekere regelmaat hun schaal. De oude schaal wordt opgegeten om de kalk opnieuw te kunnen gebruiken.

[49] *werktuijgen*, organen.

[50] *dat ... schikken*, daar kan men in komen, dat is te begrijpen.

[51] *daar nogtans*, terwijl toch.

[52] *voor ... daar*, gedeeltelijk de plaats waar.

[53] *gemene*, gewone.

[54] De redactie van A, waarin *de selve* geschrapt is en *was* in *waren* veranderd (zie aant. i), verdient de voorkeur boven de hier afgedrukte, grammaticaal incorrecte lezing van het hs. In C is de vertaling op de verbeterde lezing gebaseerd.

[55] *alsoo*, omdat.

[56] *op, nevens den anderen*, op, naast elkaar.

[57] De waarneming is onvolledig geformuleerd: L. verzuimt te zeggen, dat het vlies uit lagen bestond.

A certain gentleman from Zeeland[6] has said to me that each year the lobsters shed their skin, which seems improbable to me, for I cannot understand how the pincers, and the adjoining members of the lobsters could shed their skin; for if this were the case, then the thickness of the fish, which is within the pincers, would have to pass through a narrow passage of the pincers, where the first member is situated and, moreover, a flat and broad bonelike part which lies in the middle of the pincers, which is still more impossible[7]. *Skin shedding.*

Even so, one can accept that the front part of the body of the fish, as well as that which is called the head of the lobster, and the organs underneath the body, which are called the legs, are able to change their skin.

The foremost part of the lobster is called the head, although the head is only a small part of that – the remainder being the stomach and the liver and also, partly, a place where the eggs, or hard roe, of the female lobsters are grown.

Further I have tried to discover in the pincer of the lobster, which was of an average size, how many years of age such a lobster was, but I could discover but few parts where the pincer[8] had increased as to thickness, and because I found that the pincer on the inside was covered with a membrane, I have separated that membrane from the pincer on several places, and put it before the magnifying glass, and I judged that in one case the membrane lay with a thickness of fourteen layers on one another, and in another part with a thickness of twelve layers. *Age.*

---

[6] L. here possibly refers to the Middelburg physician VAN WIKHUIZEN. See the Biogr. Reg., *Collected Letters*, vol. 16, pp. 427.

[7] During their growth lobsters regularly moult. The shed shell is eaten in order to use its lime again.

[8] The words *the pincer* have been added in the translation.

Jaarringen.

Uijt welk gesigt ik oordeelde dat die kreeft ten minsten 12: jaren Out was; even gelijk wij ondervinden dat de basten[58] vande boomen[a], alle jaren een nieuw basje om het Hout, anders geseijt om den boom gemaakt wert[59].

Vorders hebbe ik twee stukjens van de schaar vande kreeft, die soo lang inden asijn hadde gelegen als hier vooren is geseijt, met een scheer-mes, terwijl[60] die deelen sagt[b] waren, soo dun door sneden, als het mij doenlijk was, ende waar genomen datter seer veel Circulaire Cringen, inde ronte van de schaar liepen, ja soo danig, dat de dikte vande schaar, niet als[61] uijt kringen was bestaande, dat geen on aan genaam gesigt voor mij was[62], ende alsoo ik een onderscheijt, in die kringen die mij voor quamen[c], dat haar dikte na mijn[d] oog af te meten, een vierde vande dikte van een hair van ons hooft[63] waren[e] uijt makende[64], soo nam ik ook mijne opmerkinge, ontrent[65] de Ouderdom vande kreeft, en oordeelde ik ook[f] dat deselve ten minsten twaelf jaren Out was.

Gelijk ik nu dese krings gewijse[g] deelen in haar ronte hadde[h] beschout, soo snede ik die deelen in haar lengte, om de pori[66] die ik vast stelde[45], dat door de geseijde deelen van het vlies, na de buijte kant van de schaar mosten gaan, om[i] de voetsame stoffe, tot groot makinge vande harde stoffe te verstrekken[k], gelijk ik ook de porie, oft kleijne vaatjens ontdekten, die onbedenkelijk[26] kleijn sijn.

---

[a] A: ondervinden, in de basten van de Boomen, dat 'er   [b] A: nu sagt   [c] A: voor my was. Ik onderzocht die kringen, die my zoo voorquamen   [d] hs: mij   [e] A: was   [f] A: oordeelde ook   [g] A: dese geseyde kringsgewyse   [h] A: ronte tot myn genoegen hadde   [i] A: om de pori te ontdekken   [j] A: op dat   [k] A: stoffe, soude verstrekken

[58] *ondervinden ... basten*, bevinden dat bij de basten.

[59] Vgl. BAAS, "Leeuwenhoek's contributions".

[60] *terwijl*: L. gebruikt dit woord ook wel in plaats van *dewijl*. Of we hier met het temporele voegwoord 'terwijl' of met het causale *dewijl*, 'omdat', te doen hebben, valt niet uit te maken.

[61] *niet als*, slechts.

[62] De hierop aansluitende bijzin *ende alsoo ... voor quam* is oninterpreteerbaar. Men zie de verbetering in A. (aant. c).

[63] Een *hair van ons hooft* is 60-80 μ.

[64] Na *uijt makende* moet een puntkomma gelezen worden en vervolgens de tekstvariant in aant. e.

[65] *soo ... ontrent*, lees: en ik schonk ook aandacht aan. – Deze zin had eigenlijk de afsluiting van de in aant. 62 aangewezen corrupte zin moeten vormen. In A is hij als een zelfstandige zin behandeld, door het zetten van een puntkomma achter *uytmakende*.

[66] De vorm *pori*, ook *porie* gespeld, werd voor enkel- en meervoud gebruikt. L. heeft in het hs. het werkwoord vergeten.

From what I have seen I judged that that lobster was at least twelve years old, just as we perceive in the bark of the trees that each year a new little bark is formed around the wood or, to put it differently, around the tree[9]. *Annual rings.*

Further I have cut with a razor two little pieces of the pincer of the lobster, which had been lying in the vinegar as long as has been said above, in slices as thin as I could, because these parts were soft, and I have observed that many circular rings went around the circumference of the pincer, indeed, in such a way, that the thickness of the pincer consisted of nothing but rings, which was a rather agreeable sight for me, and I examined those rings which appeared to me in such a way that their thickness, judged by my eye, was a quarter of the thickness of a hair from our head[10]; therefore I took into account my comment on the age of the lobster and I concluded again that it was at least twelve years old.

Just as I had observed these ring-shaped parts in their circular form, I cut these parts lengthwise in order to discover the pores, of which I decided that they should pass through the said parts of the membrane to the outside of the pincer, in order to deliver the nourishing substance for the growth of the hard substance; and I discovered likewise the pores, or little vessels, which are inconceivably tiny.

---

[9] Cf. BAAS, "Leeuwenhoek's contributions".
[10] A *hair from our head* is 60-80 μ.

BRIEF No. 303 [VIII]   30 JUNI 1713

Hier sien wij al weer, dat veele groot makinge, op een ende deselve ordre wert[a] te weeg gebragt, want gelijk[b] het Hout[67] niet alleen jaarlijks, maar ook daaglijks, alsser wasdom in het Hout is, de grootmakinge wert te weeg gebragt, door de op gaande[c] en horisontale vaaten, dat[68] insgelijks de grootwordinge vande schorsse vande kreeften, mede uijt soo danige twee-derleij vaaten wert te weeg gebragt[69].

Kreeftsogen.   Als nu eenige wijs geerige[70] van onse tijd, sullen reden cavelen[71], hoe door de kreefte oogen, de Asijn, sijn suijrigheijt wert benomen, soo sullen niet de Oude[72d] seggen, het is een verborgene hoedanigheijt, ende nog minder, ik en weet[e] het niet. Maar sij uijten haar dus[73]. De deelen vande kreefte oogen, die tot den asijn over gaan, om vangen de scharpe punctige deelen die in den asijn sijn, waar door deselve geen vermogen hebben, soo[f] een prikkelinge te doen, die wij suur noemen; en met dit seggen schijnen ze haar selven te voldoen, daar[74] ik mij inbeelt, en ook vast stel[75], dat het zout van de kreefte oogen, en ook het sout vande scha-ren vande kreeft, met[g] de zout deelen vanden asijn, vereenigen, en soo doen[h] stremmen, en hare suijrigheijt beneemt[76], ende dat op[i] soo danige manier het Zuur, die[j] men seijt, dat in der[k] magen der Mensen is, doet stremmen[77].

---

[a] A: werden   [b] A: gebragt, en gelyk in   [c] A: door opgaande   [d] A: sullen sy met de oude niet
[e] A: ik weet   [f] A: hebben om zoo   [g] A: Kreeft, zich met   [h] A: Azyn vereenigt, en deselve zoo doet
[i] A: dat het selve zout op   [j] A: dat   [k] A: de

[67] *gelijk het Hout*, zoals bij het hout.
[68] *dat*, lees: zien wij dat.
[69] Zie BAAS, "Leeuwenhoek's contributions".
[70] *eenige wijs geerige*, sommige weetgierigen, of geleerden.
[71] *reden cavelen*, dicussiëren.
[72] Na *niet* is het woord *met* vergeten; men leze: zo zullen zij niet met de Ouden. Vgl. aant. d.
[73] *dus*, als volgt.
[74] *daar*, terwijl.
[75] *daar ik mij inbeelt*, terwijl ik van mening ben; *vast stel*, stellig beweer.
[76] *en soo ... beneemt*, en deze zo doet uitkristalliseren en de azijn haar zure smaak beneemt.
[77] Zie voor L.'s ideeën omtrent de spijsvertering Brief 79 [40] van 28 december 1683, *Alle de Brieven*, Dl. 4, blz. 180-204; Brief 88 [47] van 12 oktober 1685, *idem*, Dl. 5, blz. 310-318 en 324-326; Brief 82 [43] van 5 januari 1685, *ibid.*, blz. 16-20 en 64; Brief 176 [106] van 12 september 1696, *idem*, Dl. 12, blz. 82-84; en Brief 260 van 18 december 1705, *idem*, Dl. 15, blz. 246.
Vgl. SCHIERBEEK, *Leeuwenhoek*, Dl. 2, blz. 374-387.

Here we see again that many kinds of growth come about according to one and the same pattern; for, as in the wood not only each year, but each day, as long as the wood grows, its growth comes about through the ascending and horizontal vessels; so the growth of the shells of the lobsters is also caused by such two kinds of vessels[11].

Now if some natural philosophers of our present time are to discuss how the acidity of the vinegar is taken away by the crabs' eyes, then they will not say, with the Ancients, 'this is a hidden quality', and even less: 'I don't know', but they will pronounce as follows: the parts of the crabs' eyes which pass into the vinegar enclose the sharp pointed parts which are present in the vinegar, and through this the latter will lack the ability to cause a stinging sensation of the kind we call sour, and by saying this they seem to satisfy themselves, whereas I am of the opinion, and also state with conviction, that the salt of the crabs' eyes and also the salt of the pincers of the lobster, unite with the salt parts of the vinegar, and so make the latter crystallize and take the acidity away, and that in such a way it makes the acid, which is said to be present in the stomach of people, coagulate[12].

Crabs' eyes

---

[11] See BAAS, "Leeuwenhoek's contributions".

[12] For L.'s ideas about digestion see Letter 79 [40] of 28 December 1683, *Collected Letters*, vol. 4, pp. 181-205; Letter 88 [47] of 12 October 1685, *idem*, vol. 5, pp. 311-319 and 325-327; Letter 82 [43] of 5 January 1685, *ibid.*, pp. 17-21 and 65; Letter 176 [106] of 12 September 1696, *idem*, vol. 12, pp. 83-85; and Letter 260 of 18 December 1705, *idem*, vol. 15, p. 247.

Cf. SCHIERBEEK, *Leeuwenhoek*, vol. 2, pp. 374-387.

Vorders nam ik vier kreefte oogen, van een gemene groote, en ik leijde de selve op een houts-kool, ende ik bragt bij deselve soo een hitte dat ze gloeijende heet waren, en ik lietze in ontrent een halve lepel water vallen, als wanneer[78] voor het merendeel de kreefte oogen ontdaan[79] waren[a] als kalk, en ik liet het water daar in de geseijde kreefte oogen waren, drie dagen staan, en doen sag ik dat de zout deelen, op het water soo stijf gestremt waren, dat[80] boven[b] mijn verwagtinge was, want gelijk[81] het meeste zout vande kreefte scharen, rontom aan het glas waren gestremt, soo waren seer[c] weijnig zout deelen[d] aan het glas, ende dit[e] zout, dat op de opper vlakte van het water lag, daar aan konde[f] ik niet bekennen, anders, als[82] dat eenige puncten wat uijt waarts staaken, die soo helder waren als Cristal, en welkers punct ofte hoek wat scharper was als een regte hoek, en welkers[g] deelen drie zijdig waren.

Ik nam eenige zout deelen vande opper vlakte van het water en ik dede ook eenige zout deelen na de gront sakken, en ik sag, dat na[h] een ure weder een dun vliesje, op het water quam, en welk zout[i] in twee à drie dagen in dikte hadde toe genomen[j].

Dese mijne waarneminge verhaal ik aan een Heer, die uijt een nabuijrige provintie van daan was, die mij seijde dat de kreefte scharen mede de uijt werkinge vande kreefte oogen (dog wat minder) te weeg bragten. Daar op[83] ik seijde, dat bij aldien ik[k] sulks kundig hadde geweest[84,l], ik geen onder soekinge van[m] de kreefte scharen, soude gedaan hebben.

Na dese bekome ik weder twee kreefte waar van ik het geene men het hooft noemt[n] doorsoek, en de dunte vande schors beschouwende, beelde ik mij in[85], dat soo danige schors was verwisselt ende het[o] dunne vlies, dat van binnen tegen de schors aan lag, ende met de schors was vereenigt, en[86] van het selve gescheijden hebbende[p], ende door het Vergroot-glas besiende, oordeelde ik dat[q] sestien dik op een lag, ende schoon dese kreeft kleijnder was, als de voor gaande, soo soude men wel een besluijt konnen maken[87], dat de kreeft sestien jare out is geweest.

---

[a] A: wierden   [b] A: dat het boven   [c] A: waren 'er in tegendeel seer   [d] A: zoutdeelen van de Kreeftenoogen   [e] A: ende aan dit   [f] A: lag, konde   [g] A: welke   [h] A: dat'er na   [i] A: quam. Het zelve zout had   [j] A: in dikte toegenomen   [k] A: my   [l] A: was geweest   [m] A: ontrent   [n] hs: noem   [o] A: verwisselt. Het   [p] A: vereenigt, heb ik van het selve gescheyden   [q] A: besiende, geoordeelt dat het

[78] *als wanneer*, waarbij.

[79] *ontdaan*, opgelost. De lezing *ontdaan wierden* (zie aant. a), 'oplosten, uiteen vielen', is beter dan die van het hs.

[80] *dat*, lees: dat het.

[81] *gelijk*, terwijl.

[82] *niet bekennen, anders, als*, niets anders waarnemen dan.

[83] *Daar op*, waarop (relatieve aansluiting bij de vorige zin).

[84] *bij aldien ... geweest*, als ik dat had geweten. – De constructie in het hs. met *ik* en die in A met *mij* waren beide grammaticaal correct.

[85] *beelde ik mij in*, dacht ik.

[86] *was vereenigt (met)*, vast zat (aan). In de lezing van het hs. moet *en* geschrapt worden.

[87] *een besluijt konnen maken*, tot de conclusie kunnen komen.

Further I took four crabs' eyes of an average size and laid them on a [piece of] charcoal, and I applied such heat to them that they became red-hot, and I dropped them in about half a spoonful of water, at which the crabs' eyes for the greater part dissolved like chalk; and I left the water, in which the said crabs' eyes had been put, standing for three days; and then I saw that the salt parts on the water had coagulated so firmly that it was beyond my expectation; for although the greater part of the salt of the lobster pincers had coagulated all around the glass, very few salt parts had become stuck to the glass, and with regard to that salt which was lying on the surface of the water I could perceive nothing in it but that some points slightly protruded, which were crystal-clear, and the point or angle of which was somewhat sharper than a right angle, and the parts of which were triangular.

I took some salt parts from the surface of the water, and I also made a few salt parts sink to the bottom, and I saw that after an hour again a thin film formed on the water, and this salt had increased in thickness in two or three days.

I relate these observations to a gentleman who came from a neighbouring province and he said to me that the lobster pincers caused the same effects as the crabs' eyes, although to a lesser degree. Thereupon I said that if I had known that, I would not have investigated the lobster pincers.

After this I again received two lobsters, of which I scrutinized that part which is called the head, and when I observed the thinness of the shell I took the view that such a shell had been shed; and when I had separated the thin membrane, which lay against the inside of the shell and was united to the shell, from it and observed it through the magnifying glass, I judged that it consisted of sixteen layers, one upon the other, and although this lobster was smaller than the former one, one could still conclude that the lobster had been sixteen years old.

Krab.

Schaar.

Wanneer ik nu met agtinge[88], op ijder vliesje mijn oog liet gaan, soo bevont ik dat ijder vliesje nog uijt twee op een leggende vliesjens waren[a] bestaande, die seer digt nevens den anderen[16] waren leggende, en mijn voor quamen, als offer nog een stoffe, tussen beijde hadde[b] geweest.

Vorders sijn mijn gedagten geloopen, op de schors van onse zeekrabbens[89], met die gedagten, of de uijtwerkinge vande selve op den asijn, niet het selfde soude doen, dat de soo genaamde[c] kreefte oogen ofte schaaren vande kreefte souden doen[d].

Ik hebbe dan bekomen een zee krabbe, wiens schulp, sijn diameter[90] op sijn lengte[91e] genomen was seven duijmen[16].

Een gedeelte vande schaare, hebbe ik in wijn asijn geleijt, en ik bevont aan stonts soo een werkinge, dat uijt lugt belletjens bestont[92], die[f] als[23] op de stukke vande schaar gemaakt wierden, als ik oijt[93] vande kreefte oogen hadde gesien, en het sout lag mede soo gestremt, als ik vande kreefte oogen, ofte vande kreefte schaare hebbe geseijt.

Wijders hebbe ik de vis fibertjens[94] vande krabbe, die ik uijt de schare hadde genomen, soo van een gescheijden, als het mij doenlijk[g] was, en hebbe dan te meer malen, met plaijsier beschout, de menigvuldige voutjens ofte in rimpelinge, die ijder vis fibertje hadde, ende die in seer geschikte ordre door gaans lagen[95], en onder die sag ikker eenige soo dun, dat ze meer dan hondert maal dunder waren, als een hairtje van mijn kinne[96], ende nogtans sag men inde selve seer net de rimpelinge[h], die men inde grooter sag waar uijt ik een besluijt maakte[97], dat dese seer dunne deeltiens[98], van een grooter fibertje, door mijn scheijdinge was[i] af gebrooken, waar uijt wij een besluijt konnen maken, dat ijder vis fibertje vande krabbe, mede uijt verscheijde lange seer dunne seelen sijn[j] bestaande.

---

[a] A: was   [b] A: was   [c] A: of die deselfde uytwerkinge op den Azyn niet souden doen, die de zoo genoemde   [d] A: Kreeften, daar op doen   [e] A: op syn langste   [f] A: die uyt lugtbolletjes bestont, dewelke   [g] A: het doenlyk   [h] A: inrimpelingen   [i] A: waren   [j] A: is

[88] *agtinge*, oplettendheid.
[89] *zeekrabbens* vertoont de in het oudere Nederlands bij woorden op -e voorkomende koppeling van de twee meervoudsuitgangen -n en -s. Bij L. zijn zulke vormen heel gewoon, bijv. ribbens, ziektens, mandens. Evenals in Brief 301 [VI] van 29 maart 1713, in dit deel, heeft de drukker in A de -s weggelaten (zie aant. 39 aldaar).
[90] *wiens ... diameter*, waarvan de diameter van de *schulp* (het kopborststuk).
[91] *op sijn lengte*, in de lengte.
[92] *soo ... bestont*, een soortgelijke activiteit van luchtbelletjes.
[93] *oijt*, vroeger.
[94] *vis fibertjens*, vezeltjes visvlees.
[95] *die ... lagen*, die in een heel ordelijke schikking overal lagen.
[96] Een *hairtje van mijn kinne* is 100 μ.
[97] *een besluijt maakte*, de conclusie trok.
[98] De verkleiningsuitgang *-tien*, die waarschijnlijk als -tjen werd uitgesproken, kwam bij L. in de jaren 1680-1683 met grotere frequentie voor dan in latere jaren. Zie MENDELS, "Leeuwenhoek's taal", *Alle de Brieven*, Dl. 4, blz. 318.

Now when I cast my eye with close attention on each little membrane, I found that each little membrane further consisted of two little membranes lying upon one another, which were very close to each other, and it seemed to me that there had been a substance between both.

Further my thoughts went out to the shells of our sea crabs, with the idea whether the effects of them on vinegar could not be the same as those caused by the so-called crabs' eyes or pincers of the lobster. *Crab.*

I have, then, obtained a sea crab, the shell of which measured seven inches[4], when its diameter was taken lengthwise.

I have put a part of the pincer in wine vinegar, and immediately I noticed an effect, consisting of air bubbles, which, as it were, originated from the pieces of the pincer, just as I had seen earlier with regard to the crabs' eyes, and the salt lay coagulated in the same way as I have said of the crabs' eyes or of the lobster pincers. *Pincer.*

Further I have separated the little fibres of the flesh of the crab, which I had extracted from the pincer as well as I could, and then I have observed several times with pleasure the various little folds and crinkles which were in each little fish fibre, and which lay everywhere in a very neat ordering, and among them I saw a few very thin ones, which were more than a hundred times thinner than a little hair from my chin[13], and yet one saw very clearly in them the crinkles which one saw in the bigger ones; from this I concluded that these very thin little parts had been broken off a larger little fibre, while I was separating them; from this we may conclude that each little fibre of the crab also consists of several long and very thin parts.

---

[13] A *hair from my chin* is 100 μ.

BRIEF No. 303 [VIII] 30 JUNI 1713

Kreeft.

Spiervezels.

Nu van dit loopende jaar 1713. bekome ik weder kreeften van Zelant, dat mij aangenaam was niet om de smaak-lust[99], maar om de visdeelen door het Vergroot glas te beschouwen, hier in bestaande, om[a] na te speuren[100], of ijder vis striemtje, mede omwonden lagen[b] met vliesjens (die ik inde visdeelen van de krabbe niet hebbe konnen ontdekken) gelijk wij sien met ons bloote Oog[c] dat de Vlees spieren om wonden leggen[101]; schoon[d] ik dese fibertjens soo van een scheijde[102], ende ook[e] met het in droogen mede wel[f] sestien maal dunder sijn, dan een dik hairtje van mijn kinne[96], soo hebbe[g] het met soo veel genoege[103] niet konnen bekennen, als ik geseijt hebbe, dat de visstriemtjens van de Cabbeljaeuw enz: in vliesjens omwonden leggen, al hoe wel ik[h] op veele plaatsen, de omme winsels, die de vliesjens[i] als adertaks gewijse om de vis fibertjens lagen verspreijt[104] konde bekennen, dog als deselve in droogden, waren de over dwars doorsnede visfibertjens, niet wel[105] te bekennen, om dat ze soo vast in een droogden, ende daar[106] deselve wat van een scheijden, konde men door gaans[107][j] de vliesen[k], die dan wijt van een en[l] aan stukken schuurden[108][m], bekennen.

---

[a] A: beschouwen, en   [b] A: yder visfibertje, striemtje, mede omwonden lag   [c] A: wy met onse bloote oogen sien   [d] A: vleesspieren dus omwonden leggen, en schoon   [e] A: scheyde, dewelke, ook   [f] A: indroogen, wel   [g] A: hebbe ik   [h] A: ik seer distinkt   [i] A: de omwindsels van de vliesjes, die   [j] hs: gaan   [k] A: membrane   [l] hs: een   [m] A: wyt van een aan stukken scheurt

[99] *niet om de smaak-lust*, niet omdat ik er zo van houd, ze zo graag eet.
[100] *hier ... speuren*, deze nodeloos omslachtige formulering, is in A verbeterd (zie aant. a).
[101] Zie voor eerdere waarnemingen aan de spiervezels van een kreeft Brief 68 [36] van 4 april 1683, *Alle de Brieven*, Dl. 3, blz. 422-430.
[102] *soo van een scheijde*, op de beschreven wijze vaneen gescheiden had. De redactie van het volgende zinsstuk is in A eveneens verbeterd.
[103] *genoege*, voldoening, tevredenheid.
[104] *de ommewinsels ... verspreijt*, de omwindsels van de vliesjes die (vgl. aant. i) als het ware als vertakkingen van aderen om de visvezeltjes uitgespreid lagen.
[105] *wel*, goed.
[106] *daar*, waar.
[107] *door gaans*, telkens weer, overal.
[108] De spelling *schuurden* voor 'scheurden' is waarschijnlijk in overeenstemming met L.'s uitspraak.

LETTER No. 303 [VIII]   30 JUNE 1713

    Now in this current year 1713 I have again obtained lobsters from Zeeland, which pleased me, not because I like to eat them, but in order that I might observe the fish parts through the magnifying glass – my aim being an inquiry whether each little strip of fish also lay wrapped up in little membranes (which I had not been able to discover in the fish parts of the crab), just as we see with the naked eye that the flesh muscles lie wrapped up[14]. Although I have separated those little fibres, which during the drying-up also are as much as sixteen times thinner than a thick little hair from my chin[15], I have not been able to perceive this with so much satisfaction, as I have said that the little fish strips of the cod etc. lie wrapped up in little membranes. Although in many places I could distinguish the envelopes or the little membranes which, as it were, like veins branching off, lay spread around the little fish fibres. Yet when these dried up the little fish fibres which had been cut crosswise could not be clearly distinguished because they dried up in such a compact manner, and where they separated somewhat one could everywhere perceive the membranes which then were torn widely apart and to pieces.

Lobster.

Muscle fibres.

---

[14] For earlier observations on the muscle fibres of a lobster, see Letter 68 [36] of 4 April 1683, *Collected Letters*, vol. 3, pp. 423-431.

Eijntelijk ben ik op den sesden dag, na veele bij sondere handelinge, ontrent[109] de geseijde visdeelen vande kreeft, komen te sien, dat die mede als[18] omvangen waren, van haar vliesjens, die nog tussen de vliesjens[a] lagen, en als ront omme van hare vliesen gescheijden waren[110], en die soo naakt[b] mij[111] door het Vergroot glas voor quamen, als ik de vliesjens tussen de visdeeltjens vande Cabbeljaauw wel[c] hebbe gesien[112].

En gelijk[113] wij op de Aerde veele kleijne levende schepsels ontmoeten, die de Oude bloedeloose Dieren hebben genoemt, om dat ze na alle aparentie geoordeelt[d] datter geen bloet en was, ofte het most root wesen, soo sullen dan de krabben en kreeften, mede den naam gevoert hebben van bloedeloose schepsels.

Ik hebbe het bloet vande krabbe[114], veel maal beschout, ende de sout figuuren[115] daar in gesien, dog geen aanteekeninge daar van gehouden. Ik sal af breeken, en na[e] veel agtinge blijve[116f]

Sijne Wel Edele gestrenge
Heere

Alder Onderdanigste Dienaar
Antoni van Leeuwenhoek

---

[a] A: mede omvangen waren van vliesjes, en nog tussen haar vliesen   [b] A: waren; die my zoo naakt   [c] A: oyt   [d] A: geoordeelt hebben   [e] A: met   [f] A: blyven, enz.

[109] *bij sondere handelinge*, verschillende wijzen van bewerken; *ontrent*, met betrekking tot, aan.

[110] *en ... waren*, en als het ware rondom door hun vliezen (van elkaar) gescheiden.

[111] *naakt*, duidelijk, helder; *mij (...) voor quamen*, voor mij te zien waren.

[112] Zie voor de spiervezels van de kabeljauw Brief 297 [II] van 17 december 1712, in dit deel.

[113] *gelijk*, in aanmerking genomen dat.

[114] *krabbe* kan enkelvoud en meervoud zijn. In A is het meervoud onmiskenbaar (*krabben*).

[115] L. schreef eerder of het bloed van een krab in Brief 113 [66] van 12 januari 1689, *Alle de Brieven*, Dl. 8, blz. 110; Brief 139 [84] van 14 september 1694, *idem*, Dl. 10, blz. 148-150; en Brief 141 [86] van 10 april 1695, *ibid.*, blz. 168-176.

[116] L.'s volgende brief aan HEINSIUS is Brief 312 van 11 januari 1715, in dit deel.
L.'s volgende brief over spiervezels van een kreeft is Brief 315 [XVII] van 7 juli 1715, in dit deel.

Eventually, on the sixth day, after many different ways of treating the said fish parts of the lobster, I managed to see that they too lay as it were wrapped up in their little membranes, and were still lying between the little membranes, and were all around separated from the others by their membranes, and through the magnifying glass these appeared so clearly to me as I have seen the little membranes between the little fish parts of the cod[15].

And when we take into account that on earth we come upon many little living creatures which the Ancients have called bloodless animals, because they judged by all appearances that no kind of blood existed which was not red, therefore the crabs and lobsters will also have been labelled as bloodless creatures.

I have many times observed the blood of the crab, and I have seen the salt crystals in it[16], but I have not made notes on that. I shall conclude and remain with much respect[17]

Most Honoured Sir,

Your Most Humble Servant,
Antoni van Leeuwenhoek.

---

[15] For the muscle fibres of a cod, see Letter 297 [II] of 17 December 1712, in this volume.

[16] L. wrote earlier about the blood of a crab in Letter 113 [66] of 12 January 1689, *Collected Letters*, vol. 8, p. 111; Letter 139 [84] of 14 September 1694, *idem*, vol. 10, pp. 149-151; and Letter 141 [86] of 10 April 1695, *ibid.*, pp. 169-177.

[17] L.'s next letter to HEINSIUS is Letter 312 of 11 January 1715, in this volume.

L.'s next letter on muscle fibres of a lobster is Letter 315 [XVII] of 7 July 1715, in this volume.

BRIEF No. 304 12 OKTOBER 1713

Gericht aan: HANS SLOANE.

Manuscript: Eigenhandige, ondertekende brief. Het manuscript bevindt zich te Londen, Royal Society, MS 2102, Early Letters L.4.51; 1 kwartobladzijde.

Niet gepubliceerd.

SAMENVATTING:

Begeleidend schrijven bij een afschrift van een brief aan HEINSIUS over spiervezels van een walvis. Verzoek om nieuwe afleveringen van de *Philosophical Transactions* en een ledenlijst van de Royal Society te sturen aan de weduwe van L.'s neef te Rotterdam.

OPMERKINGEN:

Het afschrift is dat van L.'s aan HEINSIUS gerichte Brief 296 [I] van 8 november 1712, in dit deel.

Op het omslag heeft L. eigenhandig de volgende adressering geschreven: *Aande Heer. d'Heer Hans Sloane Secretaris vande Coninklijke Societeit. In Londen.*

LETTER No. 304   12 OCTOBER 1713

Addressed to: HANS SLOANE.

Manuscript: Signed autograph letter. The manuscript is to be found in London, Royal
                       Society, MS 2102, Early Letters L.4.51; 1 quarto page.

Not published.

SUMMARY:

Accompanying letter to a copy of a letter to HEINSIUS on muscle fibres of a whale. L. asks to send new issues of the *Philosophical Transactions* and a list of fellows of the Royal Society to the widow of his nephew at Rotterdam.

REMARKS:

The letter accompanies a copy of L.'s Letter 296 [I] of 8 November 1712 to HEINSIUS, in this volume.

On the cover L. himself has written the following address: *Aande Heer. d'Heer Hans Sloane Secretaris vande Coninklijke Societeit. In London.*

In Delft desen 12:e Octob. 1713

Wel Edele Heere[1].

Ik hebbe in UEd: seer aangename vanden 20. Octob. laast leden, gesien dat mijn laaste Missive lang onder handen[2] is geweest, eer die getranslateert is geweest.

Als mede dat UEd: versoekt, dat ik een afschrift wilde senden, van het geene ik aan de Heere Raatpentionaris Heinsius hadde geschreven, ontrent[3] de menbrane, waar in de vlees deeltjens, als[4] om wonden leggen, dat hier nevens is gaande[5], ontrent[6] het vlees van een Walvis, ende ik hebbe het vervolgt[7], vanden Os, tot het vlees vande Muijs, ende hebbe ondervonden[8], dat alle de vlees fibertiens[9] omwonden leggen in menbraantjens. Als mede hebbe ik mijn selven seer naakt[10] voor de Oogen gestelt, dat de Vis striemtjes, soo in de salm, kabbeljaeuw, en selfs tot inde spiering, alle de vis fibertjens[11] omwonden leggen in menbraantjens, waar van ik ook eenige figuure hebbe laten teijkenen;

UEd: versoekt van mij te weten, wat de laaste *Transactien* sijn, die ik hebbe, ende dat UEd: die goetheijt sult hebben, van mij die toe te laten komen; de laaste die ik hebbe is N:o 324. en mijn gedienstig[a] versoek is, dat daar nevens mag gesonden werden, een lijst, vande leden vande Co: Socit: ende dat deselve mogen geaddresseert werden, aan de Wed:e van S:ar Philip van Leeuwen[12] woonende tot Rotterdam op de wijn haven, en ik sal met veel agtinge blijven[13].

Sijne Wel Edele Heere

Onderdanige dienaar
Antoni van Leeuwenhoek

---

    [a] hs: gedientig
  [1] De brief is gericht aan HANS SLOANE (1660-1753), die van 1693 tot 1713 secretaris was van de Royal Society en van 1717 tot 1741 president ervan. Zie het Biogr. Reg., *Alle de Brieven*, Dl. 12, blz. 406. L.'s vorige brief aan SLOANE is Brief 279 van 10 september 1709, *idem*, Dl. 16, blz. 158-160.
  [2] *onder handen*, in (uw) bezit. – De brief van SLOANE was gedateerd volgens de Oude Stijl (O.S.) en komt overeen met 9 oktober N.S. (zie de Opmerkingen bij Brief 296 [I] van 8 november 1712, in dit deel). L.'s vorige brief aan de Royal Society was Brief 302 [VII] van 28 juni 1713, in dit deel. Deze brief werd pas op 22 oktober O.S. in de vergadering van de Royal Society besproken. Zie de Opmerkingen bij laatstgenoemde brief.
  [3] *ontrent*, over.
  [4] *als*, als het ware.
  [5] L. doelt hier op Brief 296 [I] van 8 november 1712, in dit deel.
  [6] *ontrent*, met betrekking tot.
  [7] *het vervolgt*, mijn onderzoek voort gezet.
  [8] *ondervonden*, bevonden.
  [9] *fibertiens, fibertjens*, vezeltjes; ook: *striemtjens*.
  [10] *naakt*, duidelijk.
  [11] De woorden *de vis fibertjens* moeten hier geschrapt worden.
  [12] S:ar, zaliger. – PHILIPS VAN LEEUWEN (1667-1713) was een neef van L. Hij trouwde in 1689 met MARGARETA VERDONK (ob. 1722). Zie het Biogr. Reg., *Alle de Brieven*, Dl. 9, blz. 428.
  [13] L.'s volgende brief aan de Royal Society is Brief 306 [X] van 22 juni 1714, in dit deel.

At Delft, the 12th of October 1713

Honoured Sir[1],

In your very agreeable letter of the 20th of October last I have seen that my last letter has been long in hand before it has been translated[2].

Also that Your Honour asks me to send a copy of what I had written to the Grand Pensionary, Mr Heinsius, on the membrane in which the little flesh parts lie, as it were, wrapped up; which is herewith enclosed[3], with regard to the flesh of a whale: and I have continued it[4] on the ox, up to the flesh of the mouse, and I have found that all the little fibres of flesh lie wrapped up in little membranes. Also I have very clearly put before my eyes that the little strips of fish, both in the salmon and the cod, and even in the smelt, that all these little fish fibres lie wrapped up in little membranes, of which I have also ordered some figures to be drawn.

Your Honour asks me to let you know which are the last *Transactions* I have, and that Your Honour will be so kind as to send them to me: the last one I have is no. 324, and it is my humble request that together with this a list of the members of the Royal Society will be sent, and that the same may be addressed to the widow of the late Philip van Leeuwen[5], domiciled in Rotterdam at the wine port, and I shall remain, with much respect[6],

Honoured Sir,

Your Humble Servant,
Antoni van Leeuwenhoek

---

[1] The letter was addressed to HANS SLOANE (1660-1753), who was secretary of the Royal Society (1693-1713), and president (1717-1741). See the Biogr. Reg., *Collected Letters*, vol. 12. p. 407. L.'s previous letter to SLOANE is Letter 279 of 10 September 1709, *idem*, vol. 16, pp. 159-161.

[2] SLOANE's letter was dated according to the Old Style (O.S.); the date corresponds with 9 October N.S. (see the remarks on Letter 296 [I] of 8 November 1712, in this volume). L.'s previous letter to the Royal Society was Letter 302 [VII] of 28 June 1713, in this volume. This letter was not read out in a meeting of the Royal Society until 22 October O.S. See the Remarks on the last mentioned letter.

[3] L. here refers to Letter 296 [I] of 8 November 1712, in this volume.

[4] To wit: my observations.

[5] PHILIPS VAN LEEUWEN (1667-1713) was L.'s nephew. In 1689 he married MARGARETA VERDONK (*ob.* 1722). See the Biogr. Reg., *Collected Letters*, vol. 9, p. 429.

[6] L.'s next letter to the Royal Society is Letter 306 [X] of 22 June 1714, in this volume.

BRIEF No. 305 [IX]   24 OKTOBER 1713

Gericht aan: ANTONI CINK.

Manuscript: Geen manuscript bekend.

GEPUBLICEERD IN:

A. VAN LEEUWENHOEK 1718: *Send-Brieven*, ..., blz. 83-93 (Delft: A. Beman). - Nederlandse tekst [A].
A. À LEEUWENHOEK 1719: *Epistolae Physiologicae* ..., blz. 84-94 (Delphis: A. Beman). - Latijnse vertaling [C].
N. HARTSOEKER 1730: *Extrait Critique des Lettres de feu M. Leeuwenhoek*, in *Cours de Physique* ..., blz. 60 (La Haye: J. Swart). - Frans excerpt.
S. HOOLE 1799: *The Select Works of Antony van Leeuwenhoek* ..., Dl. 1, blz. 165-168 (London). - Engelse vertaling van het grootste gedeelte van het eerste deel van de brief.
A.J.J. VANDEVELDE 1923: *De Send-Brieven van Antoni van Leeuwenhoek* ..., in *Versl. en Meded. Kon. Vlaamsche Acad.*, Jrg. 1923, blz. 364-365. - Nederlands excerpt.

SAMENVATTING:

Reactie op een verzoek van CINK om de bewering van ATHANASIUS KIRCHER te onderzoeken, dat op saliebladeren kleine diertjes leven die vergif afscheiden. Beschrijving van de klierharen van saliebladeren. Verzet tegen KIRCHERs opvatting dat uit planten kleine diertjes voortkomen. Beschrijving van het effect van het gif van padden. L. weerlegt KIRCHERs opvatting dat 'vliegende schepsels' geen levende jongen voortbrengen door te verwijzen naar bladluizen. Klierharen van salie zijn geleed, in tegenstelling tot de haren van theebladeren.

OPMERKINGEN:

De hier afgedrukte tekst is die van uitgave A.

LETTER No. 305 [IX] 24 OCTOBER 1713

Addressed to: ANTONI CINK.

Manuscript: No manuscript is known.

PUBLISHED IN:

A. VAN LEEUWENHOEK 1718: *Send-Brieven*, ..., pp. 83-93 (Delft: A. Beman). - Dutch text [A].

A. À LEEUWENHOEK 1719: *Epistolae Physiologicae* ..., pp. 84-94 (Delphis: A. Beman). - Latin translation [C].

N. HARTSOEKER 1730: *Extrait Critique des Lettres de feu M. Leeuwenhoek*, in *Cours de Physique* ..., p. 60 (La Haye: J. Swart). - French excerpt.

S. HOOLE 1799: *The Select Works of Antony van Leeuwenhoek* ..., vol. I, pp. 165-168 (London). - English translation of the greater part of the first part of the letter.

A.J.J. VANDEVELDE 1923: *De Send-Brieven van Antoni van Leeuwenhoek* ..., in *Versl. en Meded. Kon. Vlaamsche Acad.*, 1923, pp. 364-365. - Dutch excerpt.

SUMMARY:

Reply to CINK's appeal to investigate ATHANASIUS KIRCHER's statement, that poison excreting little animals live upon the leaves of sage. Description of the glandular hairs of sage leaves. Opposition to KIRCHER's opinion that small animals originate from plants. L. refutes KIRCHER's opinion that 'flying creatures' do not produce living young by referring to aphids. Glandular hairs of sage are jointed, contrary to the hairs of the leaves of tea.

REMARKS:

The text as printed here is that of edition A.

BRIEF No. 305 [IX] 24 OKTOBER 1713

In Delft den 24. October 1713.

Aan den Hoog-geleerden en Hoog-geachten Heere,
Den Heer Antoni Cink, Professor tot Loven[1].

De Heer Mr. Gerardus van Loon[2] laat my toekomen een uyttreksel van uwen Brief uyt Loven, dat vertaalt synde, aldus luyt.

Kircher.

"Wy hebben op heden gelesen, hoe Kircherus[3] met syne Vergroot-glasen soude ontdekt hebben, dat de ongewassene Saly beset is met sekere Webben, als de Webben der Spinnekoppen: dewelke gemaakt werden door kleyne[a] Beesjens, die hy ook op dese bladeren gesien heeft. Dit verhaalt de selve Kircherus, alleen om reede te geven wegens[4] het geen men segt gebeurt te syn, dat de geene, die ongewasse Saly-bladeren gegeten hadden, syn gestorven, als daar door vergiftigt synde[5]. Zoo versoeken wy dat UL.[6] hier over met den Heer Leeuwenhoek beraatslaagt; en dat hy sig gewaardige soodanige Bladeren met syne weergadeloose Vergroot-glasen te ondersoeken."

Hier op neeme ik de vrymoedigheyt van UL., Ed. Hooggeleerde en Hoog-Geagte Heeren, aldus te schryven.

Salie-bladeren.

Wat de Saly belangt, ik hebbe deselve over veele jaren[7] wel besigtigt, ende doorgaans[8] geoordeelt, dat op de Saly-bladeren stonden kleyne ronde bolletjes, sonder dat ik daar oyt eenige Eyeren van Diertjes, of kleyne Diertjes, door het Vergroot-glas hebbe konnen ontdekken[9].

---

[a] A: keyne
[1] De brief is gericht aan ANTONIE CINK (1668-1742), hoogleraar te Leuven.
[2] GERARDUS VAN LOON (1683-1758) was advocaat en brouwer, maar bovenal bekend als geschiedkundige en numismaat. Zie ook Brief 325 [XXII] van 16 mei 1716, in dit deel.
[3] CINK doelt hier op ATHANASIUS KIRCHER (1602-1680). Zie Brief 289 van 23 november 1711, *Alle de Brieven*, Dl. 16, blz. 318-334, en het Biogr. Reg., *idem*, Dl. 1, blz. 458.
[4] *reeds te geven wegens*, de oorzaak aan te geven van.
[5] *als ... synde*, doordat ze daardoor vergiftigd waren.
Zie KIRCHER, *d'Onder-Aardse Weereld*, Boek XII, 'Van de Ondieren', blz. 323: "Ik heb somtyts uit een blaasje 20 of 30 Spinnetjes sien uitkomen (...); voornamelik hebbe ik dit vernomen op de *Salvieblaren*, die geheel met eyertjes en spinsel bekleed zijn; d'eyertjes zijn wit en seer kleen, egter met een schale voorsien."
[6] UL., Uwe(r) Liefde, u. Beleefde aanspreekvorm, vergelijkbaar met Uwe Hoogheid, Uwe Edelheid (*Liefde*: vriendelijkheid).
[7] *over veel jaren*, vele jaren geleden.
[8] *doorgaans*, telkens.
[9] L. doelt hier op de klierharen van de bladeren van de echte salie (*Salvia officinalis*).

LETTER No. 305 [IX] — 24 OCTOBER 1713

At Delft, the 24th of October 1713

To the Highly Learned and Greatly Esteemed Sir,
Mr Antoni Cink, Professor at Louvain[1].

Mr Gerardus van Loon[2] sends me an excerpt of a letter from Louvain which, having been translated, runs as follows.

'Today we have read how Kircherus[3] with his magnifying glasses would have discovered that unwashed sage is covered with certain webs, like to the webs of spiders, which were fashioned by little animals, which he has also seen on those leaves. This is what this Kircherus relates, only to indicate a cause for something which is said to have happened, that people, who had eaten unwashed leaves of sage, have died because they had been poisoned by them[4]. Therefore we ask Your Honour to confer on this with Mr Leeuwenhoek; and that he will deign to examine such leaves with his unequalled magnifying glasses.' *Kircher.*

I take, then, the liberty to write to you, Highly Learned and Greatly Esteemed Gentlemen, as follows.

With regard to the sage, many years ago I have carefully observed them, and each time I concluded that tiny round globules stood on the leaves of the sage, without having been able ever to discover on them any eggs of animals, or little animals, through the magnifying glass[5]. *Sage leaves.*

---

[1] The letter was addressed to ANTONIE CINK (1668-1742), professor at Louvain.
[2] GERARDUS VAN LOON (1683-1758) was brewer and lawyer, but better known as historian and numismatist. See also Letter 325 [XXII] of 16 May 1716, in this volume.
[3] CINK here refers to ATHANASIUS KIRCHER (1602-1680). See Letter 289 of 23 November 1711, *Collected Letters*, vol. 16, pp. 319-335, and the Biogr. Reg., *idem*, vol. 1, p. 459.
[4] Quotation from KIRCHER, *d'Onder-Aardse Weereld*, Book XII, p. 323.
[5] L. here refers to the glandular hairs on the leaves of the common sage (*Salvia officinalis*).

Nu hebbe ik weder Saly bekomen, welkers bladeren aan de buytenkant geel syn, ende daarom bonte Saly genoemd wert, als ook groene Saly; dese Saly hebbe ik door het Vergrootglas weder beschouwt, ende van de ronde bolletjes, hier boven verhaalt, seer weynige op deselve ontdekt. En de Saly-bladeren syn met seer veel hairagtige deelen beset, die het bloote oog ontwyken; ja zoo digt, dat'er geen hair breete van ons hooft[10] op de bladeren is, of het is beset met de deelen, die ik geen andere naam kan geven als hairagtige: want sy loopen aan haar eynde seer spits toe, gelyk het hair van de Dieren.

Dese hairagtige deelen, die op de ribbetjes[11] van het blat staan, hebbe ik veelmaal beschouwt; ende gesien dat eenige van der selve lange deeltjes op haar eynde met ronde bolletjes waren beset[12]; welke bolletjes, door het Vergroot-glas besien, niet grooter syn als zantjes in ons bloote oog. Kircherus sal na alle aparentie dese hairagtige deelen voor Spinne-webbetjens aangesien hebben.

Gelyk[13] nu het Saly-blat op de rugge met putjes is beset, zoo veroorsaaken soodanige putjes, op de bovensyde van het blat, verheventheden. Tussen welke verheventheden de aderen[14] van het blat loopen; op welke aderen seer veele deeltjes lagen van uytnemende kleynheyt, en andere die grooter waren. Dese swarte deeltjes, beelde ik my selven in[15], waren niet anders als de rook van de koolen, die van de Brouweryen met een oostewint waren overgewaeyt, alzoo deselve in onze Stad waren gewassen: sonder dat ik oyt eenig het minste teyken van een levent Schepsel op de bladeren hebbe konnen ontdekken. En soo daar Diertjes op de bladeren waren geweest, schoon deselve duysent millioenen maal kleynder waren[16] als een grof zant[17] is, ik soude die ontdekt hebben; maar daar wert op een blat Saly zoo een menigte Oly uytgestooten dat het niet en is te begrypen, ten sy men daar ondervindinge van heeft. Zoo dat wy niet een blat Saly met de vingers aanraken, of daar gaan onbedenkelyk[18] veele Oly-deelen van het blat tot onse vingers over.

---

[10] Een *hair van ons hooft* is 60-80 μ.
[11] *ribbetjes*, nerfjes.
[12] *met (...) waren beset*, voorzien waren van.
[13] *Gelyk*, aangezien, omdat.
[14] *aderen*, nerven.
[15] *beelde ik my selven in*, denk ik.
[16] *schoon deselve (...) waren*, al waren die.
[17] Een *grof zant* is 0,659 mm³.
[18] *onbedenkelyk*, ondenkbaar.

Now I have again received sage, the leaves of which are yellow on the outside, and which is therefore called variegated sage, or also green sage; I have again observed this sage through the magnifying glass, and I discovered on them only very few of the round little globules, mentioned above. And the leaves of sage are covered with very many hair-like parts, which elude the naked eye; indeed, these are so close together that there is not the breadth of a hair from our head[6] on the leaves which is not covered with the parts, to which I cannot give any other name than 'hair-like'; for towards their end they taper off sharply, like the hair of animals.

I have often observed these hair-like parts, which stand on the little veins of the leaf; and I have seen that some of these long little parts at their end have been equipped with little round globules; which little globules, when viewed through the magnifying glass, were not larger than grains of sand to our naked eye. In all probability Kircherus has taken these hair-like parts for little spiders' webs.

Now because the leaf of sage on its back is covered with little pits, such little pits create bulges on the upper surface of the leaf. Between these bulges run the veins of the leaf; on these veins lay very many little parts of an extremely small size, and others which were larger. I think that these black little parts were nothing but the smoke of the coals, which had been blown over from the breweries with an east wind, because they[7] had grown in our town; but I have never discovered any trace, however slight, of a living creature on the leaves. And if there had been any little animals on the leaves, even if they had been a thousand million times smaller than a coarse grain of sand[8], I would have discovered them; but from a leaf of sage such a large amount of oil was secreted, that one cannot grasp this if one has not experienced it. Whenever we touch a leaf of sage with our fingers, an inconceivable amount of oil-parts pass from the leaf to our fingers.

---

[6] A *hair from our head* is 60-80 μ.
[7] To wit: the leaves of sage.
[8] A *coarse grain of sand* is 0.659 mm^3.

Kircher.

Kircherus seyt ook dat de Saly en Venkel seer gesonde kruyden syn: egter groeyt in deselve een Worm[19], die van yemant onvoorsigtig genuttigt, seer sware toevallen, en eyndelyk[20] de dood veroorsaakt[21].

Vorders seyt hy, ja de ondervindinge heeft my geleert, dat'er niet eene Plant is, die niet een Worm of Rips voortbrengt.

Ik moet seggen, dat het te beklagen is, dat Kircherus soo veele onwaarheden heeft op het papier gebragt, als wy in syn Onderaartsche Werelt vinden.

Dit syn seggen, dat'er levende Schepsels uyt het verderf van alle Planten en Vrugten voortkomen[22], heeft soo veel diepe wortels geschooten in den Mensch, dat ze daar niet wel uyt te brengen syn.

L tegen spontane generatie.

Wat my belangt, het staat by my onverbrekelyk vast, dat uyt geen Blat, Boom of Wortel, eenig levent Schepsel, dat met een bewalinge is begaaft, is voortgekomen, ofte oyt voortkomen sal. Maar wel is waar, dat eenig kleyn Schepsel syn Eyeren of Jongen kan plaatsen op't blat ofte de vrugt. Het Diertje, uyt het Ey komende, kan in het blat ofte de vrugt inbooren, ende dus[23] syn voetsel en grootmakinge[24] daar genieten.

De Wysgeerige stellen vast[25] dat uyt niet geen yet kan voortkomen; dit sal Kircherus buyten twyfel mede vast gestelt hebben. Is dit nu waar, hoe kan dan uyt een Schepsel, dat met geen beweginge is begaaft, een Schepsel voortgebragt werden, dat met een beweginge is begaaft, 'twelk wy leven noemen.

---

[19] *Worm*, larve.
[20] *eyndelyk*, ten slotte.
[21] KIRCHER, *d'Onder-Aardse Weereld*, Dl. II, Boek IX, "Van de Fenynen", blz. 116: "het is bekent dat de *Venkel* en de *Salie* seer gesonde kruiden zijn, echter groeit in de selfde een *Worm*, die van iemand onvoorsigtig genuttet seer sware toevallen en eindelijk de dood veroorsaakt."
[22] KIRCHER, *d'Onder-aardse Weereld*, blz. 116-117: "Alsmen vorder overweegt de verrotting, die in de *rompen* van verscheide *dieren* voorvalt, so salmen bevinden, dat de fenynige *dieren*, by voorbeeld de *Slangen* uit haar eigen verrotte stoffe (...) weer te voorschijn komen."
[23] *dus*, zo, op die wijze.
[24] *grootmakinge*, groei.
[25] *Wysgeerige*, filosofen, geleerden; *stellen vast*, beweren stellig.

Kircherus also says that sage and fennel are very wholesome herbs; yet in them would grow a larva which, when one is so imprudent as to swallow it, causes very heavy seizures and eventually death[9].

Kircher.

Furthermore he says: indeed, experience has taught me that there exists not a single plant which does not bring forth a larva or caterpillar.

I must say that it is deplorable that Kircherus has put down on paper so many falsehoods, as we meet with in his Subterranean World.

This statement of his, that living creatures emerge from the decay of all plants and fruits[10], has taken so many and such deep roots in men, that it may well be impossible to weed them out.

I for my part am absolutely convinced that no living animal, endowed with movement, has sprung from any leaf, tree, or root, or ever will spring from them. It is true, however, that some small creature is able to put its eggs or young on the leaf or fruit. When hatched from the egg, the tiny animal may then bore into the leaf or fruit, and in that way gain its food and growth there.

L. opposes spontaneous generation.

The philosophers have stated that no thing can be created from nothing, and undoubtedly Kircherus has also found this to be so. Now if this is true how, then, can from a creature, which is not endowed with movement, a creature be brought forth which is endowed with the movement, which we call life.

---

[9] Quotation from KIRCHER, *d'Onder-Aardse Weereld*, vol. II, Book IX, p. 116.
[10] Quotation from KIRCHER, *d'Onder-aardse Weereld*, pp. 116-117.

        Hadde Kircherus een goet Vergroot-glas gehad, ende hetselve wel konnen gebruyken, in't ontleden vande Schepselen, tot soodanige kleyne Dieren toe die byna ons gesigt ontwyken[26], hy soude zoo veele onwaarheden aan de Werelt niet nagelaten hebben.

        Seker Schryver in ons lant noemt hem den Schryfsieken Kircherus; en ik soude hem noemen den ligtgeloovigen, en seer vermetelen[27] Kircherus.

        Want als men de kleyne Schepsels ontleedt, zoo staan wy verbaast over zoo wonderlyk een maaksel, zoo van der selver inwendige als uytwendige deelen.

Mijt.   Laten wy alleen maar sien op het kleyne Diertje de Myt, dat byna onse bloote oogen ontwykt; 'twelk wy niet alleen sien dat[28] syn Eyeren leyt, en hoe het versamelt[29]; maar ook, als wy de Eyeren uyt syn lighaam halen, dat ze dan schielyk wegdroogen; daar integendeel als het Eyeren komt te leggen, haare schalen dan volmaakt synde, de stoffe uyt de Eyeren niet weg en wasemt; maar een jong, na eenige dagen, daar uyt voorkomt[30].

        Moeten wy niet verwondert staan, als wy sien, dat uyt een van de lange hairtjes, die zoo een kleyn Schepseltje op syn lyf heeft, wel hondert kleyne hairtjes nog voortkomen, op die manier, als wy de steeksels[31] aan een Doorn-tak sien.

Paddengif.   Wat nu aangaat dat de fenynige Schepsels de vrugten of bladen souden vergiftigen, dat en kan ik niet sien, dat plaats heeft in[32] den Schorpioen, nog in het groot fenynige Schepsel de Ratel-slange, nogte in de Spinnekop, nogte in den Indiaanschen Duysentbeen[33], om dat sy geen vermogen hebben om haar fenyn uyt hare angels te stooten, zoo veel het my voorkomt: maar met het indrukken van den angel komt het fenyn, dat in den angel leyt, het gequeste deel te raken[34]. Alleen kan de Padde en Kikvors de Planten met haar fenyn besproeyen: en ik hebbe meermalen gesien, dat wanneer men een Padde ofte Kikvors gewelt aandoet, dat ze dan een dun straaltje water uyt haar agterste spatten; ende dat dit een seer scharpe vogt is. Dat heeft gebleeken aan een seker Burger-man, die wel een gewoonte hadde van met jonge Kikvorssen Snoeken te vangen; als die by geval[35] besig was met de Kikvors aan den hoek[36] van een lyn te plaatsen, heeft de Kikvors een weynig vogt in syn eene oog gespat; waar van hy overgroote pyn quam te lyden.

---

    [26] *ons gesigt ontwyken*, (voor ons) niet te zien zijn; ook: *ons (bloote) oogen ontwyken*.
    [27] *vermetelen*, overmoedige, roekeloze; hier wegens K.'s ongefundeerde uitspraken.
    [28] *'twelk ... dat*, waarbij wij niet alleen zien dat het.
    [29] *versamelt*, paart.
    [30] L. schreef eerder over mijten in Brief 129 [77] van 20 december 1683, *Alle de Brieven*, Dl. 9, blz. 296-316; Brief 143 [88] van 1 mei 1695, *idem*, Dl. 10, blz. 198-202; Brief 165 [99] van 8 maart 1696, *idem*, Dl. 11, blz. 240-242; en Brief 169 [102] van 10 juli 1696, *ibid.*, blz. 310-314.
    [31] *steeksel*, doorn. De afleiding met -sel komt thans alleen in enkele samenstellingen voor.
    [32] *dat en kan ... in*, ik kan niet inzien, dat dat het geval is met.
    [33] *Indiaanschen Duysentbeen*, Indische duizendpoot.
    [34] Zie voor het gif van verschillende dieren Brief 104 [59] van 17 oktober 1687, *Alle de Brieven*, Dl. 7, blz. 126-132 (duizendpoot); Brief 177 [107] van 27 september 1696, *idem*, Dl. 12, blz. 106 (schorpioen, duizendpoot); Brief 208 [123] van 14 januari 1700, *idem*, Dl. 13, blz. 26-44 (schorpioen); Brief 209 [124] van 20 mei 1700, *ibid.*, blz. 48-54 (duizendpoot); en Brief 226 [138] van 21 juni 1701, *ibid.*, blz. 326 en 342 (spin).
    [35] *by geval*, op een keer.
    [36] *hoek*, haak.

If Kircherus would have had a good magnifying glass, and if he would have been able to use this in the right way for dissecting the creatures, including such tiny animals as almost elude our sight, he would, then, not have bequeathed so many falsehoods to the world.

A certain author in our country calls him 'Kircherus who has a mania for writing'; and I would call him the 'gullible and most foolhardy Kircherus'.

For when one dissects the little creatures, then we stand amazed at such a miraculous structure, both of their inward and outward parts.

Let us but look at the tiny animal, the mite, which all but eludes our naked eyes; in this we not only see that it lays its eggs, and how it does copulate; but also that, when we remove the eggs from its body, they quickly dry away; whereas, on the contrary, when it comes to lay its eggs, the matter does not evaporate from the eggs because their shells have been completed; but after a few days a young comes forth from it[11]. *Mite.*

Ought we not to stand amazed when we see that from one of the long little hairs, which such a tiny creature has on its body, as much as a hundred tiny hairs still spring forth, in the same way as we see the prickles on the branch of a thorn-tree.

Now with regard to the point that venomous creatures would poison the fruits or leaves, I cannot see that this is the case with the scorpion, nor with the large venomous creature the rattle-snake, nor with the spider, nor with the Indian centipede, because they do not have the capacity to expel their venom from their stings, as far as I can see; but when the sting is pushed in, the venom which lays within the sting comes to affect the wounded part[12]. Only the toad and the frog are able to spray the plants with their venom, and several times I have seen that when one uses a toad or frog cruelly, they spray a thin jet of water from their arse; and that this is a very pungent fluid. That has been proved in the case of a certain citizen, who was in the habit of catching pike with young frogs; once, when he was engaged in putting the frog on the hook of a fishing-line, the frog sprayed a small amount of fluid into one of his eyes, and from this he came to suffer very severe pain. *Toad's venom.*

---

[11] L. wrote earlier on mites in Letter 129 [77] of 20 December 1683, *Collected Letters*, vol. 9, pp. 297-317; Letter 143 [88] of 1 May 1695, *idem*, vol. 10, pp. 199-203; Letter 165 [99] of 8 March 1696, *idem*, vol. 11, pp. 241-243; and Letter 169 [102] of 10 July 1696, *ibid.*, pp. 311-315.

[12] For the venom of various animals, see Letter 104 [59] of 17 October 1687, *Collected Letters*, vol. 7, pp. 127-133 (centipede); Letter 177 [107] of 27 September 1696, *idem*, vol. 12, p. 107 (scorpion, centipede); Letter 208 [123] of 14 January 1700, *idem*, vol. 13, pp. 27-45 (scorpion); Letter 209 [124] of 20 May 1700, *ibid.*, pp. 49-55 (centipede); and Letter 226 [138] of 21 June 1701, *ibid.*, pp. 327 and 343 (spider).

Ik hebbe meermalen gesien, dat een van de grootste Honden, die ik oyt hebbe gesien, seer heet was om de Muysen te vangen, die hy dan geheel opslokte; en ook was hy hitsig op de Kikvorssen en Paddens[37], die hy maar doot beet, en lietze leggen[38]; waar door hem het schuym te monde was uytloopende; dat[39] na alle apparentie geschiede door het nat, dat de Kikvorssen in syn mont hebben gespat. Maar wanneer de Hont een Padde aantrof, dan was hy als verwoet, zoo met[40] het schudden van syn hooft, als met meer quyl uyt syn mont te laten loopen. Hy liet de Padde verscheyde malen vallen, ende nam die weer op, eer hy deselve doot beet.

Dese fenynige vogt, beelt ik my in[15], sullende Padden, nog[41] Kikvorssen, niet ligt laten vallen, ofte uyt hare lighamen stooten, dan[42] als haar gewelt aangedaan wert: en zoo stel ik, dat het ook met alle fenynige Dieren is gelegen, aan dewelken ingeschapen is, het geen tot haar bescherming dient, te bewaren; dit sien wy aan de Schorpioenen, hoe ze haar angel, aan het eynde van het veelledige deel, dat wy de staart noemen, omkrullen, op dat aan't zelve het[43] in't voortloopen geen hinder soude aangedaan werden.

Dese, ende alle andere ingeschapenheyt, en kan[44] van sig selfs, veel min uyt verrotting, voortkomen; maar wy moeten vast stellen[45], dat sulks al[46] afhangende is van die Dieren, die in den beginne geschapen syn; ende dat van dien tyd af, de eene van de andere syn voortgekomen; ende sedert dien tyd geen nieuwe Schepsels, die haar[47] bewegen, syn voortgekomen. Kort om, hare maaksels, en ingeschapenheyt, hangen af van den Heere, maker van het geheel Al.

---

[37] *heet* of *hitsig op*, gebrand op, fel op. *Paddens* vertoont de in het oudere Nederlands bij woorden op - e vaak voorkomende koppeling van de twee meervoudsuitgangen -n en -s. Bij L. zijn zulke vormen heel gewoon, bijv. ribbens, ziektens, mandens, krabbens.

[38] *maar*, alleen maar; *en lietze leggen*, en dan liet hij ze liggen.

[39] *dat*, hetgeen.

[40] *als verwoet*, als het ware dol, razend; *zoo met*, zowel door.

[41] *nog*, noch.

[42] *dan*, behalve.

[43] *het* moet hier geschrapt worden.

[44] *ingeschapenheyt*, bij de schepping meegekregen eigenschappen; *en kan*, kan niet.

[45] *vast stellen*, met stelligheid zeggen.

[46] *al*, helemaal.

[47] *haar*, zich.

Several times I have seen that one of the largest dogs I ever saw was very keen to catch mice, which he then swallowed whole, and he was also fierce against frogs and toads, which he merely bit to death and then left lying about; because of this foam ran out of his mouth; which was brought about, to all appearances, by the fluid which the frogs had sprayed into his mouth. But when the dog came upon a toad, then he was, as it were, rabid; for in such a way he was both shaking his head and letting more spittle run out of his mouth. Several times he dropped the toad and took it up again before he bit it to death.

Neither the toads, nor frogs, I think, will readily produce this poisonous fluid, or expel it from their bodies, save when violence is used against them; and so I maintain that this is also the case with all poisonous animals; it is an innate characteristic of them to preserve what serves to protect them; we see this in the scorpions, how they curve back their sting at the end of the many-segmented part which we call the tail, in order that it should be preserved from harm when they go forward.

This innate quality, and all others, cannot come into being of its own accord, and still less of putrefaction; but we must acknowledge that such things are wholly determined by those animals which were created in the beginning; and that from that time onwards the one has sprung forth from the other; and that since that time no new creatures, endowed with movement, have come into being. In brief, their structures and innate nature depend on the Lord, the Creator of the entire Universe.

Bladluizen.

Ik hebbe ook gesien, dat Kircherus seyt, dat'er geen vliegende Schepsels syn, die levende Dieren voortbrengen, daar in hy mede komt te dwalen: want zoo hy met opmerkinge de onbedenkelyke[48] menigte van Vliegjes, die op de bladeren van de Lindeboomen gevonden werden, als mede de Vliegjes, op de bladeren van de Kersse- Aelbesse- Pruyme- en Haselaarboomen enz. gesien had; hy soude seer naakt[49] gesien hebben, dat alle de geseyde Vliegen levende jongen voortbragten; en daar de gemene Vliegen[50], die wy in onse huysen gewaar werden, haar volkome groote hebben, als sy uyt het tonnetje ofte popje breeken; zoo is het dat de Vliegjes, die levendig[51] uyt haar moeder komen, eerst sonder wieken syn; ende in haar groot worden beginnen de wiekjens uyt te puylen; ende als ze haar volkome grootheyt hebben, dan hebben ze ook haar volkome wieken[52]. Alle de geseyde Vliegjens, syn Wyfjes, en brengen alle jongen voort, daar[50] meest de andere vliegende Schepsels Eyeren leggen[53].

Dese verhaalde Vliegjes bestaan uyt verscheyde soorten; en my gedenkt niet, dat ik zoodanige Vliegjes op de bladeren van Appel- ofte Peereboomen hebbe gevonden. Wel is waar, dat men op verscheyde Boomen bysondere Ruspen[54] en vliegende Schepsels gewaar wert: maar 't is verre daar van daan, dat ze daar uyt souden voortkomen, sy komen meest uyt de Eyeren: of als ze levent van haars gelyke voortkomen; syn[55] sy daar alleen om van de bladeren haar voetsel te halen, ende[56] hare Eyeren als 't vliegende Schepsels syn daar te plaatsen: want men siet verscheyde Schepsels[57] die uyt Ruspen syn voortgekomen, dat ze niet eeten; en wanneer ze versamelt syn geweest[58], ofte Eyeren geleyt hebben, dat ze dan sterven. En dit blykt ons aldernaast[59] aan het vliegende Schepsel, dat uyt de Zyd-worm voortkomt[60]. Ik blyve met veel agtinge, enz.

Anthoni van Leeuwenhoek.[61]

---

[48] *met opmerkinge*, aandachtig, nauwkeurig; *onbedenkelyke*, ondenkbaar grote.

[49] *hy soude seer naakt*, dan zou hij heel duidelijk.

[50] *daar*, terwijl; *de gemene Vliegen*, de gewone vliegen (huisvliegen).

[51] *levendig*, levend.

[52] *volkome Wieken*, volgroeide vleugels.

[53] L. verwijst hier naar zijn onderzoek aan bladluizen. L. beschreef de parthenogenese van bladluizen eerder in Brief 147 [90] van 10 juli 1695, *Alle de Brieven*, Dl. 10, blz. 270-272, 276-278 en 286; Brief 155 [94] van 20 augustus 1695, *idem*, Dl. 11, blz. 68-70; Brief 172 [104] van 26 augustus 1696, *idem*, Dl. 12, blz. 32-34; Brief 219 [134] van 26 oktober 1700, *idem*, Dl. 13, blz. 204; en Brief 248 van 21 maart 1704, *idem*, Dl. 14, blz. 334-336.

[54] *verscheyde Boomen bysondere Ruspen*, verschillende bomen hun eigen rupsen.

[55] Tussen *voortkomen* en *syn* leze men een komma in plaats van een puntkomma.

[56] Het met *ende* beginnende stuk van de zin heeft betrekking op een derde categorie, nl. insekten die, als ze volgroeid zijn, niet eten. L. laat echter ten onrechte het onderwerp *sij* door samentrekking ook hier dienst doen. Men leze: en andere vliegjes komen daar alleen, om als ze uitgekomen zijn (*vliegende Schepsels syn*) daar hun eieren te leggen.

[57] Lees: want men ziet bij verschillende diertjes.

[58] *versamelt syn geweest*, gepaard hebben.

[59] *aldernaast*, allereerst, al dadelijk.

[60] Zie voor de zijderups Brief 236 [146] van 20 april 1702, *Alle de Brieven*, Dl. 14, blz. 102-132 en de verwijzingen in aant. 2 aldaar.

[61] Zie aant. 41 bij Brief 299 [IV] van 14 maart 1713, in dit deel, voor de ongebruikelijke -h- in L.'s voornaam.

I have also seen that Kircherus says that 'no flying creatures do exist which bring forth living young' and in this he also happens to be wrong; for if he had attentively observed the unimaginable multitude of little flies which are to be found on the leaves of the lime-trees, and also the little flies on the leaves of trees which bear cherries, currants, plums, and hazel-nuts etc.; he would have seen very clearly that all the said flies brought forth living young; and whereas the common flies, which we perceive in our houses, are fully grown when they burst forth from the little pupa; it is so that the little flies, which are alive when they come forth from their mother, at first have no wings; and during their growth the little wings begin to bulge; and when they have attained their full size then they have also wings which are fully grown. All the little flies referred to are females, and they all bring forth the young, whereas the other flying creatures for the most part lay eggs[13]. *Aphids.*

These little flies I mentioned consist of several species; and I do not remember having found such little flies on the leaves of apple trees or pear trees. It is true, however, that one perceives on various trees special kinds of caterpillars and flying creatures; but it is far from true that they would come forth from them, they are for the most part born from the eggs; or, if they are born alive from their own kind, they are only to be found there to get their food from the leaves; and, if they are flying creatures, to lay their eggs there; for one observes with regard to various creatures, which have come forth from caterpillars, that they do not eat; and that, when they have copulated or have laid eggs, they then die. And this is immediately evident to us from the flying creature which springs from the silk-worm[14]. I remain, with much respect,

Anthoni van Leeuwenhoek[15].

---

[13] L. here refers to his research on aphids. L. described the parthenogenesis of aphids earlier in Letter 147 [90] of 10 July 1695, *Collected Letters*, vol. 10, pp. 271-273, 277-279, and 287; Letter 155 [94] of 20 August 1695, *idem*, vol. 11, pp. 69-71; Letter 172 [104] of 26 August 1696, *idem*, vol. 12, p. 33-35; Letter 219 [134] of 26 October 1700, *idem*, vol. 13, p. 205; and Letter 248 of 21 March 1704, *idem*, vol. 14, pp. 335-337.

[14] For the silkworm see Letter 236 [146] of 20 April 1702, *Collected Letters*, vol. 14, pp. 103-133 and the references in note 2 on that letter.

[15] For the unusual -h- in L.'s first name see note 9 on Letter 299 [IV] of 14 March 1713, in this volume.

BRIEF No. 305 [IX]   24 OKTOBER 1713

Vervolg op den IX. Brief

Saliebladeren.

Na het afgaan van myne geringe waarnemingen ontrent de Saly, bekome ik Saly, die ontrent twee musket-schooten[62] verre van onse Stad gewassen was.

Dese Saly-bladen, door het Vergroot-glas beschouwt synde, waren niet beset[63] met de swarte stoffe, die de Saly hadde die in onse Stad gewassen was: anders quam die Saly in alle deelen over een met de voorgaande Saly; uytgesondert, dat de kleyne hairagtige deelen, die op de bladen staan, op de eynde van deselve veel meer waren beset met ronde bolletjes, die ik voor Oly-vaten aansag.

Vorders sag ik tot myne groote verwonderinge, dat de meeste van de hier vooren geseyde hairagtige deeltjes yder met drie leden waren versien; ende eenige weynige, die op de vaten van het Saly-blat stonden, ende ook grooter waren, vier ledekens hadden. Dese ledige deelen[64] en weet ik niet dat ik oyt aan de hairagtige deelen, die wy op andere bladen sien, hebbe ontdekt; of dit nu is, om dat ik niet met zoo groote oplettendheyt, als wel vereyst wierd, hebbe toe gesien, dat is my onbekent.

---

[62] Een musket had een schootsafstand tussen de 160 en 250 m.
[63] *beset*, overdekt.
[64] *ledige deelen*, gelede delen.

Sequel to Letter IX

When I had sent off my slight observations with regard to the sage, I received sage which had grown at a distance from our town as far as two musket shots[16].

Sage leaves.

These leaves of sage, when observed through the magnifying glass, were not covered with the black matter which was on the sage which had grown in our town. Apart from that, that sage resembled in all parts the first sage; with this exception that the small hair-like parts which stand on the leaves, were covered at their ends to a far greater extent with round little globules, which I took to be vessels for oil.

Furthermore I saw to my great amazement that the majority of the little hair-like parts, mentioned above, were equipped with three internodes each; and that some few, which stood on the vessels of the leaf of sage, and were also larger, had four little internodes. I am not aware that I have ever discovered such segmented parts in the hair-like parts which we see on other leaves; and it is unknown to me whether this is the case because I did not observe then with such close attention as may have been required.

A few years ago I have described how straw and reed are equipped with internodes; and

---

[16] A musket had a shooting range of 160 m up to 250 m.

BRIEF No. 305 [IX]   24 OKTOBER 1713

Ik hebbe weynige jaren geleden geseyt, hoe het Stroo en het Riet met leden syn versien; ende dat sonder sulks het Stroo en Riet geen harde wint zoude wederstaan, en syn vrugt niet en soude konnen dragen, om dat de geseyde Planten niet als met opgaande vaten en syn versien[65]: ende dese leden en syn niet alleen in Stroo en Riet, maar in alle Planten, die met een stammetje[66] opschieten, voor zoo veel my bekent is. Anders[67] is al het Hout, dat in ons Lant wast, tussen de opgaande vaten met horisontale vaten versien: welke laatste vaten onbedenkelyk veel syn. Ende dese opgaande vaten en horisontale vaten, die met den anderen[68] seer naeuw syn vereenigt, geven aan het Hout of Boom een styfte: dog de Boomen, die in heete Landen wassen, als daar syn de Boomen die de Kokos-nooten voortbrengen, Palm-boomen, enz. die beelt ik my in, syn met geen horisontale vaten versien. Om nu zoodanige Boomen een styfte aan te brengen, mosten deselve veel leden hebben, gelyk de afgeteykende figuren, die tot ons komen, aanwysen: en sulks is my gebleeken aan een veel-ledige Piek, die men noemt de Cambodiaasche Piek-boom[69].

---

[65] *niet als ... versien*, slechts van verticale vaten zijn voorzien.
[67] *Anders*, voor het overige.
[68] *met den anderen*, met elkaar.
[69] De *Cambodiaasche Piek-boom* is niet geïdentificeerd. Zie BAAS, "Leeuwenhoek's contributions", blz. 99-100.

that without these the straw and reed would not stand up to a strong wind, and would not be able to bear their fruit; because the said plants are only equipped with ascending vessels; and these internodes are not only present in straw and reed, but, as far as I know, in all plants which shoot up with a little trunk. For the rest, all the wood which grows in our country is equipped with horizontal vessels in between the ascending ones; and the former are inconceivably numerous. And these ascending vessels and horizontal vessels, which are very closely linked to one another, give stiffness to the wood or tree; but the trees which grow in hot countries, like the trees which bear the coconuts, palm-trees, etc., these are, I think, not equipped with horizontal vessels. Now in order to endow such trees with some stiffness, they must have many internodes, as is shown by the pictures which have reached us; and this has become apparent to me from a 'piek' with many internodes which is called the Cambodian *Piek*-tree[17].

When one takes dried sage, this seems rather whitish to our eye; this whitishness is

---

[17] De *Cambodian Piek-tree* has not been identified. See BAAS, "Leeuwenhoek's contributions", pp. 99-100.

BRIEF No. 305 [IX]　　　　　　　　　　　　　　　　　　24 OKTOBER 1713

Als men gedroogde Saly heeft, zoo komt ze in ons oog wat witagtig voor: dese witagtigheyt en is niet anders, als de menigte van doorschynende hairagtige deelen, die op en door malkanderen leggen.

Vorders hebbe[70] door het Vergroot-glas doorsogt de hairagtige deelen, staande op de bladen, die men Thee-boche (Thee-boey) noemt[71]; maar ik hebbe geen leden aan deselve konnen ontdekken.

Als nu de bladen van de Thee-boey geplukt werden, syn daar somtyds bladen onder, die nog ten deelen geslooten syn; waar door dan de hairagtige deelen, ten eynde van het blat, wat uytsteeken: ende door dien de hairagtige deelen doorschynende syn, soo komen deselve veel by een leggende ons wit voor; uyt welk gesigt men dan oordeelt dat ze uytnemend goet is, en seyt, 't is Thee met witte punten[72].

　　　　　　　　　　　　　　　　　　　　　　　　　　　　　　　Antoni van Leeuwenhoek.

---

[70] *hebbe*, heb ik.
[71] *Thee-boche, Thee-boey*, een soort zwarte thee, afkomstig uit het Woe-î-gebergte in China; het woorddeel -boey is een verbastering van Woe-î (*WNT*, Dl. 16, kol. 1789-1790). Zie ook Brief 272 van 18 oktober 1707, *Alle de Brieven*, Dl. 16, blz. 34-48.
[72] L.'s volgende brief aan CINK is Brief 314 [XVI] van 26 maart 1715, in dit deel.

nothing but the mass of transparent hair-like parts which lie on and across one another.

Furthermore I scrutinized through the magnifying glass the hair-like parts which stand on the leaves which are called *theeboche (thee-boey)*, but I have not been able to discover internodes in them[18].

Now when the leaves of the *thee-boey* are picked, there are sometimes among them leaves which are still partially furled; through this it happens that the hair-like parts somewhat protrude from the tip of the leaf, and because the hair-like parts are transparent, they appear to us as being white when many of them lie together; when that is seen, the tea is judged to be particularly good, and it is said that 'this is tea with white points'[19].

Antoni van Leeuwenhoek.

---

[18] *Thee-boche, Thee-boey*, a kind of black tea originating form the Woe-î mountain range in China. See also Letter 272 of 18 October 1707, *Collected Letters*, vol. 16, pp. 35-49.

[19] L.'s next letter to CINK is Letter 314 [XVI] of 26 March 1715, in this volume.

BRIEF No. 306 [X] 22 JUNI 1714

Gericht aan: de Royal Society.

Manuscript: Door een ander geschreven, maar door L. wel eigenhandig ondertekende brief in het Latijn. Het manuscript bevindt zich te Londen, Royal Society, MS 2104, Early Letters L.4.53; 3 kwartobladzijden.

GEPUBLICEERD IN:

A. VAN LEEUWENHOEK 1718: *Send-Brieven,* ..., blz. 94-96 (Delft: A. Beman). - Nederlandse tekst [A].
A. À LEEUWENHOEK 1719: *Epistolae Physiologicae* ..., blz. 95-97 (Delphis: A. Beman). - Latijnse vertaling [C].
N. HARTSOEKER 1730: *Extrait Critique des Lettres de feu M. Leeuwenhoek*, in *Cours de Physique* ..., blz. 60 (La Haye: J. Swart). - Frans excerpt.
A.J.J. VANDEVELDE 1923: *De Send-Brieven van Antoni van Leeuwenhoek* ..., in *Versl. en Meded. Kon. Vlaamsche Acad.*, Jrg. 1923, blz. 365-366. - Nederlands excerpt.

SAMENVATTING:

Dankbetuiging voor de ontvangst van een brief en afleveringen van de *Philosophical Transactions*. L. beklaagt zich over het niet afbeelden van de spiervezels van een walvis, terwijl hij wel figuren had meegestuurd. Aankondiging van nieuw onderzoek naar spiervezels.

FIGUREN:

fig. I-VII. De bedoelde figuren zijn te vinden bij Brief 296 [I] van 8 november 1712, in dit deel. Ze zijn alsnog gepubliceerd in de *Philosophical Transactions* 29 (1714-1716), no. 339 (april, mei en juni 1714), blz. 55-58.

OPMERKINGEN:

Bij HARTSOEKER is de brief abusievelijk gedateerd op oktober 1713.
Het ms. in Londen is in een onbekende hand, waarschijnlijk die van de vertaler, geschreven. De ondertekening en het hier afgedrukte naschrift zijn door L. zelf geschreven. De hier afgedrukte tekst is die van uitgave A, behalve het naschrift. De Latijnse vertaling van de brief in C is volledig nieuw en op vele punten afwijkend van die van het ms. in Londen.
Een eigentijdse, Engelse vertaling van de brief bevindt zich te Londen, Royal Society, MS 2105, Early Letters L.4.54; 2 foliobladzijden.
De brief werd voorgelezen op de vergadering van de Royal Society van 24 juni 1714 O.S. (Royal Society, *Journal Book Original*, Dl. 12, blz. 6). Aan RICHARD WALLER werd gevraagd een antwoord op te stellen en de afleveringen van de *Philosophical Transactions* van 1713 op te sturen. WALLERs brief werd besproken in de vergadering van de Royal Society van 1 juli 1714 O.S. (Royal Society, *JBO*, Dl. 12, blz. 8). Zie voor de Oude Stijl (O.S.) de Opmerkingen bij Brief 296 [I] van 8 november 1712, in dit deel.

LETTER No. 306 [X]   22 JUNE 1714

Addressed to: the Royal Society.

Manuscript: Latin letter, written in an other's hand, but signed by L. The manuscript is to be found in London, Royal Society, MS 2104, Early Letters L.4.53; 3 quarto pages.

PUBLISHED IN:

A. VAN LEEUWENHOEK 1718: *Send-Brieven,* ..., pp. 94-96 (Delft: A. Beman). - Dutch text [A].

A. À LEEUWENHOEK 1719: *Epistolae Physiologicae* ..., pp. 95-97 (Delphis: A. Beman). - Latin translation [C].

N. HARTSOEKER 1730: *Extrait Critique des Lettres de feu M. Leeuwenhoek*, in *Cours de Physique* ..., p. 60 (La Haye: J. Swart). - French excerpt.

A.J.J. VANDEVELDE 1923: *De Send-Brieven van Antoni van Leeuwenhoek* ..., in *Versl. en Meded. Kon. Vlaamsche Acad.*, 1923, pp. 365-366. - Dutch excerpt.

SUMMARY:

Letter of acknowledgement of the receipt of a letter and issues of the *Philosophical Transactions*. L. makes a complaint about the fact that the illustrations of the muscle fibres of whales, which he had sent, have not been reproduced. Announcement of new research into muscle fibres.

FIGURES:

The referred figures are to be found with Letter 296 [I] of 8 November 1712, in this volume. They were finally published in the *Philosophical Transactions* 29 (1714-1716), no. 339 (April, May, and June 1714), pp. 55-58.   *figs I-VII.*

REMARKS:

In HARTSOEKER the letter is wrongly dated October 1713.

The manuscript in London is written in an unknown hand, presumably that of the translator. The signature and the postscript printed here have been written by L. himself. But for the postscript the text as printed here is that of edition A. The Latin translation of the letter in C is completely new and and in many respects different from that of the manuscript in London.

A contemporary English translation of the letter is to be found in London, Royal Society, MS 2105, Early Letters L.4.54; 2 folios.

The letter was read out at the meeting of the Royal Society of 24 June 1714 O.S. (Royal Society, *Journal Book Original*, vol. 12, p. 6). RICHARD WALLER was asked to prepare an answer and to send L. the *Philosophical Transactions* of 1713. WALLER's letter was discussed at the meeting of the Royal Society of 1 July 1714 O.S. (Royal Society, *JBO*, vol. 12, p. 8). See for the *Old Style* (O.S.) the Remarks on Letter 296 [I] of 8 November 1712, in this volume.

In Delft den 22. Juny 1714.

Aan de Hoog-Edele Heeren,
Myn Heeren die vande Koninglyke Societeit te Londen[1].

Op den 17. Mey laast-leden bekome ik, Hoog-Edele Heeren, uw seer aangenaam Schryvens uyt Londen van den 25. February 1714. waar in ik met groot genoegen hebbe gesien, dat myne ontdekkingen, ontrent de seer dunne deelen, waar uyt een vleesmuscul[2] bestaat, seer aangenaam waren[3].

Ik blyve voor alle de onverdiende en beleefde[4] uytdrukkingen in de geseyde Missive, als mede voor de milde mededeelinge[5] van de *Transactions*, seer verpligt.

Dog het geene waar over ik als verset[6] stont, dat was, dat ik de figure van het vlees van den Walvis, die ik met opmerkinge hadde laten afteykenen[7], ende in de Missive UE. Hoog-Edele toegesonden hadde ingeslooten, in de *Philosophicale Transactions* niet en vinde gedrukt.

Ik wilde immers niet in gedagten nemen[8], dat men in twyffel trekt, of het geseyde vlees, met syn omwonden membraantjes, wel zoo is als de figuuren aanwysen. Want men moet weten, dat'er in't afteykenen niet[9] af ofte toe gedaan is; en om dat ik de geseyde figuuren niet gaarne onder myne papieren soude missen, soo hebbe ik deselve in't kooper laten snyden, eer ik deselve afsont; waar van ik U L.[10], Hoog-Edele Heeren, een afdruksel ben toesendende, of[11] de eerste figuren vermist wierden.

---

[1] L.'s vorige brief aan de Royal Society is Brief 302 [VII] van 28 juni 1713, in dit deel.
[2] *vleesmuscul*, spiervezel, spiervlees.
[3] Denkelijk doelt L. op het door de Royal Society gevraagde afschrift van zijn brief aan HEINSIUS. Zie Brief 304 van 12 oktober 1713, in dit deel.
[4] *beleefde*, vriendelijke.
[5] *milde mededeelinge*, royale toezending.
[6] *als verset*, enigszins verbaasd (*als*, eigenlijk: als het ware).
[7] *met opmerkinge*, zorgvuldig, met aandacht.
De bedoelde figuren zijn te vinden bij Brief 296 [I] van 8 november 1712, in dit deel. Ze zijn alsnog gepubliceerd in de *Philosophical Transactions* 29 (1714-1716), no. 339 (april, mei en juni 1714), blz. 55-58.
[8] *immers ... nemen*, zeker niet veronderstellen.
[9] *niet*, niets.
[10] *U L., u l.*, Uwe(r) Liefde, u. Beleefde aanspreekvorm, vergelijkbaar met Uwe Edelheid, Uwe Hoogheid (*Liefde* betekent hier vriendelijkheid).
[11] *of*, voor het geval dat.

At Delft, the 22nd of June 1714.

To the Very Noble Sirs,
Gentlemen of the Royal Society in London[1].

On the 17th of May last, Very Noble Sirs, I receive your very agreeable missive from London of the 25th of February 1714, in which I have seen with great satisfaction that my discoveries with regard to the very thin parts, of which a muscle of flesh consists, gave great pleasure[2].

I remain much obliged for all unmerited and gracious expressions in the said missive, and also for the generous sending of the *Transactions*.

But something about which I was rather astonished, was that I did not find the figure of the flesh of the whale, which I had ordered to be carefully drawn and included in the missive sent to Your Honours, printed in the *Philosophical Transactions*[3].

To be sure, be sure, I will not suppose that it is queried that the said flesh with its little membranes wrapped around it really resembles that which is shown in the figures. For it must be realized that nothing has been left out or added during the drawing; and because I would not like to go without the said figures among my papers, I have caused them to be engraved in brass before I sent them off; and of this I am sending to You, Your gracious Honours, a print, in case the former figures have been lost.

---

[1] L.'s previous letter to the Royal Society is Letter 302 [VII] of 28 June 1713, in this volume.

[2] L. probably refers to the copy of his letter to HEINSIUS, that had been requested by the Royal Society. See Letter 304 of 12 October 1713, in this volume.

[3] The referred figures are to be found with Letter 296 [I] of 8 November 1712, in this volume. They were finally published in the *Philosophical Transactions* 29 (1714-1716), no. 339 (April, May, and June 1714), pp. 55-58.

Vorders hebbe ik het vlees van een Os, Hoen ende Muys, voor een ende het selve Vergroot-glas geplaatst, ende het selve aan verscheyde Heeren als voor de oogen gestelt[12], en haar afgevraegt, of zy wel een onderscheyt aangaande de dikte van de geseyde vleesdeelen konde bekennen; die alle hebben toegestaan[13], geen onderscheyt te sien.

Myn voornemen is, by gesontheyt, het vlees van Vliegen, en kleynder Schepsels, nog naeuwkeuriger als ik tot nog toe gedaan hebbe, te ondersoeken; en wel meest, is't my mogelyk, te ontdekken, of de vleesfibertjes[14] van zoo kleyne Schepsels mede omwonden leggen met membraantjes.

Ik hebbe het vleesch van drie distinkte[15] Vliegen, benevens de vleesdeelen van groote Schepsels, voor een Vergroot-glas staan: en by aldien ik bewust was[16], Hoog-Edele Heeren, dat ik u l.[10] daar mede dienst konde doen, ik soude een afteykening daar van laten maken.

Ik sal afbreken, en met veel agtinge blyven[17],

Hoog-Edele Heeren,

Uw onderdanige Dienaar
Antoni van Leeuwenhoek.

Ik hebbe desen int Latijn laten oversetten[18], op dat UE:[a] Hoog-Edele Heeren, op den ontfang[19] van de selve soude mogen verstaan, wat mijn schrijvens inhout.

De Heer Vertaalder heeft tot mij[b] geseijt, dat hij int oversetten, soo veel hem doenlijk was, de woorden mijns schrijvens, heeft gevolgt[20].

---

[a] A: op dat gy l. (gijlieden) [b] A: heeft My

[12] *als ... gestelt,* laten zien, laten bekijken.

[13] *toegestaan,* toegegeven.

[14] *vleesfibertjes,* vlees- of spiervezeltjes.

[15] *distinkte,* verschillende.

[16] *bewust was,* wist.

[17] L.'s volgende brief aan de Royal Society is Brief 307 [XI] van 21 augustus 1714, in dit deel, waarin hij onder andere over de spiervezels van een bij, een vlieg, een vlo en een mier schrijft.

[18] Zie de Opmerkingen bij deze brief.

[19] *op den ontfang,* dadelijk bij de ontvangst.

[20] Uit deze zin blijkt, dat L. zichzelf niet in staat achtte de vertaling te controleren. Mócht hij in zijn jeugd wat Latijn geleerd hebben, dan was hij dat toch in 1714 geheel of vrijwel geheel vergeten (vgl. DAMSTEEGT, "Language and Leeuwenhoek", blz. 15 vlg.).

Furthermore I have put the flesh of an ox, a fowl, and a mouse before one and the same magnifying glass and shown this to several Gentlemen, and I have asked them whether they could perhaps discern some difference with regard to the thickness of the said flesh-parts; and they have all acknowledged that they could not see a difference.

I intend, if my health allows it, to examine the flesh of flies and smaller creatures still more carefully than I did up to now; and chiefly to discover, if I can, whether the little flesh-fibres of such tiny creatures also lie wrapped around with little membranes.

I have the flesh of three different flies, as well as the flesh-parts of large creatures standing before a magnifying glass; and if I knew, Very Noble Sirs, that with this I could be of service to You, Your gracious Honours, I would order a picture to be made from it.

I shall conclude, and remain with much respect[4],

Very Noble Sirs,

Your humble Servant
Antoni van Leeuwenhoek.

I have caused this to be translated into Latin, in order that You, Very Noble Sirs, upon receiving this, would be able to understand forthwith the contents of my letter.

The gentleman who translated this has told me that in the translation he has followed the words of my missive as closely as possible[5].

---

[4] L.'s next letter to the Royal Society is Letter 307 [XI] of 21 August 1714, in this volume, in which he writes among others on the muscle fibres of a bee, a fly, a flee, and an ant.

[5] It appears from this sentence that L. was not able to check the translation. Even if he had learned some Latin in his youth, he must have forgotten it in 1714. See DAMSTEEGT, "Language and Leeuwenhoek", pp. 15 ff.

BRIEF No. 307 [XI] 21 AUGUSTUS 1714

Gericht aan: de Royal Society.

Manuscript: Eigenhandige, ondertekende brief. Het manuscript bevindt zich te Londen, Royal Society, MS 2106, Early Letters L.4.55; 11 kwartobladzijden.

GEPUBLICEERD IN:

A. VAN LEEUWENHOEK 1718: *Send-Brieven, ...*, blz. 97-110, 13 figuren (Delft: A. Beman). - Nederlandse tekst [A].
A. À LEEUWENHOEK 1719: *Epistolae Physiologicae ...*, blz. 98-111, 13 figuren (Delphis: A. Beman). - Latijnse vertaling [C].
N. HARTSOEKER 1730: *Extrait Critique des Lettres de feu M. Leeuwenhoek*, in *Cours de Physique ...*, blz. 60 (La Haye: J. Swart). - Frans excerpt.
A.J.J. VANDEVELDE 1923: *De Send-Brieven van Antoni van Leeuwenhoek ...*, in *Versl. en Meded. Kon. Vlaamsche Acad.*, Jrg. 1923, blz. 366-367. - Nederlands excerpt.

SAMENVATTING:

Over spiervezels van een koe, van de borst van een kip, van de achterpoot van een muis, van een honingbij en van de poot van een vlieg. Over spiervezels uit de borst van een vlo en van een mier en uit vlees van een walvis. L. vindt geen spiervezels bij een mijt. L. bedankt voor nieuwe afleveringen van de *Philosophical Transactions*.

FIGUREN:

fig. XXXI-XLIII.

De oorspronkelijke tekeningen zijn verloren gegaan. In de uitgaven A en C zijn de 13 figuren bijeengebracht op twee platen tegenover blz. 100 (fig. 1-5) en blz. 102 (fig. 6-13) in beide uitgaven.

OPMERKINGEN:

De ontvangst van deze brief werd door RICHARD WALLER gemeld in de vergadering van de Royal Society van 28 oktober 1714 O.S. (Royal Society, *Journal Book Original*, Dl. 12, blz. 20); tevens meldde hij voor een vertaling te zullen zorgen. Deze vertaling werd voorgelezen in de vergadering van de Royal Society van 23 december 1714 O.S. (Royal Society, *JBO*, Dl. 12, blz. 35). Het manuscript van de vertaling is niet bewaard gebleven. Zie voor de *Oude Stijl* de Opmerkingen bij Brief 296 [I] van 8 november 1712, in dit deel.

LETTER No. 307 [XI] 21 AUGUST 1714

Addressed to: the Royal Society.

Manuscript: Signed autograph letter. The manuscript is to be found in London, Royal Society, MS 2106, Early Letters L.4.55; 11 quarto pages.

PUBLISHED IN:

    A. VAN LEEUWENHOEK 1718: *Send-Brieven*, ..., pp. 97-110, 13 figures (Delft: A. Beman). - Dutch text [A].

    A. À LEEUWENHOEK 1719: *Epistolae Physiologicae* ..., pp. 98-111, 13 figures (Delphis: A. Beman). - Latin translation [C].

    N. HARTSOEKER 1730: *Extrait Critique des Lettres de feu M. Leeuwenhoek*, in *Cours de Physique* ..., p. 60 (La Haye: J. Swart). - French excerpt.

    A.J.J. VANDEVELDE 1923: *De Send-Brieven van Antoni van Leeuwenhoek* ..., in *Versl. en Meded. Kon. Vlaamsche Acad.*, 1923, pp. 366-367. - Dutch excerpt.

SUMMARY:

On the muscle fibres of a cow, of a chicken's breast, of the hind leg of a mouse, and of a leg of a honeybee. On blood vessels in the leg of a fly. On muscle fibres from the breast of a flee, the breast of an ant, and from the flesh of a whale. L. does not find muscle fibres in a mite. L. thanks the Royal Society for sending new issues of the *Philosophical Transactions*.

FIGURES:

The original drawings have been lost. In the editions A and C the 13 figures have been combined on two plates facing p. 100 (figs 1-5), and p. 102 (figs 6-13) in both editions.   *figs XXXI-XLIII.*

REMARKS:

RICHARD WALLER reported the receipt of this letter at the meeting of the Royal Society of 28 October 1714 O.S. (Royal Society, *Journal Book Original*, vol. 12, p. 20); at the same time he announced seeing to a translation. This translation was read out at the meeting of the Royal Society of 23 December 1714 O.S. (Royal Society, *JBO*, vol. 12, p. 35). The manuscript of the translation has been lost. See for the *Old Style* (O.S.) the Remarks on Letter 296 [I] of 8 November 1712, in this volume.

BRIEF No. 307 [XI] 21 AUGUSTUS 1714

Delft in Holland[a] den 21.[e] Augustij 1714

Aan de Hoog Edele Heeren.
Mijn Heeren die vande Coninklijke
Societeit in London[1].

Hoog Edele Heeren.

Ik hebbe UE: Hoog Edele Heere, seer[b] beleefde[2] en aan genamen vanden 8.[e] julij 1714. gesien, dat mijne schrijvens[c] seer aan genaam was, ende dat ik dog soude continueren mijne[d] verdere ontdekkinge te laten toe komen; Alsmede dat UE. Hoog[e] Edele Heeren begerig sijn[f], de af teekeninge[g] in mijn laaste gemelt[i], die ik voor het Vergroot glas hadde staan[4], te sien: waar van eenige hier nevens gaan[5].

Koe.

Ik hebbe op nieuw een stukje vlees van een koe, die men seijde, dat agt jaar Out was, en niet seer vet was, met die[h] insigte[6], dat het vlees int in droogen, meerder soude in krimpen, ende ten anderen, om dat[7] de menbrane[i], waar in ijder vlees-striemtje, fibertje[8], als op gesloote, ofte om vangen leggen[j], soo niet en souden ontstukken breeken, als in een jong en vet beest[9].

Spiervezels.

Van soo danig vlees hebbe ik een seer dun schijfje, waar in de vlees fibertjens over dwars sijn, af gesneden[10], ende het selve op[k] een schoon glas geplaast, ende het selve voor het Vergroot-glas, gebragt hebbende, het den Teijkenaar inde hant gegeven, waar van hij seijde dat[11] maar een vierde deel soude teijkenen, van het geene hij quam te sien[12], ende alsoo het warm weer was, most ik het in de tijd, van de af teijkeninge, wel[m] agt of tien malen met een pinceeltje, nat maken, om dat het soo in droogde, en sijn figuur soude verlooren hebben.

---

[a] A: In Delft   [b] A: hebbe, Hoog-Edele Heeren, in uwen seer   [c] A: dat myn schryven aan UE.
[d] A: continueren, UE. myne   [e] A: dat gy l. Hoog   [f] A: syt   [g] A: afteekingen   [h] A: vet was, te onder-soeken genomen; met dit   [i] A: membraantjens   [j] A: legt   [k] A: syn afgesneden, op   [l] A: gegeven: dewelke seyde dat hy   [m] A: moest ik in den tyd van die afteykeninge het selve wel

[1] L.'s vorige brief aan de Royal Society is Brief 306 [X] van 22 juni 1714, in dit deel.
[2] *beleefde*, vriendelijke.
[3] Zie Brief 306 [X] van 22 juni 1714, de alinea's 3 en 4, in dit deel.
[4] De bijzin *die ... staan* kan geen betrekking hebben op *afteekeninge*, maar moet reflecteren op een begrip 'deeltje' of 'preparaat', dat in L.'s gedachten aanwezig was.
[5] L.'s vorige brief over spiervezels is Brief 303 [VIII] van 30 juni 1713, in dit deel. Zie voor de brieven over spiervezels in dit deel de opsomming in het Voorwoord.
Zie voor L.'s eerdere brieven over spiervezels aant. 5 bij Brief 296 [I] van 8 november 1712, in dit deel.
Vgl. SCHIERBEEK, *Leeuwenhoek*, Dl. 2, blz. 336-347; IDEM, *Measuring*, blz. 121-125; en COLE, "L.'s ... researches", blz. 36-39.
[6] Na *seer vet was* zijn woorden vergeten (zie aant. f); *met die insigte*, met de bedoeling.
[7] *ten anderen, om dat*, ten tweede, opdat.
[8] Zoals ook in eerdere brieven schrijft L. de synoniemen *-striemtje* en *fibertje* zonder verbindings-woord achter elkaar.
[9] L.'s vorige brief over spiervezels van een koe is Brief 301 [VI] van 29 maart 1713, in dit deel.
[10] De komma na *sijn* zal in de drukkerskopij ontbroken hebben of niet opgemerkt zijn, waardoor wijziging van de zin noodzakelijk werd (zie aant. i). De zin in het hs. is correct, al is het gebruik van *sijn* in de betekenis van 'lopen' of 'liggen' wat ongewoon.
[11] *dat*, dat hij.
[12] *van het ... sien*, is een pleonastische toevoeging aan de zin *waar van ... kijken*. De redactie in A (zie aant. j) is weliswaar een verbetering, maar zij strookt niet met de opzet van de zin.

LETTER No. 307 [XI]   21 AUGUST 1714

At Delft in Holland, the 21st of August 1714

To the Very Noble Gentlemen,
the Gentlemen of the Royal
Society in London[1].

Very Noble Sirs.

I have seen in the most gracious and pleasant letter of the 8th of July 1714 of You, Very Noble Sirs, that my missive has given great pleasure, and that I should not fail to continue to send my further discoveries; also that You, Very Noble Sirs, desire to see the drawings I mentioned in my last letter[2] of the parts which I had standing before the magnifying glass; some of them are enclosed herewith[3].

I have again taken for examination a little piece of flesh of a cow, which was said to be eight years old and which was not very fat, with this intention that the flesh during the drying-up would shrink farther and, secondly, that the membrane in which each little strip, fibre of flesh, lies as it were enclosed or enfolded, would not break to pieces in the way it happens in a young and fat animal[4].   *Cow.*

From such flesh I have cut off a very thin slice, in which the little fibres of flesh lie transversely, and I have placed this on a clean glass, and when I had put this before the magnifying glass I handed this to the draughtsman, and he said that he would draw no more than a quarter of that which he managed to see; and because the weather was hot I was obliged, during the time taken up by the drawing, to moisten it with a little paint-brush as much as eight or ten times, because it dried up so much and was likely to lose its shape.   *Muscle fibres.*

---

[1] L.'s previous letter to the Royal Society is Letter 306 [X] of 22 June 1714, in this volume.

[2] See Letter 306 [X] of 22 June 1714, paragraphs 3 and 4, in this volume.

[3] L.'s previous letter on muscle fibres is Letter 303 [VIII] of 30 June 1713, in this volume. See the Preface for an enumeration of the letters on muscle fibres in this volume.

For L.'s earlier letters on muscle fibres see note 3 on Letter 296 [I] of 8 November 1712, in this volume.

Cf. SCHIERBEEK, *Leeuwenhoek*, vol. 2, pp. 336-347; IDEM, *Measuring*, pp. 121-125; and COLE, "L.'s ... researches", pp. 36-39.

[4] L.'s previous letter on the muscle fibres of a cow is Letter 301 [VI] of 29 March 1713, in this volume.

BRIEF No. 307 [XI]   21 AUGUSTUS 1714

fig. XXXI.

Dat[13] hier met fig: 1: ABCDE. wert[a] aan gewesen, waar in met ijder vande geseijde Letters, de groote menbraantjens die haar dunne deelen, tussen alle de vlees fibertjens, die ze passeren, uijt spreijen, ende als het vlees van een vet[b] Runt was, soo soude soo danige menbrane, veel grooter voor komen, ende dat om de vet deelen, die inde menbrane gemaakt werden, en ook in geen andere plaatse, als in de menbrane, die men ook seer klaar ontdekt[c].

Inde geseijde fig: siet men, dat de[d] over dwars door sneden vlees fibertjens grooter en[e] dikker vertoonen[14] die tussen DC. leggen, als die tussen AB. sijn; dat ik[f] mij in beelt[15], alleen ontstaan is, om dat de snede van het mes wat schuijnser gegaan is als ontrent CD[16][g].

Als wij nu met op merkinge[17], dese over dwars gesnede, kleijne vlees deelen, door het Vergoot-glas beschouwen, konnen wij sien, dat ijder vlees fibertje, weder uijt deeltjens sijn[h] bestaande, die ook met eenige stipjens sijn aan gewesen.

fig. XXXII.

Nu hadde ik ook op het selfde glas, een stukje vlees leggen, datter al eenige dagen[i] hadde gelegen, en van het geseijde stukje vlees was af gesneden, als hier met fig: 2: FGHIK. wert aan gewesen waar van de groote menbrane, in het selvige met FHI. wert aan gewesen[j].

Nu hadde ik ook voor het Vergroot glas staan, een stukje Runt-vlees, van een seer vette koe, in welke[k] ik niet sien konde, dat de vlees fibertjens dikker waren, als hier boven is geseijt; Maar wat de menbrane belangt[18], daar in de vet deelen gemaakt werden, en op gesloten[l] leggen, die waren seer dik, waar uijt ik een besluijt maakte[19], dat de swaar lijvigheijt vande Mensche, en dieren, alleen afhangt, van de vet deelen in de menbrane.

---

[a] A: Het word hier met Fig. 1. ABCDE   [b] A: de grootte der membraantjes die hunne deelen tussen alle de vleesfibertjens, die ze passeren, uytspreyen word aangewesen. En zoo het nu vlees van een seer vet   [c] A: klaar daar in ontdekt   [d] A: dat onder de   [e] A: vleesfibertjens, degeene sig grooter of   [f] A: dat, zoo ik   [g] A: is ontrent CD.   [h] A: is   [i] A: dat 'er eenige dagen al   [j] A: aangewesen: wiens groote membrane met FHI. wert aangetoond   [k] A: In't welke   [l] A: en als opgesloten

[13] *Dat*, hetgeen (welk preparaat). Voor het vervolg van de zin na het woord *Letters* zie men de verbeterde redactie in A (aant. m).

[14] *vertoonen*, eruit zien als.

[15] *dat ... in beelt*, dat, naar ik meen.

[16] De lezing van het hs.: "schuijnser (...) *als* ontrent CD" moet een vergissing zijn.

[17] *met op merkinge*, aandachtig, nauwkeurig.

[18] *belangt*, betreft.

[19] *een besluijt maakte*, de conclusie trok.

This is here shown in fig. 1. ABCDE., in which with each of the said letters the large membranes are shown, which extend their thin parts between all the little fibres of flesh they happen to pass. And if it had been the flesh of a very fat cow, then such a membrane would appear much larger, and this is caused by the parts of fat which are formed in the membrane and, moreover, nowhere else but in the membrane, which one also perceives very clearly.

fig. XXXI.

In the said fig. one sees that the little fibres, which are cut transversely, and lie between DC., appear to be larger and thicker than they are between AB.; I think that this has come about solely because the incision of the knife has cut more obliquely near CD.

If we now carefully observe these little flesh parts, which have been cut transversely, through the magnifying glass, we can see that each little fibre of flesh again consists of little parts, which are also depicted as little dots.

Now I had lying on the same glass a little piece of flesh, which had been lying there already for a few days, and which had been cut from the said piece of flesh, as is shown here with fig. 2. FGHIK. the large membrane of which is shown in this by FHI.

fig. XXXII.

Now I had also standing before the magnifying glass a piece of beef of a very fat cow, in which I could not see that the little fibres of flesh were thicker than has been said above; but as to the membrane, in which the parts of fat are formed and lie enclosed, these were very thick, from which I concluded that the corpulence of men and animals is wholly determined by the parts of fat in the membrane.

fig. XXXI.

Kleuring.

fig. XXXIII.

fig. XXXIV.

Kip.

Hier sien wij nu, hoe de vlees deelen, int in droogen dunder werden, en hoe de groote menbranen verdeelt werden inde kleijne[a] menbraantjens, waar van eenige ontstukken sijn gebrooken, en wanneer men dese in gedroogde, over dwars door snede vlees deeltjens, met een pinceeltje nat maakt, gelijk ik veel maal gedaan hebbe, soo swellen, deselve weder soo in een[b] dikte, dat ze de openheden tussen de menbraantjens vullen, en verbeelden dan meest door gaans[20] de fig: van No. 1:

Om dat nu dese seer dunne gesnede vlees fibertjens seer helder waren, ende men dus weijnig konde bekennen[21], of daar vlees deeltjens lagen, soo hebbe ik een[c] vlees deeltje als fig: 1. nat gemaakt, met een weijnig brandewijn, daar in saffraan was ontdaan[22], waar door de vlees deeltjens, een geele couluur aan name, om daar door bij[23] den teijkenaar, te beter[d] te konnen gesien werden[24].

Vorders hebbe ik eenige weijnige vlees fibertjens, van het voor verhaalde vlees, voor het vergroot-glas gebragt, die in haar lengte van andere[e] vlees deelen waren gescheijden, op dat men des te beter hare dikte soude bekennen, als hier fig: 3 met LMNO. wert aan gewesen.

Met fig: 4: PQRS: wert aan gewesen, een seer kleijn gedeelte vande borst van een Hoen[f], ende met R. wert aan gewesen, een kleijn gedeelte van een menbraantje, waar in de vlees fibertjens als[25] om wonden leggen, en welke menbraantjens meest door gaans[26] vande fibertjens, door mij werden af gearbeijt[27], want soo men deselve niet in een kleijn getal van een[g] scheijt, dat[28] men eenige enkel siet leggen, soo sal men der selver dikte niet konnen bekennen, daar[29] men nu komt te sien, dat tussen de dikte van het Runt-vlees, ende de vlees fibertjens van een Hoen, geen onderscheijt noemens waardig[h] is.

---

[a] A: in kleyne   [b] A: weder in zoo een   [c] A: of het vleesdeeltjes waren, zoo hebbe ik zoo een
[d] A: Teykenaar beter   [e] A: van de andere   [f] A: gedeelte van een Hoen   [g] A: getal zoo van een   [h] A: geen noemenswaardig onderscheyt

[20] *en ... door gaans*, en dan zien zij er meestal uit als.
[21] *dus ... bekennen*, daardoor moeilijk kon zien.
[22] *ontdaan*, opgelost.
[23] *bij*, door.
[24] Dit is de eerste keer dat L. vermeldt zijn preparaten te kleuren. Zie SCHIERBEEK, *Leeuwenhoek*, Dl. 1, blz. 115 en Dl. 2, blz. 344; COLE, "L.'s ... researches", blz. 33-34; en VAN SETERS, "L.'s microscopen", blz. 4584.
[25] *als*, als het ware.
[26] *meest door gaans*, meestal.
[27] *af gearbeijt*, met moeite verwijderd.
[28] *dat*, zodat.
[29] *daar*, terwijl.

LETTER No. 307 [XI]   21 AUGUST 1714

Here we now see how the flesh parts become thinner during the drying-up and how the large membranes are divided into the tiny little membranes, some of which have broken to pieces, and when one moistens these little flesh parts, which have been cut through and dried up, with a little paint-brush, as I have often done, then they distend again to such a thickness that they fill the open spaces between the little membranes, and then they usually look like the fig. of No. 1.   *fig. XXXI.*

Now because these very thinly cut little fibres of flesh were very transparent, and hence one could not easily see whether any little flesh parts were lying there, therefore I have moistened a little flesh part as fig. 1. with a little brandy in which saffron had been dissolved, through which the little flesh parts acquired a yellow colour, and so the draughtsman was better able to see them[5].   *Staining.*

Furthermore I have put some few little fibres of flesh from the flesh mentioned above before the magnifying glass, which had been separated lengthwise from other flesh parts, in order that one would the better discern their thickness, as is shown here in fig. 3 with LMNO.   *fig. XXXIII.*

In fig. 4. PQRS. a very small part of the breast of a fowl is shown, and with R. a small part is shown of a little membrane in which the little fibres of flesh lie as it were wrapped up, and which little membranes have mostly been removed by me with some difficulty; for if one does not separate them into small numbers, so that one sees some of them lying singly, then one will not be able to discern their thickness, whereas one now manages to see that there is no appreciable difference between the thickness of the flesh of the cow and the little fibres of flesh of a fowl.   *fig. XXXIV. Chicken.*

---

[5] Here L. for the first time reveals that he stains his sections. See SCHIERBEEK, *Leeuwenhoek*, vol. 1, p. 115 and vol. 2, p. 344; COLE, "L.'s ... researches", pp. 33-34; and VAN SETERS, "L.'s microscopen", p. 4584.

fig. XXXV.
Muis.

Met fig: 5. TVWXY. wert aan gewesen, een weijnig getal vlees fibertjens van een Muijs, die ik van de dikte[30] van het agter been vande Muijs[a] hebbe af genomen, na dat ik al vooren de vlees fibertjens[b] over dwars hadde door sneden, als wanneer[31] ik de menbraantjens, waar in ijder vlees fibertje[c] als op geslooten leijt, mede seer naakt[32] kan bekennen, ja soo danig, als ik van fig: 2. hebbe geseijt[33].

fig. XXXII.
fig. XXXVI.
Bij.

Met fig: 6. ABC. wert aan gewesen, een seer kleijn gedeelte van het vlees, dat ik uijt de poot van een wilde Honig bije hebbe gehaalt, en in[d] welke vlees fibertjens, soo nette rings gewijse in krimpinge, dat[34e] ik deselve voor eijgen[f] vermaak, veel maal hebbe beschout, en ook aan verstandige[35g] Heeren hebbe laten sien, met bij voeginge, dat wanneer wij die rings gewijse[36h], in de vlees fibertjens gewaar werden, dat wij dan moeten vast stellen[37], dat de vlees muscullen of wel ijder[38] vlees fibertje in rust leggen, ende dat wanneer de vlees muscul beweegt, of wel sig uijt rekt, dat dan de rings gewijse[i] deelen uijt de vlees fibertjens sijn, en in tegendeel[39], konnen de in krimpinge van de vlees fibertjens[j], buijten haar rust gebragt werden, als de selve toe geboogen[k] werden[40].

Dese geseijde inkrimpinge, of rings gewijse deelen, en konnen[l] onmogelijk, door den Teijkenaar soo net na gevolgt[41] werden, als ze door het Vergroot-glas voor komen, en soo[42] is[m] de volmaaktheijt van andere deelen, die men siet, door den Teijkenaar niet uijt te beelden[n].

Vlieg.

Vorders hebbe ik veele van onse gemene Vliegen[43], gedoot, van[o] die geene die haar Eijeren op het vlees legge, en uijt welkers Eijeren wormen voort komen, die wij Maijen[44] noemen, en ik hebbe nu vande soomer tot twee malen van soo danige vliegen op geslooten, die ijder meer dan hondert en vijftig eijeren hadde geleijt, en soo een vande selve, des mergens de eijeren hadde geleijt, soo waren des avonts al wormen uijt de eijeren gekomen[45].

---

[a] A: van een Muys   [b] A: alvoorens zoodanige vleesfibertjens   [c] hs: fibertjens   [d] A: gehaalt: in
[e] A: nette ringswyse inkrimpingen gesien werden, dat   [f] A: voor myn eygen   [g] A: aan verscheyde verstandige   [h] A: ringswyse inkrimpingen   [i] A: ringswyse   [j] A: konnen de ingekrompene vleesfibertjens
[k] A: deselve te sterk toegeboogen   [l] A: inkrimpingen, ofte ringswyse deelen, konnen   [m] A: men door de Teyken-konst niet siet uyt te beelden   [n] A: en zoo is ook   [o] A: gedoot, te weeten van

[30] *de dikte*, het dikke gedeelte.
[31] *als wanneer*, waarbij ik.
[32] *naakt*, duidelijk.
[33] L. schreef eerder over de spiervezels van een muis in Brief 301 [VI] van 29 maart 1713, in dit deel.
[34] Na *inkrimpinge* (insnoeringen) zijn de werkwoorden vergeten; vgl. aant. g.
[35] *verstandige*, ter zake kundige.
[36] Na *rings gewijse* is het zelfstandig naamwoord *in krimpinge* vergeten.
[37] *vast stellen*, als vaststaand aannemen.
[38] Het enkelvoud *ijder* discongrueert met het meervoud *stellen*.
[39] *in tegendeel*, daartegenover, omgekeerd.
[40] In Brief 308 [XII] van 26 oktober 1714, in dit deel, herziet L. zijn kwalificatie 'ringvormig' van de *inkrimpingen* en meent hij dat ze spiraalvormig zijn.
[41] *na gevolgt*, afgebeeld, uitgetekend.
[42] *voor komen*, te zien zijn; eruit zien; *soo*, evenzo.
[43] *gemene Vliegen*, gewone vliegen, huisvliegen.
[44] *Maijen*, meervoud van maai of maaie, de gebruikelijke vorm naast het wat deftiger made.
[45] Zie voor L.'s eerdere waarnemingen aan eieren en maden van vliegen Brief 104 [59] van 17 oktober 1687, *Alle de Brieven*, Dl. 7, blz. 98-120.

In fig. 5. TVWXY. a small number of little fibres of flesh of a mouse is shown, which I have taken from the thick part of the hind leg of the mouse, after I had earlier already cut the little fibres of flesh transversely, and then I could also very clearly perceive the little membranes, in which each little fibre of flesh lies, as it were, enclosed, indeed to the same extent as I have said of fig. 2[6].

fig. XXXV.
Mouse.

In fig. 6. ABC. a very small part is shown of the flesh, which I have taken from the leg of a wild honeybee, and in which little fibres of flesh such neat annular striations were seen, that I have observed them many times for my own pleasure, and have them shown also to expert gentlemen, while it must be added that when we perceive these annular striations in the little fibres of flesh, we must take for granted that the flesh muscles, or rather each little fibre of flesh, is at rest, and that when the flesh muscle moves or, as the case may be, stretches itself, that then the annular parts have disappeared from the little fibres of flesh and inversely, the constricted little fibres of flesh can be moved from their resting position, when they are bent together too strongly[7].

fig. XXXII.
fig. XXXVI.
Bee.

It is impossible for the draughtsman to delineate these said striations or annular parts so clearly as they are seen through the magnifying glass, and likewise the perfection of other parts which one sees cannot be represented by the draughtsman.

Furthermore I have killed many of our common flies, of that kind which lays its eggs on the meat, and from which eggs worms come forth, which we call maggots, and now this summer I have twice confined such flies, each of which had laid more than hundred and fifty eggs, and when one of them had laid its eggs in the morning, worms had already come forth from the eggs in the evening[8].

Fly.

---

[6] L. wrote earlier on the muscle fibres of a mouse in Letter 301 [VI] of 29 March 1713, in this volume.

[7] In Letter 308 [XII] of 26 October 1714, in this volume, L. revises his ideas on the structure of the *striations* and comes to the conclusion that they are spiral instead of annular.

[8] For L.'s earlier observations on eggs and maggots of flies, see Letter 104 [59] of 17 October 1687, *Collected Letters*, vol. 7, pp. 99-121.

BRIEF No. 307 [XI] 21 AUGUSTUS 1714

Dese Vliegen[46] hebbe ik veel malen hare lighame[a] door sogt, en veel verwonderens waardige deelen daar in ontdekt, maar wat ist, of wij deselve sien, als wij die[47] niet konnen[b] thuijs brengen, waar toe die[c] dienen.

Ik ben dan blijven staan, op het beschouwen vande pooten, en hebbe het selve[d] veel malen met verwondering[48] beschout, en door gaans[49] waar genomen, dat de vlees fibertjens mede soo danige rings gewijse[e] in krimpinge hadde, dog, als ik de vlees fibertjens wat hadde uijt gerekt, konde men de geseijde rings gewijse[e] deelen niet bekennen[50].

Ik hebbe seer veele pooten, vande geseijde vliegen geopent, om de inleggende vlees deelen te onder soeken, soo in der selver lengte als over dwars, en hebbe een poot vande selve aan het tweede lid, naast[51] het lighaam vande selve af gesneden[f], ende het vlees met de trekkers[52], uijt het hoornagtig schors, ofte[g] beenagtige deel vande selve gehaalt, ende het selvige[h] voor het Vergroot-glas gestelt als hier met fig: 7: FGHIKLMNO. en QRSTD. wert aan gewesen, sijnde DEF een kleijn gedeelte van het volgende lid.

fig. XXXVII.

In dese poot, ontdekten ik maar twee trekkers die wel digte bij den anderen[53] lagen, en na alle gedagten, door de vlees fibertjens, aan den anderen sijn vereenigt geweest[54], maar met het van een te scheijden, veele vlees fibertjens sijn[i] gebrooken, en in een andere ontledinge van een poot, sag ik seer distinct[55], drie trekkers, en aan een vierde twijfelde ik[j].

---

[a] A: De lighaamen van dese Vliegen hebbe ik veelmalen   [b] A: niet en konnen   [c] A: waar toe dat ze   [d] A: hebbe het vlees uyt deselve   [e] A: ringswyse   [f] A: lichaam, afgesneden   [g] A: uyt de hoornagtige schors, ofte het   [h] A: het selve   [i] A: te scheyden, syn veele vleesfibersjens   [j] A: twyffelde ik hs: ik *ontbreekt*

[46] *Dese Vliegen*, bij deze vliegen.
[47] *die* moet hier geschrapt worden.
[48] *verwondering*, bewondering.
[49] *door gaans*, telkens.
[50] Zie voor L.'s eerdere waarnemingen aan de spiervezels van vliegen Brief 70 [37] van 22 januari 1683, *Alle de Brieven*, Dl. 4, blz. 28.
[51] *naast*, vlakbij, het dichtst bij.
[52] *trekkers*, pezen.
[53] *bij, aan den anderen*, bij, aan elkaar.
[54] *aan ... geweest*, aan elkaar vast gezeten hebben.
[55] *distinct*, duidelijk.

204

LETTER No. 307 [XI]   21 AUGUST 1714

I have often investigated the bodies of these flies, and discovered many amazing parts in them, but what difference does it make if we see them, when we cannot make out what their function is?

I have, then, confined myself to an examination of the legs, and I have regarded them many times with admiration, and each time I have seen that the little fibres of flesh also had such annular striations, but when I somewhat stretched the little fibres of flesh, the said annular parts could not be perceived[9].

I have cut open very many legs of the said flies in order to examine the flesh parts lying in them, both lengthwise and transversely, and I have cut off one of its legs at the second joint close to its body, and I have removed the flesh with the tendons from its horny rind or bony part, and put this before the magnifying glass, as is shown here in fig. 7. FGHIKLMNO. and QRSTD., in which DEF is a small part of the next joint. *fig. XXXVII.*

In this leg I discovered only two tendons, which lay rather close to one another, and to all appearances they have been united to each other by the little fibres of flesh; but through the separation, many of the little fibres of flesh have been broken; and in another dissection of a leg I saw very clearly three tendons, and I had some doubts about a fourth one.

---

[9] For L.'s earlier observations on the muscle fibres of flies, see Letter 70 [37] of 22 January 1683, *Collected Letters*, vol. 4, p. 29.

Een gedeelte van een van dese trekkers, is met soo veel vlees fibertjens beset[56], die van de trekker niet sijn af geschuurt[57], dat men geen trekker kan bekennen, als hier inde geseijde fig: met GHNO. wert aan gewesen, en soo siet men het ook ten deele ontrent IKL. ende S. Nu moeten wij vast stellen[57], dat de trekkers door gaans[58] met de vlees fibertjens sijn beset en vereenigt, ja in soo een menigte, dat ik veel malen, de trekkers uijt de pooten van de vliege hebbe gehaalt, soo danig, dat men geen trekker konde bekenne, ten ware men de vlees fibertjens daar van scheijde. Vorders hebbe ik te meer malen[a] gesien, dat in een vlees striemtje[b], ses striemtjens in lengte[c] lagen, dog uijt hoe veel striemtjens, soo een vlees fibertje bestaat, was voor mij niet na te speuren.

Inde geseijde figuur, wert een gedeelte vande trekker, met HIMN. aan gewesen, daar de vlees deelen sijn af geschuurt, ende daar men klaar konde bekennen, dat de trekkers uijt lange deelen ware bestaande.

Tussen FGO. wert aan gewesen, een stukje van een bloet ader, dat na alle aparentie, door mij in soo een ongeschikte ordre[59] sal gebragt sijn.

Nu quam[d] mij ook inde geseijde figuur voor twee lange dunne deelen, die met OPM ende QVR sijn aan gewesen, en welkers[e] gebruijk voor mij verborgen is

Als wij nu gedenken, wat al bijsondere[60] beweginge, soo een poot van een vlieg al kan[f] te weeg brengen, soo moeten inde poot vande selve soo veel bijsondere uijt werkinge[61], het sij die vande trekkers, ofte van de vlees fibertiens[g] af hangen.

---

[a] A: hebbe ik meermalen   [b] A: vleesfibertje   [c] A: in de lengte   [d] A: quamen   [e] A: aange-wesen, welkers   [f] A: Vlieg kan   [g] A: uytwerkingen van de trekkers, ofte van de vleesfibertjens,

[56] *Een gedeelte (...) is beset (met)*, op een gedeelte bevonden zich.

[57] *af geschuurt*, afgescheurd. Deze spelling benadert waarschijnlijk L.'s uitspraak, waarin tussen -eu- en -uu- voor -r- weinig verschil geweest zal zijn.

[58] *door gaans*, altijd.

[59] *in ... ordre*, zo in het ongerede, in zo'n vreemde kronkel.

[60] *bijsondere*, verschillende.

[61] *soo veel bijsondere uijt werkinge*, evenveel verschillende werkingen. Hierna of eventueel aan het eind van de zin is het gezegde met de betekenis 'verricht worden' vergeten. Men leze: evenveel verschillende werkingen verricht worden, of die nu van de *trekkers* of van de *vlees fibertjens* uitgaan (afhankelijk zijn). Met *uijt werkinge* bedoelt L. dus impulsen die de poot in beweging brengen. In A is de zin verbeterd door weglating van enkele woorden (zie aant. d); de betekenis is daarbij onverlet gebleven. De spelling *fibertiens*, die als 'fibertjens' uitgesproken zal zijn, is wat ouderwets; vgl. aant. 98 bij Brief 303 [VIII] van 30 juni 1713, in dit deel.

A part of one of these tendons is covered with so many little fibres of flesh, which had not been torn from the tendon, that one cannot perceive a tendon, as is shown here in the said fig. with GHNO., and one sees it partly like that close to IKL. and S too. Now we must conclude that the tendons are everywhere covered by, and united with, the little fibres of flesh, in such a great number indeed, that many times I have removed the tendons from the legs of a fly with this outcome that one could not perceive a tendon, unless one separated the little fibres of flesh from it. Further I have seen several times that in a little strip of flesh six little strips lay lengthwise, but I could not ascertain the number of little strips of which such a little fibre of flesh consists.

In the said figure a part of the tendon is shown with HIMN., from which the flesh parts have been torn off, and in which one could clearly perceive that the tendons consist of long parts.

Between FGO. a piece of a blood vein is shown which, to all appearances, will have been put in such an awkward position by me.

Now in the said figure two long thin parts were also visible to me, which are shown with OPM and QVR, and the function of which is unknown to me.

If we now realize how many different movements can be executed by such a leg of a fly, then as many different impulses must be given in its leg, whether these depend on the tendons or on the little fibres of flesh.

BRIEF No. 307 [XI] 21 AUGUSTUS 1714

Sien wij nu op een kleijne plaats vande trekkers met wat een menigte vlees fibertjens[a] deselve sijn beset[62], ende als men stelt[63], datter maar drie trekkers inde poot vande vlieg sijn, ende[64] die meest alle sullen vereenigt[b] sijn, van binnen tegen het harde hoornagtig deel vande poot, die[65] de poot een meer als gemene[66] stijfte, en starkte aan brengt, ende die stel ik vast, voor been verstrekt[67]. En als wij dan gedenken, aan de ses pooten vande vlieg, ende het verder gedeelte van het lighaam, moeten wij al weer niet[68] seggen, O. diepte der verborgenheijt[c] hoe weijnig ist, dat wij weten.

Bij.

Alsoo mij ook een bloet ader, die in mijn oog seer groot was, inde poot van een wilde honig bije voor quam[69], hebbe ik deselve laten[d] af teijkenen, op dat men soude mogen[70] sien, uijt wat een krings gewijse[e] maaksel soo een bloet ader is, als hier met fig: 8: WX[71] als mede een kleijnder[f] ader tak als met[g] fig: 9. met AB wert aan gewese ende[72] met de kleijne takken CD[h].

fig. XXXVIII en XXXIX. Vlieg.

En gelijk[73] ik meest, door gaans[26] besig hadde[i] geweest, om het vlees uijt het hoornagtig wesen[74] van de poot, van de vlieg te halen, soo nam ik nu in gedagten, soo het de handen van mijn seer hooge jaren toe liet[j], de pooten van de vlieg hier vooren verhaalt, in sijn[k] lengte te door snijde, om was het doenlijk, te ontdekken, de vereeninge[l] die de vlees-fibertjens, met het hoornagtig wesen vande poot hadde[75].

---

[a] A: menigte van vleesfibertjens   [b] A: meest alle vereenigt   [c] A: lighaam, mogen wy wel weer seggen, O diepe verborgenheyt   [d] A: deselve ook laten   [e] A: kringswyse   [f] hs: kleijder   [g] A: bloet-ader bestaat; als hier Fig. 8 met WX. wert aangewesen. Als mede een kleynder ader, als in   [h] A: ende der selver kleynder adertakken DC.   [i] A: was   [j] A: toelieten   [k] A: haare   [l] A: vereeniginge

[62] *beset*, overdekt. – De conditionele aanhef van de zin (*Sien wij nu*) loopt evenals die van de volgende zin (*als men stelt*) uit op de retorische vraag die het slot vormt van de alinea (*moeten wij al weer niet seggen* enz.).

[63] *stelt*, vaststelt.

[64] *ende* is overtollig.

[65] *die*, lees: dat (nl. het hoornachtige deel).

[66] *meer als gemene*, buitengewone.

[67] *stel ik vast*, meen ik stellig; *voor been verstrekt*, als been dienst doet.

[68] Lees: moeten wij dan al weer niet.

[69] *voor quam*, onder ogen kwam.

[70] *mogen*, kunnen.

[71] Hierna leze men: wert aangewesen.

[72] *ende* moet hier geschrapt worden.

[73] *gelijk*, terwijl.

[74] *het hoornagtig wesen*, de hoornachtige stof. – L. bedoelt blijkbaar het chitinepantser.

[75] *de vereeninge ... hadde*, de wijze waarop de vleesvezeltjes met het hoornachtige deel verbonden waren.

If we now see on a small spot of the tendons with what a multitude of little fibres of flesh they are covered, and if one ascertains that only three tendons are present in the leg of the fly, and, generally, that these will be united to the inside of the hard horny part of the leg, which provides the leg with an exceptional stiffness and strength, and which, I feel certain, serves as a bone and if we then think of the six legs of a fly, and the remaining part of its body must we then not say again: O depth of the hidden mystery, how little is that which we know.

Because I also perceived a blood vein, which seemed very large to me, in the leg of a wild honeybee, I have ordered this to be drawn, in order that one could see the annular structure of such a blood vein, as here is shown in fig. 8. WX, as well as a smaller branch of a vein, as is shown in fig. 9. with AB., and with the small branches CD. *Bee.* *figs XXXVIII and XXXIX.*

And whereas I always had mostly been occupied with extracting the flesh from the horny matter of the leg of the fly[10], the thought now occurred to me, if the hands of my very old age would allow this, to cut the legs of the fly, mentioned above, lengthwise in order to discover, if it were feasible, the way in which the little fibres of flesh were united to the horny matter of the leg. *Fly.*

---

[10] *horny matter*: here L. apparently refers to the chitineous armature.

fig. XL. Ik hebbe dan verscheijde pooten vande vliegen, met twee[a] sneden, in haar lengte, als doorklooft, ende het geene mij aan stont, voor het Vergroot glas gebragt waar van ik maar een kleijn gedeelte hebbe laten afteijkenen, als hier fig: 10. met EFGH. wert aan gewesen.

Ende alsoo om[76] de[b] harde schors vande poot, niet wel[77] te door snijden was, hoe scharpe[c] mesje ik daar toe gebruijkte, soo drukte ik het hoornagtige[d] wat tot malkanderen, die ik[e] op het glas leggende, weder wat van een spreijde, ende dus[78] het selvige[f], soo veel den Teijkenaar konde na volgen[g]; al waar[79] mij nu meer als voor desen bleek dat de vlees fibertjens van binnen, aan de hoornagtige schors, waren vereenigt[54], en al hoe wel mij in die ontdekkinge niet int oog quamen de trekkers, soo moeten wij egter vast stellen[80], dat er meer als een, in moeten sijn, want wij konnen niet begrijpen, dat soo veel vlees fibertjens, die rontomme, van binnen, aan de schors sijn vereenigt, aan eene trekker soude konnen vereenigt sijn, of deselve mosten[h] aan de trekker, met uijt nemende dunheijt vereenigen, dat[81] wij niet sien, maar wel dat de vlees fibertjens, soo dik sijn aan[82] de trekker, als aan de binne schors, dog het geene wij ontdekt hebben, is weijnig, bij[83] het geene inde poot vande vlieg op geslooten leijt.

fig. XL. Alsoo nu een gedeelte van een bloetader, met sijn[i] takken, seer naakt[84] op de vlees fibertjens lag, soo hebbe ik de selve mede[j] laten afteijkenen, als inde geseijde fig: 10. met IK. wert aan gewesen, wat nu EF. ende HG. belangt[85] sijn de[k] harde schorsse, ofte[l] hoornagtige huijt vande poot, die inde Vliege voor been verstrekt[67], als hier vooren nog[86] is geseijt.

---

[a] hs: twee twee   [b] A: alzoo de   [c] A: hoe scharp een   [d] A: het hoornagtig deel   [e] A: 't welk ik   [f] A: het selve   [g] A: Teykenaar het konde navolgen, liet aftekenen   [h] A: moesten sig   [i] A: desselfs   [j] A: ik dat deel mede   [k] A: belangt, dat is de   [l] A: ofte de

[76] *om* moet hier geschrapt worden.
[77] *wel*, goed.
[78] *dus*, zo; voor het vervolg van de zin zie men aant. u.
[79] *al waar*, waarbij.
[80] *egter vast stellen*, toch als vaststaand aannemen.
[81] *of deselve ... vereenigen, dat*, of ze moesten waar ze aan de trekker vastgehecht zijn, buitengewoon dun zijn, hetgeen.
[82] *soo dik sijn aan*, even dik zijn bij.
[83] *bij*, in vergelijking met.
[84] *naakt*, duidelijk zichtbaar.
[85] *belangt*, betreft; hierna leze men *die sijn* enz.
[86] *nog*, al.

Therefore I have, as it were, split several legs of the flies lengthwise by means of two incisions, and I have put before the magnifying glass such parts as satisfied me, only a small part of which I have ordered to be drawn, as is shown here in fig. 10. with EFGH.

fig. XL.

And because I could not properly cut through the hard rind of the leg, however sharp the little knife was I used for it, therefore I pressed the horny part slightly together, and while this was lying on the glass, I again spread it somewhat out, and so ordered it to be drawn as far as the draughtsman was able to reproduce it; at which it became now apparent to me, more than before, that the little fibres of flesh were united on the inside to the horny rind, and although the tendons did not become visible during this exploring, we must still take it for granted that more than one must be present there, for we cannot understand that so many little fibres of flesh, which are all around united on the inside to the rind, could have been united to a single tendon – or they ought to have been exceptionally thin where they were united to the tendon – which we do not see; but we do see that the little fibres of flesh close to the tendon are as thick as at the inside of the rind; but what we have discovered is slight, when compared to what lies enclosed within the leg of the fly.

Now because a part of a blood vein with its branches lay very clearly visible on the little fibres of flesh, I have this also ordered to be drawn, as is shown in the said fig. 10. with IK.; as for EF. and HG., these are the hard rind or horny skin of the leg, which serves as a bone for the fly, as has already been said earlier.

fig. XL.

BRIEF No. 307 [XI] 21 AUGUSTUS 1714

Vlo.

    Vorders hebbe ik verscheijde vloijen, hare pooten af gesneden, ende uijt eenige vande selve het vlees gebragt, dog het meeste vlees lag soo verwart door malkanderen, dat men niet wel een afteijkening daar van konde maken, en om dat ik int vlees, dat ik uijt[a] de borst vande vloij hadde gebragt[87], oordeelde ik de laaste de beste[b] te sijn[88].

fig. XLI.

    Fig: 11: LMNO. verbeelt een kleijn gedeelte van het vlees uijt de borst van een vloij, waar van de vlees fibertjens mede met rings gewijse[c] deeltjens sijn versien, die ik veel maal met groot plaijsier hebbe beschout, al waar met[d] L. wert aan gewesen een trekker en na mijn op merkinge[89] soo oordeele[e], ik, dat de vlees fibertjens, vande voor gaande diertjens, vier maal dikker sijn, als die vande vloeij, namentlijk, als de diameter van een vlees fibertje, doet[f] een[90], dat dan de[g] vlees fibertje vande voor gaande schepsels doet twee.

Mier.

    Na desen, hebbe ik getragt, het vlees vande Mier, mijn selven voor de oogen te stellen, ende dat hebbe ik niet naakter, ofte dat de vlees fibertjens, meer van een gescheijden lagen, dan wanneer[91h] de pooten vande Mier, vande borst vande Mier af trok, in welk doen mij verscheijde malen, is voor gekomen, dat eenige vlees fibertjens, uijt[i] de borst, aan de pooten vast

fig. XLII.

gehegt bleven, die fig: 12. met PQR. aan gewesen[92], in[j] welke vlees fibertjens, mede[k] seer naakt kan bekennen, de krings gewijse[l] in krimpinge, die de vlees fibertjens genieten, als deselve in haar rust leggen; Met PSYR.[93] wert het lid vande poot naast[94] het ligkaam vande selve leggende aangewesen, ende het geene met STXIJ. wert aan gewesen, hebbe ik voor een tweede lid aangesien, ende dat met TVWX.[m] is een gedeelte van het volgende lid.

---

    [a] A: om dat ik ook vlees uyt   [b] A: het laatste het beste   [c] A: ringswyse   [d] A: alwaar ook met   [e] A: oordeelde   [f] A: vleesfibertje van een Vloy doet   [g] A: een   [h] A: lagen, konnen sien, dan wanneer ik   [i] A: van   [j] A: aangewesen word: in   [k] A: vleesfibertjens men mede   [l] A: kringswyse   [m] A: ende TVWX.

[87] Hierna is waarschijnlijk een stuk van de zin bij het overschrijven in het net vergeten. In A is de zin gewijzigd (aant. f en g).

[88] L. schreef eerder over de spiervezels van een vlo in Brief 70 [37] van 22 januari 1683, *Alle de Brieven*, Dl. 4, blz. 18-20, met fig. I op Plaat I; en Brief 72 [38] van 16 juli 1683, *ibid.*, blz. 84.

[89] *na mijn op merkinge*, volgens mijn waarneming.

[90] *doet een*, één bedraagt, op één gesteld wordt.

[91] *niet naakter ... wanneer*, en dat heb ik niet duidelijker kunnen doen (nl. voor de ogen stellen) of zodanig dat de vleesvezeltjes méér afzonderlijk van elkaar lagen, dan toen ik. – In A is de zin – al dan niet met instemming van L. – aangevuld met *konnen sien* (zie aant. m), maar dat sluit minder nauw aan op *voor de oogen stellen*.

[92] Lees: sijn aan gewesen, of wel de lezing vgl. aant. n.

[93] *PSYR.* is een verschrijving; bedoeld is wel PSYZ.

[94] *naast*, het dichtst bij.

Furthermore I have cut off the legs of several fleas, and extracted the flesh from some of them, but the greater part of the flesh lay in such a jumble, that it was impossible to make a good drawing of it, and because I had also extracted flesh from the breast of the flea, I judged the latter to be the best[11].

Flea.

Fig. 11. LMNO. depicts a small part of the flesh from the breast of a flea, the little fibres of flesh of which are also equipped with annular little parts, which I have contemplated many times with great pleasure, where a tendon is shown with L., and according to my observation I judge that the little fibres of flesh of the earlier little animals are four times as thick as those of the flea, that is to say that if the diameter of a little fibre of flesh of a flea rates as one, then the little fibres of flesh of the earlier creatures comes to two.

fig. XLI.

After this I have tried to put the flesh of the ant before my eyes, and I have not been able to do this more clearly, or in such a way that the little fibres of flesh lay better separated from one another, than when I pulled the legs of the ant out of the breast of the ant; and several times, while I was doing this, it happened that a few little fibres of flesh from the breast remained attached to the legs, which are shown in fig. 12. with PQR; in which little fibres of flesh one can also very clearly distinguish the annular striations which come about in the little fibres of flesh when they are at rest; with PSYR is shown the joint of the leg which lies closest to its body, and I have assumed that which is shown with STXIJ. to be a second joint, and that which is shown with TVWX. is a part of the next joint.

Ant.

fig. XLII.

---

[11] L. wrote earlier on the muscle fibres of a flea in Letter 70 [37] of 22 January 1683, *Collected Letters*, vol. 4, pp. 19-21, with fig. I on Plate I; and Letter 72 [38] of 16 July 1683, *ibid.*, p. 85.

Mijt.   Vorders hebbe ik de kleijne diertjens, die men de Mijt noemt, na mijn vermogen ondersogt, en hoe naeukeurig ik toe sag, soo en hebbe ik geen vlees fibertjens konnen ontdekken, al hoe wel het bij mij vast staat, dat deselve diertjens daar mede begaaft sijn, ende dat de stoffe, die ik door het Vergrootglas quam te sien, vlees deelen waren, die int ondersoek, door mij waren verbrijselt, maar wel is mij voor gekomen[95], dat ik meer als eens, een volkome eij[96] uijt haar lighaam haalde, ende dat het Eijernest het welke met bijsondere groothedden, van Eijeren[97], soo[a] was versien, als of wij met ons bloote oogen, het Eijer-nest van[b] een hoen sagen[98].

Ik hadde wel gedagt, dat ik mede eenige in krimpinge, inde trekkers vande vliegen[c] soude ontdekt hebben, gelijk ik wel gesien hebbe, dat inde trekkers van groote schepsels sijn[d], en hier op neem ik weder, een stuk vlees van een wal-vis, dat seer hart gedroogt is, en alwaar een groote trekker is[99], en welk stuk vlees, door een gat dat met[e] een Mes, digte bij de trekker gestooken is, en waar door[f] een touw ging, en daar aan[g] op gehangen was, ende dus[h] de trekker, in een bogt was uijt gerekt[100];

---

    [a] A: Eyernest met Eyeren van bysondere grootheden zoo   [b] A: in   [c] A: van de Pooten der Vliegen   [d] A: gelyk ik die in de Trekkers van groote Schepsels had gesien   [e] A: Trekker is: door welk stuk vlees een gat met   [f] A: is; waar door   [g] A: ging, daar het stuk aan   [h] A: was; zoo dat de

[95] *voor gekomen*, overkomen.
[96] *een volkome eij*, een volgroeid ei.
[97] *het welke ... Eijeren*, met eieren van verschillende grootte (*het welke* moet geschrapt worden).
[98] Zie aant. 30 bij Brief 305 [IX] van 24 oktober 1713, in dit deel.
[99] Voor het verwarde vervolg van deze zin zie men de varianten e t/m h.
[100] Zie voor eerdere waarnemingen over de spiervezels van een walvis Brief 296 [I] van 8 november 1712, in dit deel.

Furthermore I have examined as well as I could the little animals which are called the mite, and however carefully I looked, I have not been able to discover any little fibres of flesh, although I am firmly convinced that these little animals are endowed with them, and that the matter which I managed to see through the magnifying glass were flesh parts, which I had crushed during the examination; yet it has happened to me that I more than once extracted a full-grown egg from their body and that the ovary was so equipped with eggs of varying size that it was as if we saw with the naked eye the ovary of a fowl[12].

Mite.

I had rather expected to discover also some shrinking in the tendons of the flies, such as I have seen at times in the tendons of large creatures; and hereupon I take again a piece of flesh of a whale, which had dried very hard, and in which a large tendon is present, and through which piece of flesh is cut a hole with a knife, close to the tendon; through this a rope went, on which the piece was suspended; and so the tendon was stretched in a curve[13].

---

[12] See note 11 on Letter 305 [IX] of 24 October 1713, in this volume.
[13] For earlier observations on the muscle fibres of a whale, see Letter 296 [I] of 8 November 1712, in this volume.

BRIEF No. 307 [XI] 21 AUGUSTUS 1714

Walvis.

fig. XLIII.

  De dunne deelen nu, die ik vande[a] trekker, van het wal-vis vlees, quam door het Vergrootglas te sien[101], bestont[b] uijt uijt nemende dunne lange deeltjens, die als in een regte lini lagen, dog als ik deselve nat maakte, ende voor het Vergroot glas bragt, veranderde de regt uijt leggende deeltjens, met der selver in krimpinge[102], als hier met fig: 13. tussen A ende B. is aan gewesen.

  Maar als wij nu sien, dat de lange dunne deeltjens, waar uijt de trekker uijt de poot van een vlieg bestaat, ende de lange dunne deeltjens vande trekker van een Wal-vis, dat soo een onbeschoft[103] groot beest is, gelijk in dikte is en alleen der selver groote bestaat uijt[c] meerderheijt en lengte van deelen, soo staan wij als verbaast, en soude[d] nojit, in onse hersenen konnen komen, ten ware wij sulks sagen, en welkers in krimpinge en uijt rekkinge, ik vast stel[97], dat in alle de trekkers, en vlees deelen mede soo gelegen is[e].

  Ik beelt mij ook in[104], dat inde wal-vissen, de vlees fibertjens, van verschillende dikte sullen sijn, om dat de wal-vissen, en veele andere vissen, soo lang sij leven, in groote toe nemen, als hebbende sagte beenen, die doorgaans[105] in groote toe nemen, om dat ook geen[f] verandering vande lugt, en ook geen quaat[106] water inde Zee (die altijt beweegt), onderworpen sijn[107], en soo is het ook gelegen beelt ik mij in[108], met andere Vissen.

---

  [a] A: ik in den   [b] A: Walvis vlees door het Vergroot-glas quam te sien, bestonden   [c] A: dikte zyn en dat de groote van de laatste alleenlyk bestaat in de   [d] A: en het soude   [e] A: sagen. En ik stel vast dat het met der selver inkrimpingen, en uytrekkingen, mede zoo gelegen is gelyk in alle de andere Trekkers, en vleesdeelen   [f] A: toenemen; en ook omdat geen

  [101] De normale zinsvolgorde zou zijn: De dunne delen van het walvisvlees in (of: van) de trekker, die ik door het vergrootglas zag. – In plaats van *bestont* leze men *bestonden* als in aant. j.

  [102] *met der selver in krimpinge*, doordat ze inkrompen.

  [103] *onbeschoft*, lomp, grof van lichaamsbouw. Voor de rest van de zin volge men de varianten k, l en m.

  [104] *Ik ... in*, ik denk ook.

  [105] *als ... die*, omdat zij een zacht geraamte (zachte botten) hebben, dat (die); *doorgaans*, steeds, altijd door.

  [106] *quaat*, onrustig, onstuimig; met *verandering van lugt* bedoelt L. waarschijnlijk weersverandering, die naar zijn mening evenmin als de golfslag onder water waarneembaar is.

  [107] *om dat geen (...) onderworpen sijn*, omdat zij niet onderhevig zijn aan, geen invloed ondergaan van.

  [108] *beelt ik mij in*, meen ik, denk ik.

216

Now the thin parts of the tendon of the flesh of the whale, which I came to see through the magnifying glass, consisted of exceptionally thin, long little parts, which lay, as it were, in a straight line, but when I moistened them and put them before the magnifying glass, the long little parts, which lay straight, changed during their shrinking, as is shown here in fig. 13. between A and B.

But when we now see that the long thin little parts, of which the tendon from the leg of a fly consists, and the long little parts of the tendon of a whale, which is such an ungainly big animal, are equal as to thickness, and that the size of the latter only results from the greater amount and length of the parts, than we stand as amazed, and it could not have been conceived by our brains, if we did not actually see it; and I take it for granted that the contractions and stretchings of these happen in the same way in all tendons and flesh parts.

I also think that in the whales the little fibres of flesh will be of varying thickness, because the whales and many other fishes grow in size during the whole of their life, because they have soft bones, which continually increase in size, and because they are influenced neither by a change of air, nor by turbulent water in the sea (which is always in motion); and it is the same, I think, with other fishes.

Whale.

fig. XLIII.

Ik hadde ook gedagt, het groote Vliegende Schepsel dat men mede onder[a] de bloedeloose dieren[109], en welkers wieken, met schilden sijn bedekt, die[b] de kinderen Goude torren[110], noemen[111]; dese schepsels, en hebbe[c] ik vande somer niet vernomen[112], en men heeft tot mij geseijt, dat men deselve inde tuijnen, niet en heeft gesien.

Ik wil hoopen, dat in desen eenige ontdekkinge sullen gevonden werden, waar in UE: Hoog Edele Heeren een behagen[d] sult vinden, en ik sal met seer veel agtinge, blijven.

UE: Hoog Edele Heeren.[e]

Onderdanigste[f] Dienaar
Antoni van Leeuwenhoek

P S.
Heden als ik dese soude sluijten soo ontfange ik UE: Hoog Edele seer[g] aangenamen vanden 16e julij nevens een bondel *Transactions*[h], die een bediende van sijn Hoog Edelheijt de Heer Van Boetselaar[113], tmijnen huijse brengt. Ik blijve voor dat onverdiende present, ten hoogste dankbaar, en sal bij gesontheijt, binnen korten tijd, eenige weijnige van mijne nadere waarneminge UE: Hoog Edele Heeren laten toekomen[114].

---

    [a] A: dat men onder   [b] A: 't welke   [c] A: noemen, te bezigtigen. Dese Schepsels hebbe   [d] A: waar in gy l. Hoog Edele Heeren, behagen   [e] A: Hoog-Edele Heeren,   [f] A: Uw onderdanigste   [g] A: dese sluyte, ontfange ik, Hoog Edele Heeren, uwen seer   [h] A: *Phil: Transactions:*

[109] *bloedeloose dieren*, insekten.

[110] L. doelt hier op de gouden tor, *Cetonia aurata* L. Zie aant. 20 bij Brief 308 [XII] van 26 oktober 1714, in dit deel.

[111] Na *noemen* is *te beschouwen* of *te ondersoeken* ofwel *te bezigtigen* (zie aant. d) achterwege gebleven.

[112] *vernomen*, gezien.

[113] Van Boetzelaar is niet geïdentificeerd.

[114] L.'s volgende brief aan de Royal Society is Brief 308 [XII] van 26 oktober 1714, in dit deel, eveneens over spiervezels.

I also had in mind to investigate the large flying creature, which is also rated among the bloodless animals, the wings of which are covered with wing-cases, and which the children call golden beetles; and this summer I have not seen these creatures, and I have been told that they have not been seen in the gardens[14].

I may hope that some discoveries will be found in this, which will please You, Very Noble Sirs, and I shall remain, with very much respect,

Very Noble Sirs,

Your most Humble Servant
Antoni van Leeuwenhoek

P.S.

Today, when I was about to seal this down, I received the very pleasant letter of July the 16th from You, Very Noble Sirs, as well as a parcel of *Transactions*, which is brought to my house by a servant of the very honourable gentleman, Mr van Boetselaar[15]. I remain extremely obliged for this unmerited gift, and if my health allows it, I shall shortly send to You, Very Noble Sirs, some few of my further discoveries[16].

---

[14] L. here refers to the rose chafer, *Cetonia aurata* L. See note 5 on Letter 308 [XII] of 26 October 1714, in this volume.

[15] VAN BOETZELAAR has not been identified.

[16] L.'s next letter to the Royal Society is Letter 308 [XII] of 26 October 1714, in this volume, on muscle fibres once again.

BRIEF No. 308 [XII] 26 OKTOBER 1714

Gericht aan: de Royal Society.

Manuscript: Geen manuscript bekend.

GEPUBLICEERD IN:

A. VAN LEEUWENHOEK 1718: *Send-Brieven*, ..., blz. 111-123, 7 figuren (Delft: A. Beman). - Nederlandse tekst [A].
A. À LEEUWENHOEK 1719: *Epistolae Physiologicae* ..., blz. 112-124, 7 figuren (Delphis: A. Beman). - Latijnse vertaling [C].
N. HARTSOEKER 1730: *Extrait Critique des Lettres de feu M. Leeuwenhoek*, in *Cours de Physique* ..., blz. 60 (La Haye: J. Swart). - Frans excerpt.
A.J.J. VANDEVELDE 1923: *De Send-Brieven van Antoni van Leeuwenhoek* ..., in *Versl. en Meded. Kon. Vlaamsche Acad.*, Jrg. 1923, blz. 367-368. - Nederlands excerpt.

SAMENVATTING:

Over spiervezels en de omhullende membranen uit de poten van een mug en van een gouden tor, van een vlieg, van een langpootmug en van een honingbij. Over spiervezels uit het vlees van een koe. L. corrigeert zijn tot dan toe verdedigde opvatting dat de samentrekkingen in spiervezels ringvormig zijn. Nu meent hij een spiraalvormige samentrekking waar te nemen.

FIGUREN:

fig. XLIV-L. De oorspronkelijke tekeningen zijn verloren gegaan. In de uitgaven A en C zijn de zeven figuren bijeengebracht op één plaat respectievelijk tegenover blz. 113 en blz. 114.

OPMERKINGEN:

De hier afgedrukte tekst is die van uitgave A.
In de archieven van de Royal Society ontbreekt het manuscript van deze brief; hij is niet op een vergadering van de Royal Society voorgelezen.

LETTER No. 308 [XII] 26 OCTOBER 1714

Addressed to: the Royal Society.

Manuscript: No manuscript is known.

PUBLISHED IN:

A. VAN LEEUWENHOEK 1718: *Send-Brieven,* ..., pp. 111-123, 7 figures (Delft: A. Beman). - Dutch text [A].

A. À LEEUWENHOEK 1719: *Epistolae Physiologicae* ..., pp. 112-124, 7 figures (Delphis: A. Beman). - Latin translation [C].

N. HARTSOEKER 1730: *Extrait Critique des Lettres de feu M. Leeuwenhoek*, in *Cours de Physique* ..., p. 60 (La Haye: J. Swart). - French excerpt.

A.J.J. VANDEVELDE 1923: *De Send-Brieven van Antoni van Leeuwenhoek* ..., in *Versl. en Meded. Kon. Vlaamsche Acad.*, 1923, pp. 367-368. - Dutch excerpt.

SUMMARY:

On muscle fibres and their enclosing membranes of the legs of a mosquito and a rose chafer, of a fly, of a crane fly, and of a honeybee. On muscle fibres from the flesh of a cow. L. rectifies his until now held opinion that the contractions in a muscle fibre are circular. At present he observes a spiral contraction.

FIGURES:

The original drawings have been lost. In the editions A and C the seven figures have been combined on one plate facing pp. 113 and 114 respectively.   *figs XLIV-L.*

REMARKS:

The text as printed here is that of edition A.

The manuscript of this letter is lacking in the archives of the Royal Society. The letter was not read in a meeting of the Royal Society.

BRIEF No. 308 [XII] 26 OKTOBER 1714

In Delft den 26. October 1714.

Aan de Hoog-Edele Heeren,
Myn Heeren die van de Koninglyke Societeit te Londen.

Hoog-Edele Heeren.
Na het afgaan van myn laatste schryven[1], hebbe ik dese volgende waarnemingen weder op het papier gestelt.

Mug.

Onder de Muggen, my bekent, vinde ik drie soorten; van dewelke sedert veele jaren, over[2] het water dat voor myne huysinge loopt, een groote menigte wolksgewyse te voorschyn koomt; die men seyt, dat des nagts haar tegen het verwulfsel van de brugge te rust begeven; welke Muggen geen angels hebben[3]: dus men van de selve niet geplaagt wert.

De tweede soort is seer na[4] van gelyke groote; dese hebben angels, en steeken seer vinnig; en hare wieken, beenen, ende de kooker waar in de angels geplaatst syn, syn met een overgroot getal veertjens[5] beset. Van dese hebbe ik'er van dese Somer seer weynig gesien.

De derde soort is wat grooter, en heeft ook langer Pooten; anders[6] synde gelyk de laatst geseyde. Van dese hebbe ik'er maar twee van de Somer genomen[7].

Ik hebbe de laatstgeseyde haare Pooten van haar lighaam gebrooken, en deselve op een glas[8] geplaatst, om door een penceeltje haare veeren van de Poot af te vagen, door behulp van wat water; om dat my de veeren hinderlyk waren, in't uytbrengen van het vlees uit de Pooten[9].

---

[1] L. doelt hier op zijn vorige brief aan de Royal Society, Brief 307 [XI] van 21 augustus 1714, in dit deel.

[2] *over*, boven.

[3] L. schreef uitgebreid over de monddelen van een mug in Brief 109 [64] van 24 augustus 1688, *Alle de Brieven*, Dl. 7, blz. 344-358. Zie ook de Fig. LXXV-LXXXV op Plaat XVI en de afb. 32 en 33 op respectievelijk Plaat XVIII en XVII aldaar. Onduidelijk is of hij een *Culex*-, dan wel een *Anopheles*-soort heeft beschreven. Vgl. ook Brief 207 [122] van 2 januari 1700, *idem*, Dl. 13, blz. 6-8.

[4] *seer na*, ongeveer.

[5] *veertjens*, schubjes. – Zie Brief 109 [64] van 24 augustus 1688, *Alle de Brieven*, Dl. 7, blz. 350.

[6] *anders*, voor het overige.

[7] *genomen* kan een zetfout zijn voor *vernomen* (gezien, waargenomen), maar het is ook mogelijk dat het woorddeel *waar* vergeten is.

[8] *op een glas*, op een objectglaasje.

[9] L.'s vorige brief over spiervezels is Brief 307 [XI] van 21 augustus 1714, in dit deel. Zie voor de brieven over spiervezels in dit deel de opsomming in het Voorwoord.
Zie voor L.'s eerdere brieven over spiervezels aant. 5 bij Brief 296 [I] van 8 november 1712, in dit deel. Vgl. SCHIERBEEK, *Leeuwenhoek*, Dl. 2, blz. 336-347; IDEM, *Measuring*, blz. 121-125; en COLE, "L.'s ... researches", blz. 36-39.

LETTER No. 308 [XII]   26 OCTOBER 1714

At Delft, the 26th of October 1714.

To the Very Noble Gentlemen,
The Gentlemen of the Royal Society in London.

Very Noble Sirs.

After my last letter had been dispatched[1], I have again put on paper the following observations.

Among the mosquitoes known to me I find three kinds; those of which a great multitude appears for many years in swarms above the water which runs before my house, and which are said to seek their rest at night against the arched roof of the bridge; which mosquitoes have no stings[2]; hence one is not plagued by them. *Mosquito.*

The second kind is of, roughly, the same size; these have stings and sting very sharply; and their wings, legs, and the sheath in which the stings are placed, are covered with an exceedingly large number of little scales[3]. In this summer I saw only very few of them.

The third kind is somewhat larger and has also longer legs; in other respects it is like the kind last mentioned. I have seen[4] no more than two of these in this summer.

Of the ones last mentioned I have broken off their legs from their body and put these on a glass, in order to wipe off their scales from the leg with a little paint-brush, with the help of a little water; because the scales hampered me in extracting the flesh from the legs[5].

---

[1] L. here refers to his previous letter to the Royal Society, Letter 307 [XI] of 21 August 1714, in this volume.

[2] L. wrote in great detail on the mouth parts of a gnat in Letter 109 [64] of 24 August 1688, *Collected Letters*, vol. 7, pp. 345-359. See also the Figs LXXV-LXXXV on Plate XVI and the ills 32 and 33 on respectively Plates XVIII and XVII there. It is not clear whether he described a species of *Culex*, or one of *Anopheles*. Cf. also Letter 207 [122] of 2 January 1700, *idem*, vol. 13, pp. 7-9.

[3] See Letter 109 [64] of 24 August 1688, *Collected Letters*, vol. 7, p. 351.

[4] *seen*: the Dutch word *genomen* could also be translated by 'caught'.

[5] L.'s previous letter on muscle fibres is Letter 307 [XI] of 21 August 1714, in this volume. See the Preface for an enumeration of the letters on muscle fibres in this volume.

For L.'s earlier letters on muscle fibres see note 3 on Letter 296 [I] of 8 November 1712, in this volume.

Cf. SCHIERBEEK, *Leeuwenhoek*, vol. 2, pp. 336-347; IDEM, *Measuring*, pp. 121-125; and COLE, 'L.'s ... researches', pp. 36-39.

fig. XLIV.

En het vlees dat ik oordeelde, dat men best soude konnen nateykenen, ende daar het minste vlees aan de trekkers[10] was, hebbe ik voor het Vergroot-glas gestelt, en laten afteykenen: waar in twee trekkers, met eenige vleesdeelen beset[11], werden aangewesen, als Fig. 1. BCDL. de eene trekker: ende EPG. de andere trekker; die[12] niet uyt het dikste van de Poot van de Mugge, maar uyt een van de dunste leden hebbe gehaalt; synde ABC. een kleyn gedeelte van het uyterste deel van het lid.

In de geseyde figuur sien wy, dat eenige vleesfibertjens als met een punt vast syn; en weer andere, dat die met haare gantsche dikte aan de trekkers syn vereenigt; dat my meer in het vlees uyt de Pooten van de vliegende Schepsels is te vooren gekomen[13].

Hier sag ik nu mede, dat yder vleesfibertje met zoodanige ringswyse inkrimpingen[14] was versien, als ik van andere kleyne Schepsels haar vleesdeelen[15] hebbe geseyt; en wat belangt[16] de lange en gladde deelen, in deselve Fig. met LIM. ende HIK. aangewesen, die met geen deelen syn beset, ende die ik doorgaans[17] in de Pooten van de vliegende Schepsels hebbe ontdekt, hebbe ik my selven wel ingebeelt[18], of mede niet wel voor trekkers mogten verstrekken[19]; om dat ik wel gesien hebbe, dat deselve in het lid, met EB. aangewesen, ten deele met een ronde knop waren versien, en ook in een holte van het lid geplaatst waren.

Gouden tor.

Nu hadde ik bekomen een vliegend Schepsel dat men een goude Torre[20] noemt; welk Schepsel ontrent $3/4$ van een duym[21] lang, en $1/2$ duym breet was.

---

[10] *trekkers*, spieren.
[11] *met ... beset*, waaraan enkele vleesdeeltjes vast zaten.
[12] *die*, lees: die ik.
[13] *dat my meer in het vlees (...) is te vooren gekomen*, hetgeen ik bij het vlees (...) meer heb gezien.
[14] *inkrimpingen*, insnoeringen.
[15] *van ... vleesdeelen*, van de vleesdelen van andere kleine diertjes.
[16] *belangt*, aangaat, betreft.
[17] *doorgaans*, altijd, telkens weer.
[18] *my selven (...) ingebeelt*, gedacht.
[19] *of ... verstrekken*, of deze misschien ook niet als "trekkers" dienst deden.
[20] *goude Torre*, de gouden tor, *Cetonia aurata* L. – Op grond van de afmetingen komt een identificatie als gouden loopkever, *Carabus auratus*, niet in aanmerking.
[21] Een *duym* is 2,61 cm.

LETTER No. 308 [XII] 26 OCTOBER 1714

And I have put the flesh which I judged could be best represented, and where the amount of flesh on the tendons was the least, before the magnifying glass and ordered it to be drawn; in which two tendons are shown to which a few parts of flesh are attached, as Fig. 1. BCDL. the one tendon; and EFG. the other tendon; which I have extracted, not from the thickest part of the leg of the mosquito, but from one of the thinnest segments; ABC. being a small part of the end part of the segment. *fig. XLIV.*

In the said figure we see that some few little fibres of flesh are attached, as it were, with their tip; and again others which are attached to the tendon with their entire thickness; I have noticed this several times in the flesh from the legs of flying creatures.

Now I also saw here that each little fibre of flesh was equipped with such annular striations as I have described with regard to the flesh parts of other small creatures; and as to the long and smooth parts, shown in that same Fig. with LIM. and HIK., which are not covered with any parts, and which I have recurrently discovered in the legs of the flying creatures, I have at times entertained the notion whether they do not also serve as tendons, because I have at times seen that in the segment, shown by EB., they were partly equipped with a round knob and that they were also situated in a cavity of the segment.

Now I had received a flying creature which is called a golden beetle[6], which creature was about three quarters of an inch[7] long and half an inch broad. *Rose chafer.*

---

[6] *golden beetle*, this is the rose chafer, *Cetonia aurata* L. Because of the indicated size of the insect an identification as golden ground beetle, *Carabus auratus*, does not come into consideration.

[7] An *inch* is 2.61 cm.

Nu begeerde ik onder andere myn besigheden[22] te ondersoeken, of yder van de vleesfibertjens mede niet omwonden lag met membraantjens, gelyk ik van 't vlees van de viervoetige Dieren hebben geseyt. Dog ik hebbe sulks niet konnen ontdecken; meer eer vast gestelt, dat yder vleesdeeltje van alle die kleyne vliegende Schepsels met een bysondere rok[23] was versien; te meer, om dat deselve aan den anderen[24] niet waren vereenigt: want zoo ze aan den anderen waren vereenigt, zoo souden deselve zoo niet van een scheyden als ik doorgaans[17] waarneem; ende ten anderen[25], beelt ik my in, zoo deselve met membraantjens waren omwonden, soude ik deselve veelmalen ontdekt hebben: daar ik nogtans[26], als ik de vleesfibertjens, uyt de vliegende Schepseltjens, op het glas laat droogen, noyt gesien hebbe dat ze als in een lighaam vereenigden; maar yder blyft op sig selven, als of ze met een huyt waren omvangen.

Ja het is my verscheyde malen te vooren gekomen, dat ik my vast inbeelde[27], dat yder vleesdeeltje, dat wy een fibertje noemen, een vleesmuscultje is; want ik sie in eenige van deselve sulke dikke striemen[28], dat ik die niet voor een enkeld striemtje aansie, waar uyt zoo een vleesfibertje soude bestaan; om dat ze te dik in myn oogen syn: want deselve souden veel dikker syn, dan die dunne deelen, waar uyt een vleesfibertje van een Walvis is bestaande.

Nu nam ik in gedagten, of niet wel de vleesfibertjens van binnen tegen het harde hoornagtig deel van de Poot mogten[29] gehegt syn; dan[30] of het hoornagtig deel met een membrane mogte syn bekleedt.

---

[22] *onder ... besigheden*, bij, naast mijn andere bezigheden.
[23] *bysondere rok*, eigen, afzonderlijke omhulling, vlies.
[24] *aan, op, agter, van den anderen*, aan, op, achter, van elkaar.
[25] *ten anderen*, ten tweede.
[26] *daar ik nogtans*, terwijl ik toch.
[27] *te vooren gekomen, dat ... inbeelde*, overkomen, dat ik stellig meende.
[28] *striemen*, vezels.
[29] *mogten*, konden.
[30] *dan*, hier: dan wel.

LETTER No. 308 [XII]   26 OCTOBER 1714

Now I desired, in addition to my other pursuits, to investigate whether each of the little fibres of flesh did also lie wrapped up in little membranes, as I have said with regard to the flesh of quadrupeds. But I have not been able to discern this, but I did rather ascertain that each little part of flesh of all those little flying creatures was equipped with a separate coating; the more so because they were not united to one another, for if they were united to each other, they would not separate in the way I time and again observe; and, secondly, if they had been wrapped up in little membranes, I think I should have discovered those many times; whereas actually, when I leave the little fibres of flesh from the flying creatures to dry upon the glass, I have never seen that they united, as it were, into a single body; but each of them remains apart, as if they were surrounded with a skin.

Indeed, several times it happened that I became firmly convinced that each little part of flesh, which we call a little fibre, is a little muscle of flesh; for in some of them I see such thick strips, that I do not regard them as a single little strip, of which such a little fibre of flesh would consist; because to my eyes they are too thick; for they would be much thicker than the thin parts of which a little fibre of flesh of a whale consists.

Now the thought came to me whether the little fibres of flesh could not be attached to the inside of the hard horny part of the leg; or, whether the horny part would be coated with a membrane.

BRIEF No. 308 [XII]   26 OKTOBER 1714

Ik hebbe dan de Pooten van het vliegende Schepsel in haar lengte doorsneden, ende van de vleesdeelen (die dikker syn als in andere vliegende Schepsels) ontbloot, ende vernomen[31], dat de membranen, die tegen het hoornagtig deel van de Poot lagen, meer als een dik op den andere[32] lagen. In dit doen is my tweemaal te vooren gekomen, dat van de doornsgewys puntige deelen, die veelen[33] van buyten op de Pooten stonden, eenige op de vliesen of de membrane stonden; waar uyt ik oordeelde, dat de doornagtige deelen, die ik quam te sien, alleen de inleggende doornagtige deelen waren, waar mede deselve syn versien.

En omme zoo veel my doenlyk was na te speuren, hoe dik de membrane van binnen tegen het hoornagtige deel van de Poot aanlag; zoo hebbe ik met een scharp mesje van het hoornagtig deel van de Poot, dat seer hart is, van buyten een schibbe[34] afgesneden; zoodanig, dat ik de membrane, die van binnen tegen het hoornagtig deel aanlag, mede doorsnede; om zo doende te mogen bekennen[35], hoe dik de membranen op een lagen; waar van eene schibbe[36] met Fig. 2. NOPQR. wert aangewesen. Ende met NSTVR. wert aangewesen de snede, die door de membrane is gegaan; ende WXY. is een gedeelte, beelt ik my in[18], daar de vleesfibertjens hebben gelegen, ende nu als[37] een ledige plaats was.

fig. XLV.

Als wy de doorsnede deelen van T. tot X. tellen, zoo sullen wy seggen (het opperste ofte de schors van de Poot aan een syde gestelt[38]) dat'er vyf membranen op een leggen: en ik hebbe waargenomen, dat het schorsagtige deel, het bovenste van't selve niet gerekent, twee dik op een leyt. Ende dit zoo synde, zoo leggen de membranen drie dik op den anderen[24]; en ik hebbe meest doorgaans[39] gesien dat dese op een leggende membraantjens uyt lange deeltjens bestaan, die dwars en ook kruysgewys door en over malkanderen loopen: die den Teykenaar zoo veel heeft nagevolgt[40], als in syn vermogen was.

---

[31] *vernomen*, gezien.
[32] *meer ... andere*, meer dan één dik, in meer dan één laag op elkaar.
[33] *die veelen*, waarvan er vele.
[34] *schibbe*, schilfer, dun schijfje.
[35] *te mogen bekennen*, te kunnen waarnemen.
[36] Blijkens de woorden *waarvan eene schibbe* heeft L. de bewerking meermalen uitgevoerd.
[37] *als*, als het ware.
[38] *aan ... gestelt*, buiten beschouwing gelaten.
[39] *meest doorgaans*, meestal.
[40] *zoo ... nagevolgt*, zo nauwkeurig heeft getekend.

LETTER No. 308 [XII]   26 OCTOBER 1714

    I have, then, cut lengthwise through the legs of the flying creature, and stripped them of the parts of flesh (which are thicker than in other flying creatures), and I have seen that the membranes which lay against the horny part of the leg, lay on top of one another in more than a single layer. While I was busy with this, it appeared to me two times that from the thorn-like pointed parts, which stood in large numbers on the outside of the legs, a few stood on the skin or membrane; from this I judged that the thorn-like parts, which I managed to see, were merely the interior thorn-like parts with which they are equipped.

    And in order to investigate, as far as I could, how thickly the membrane lay on the inner side against the horny part of the leg, I have, then, cut with a very sharp little knife a sliver from the outside of the horny part of the leg, which is very tough; in such a way that I also cut through the membrane which lay against the horny part on the inside; in order to be able to observe how thickly the membranes lay upon one another; one sliver of which is shown by Fig. 2. NOPQR. And with NSTVR. the incision is shown which went through the membrane; and WXY. is, I think, a part where the little fibres of flesh have been lying, and which is now, as it were, an empty place.   *fig. XLV.*

    If we count the parts, which have been cut through, from T. to X. then we shall say (leaving aside the upper part, or rind, of the leg) that there are five membranes lying on top of one another; and I have seen that the rind-like part, leaving out of account its topmost part, lies in two layers, one upon the other. And this being so, the membranes therefore lie in three layers on one another; and usually I have seen that these little membranes, which lie one upon the other, consist of long little parts, which run transversely and cross-wise through and over one another; which the draughtsman has rendered as closely as he was able to.

BRIEF No. 308 [XII] 26 OKTOBER 1714

    Vorders bragt men tot my een vliegent Schepsel, zoo groot als een Honigbye, die men op myn plaats hadde vinden loopen. In dit Schepsel waren de hoornagtige deelen sagt, in vergelykinge van onse gemene Vliegen[41]; wiens Pooten ik ook doorsogt.

    Dog ik heb niet meerder daar ingesien als ik van de Pooten van andere Vliegen[42] hebbe geseyt. Alleen scheen my het hoornagtig deel van de Poot te bestaan als[43] uyt in een geschikte ronde bolletjens: en het membraantje, dat ik van binnen van het hoornagtige afnam, scheen mede te bestaan uyt ronde bolletjens; die ik my inbeelde[18] dat zoo ingedrukt waren van[44] het hoornagtige deel van de Poot.

Vlieg.   Ik hebbe hier vooren geseyt, dat het geene ik voor vleesfibertjens hadde aangesien, wel vleesmuscultjens mogten[45] syn; en alzoo nu een gemeene Vlieg voor myn venster quam vliegen; die immers[46] van het grootste slag van die soort was, zoo haalde ik het vlees uyt alle de Pooten, ende ik sag twee muscultjens van een Sants groote[47] leggen, die ten deele van bloetaderen ware omvangen, en waar in men net[48] sag leggen, ende seer wel konde onderscheyden, die deelen die ik voor muscultjens aansag, ende die in de lengte gestrekt lagen, als hier een
fig. XLVI. van deselve met Fig. 3. ABCDEF. wert afgebeelt: welk vleesmuscultje ik oordeelde, dat niet uyt een van de Pooten was; maar dat met het afbreeken van de Pooten eenig vlees uyt de borst aan de Pooten was vast gebleven; gelyk my meermalen is te vooren gekomen[49].

---

[41] *gemene Vliegen*, gewone vliegen, huisvliegen; het volgende *wiens* verwijst naar dit *Schepsel*.
[42] Zie Brief 307 [XI] van 21 augustus 1714, in dit deel.
[43] *te bestaan als*, als het ware te bestaan.
[44] *van*, door.
[45] *mogten*, zouden kunnen.
[46] *immers*, zeker, stellig.
[47] Een *Sants groote* is ongeveer 400 μ.
[48] *net*, mooi, fraai.
[49] *my ... gekomen*, ik meermalen heb gezien.

Furthermore, a flying creature, as big as a honeybee, was brought to me, which had been found running in my backyard. In this creature the horny parts were soft when compared to our common flies of which I have also examined the legs.

But I did not see in this anything more than what I have said of the legs of other flies[8]. The horny part of the leg, however, seemed to me to consist, as it were, of round little globules, arranged together, and the little membrane which I separated from the inside of the horny part also seemed to consist of round little globules; and I think that they were pressed together in that way by the horny part of the leg.

I have said earlier that what I had regarded as being little fibres of flesh might well be little muscles of flesh; and because now a common fly came to fly before my window, which was, to be sure, of the largest variety of that kind, therefore I extracted the flesh from all its legs, and I saw two little muscles lying there, of the size of a grain of sand[9], which were partly surrounded by blood veins, and in which one could beautifully see, and very well distinguish, those parts which I took to be little muscles, and which lay extended lengthwise, as one of them is depicted here with Fig. 3. ABCDEF.; I judged that this little muscle of flesh did not originate from one of the legs, but that when I broke off the legs a little flesh from the breast had remained attached to the legs, which has appeared to me several times.

Fly.

fig. XLVI.

---

[8] See Letter 307 [XI] of 21 August 1714, in this volume.
[9] A *grain of sand* is approximately 400 μ.

fig. XLVII.
Langpootmug.

Nu bragt men tot my een vliegend Schepsel, dat onse kinderen een Spek-eeter[50] noemen; 't welk Fig. 4. met GHIK. word afgebeeldt[51]; en hoewel ik vast stelde[52] dat het vlees in de Pooten my niet anders soude voorkomen als ik in andere vliegende Schepsels hadde vernomen[31]; zoo haalde ik egter[53] tot tydkortinge het vlees uyt de Pooten; en alzoo de Pooten my meer als eens van het glas vielen, zoo maakte ik het glas, waar op ik een Poot plaatste, wat nat; op dat deselve des te beter op het glas souden blyven leggen, waar toe ik ook wel gebruykte het speeksel uyt myn mont. Dit vlees door het Vergroot-glas beschouwende, sag ik met de grootste verwonderinge, dat meest alle de vleesfibertjens, daar[54] ze niet te dik op den anderen[24] lagen, in een beweginge waren; zoo[55] met het intrekken, als met het uytrekken: en dat zoo een vleesfibertje zig in een bogt, ofte ook wel in twee bogten was bewegende; ende die vleesfibertjens, dewelke van anderen meerendeel bedekt waren, bogen sig in hare bewegingen, zoo verre sy voor het gesigt bloot lagen, nu ter regter en dan ter slinker[56] syde; dog seer seedig[57], sonder dat eenig deel van plaats veranderde. In 't kort, ymant niet wetende dat hy het vlees uyt de Poot van zoo een gering Schepsel (in ons oog) getrokken had, soude wel sweeren, dat hy een groot getal van levende Wormtjens sag: en het is den mensch niet te doen gelooven, dan die selfs[58] het gesigt daar van heeft. Dese bewegingen, die ook wel vertraagden, hebbe ik meermaal waargenomen, dat seer na[59] vier minuiten duurden. En gelyk[60] ik niet gewoon ben met eene waarneminge my te vergenoegen, zoo hebbe ik twee dagen agter den anderen[24] eenige weynige van de geseyde vliegende Schepselen laten vangen; en in alle een ende deselfde uyt komst gehad. En alzoo ik zoo een verwonderens-waardig gesigt niet alleen voor my wilde behouden; zoo hebbe ik een Liefhebber in de Natuurkunde[61] tot my versogt, ende den selven deel gegeven aan het verhaalde gesigt: die meermaal seyde, immers syn die wonderen den mensch niet in te prenten, die[62] het gesigt daar van niet en heeft. En hoewel de meeste bewegingen van vleesfibertjens geschieden, als deselve van de trekkers waren afgescheyden: hebbe ik egter[53] eenige wel sien bewegen, als ze nog aan de trekkers met een eynde waren vereenigt.

---

[50] *Spek-eeter*, langpootmug; ook spekdief genoemd.

[51] In Brief 129 [77] van 20 december 1693, *Alle de Brieven*, Dl. 9, blz. 270, wordt dit insekt geïdentificeerd als een vrouwelijke *Tipula paludosa* Meigen, een in Nederland in vochtige weiden algemeen voorkomende langpootmug. Zie verder blz. 270-286 van deze brief.

[52] *vast stelde*, stellig meende.

[53] *egter*, toch.

[54] *daar*, waar.

[55] *zoo*, zowel.

[56] *slinker*, bijvorm naast *linker*.

[57] *seedig*, rustig, bedaard.

[58] *selfs*, zelf.

[59] *seer na*, ongeveer.

[60] *gelyk*, aangezien.

[61] *de Natuurkunde*, de (toen bekende) natuurwetenschappen.

[62] *immers ... die*, die wonderen zijn beslist niet iemand aan het verstand te brengen die.

Now people have brought to me a flying creature which our children call a bacon-eater[10], which is depicted in Fig. 4. with GHIK.[11]; and although I was confident that the flesh in the legs would appear to me not to be different from what I had observed in other flying creatures; yet, to pass the time, I extracted the flesh from the legs; and because the legs several times fell from the glass, I slightly moistened the glass on which I placed a leg; in order that it should the better stay put on the glass; for which I also at times used the saliva from my mouth. When I observed this flesh through the magnifying glass, I saw with the greatest amazement that almost all little fibres of flesh, where they did not lay too thickly on top of one another, were moving; both through their withdrawing and their extending, and that such a little fibre of flesh was moving itself in a curve, or at times also in two curves; and those little fibres of flesh which for their greater part were hidden by others, also bent in their movements, in so far as they lay exposed to the sight, now to the right, now to the left; but very calmly, without any part changing its position. Briefly, if someone, not knowing that he had pulled the flesh from the leg of such an, in our view insignificant, creature, would be apt to swear that he saw a great number of living little worms, and one cannot persuade a person to believe it, who has not seen it for himself. I have several times observed with regard to those motions, which at times also slowed down, that they lasted about four minutes. And because I am not wont to content myself with a single observation, I have on two consecutive days caused some few of the said flying creatures to be caught, and in all of them I had the same results. And because I did not want to keep such an amazing sight only to myself, therefore I have invited a virtuoso, and imparted to him the said view, who said several times, to be sure, one cannot get someone, who has not actually seen them, to understand such miracles. And although the majority of motions of little fibres of flesh came about when they had been separated from the tendons, yet I have seen some of them move while they were still with one end attached to the tendons.

fig. XLVII.
Crane fly.

---

[10] *bacon-eater*: literal translation of a common Dutch name for a crane fly or daddy longlegs.

[11] In Letter 129 [77] of 20 December 1693, *Collected Letters*, vol. 9, p. 271, this insect has been identified as a female *Tipula paludosa* Meigen, a common crane fly in moist pastures in the Netherlands. See further pp. 271-287 of this letter.

BRIEF No. 308 [XII] 26 OKTOBER 1714

fig. XLVII.

Vlieg.

Bij.

Ik hebbe zoo een verhaalt Diertje laten afteykenen; of eenige Heeren[63] dese myne waarnemingen geliefden na te volgen; als hier Fig. 4. met GHIK. wert aangewesen: te meer, om dat men die bewegingen in andere vliegende Schepsels zoodanig niet en ziet.

Ook hadde ik een van onse gemene groote Vliegen, als hier vooren is verhaalt, die ik mede de vleesfibertjens uyt hare Pooten haalde: alleen om te sien, of ik in de vleesfibertjens eenige beweginge konde gewaar werden: maar van hondert vleesfibertjens sag ik'er maar een bewegen. En ook zoo nam ik een van de kleyne Vliegjens, die men wat langer by ons verneemt[64]; en ik besag mede het vlees uyt de Pooten; en ik konde niet anders sien, dan seer weynige beweginge aan de vleesfibertjens.

Nu hadde men nog een soort van een wilde Honigbye tot my gebragt, welke Byen seer fel steeken. En hoewel onse Honingbyen hare angels in de lighamen laaten steeken, ende deselve niet konnen te rugge trekken, zoo dat een gedeelte van haare lighamen aan den angel vast blyft, waar door sy moeten sterven: zoo hebben deze Schepsels in tegendeel haar agterlyf zoo stark, dat ze de angels weder te rugge konnen trekken.

Dit vlees uyt hare Pooten heb ik meermalen op nieuw beschouwt, alleen op dat ik ook een beweginge in de vleesfibertjens soude ontdekken. Dog ik sag alleenlyk aan eenige seer weynige vleesfibertjens zoo een weynige beweginge, ende dat voor een zoo korten tyd; dat ik de selve niet dan met de grootste opmerkinge[65] konde bekennen[66].

---

[63] *of eenige Heeren*, voor het geval dat sommige heren (nl. leden van de R.S.).
[64] *verneemt*, ziet, waarneemt.
[65] *opmerkinge*, oplettendheid, aandacht.
[66] Zie voor L.'s vorige waarnemingen aan de spiervezels van een honingbij, een mug en een koe Brief 307 [XI] van 21 augustus 1714, in dit deel.

I have caused such a said little animal to be drawn; in case some of the gentlemen would like to repeat these observations of mine, as is shown here in Fig. 4. with GHIK.; the more, because one does not see those motions in other flying creatures in such a way.

fig. XLVII.

I had also one of our common large flies of the kind mentioned earlier, of which I also extracted the little fibres of flesh from their legs; only in order to see whether I could discern some motion in the little fibres of flesh; but among a hundred of little fibres of flesh I saw only one which was moving. And likewise I also took one of the little flies which are among us during some longer time, and I also observed the flesh from the legs; and I could see nothing but a very slight motion of the little fibres of flesh.

Fly.

Now people had also brought to me a kind of wild honeybee, which bees sting very sharply. And although our honeybees leave their sting stuck in the bodies, and are unable to draw them back, so that a part of their bodies remains attached to the sting, as a result of which they must die, these creatures, on the contrary, have such strength in their abdomen that they are able to draw back their stings.

Bee.

I have several times again observed this flesh from their legs, just in order that I would also discover a motion in the little fibres of flesh. But I saw merely so little movement in some very few little fibres of flesh, and during such a short period, that only with the closest attention could I discern it[12].

---

[12] For L.'s previous observations on the muscle fibres of a honeybee, a mosquito, and a cow, see Letter 307 [XI] of 21 August 1714, in this volume.

Vorders hebbe ik in meest alle vliegende Schepsels waargenomen, dat veele vleesfibertjens langer waren, als de diameters van de Pooten syn, waar uyt ik een besluyt maakte[67], dat veele vleesstriemtjens schuyns in de Pooten lagen.

Wyders hebbe ik ook het vlees uyt de Pooten van een Mugge beschouwt; dog geen de minste beweginge aan de vleesdeelen konnen gewaar werden[66].

Koe. Alzoo ik een stuk vlees van een agterbeen van een uytnemend vet Hoorn-beest in myn huys hadde; zoo hebbe ik weder op nieuw het selve door het Vergroot-glas beschouwt, ende wel dat deel van het vlees, dat ik oordeelde, dat in de beweginge van het ligbaam de meeste uytrekkinge ende inkrimpinge onderworpen was: als mede daar[68] ik oordeelde, dat het vlees, als het aan de balk hangt, de minste uytrekking heeft uytgestaan. Te meer, om dat ik de ringswyse inkrimpingen van de zoogenaamde vleesfibertjens in de Pooten van de kleyne vliegende Schepsels seer naakt konde bekennen[69]; daar[70] men die geseyde inkrimpingen in de groote Schepsels naeulyks konde bekennen, en wy somtyts maar gissen mosten, dat wy die sagen: het welke ik my inbeelde[18] dat hier van afhangende was, om dat[71] in de vliegende Schepsels, die wy den naam van Insecten geven, yder van die vleesfibertjens, als[72] geseyt hebbe, op zich selven met een membraantje is omvangen; ende dus yder als voor een muscul kan verstrekken[73]: daar in tegendeel de vleesfibertjens van de viervoetige Dieren niet als in een membrane[74] leggen omvangen; ende deselve door de membranen zoo aan een geschakelt syn, dat ze door die aan-een-schakelinge van de membranen veele te gelyk een muscul uytmaken; waar door deselve schynen als aan een vereenigt te syn, ende daarom niet wel van den anderen[24] en syn te scheyden: en zoo men sulks al komt te doen, zoo rekt men de vleesfibertjens, die seer sagt syn, in haar lengte doorgaans[75] zoodanig uyt, dat de ringswyse inkrimpingen niet in die deelen blyven.

---

[67] *een besluyt maakte*, een conclusie trok.
[68] Hier is een deel van de zin op niet geheel juiste wijze samengetrokken. Men leze: ook hebbe ik dit vlees door het vergrootglas bekeken ter plaatse waar.
[69] *seer ... bekennen*, heel duidelijk kon onderscheiden.
[70] *daar*, terwijl.
[71] *om dat*, lees: dat.
[72] *als*, zoals ik.
[73] *als ... verstrekken*, als het ware als een spier dienst kan doen.
[74] *niet als in een membrane*, slechts in één membraan.
[75] *doorgaans*, telkens weer.

Further I have observed in almost all flying creatures that many little fibres of flesh were longer than the diameter of the legs, from which I concluded that many little strips of flesh lay obliquely in the legs.

I have, moreover, also observed the flesh from the legs of a mosquito, but I have not been able to discover even the slightest movement in the flesh parts.

Because I had in my house a piece of flesh of the hind leg of an exceptionally fat horned animal[13], I have once more observed this through the magnifying glass, and in particular that part which I judged that during the movement of the body was most liable to extend and contract, and I did so too in that spot where, in my opinion, the flesh, when hung on the beam, would have suffered a minimum of extension. The more so because I could very clearly discern the annular striations of the so-called little fibres of flesh in the legs of the little flying creatures; whereas one could scarcely discern the said striations in the large creatures, and at times we could only surmise that we saw them; and I think that this depends on the fact that in the little flying creatures, to which we give the name of insects, each of the little fibres of flesh, as I have said, is on its own wrapped up in a little membrane, and so it can, as it were, serve as a muscle; whereas, on the contrary, the little fibres of flesh of the quadrupeds lie wrapped up in no more than a single membrane; and they are linked up together by the membranes in such a way that many of them together, through these linkages of the membranes, constitute a muscle; through which they seem to be united together, and are therefore not easy to separate from one another; and if one manages to do this at all, in that case one extends each time the little fibres of flesh, which are very soft, lengthwise to such an extent, that the annular striations do not remain present in the parts.

Cow.

---

[13] *horned animal*, namely, a cow.

BRIEF No. 308 [XII] 26 OKTOBER 1714

    Vorders hebbe ik een enkel vleesfibertje uyt de Poot van een wilde Honigbye, zoo als het voor het Vergroot-glas stont, met des selfs inkrimpingen, die het heeft, zoo als ik my inbeelt[18], als het in syn rust leyt, laten afteykenen; zoo veel de Teykenkonst toeliet; als hier met Fig. 5. tussen LM. wert aangewesen.

fig. XLVIII.
fig. XLIX.

    Ende met Fig. 6. NOP. wert aangewesen een vleesfibertje van het verhaalde seer vette Hoorn-beest; welk fibertje hier grooter voorkomt, als voor desen by my is aangewesen. De reden hier van ten deelen is, om dat[71] het in 't indroogen zoo niet en heeft konnen inkrimpen, wegens de lymagtige stoffe, die van het vlees tot op het glas, waar op het vlees lag, was overgegaan.

    Aan dit geseyde vleesfibertje konde men twee platte syden bekennen, die hier ook werden aangewesen.

fig. L.

    Ik hebbe ook een enkel vleesfibertje, dat in 't oog ront voorquam, laten afteykenen, als hier Fig. 7. tussen Q. en R. wert aangewesen.

fig. XLIX.

    Wanneer wy nu de vleesfibertjens overdwars doorsnyden, zoo sullen wy bevinden dat'er eenige weynige syn, die viermaal zoo dik syn, als de geene die daar nevens leggen: ende dit heeft nog meer plaats in de visfibertjens: ende dus[76] is het ook gelegen met Fig. 6.

    Dat vleesfibertje lag niet alleen met syne inkrimpingen voor het gesigt[77]; maar ook konde men een groot getal van deselve met een opslag bekennen[78]; ende daar nevens sag ik ook leggen vleesfibertjens, die my toescheenen, dat een seer weynigje waren uytgerekt; zoo dat men aan die niet als met de grootste opmerkinge konde[a] bekennen, dat 'er nog teykenen waren van inkrimpingen; ende in die vleesfibertjens, die wat uytgerekt waren, konde men seer naakt[79] bekennen, dat yder weder uyt lange striemtjens was bestaande.

---

[a] A: kond
[76] *dus*, zo.
[77] *voor het gesigt*, voor het oog, naar het oog gewend.
[78] *van ... bekennen*, daarvan (nl. van de insnoeringen) met één blik waarnemen, onderscheiden.
[79] *naakt*, duidelijk.

238

LETTER No. 308 [XII]   26 OCTOBER 1714

Furthermore I have ordered a single little fibre of flesh from the leg of a wild honey-bee to be drawn, so as it stood before the magnifying glass, with its constrictions with which it is provided, I think, when it lays at rest, in as far as the art of drawing was capable of it; as is shown here in Fig. 5. between LM.   *fig. XLVIII.*

And with Fig. 6. NOP. is shown a little fibre of flesh of the said very fat horned animal, which little fibre here seems to be larger than I had earlier shown. The cause of this is partly that it could not shrink so much during the drying-up through the glue-like matter, which had passed from the flesh to the glass on which the flesh was lying.   *fig. XLIX.*

On this said little fibre of flesh one could discern two flat sides which are also shown here.

I have also caused a single little fibre of flesh to be drawn, which seemed round to the eye, as is shown here in Fig. 7. between Q. and R.   *fig. L.*

Now when we cut through the little fibres of flesh crosswise, then we shall find that there are some few which are four times as thick as the ones which lie next to them; and this happens still more often in the little fibres of fish; and it is the same in Fig. 6.   *fig. XLIX.*

That little fibre of flesh did not only lie with its constrictions turned towards the eye, but one could also discern with a single glance a great number of them; and I also saw little fibres of flesh lying next to that, which seemed to me to be very slightly extended; in such a way that one could not without the closest attention discern at them that there were still some traces of constrictions, and in those little fibres of flesh which were somewhat extended, one could see very clearly that each of them consisted of long little strips.

BRIEF No. 308 [XII] 26 OKTOBER 1714

Spiraal-
vorming.

Samentrekking.

    Ik hebbe in myn voorgaande schryven meermaal geseyt[80], dat de vleesfibertjens hare ringswyse inkrimpingen hebben; ende dat yder ringswyse inkrimping uyt een circulare ronte bestont: waar in ik tot desen tyd toe hebbe komen te dwalen; want nu bevinde ik, en nu moet men vast stellen[81], dat de inkrimpingen van de vleesdeelen uyt geen circulare ronte bestaan; maar zoodanig van maaksel syn, even als of wy om een naalde een seer dun getrokken silver- of kooper-draatje wonden; ende dat wy in het omwinden wat meer spatie, tussen den omgewonden draat, op de naalde lieten, als het silver-draatje dik is; of anders gelyk den draat op een koopere of ysere schroef loopt[82]. En zoodanig een ingeschapen maaksel moeten wy oordeelen, dat de volmaakste inkrimpinge en uytrekkinge is, die in de vleesfibertjens kan bedagt werden, ende die ik in het afteykenen van de drie laatst geseyde figuren ook geseyt hebbe, dat men moet in agt nemen[83]. En dit en hebbe ik niet eens, maar in verscheyde waarnemingen, my selven seer naakt voor de oogen gestelt, en veele vleesfibertjens te gelyk voor het gesigt gehadt.

    Dat[84] my, in dese myne laatste ontdekkinge, veel meer ligt gegeven heeft, als in alle myne menigvuldige naspeuringen die ik ontrent de vleesdeelen hebbe gedaan. Ende ik hebbe die waarnemingen niet alleen voor my selven gehouden; maar aan verscheyde verstandige[85] Heeren voor de oogen gestelt; ende dat niet alleen in't vlees van een Os, Schaap, Muys, maar ook in de vliegende Schepsels.

---

[80] Zie Brief 307 [XI] van 21 augustus 1714, in dit deel, bij aant. 40.
[81] *vast stellen*, als vaststaand aannemen.
[82] Zie voor een afbeelding van deze – onjuiste – opvatting van L. Brief 314 [XVI] van 26 maart 1715, in dit deel.
[83] *ende die (...) dat men moet in agt nemen*, en waarvan ik (...) dat men daar goed op moet (lees: moest) letten (en dus met zorg tekenen).
[84] *Dat*, hetgeen (voortzetting van de voorgaande zin).
[85] *verstandige*, ter zake kundige.

LETTER No. 308 [XII]   26 OCTOBER 1714

In my last letter[14] I have said several times that the little fibres of flesh have their annular striations; and that each annular striations consists of a circular round, on which point I happened to be wrong up to the present time; for now I find, and now it must be taken for granted, that the striations of the flesh parts do not consist of a circular round, but are fashioned in such a way, as if we would wind around a needle a very fine-drawn wire of silver or copper, and that during this winding-around we would leave on the needle some space between the windings, which was slightly larger than the thickness of the silver wire – or, to put it differently, like the thread which runs around a copper or iron screw[15]. And we must judge that such an innate structure is the most perfect means for contracting or extending, which can be devised in the little fibres of flesh, and I have also said that one should give careful heed to it in the drawing of the three figures last mentioned. And I have put this very clearly before my eye, not one time, but in several observations, and I had before my eyes many little fibres of flesh simultaneously.

Spiral striations.

Contractions.

That has been far more illuminating for me in this, my last discovery, than in all my numerous investigations which I have pursued with regard to the parts of flesh. And I have not kept these observations to myself, but I have put them before the eyes of several knowledgeable gentlemen; and not only in the flesh of an ox, sheep, mouse, but also in the flying creatures.

---

[14] See Letter 307 [XI] of 21 August 1714, in this volume, at note 7.

[15] For an illustration of this – incorrect – opinion of L., see Letter 314 [XVI] of 26 March 1715, in this volume.

Wanneer wy met opmerkinge[65] sien de afteykeninge die ik hebbe laten maken van een kleyn gedeelte van een Trekker van een Walvis, in myn voorgaanden Brief gemelt[86], zoo sullen wy moeten besluyten, dat de inkrimpingen, die de Trekkers hebben, mede omwentelendewyse[87] ofte schroefgewys geschieden.

Vorders hebbe ik den Trekker, die aan den agtervoet van een koe, of Hoorn-beest is, laten afsnyden; ende den selven door het Vergroot-glas beschout, na dat ik hem ten mynen genoegen van een hadde gedivideert; ende hebbe seer naakt gesien, dat de intrekkinge mede geschiet door omwentelinge; of door schroefswyse draaden: en wanneer ik die hadde laten afteykenen; zoo souden deselve met de afteykeninge van den Trekker des Walvis, zoo in fyne deelen als anders[88], over een komen; ende dit hebbe ik vervolgt in de Trekkers van een Hoen, ende Muys, ende die insgelyks zoodanig bevonden. Mogen wy nu niet wel seggen, nu is de knoop, daar over zoo veel geredencavelt, en zoo veel over geschreven is, ontknoopt. Ik sal na veel agtinge blyven, enz[89].

Antoni van Leeuwenhoek.

---

[86] Zie fig. 13 bij Brief 307 [XI] van 21 augustus 1714, in dit deel.
[87] *omwentelendewyse*, spiraalvormig.
[88] *zoo (...) als anders*, zowel (...) als in andere opzichten.
[89] L.'s volgende brief aan de Royal Society is Brief 310 [XIV] van 9 november 1714, in dit deel. De volgende brief over spiervezels is Brief 309 [XIII] van 4 november 1714, in dit deel.

When we attentively look at the pictures which I ordered to be drawn of a small part of the tendon of a whale, mentioned in my last letter[16], then we shall be obliged to conclude that the striations, with which the tendons have been equipped, do also come about in a rotation, or a screw-like spiral.

Further I have caused the tendon which is on the hind leg of a cow, or horned animal, to be cut off; and observed it through the magnifying glass, after I had divided it to my satisfaction; and I have seen very clearly that the contraction also comes about through a rotation, or through screw-like threads; and when I would have ordered this to be drawn, this would correspond with the drawing of the tendon of the whale, both in its finest parts and in other respects; and I have pursued this in the tendons of a fowl and a mouse, and I found them also to be like that. Could we, then, not be entitled to say: now the knot is untied, about which people have so much argued, and on which so much has been written. I shall remain, with much respect[17],

Antoni van Leeuwenhoek.

---

[16] See fig. 13 with Letter 307 [XI] of 21 August 1714, in this volume.
[17] L.'s next letter to the Royal Society is Letter 310 [XIV] of 9 November 1714, in this volume. The next letter on muscle fibres is Letter 309 [XIII] of 4 November 1714, in this volume.

BRIEF No. 309 [XIII] 4 NOVEMBER 1714

Gericht aan: ADRIAEN VAN ASSENDELFT.

Manuscript: Geen manuscript bekend.

GEPUBLICEERD IN:

A. VAN LEEUWENHOEK 1718: *Send-Brieven,* ..., blz. 124-126 (Delft: A. Beman). - Nederlandse tekst [A].

A. À LEEUWENHOEK 1719: *Epistolae Physiologicae* ..., blz. 125-127 (Delphis: A. Beman). - Latijnse vertaling [C].

N. HARTSOEKER 1730: *Extrait Critique des Lettres de feu M. Leeuwenhoek*, in *Cours de Physique* ..., blz. 60-61 (La Haye: J. Swart). - Frans excerpt.

A.J.J. VANDEVELDE 1923: *De Send-Brieven van Antoni van Leeuwenhoek* ..., in *Versl. en Meded. Kon. Vlaamsche Acad.*, Jrg. 1923, blz. 368. - Nederlands excerpt.

SAMENVATTING:

Vergelijking van spiervezels met een gespannen touw. Hoe korter het laatste is, des te vlugger kan het touw inkrimpen. Toepassing van deze vergelijking op de grootte van spiervezels van een koe en van een muis.

OPMERKINGEN:

De hier afgedrukte tekst is die van uitgave A.
Bij HARTSOEKER is de brief abusievelijk gedateerd op 14 november 1714.

LETTER No. 309 [XIII] 4 NOVEMBER 1714

Addressed to: ADRIAEN VAN ASSENDELFT.

Manuscript: No manuscript is known.

PUBLISHED IN:

A. VAN LEEUWENHOEK 1718: *Send-Brieven,* ..., pp. 124-126 (Delft: A. Beman). - Dutch text [A].
A. À LEEUWENHOEK 1719: *Epistolae Physiologicae* ..., pp. 125-127 (Delphis: A. Beman). - Latin translation [C].
N. HARTSOEKER 1730: *Extrait Critique des Lettres de feu M. Leeuwenhoek*, in *Cours de Physique* ..., pp. 60-61 (La Haye: J. Swart). - French excerpt.
A.J.J. VANDEVELDE 1923: *De Send-Brieven van Antoni van Leeuwenhoek* ..., in *Versl. en Meded. Kon. Vlaamsche Acad.*, 1923, p. 368. - Dutch excerpt.

SUMMARY:

Comparison between muscle fibres and a tightened rope. The shorter the rope, the quicker it can shrink. Application of this comparison on the size of muscle fibres of a cow and of a mouse.

REMARKS:

The text as printed here is that of edition A.
In HARTSOEKER the letter has been wrongly dated 14 November 1714.

BRIEF No. 309 [XIII] 4 NOVEMBER 1714

In Delft den 4. November 1714.

Aan den Wel-Edelen Heere,
Den Heer Mr. Adriaen van Assendelft,
Raat ende Out-Schepen der Stad Delft[1].

Wel-Edele Heere.

De agtinge en bevattinge die UEd. hebt in myne beschouwingen, die de verstandige[2] werelt tot nog toe onbekent syn geweest, doet my de vryheyt neemen, van dese myne aanteekeningen U Ed toe te senden.

Touw.   Wanneer ik over eenige jaren[3] een lange Lyn sag maken, daar onse Paarden de Trekschuyten mede voorttrekken, ende dat[4] men verscheyde van dese Lynen die gemaakt waren sterk uytspande, ende dat dese uytrekkinge langsaam geschiede; zoo nam ik zoo een uytgespannen Lyn in de hand, ende ik trok deselve met kragt nog verder uyt; ende ik liet die weder inkrimpen; welke[a] uytrekkingen ende inkrimpingen langsaam geschieden. Hier uyt besloot ik, dat hoe langer zoodanige Lyn, te weeten van deselve dikte, was; hoe langsamer dese inkrimpingen mosten geschieden; en bygevolg dan hoe korter de Lyn was, hoe vaardiger[5] de Lyn soude inkrimpen. Ende daar nevens stelde ik vast[6], dat dese Lyn, wanneer men een gewelt, tot breekens toe, op deselve quam te doen[7], niet aan ofte ontrent de eynden, maar in 't midden van de Lyn most breeken, als aldaar het meest gewelt lydende[8]; en by gevolg dan, daar[9] 't meeste gewelt was, most ook de meeste uytrekkinge geschieden: ende dus en konnen alle de deelen van de Lyn niet te gelyk inkrimpen.

---

[a] A: welk
[1] De brief is gericht aan ADRIAEN VAN ASSENDELFT (1664-1742), later burgemeester van Delft. L.'s vorige brief aan VAN ASSENDELFT is Brief 300 [V] van 25 maart 1713, in dit deel.
[2] *verstandig*, ter zake kundig.
[3] *over eenige jaren*, enige jaren geleden.
[4] *ende dat*, lees: en zag dat.
[5] *vaardiger*, vlugger.
[6] *stelde ik vast*, meende ik stellig.
[7] *een gewelt (...) quam te doen*, een kracht (...) zou uitoefenen.
[8] *als ... lydende*, omdat er daar de grootste kracht op werd uitgeoefend.
[9] *daar*, waar.

LETTER No. 309 [XIII]   4 NOVEMBER 1714

At Delft, the 4th of November 1714.

To the Honoured Sir,
Mr Adriaan van Assendelft,
Councillor and Former Alderman of the City of Delft[1].

Honoured Sir,

The appreciation and understanding you have with regard to my observations, which up to the present time have been unknown to the knowledgeable world, encourages me to take the liberty of sending Your Honour these notes of mine.

Rope. When I saw some years ago a long rope being made, with which our horses draw the tow barge, and saw that several of these ropes, which had been finished, were stretched tight, and that this stretching was done slowly; I took, then, such a stretched rope in my hand, and with strength I stretched it still farther; and I allowed it again to contract; which stretchings and contractions come about slowly. I concluded from this, that the longer such a rope was, that is to say, of the same thickness, the more slowly those contractions must come about; and, consequently, the shorter the rope was, the more quickly the rope would contract. And I was, moreover, firmly convinced that this rope, if one were to bring force to bear upon it up to the breaking-point, needs must break not at, or close to, the ends, but in the middle of the rope, because there the greatest force would be exerted upon it; and consequent upon this, that where the greatest force was exerted, the stretching would also be the greatest; and so not all parts of the rope are equally capable of contracting.

---

[1] The letter was addressed to ADRIAEN VAN ASSENDELFT (1664-1742), later burgomaster of Delft. L.'s previous letter to VAN ASSENDELFT is Letter 300 [V] of 25 March 1713, in this volume.

BRIEF No. 309 [XIII]　　　　　　　　　　　　　　　　4 NOVEMBER 1714

Spiervezels.
Muis.

  Wanneer ik nu weder op nieuw de vleesfibertjens van de Muys uyt het agterbeen van deselve beschoude, om de omwentelende ofte schroefswyse inkrimpingen[10] mede te ontdekken, gelyk ik van een Hoorn-beest hebbe geseyt[11]; hebbe ik deselve immers zoo naakt[12] my selven voor de oogen gestelt, en nevens malkanderen voor het Vergroot-glas gebragt; op dat men nevens my niet alleen de omwentelenswyse inkrimpingen, maar te gelyk ook de dikte van de vleesfibertjens soude bekennen: hier in bestaande, dat de vleesfibertjens van een Hoorn-Beest, ende die van het kleyne Diertje de Muys, van een ende deselve dikte syn; alleen met dit onderscheyt, dat de omwentelende intrekkingen ofte uytrekkingen van de vleesfibertjens van een Muys digter[13] ofte in korte spatie wat meerder syn, dan in een Hoorn-beest; en zoo is het ook gelegen met de Trekkers[14]. Gelyk ik hier vooren hebbe geseyt, hoe een Lyn korter is, hoe vaardiger[15] deselve in lengte inkrimpt.

Os.

  Als wy nu dese inkrimpingen ende uytrekkingen overbrengen tot[15] de lengte van de vleesfibertjens van een Os, ende de lengte van de vleesfibertjens van een Muys; ende bemerken dat de vleesfibertjens, hoe langer dat ze syn, hoe meerder tyd dat'er vereyst wert[16] tot de inkrimpingen van deselve; zoo konnen de Pooten van de Muys, dit zoo synde, in 't voortloopen veelmaal bewogen worden, tegen dat de Poot van een Os eens bewogen wert; en bygevolg dan, hoe kleynder Dieren, hoe vaardiger deselve haar leden konnen bewegen; het hinder van de lugt, daar door[17] de beweginge moet geschieden, aan een zyde gestelt[18]. Ik sal met veel yver blyven, enz.[19]

Antoni van Leeuwenhoek.

---

 [10] *de omwentelende (...) inkrimpingen*, de spiraalvormige (...) insnoeringen. Enkele regels verder gebruikt L. de term *intrekkingen*.
 [11] Zie voor de brieven over spiervezels in dit deel de opsomming in het Voorwoord. Zie voor L.'s eerdere brieven over spiervezels aant. 5 bij Brief 296 [I] van 8 november 1712, in dit deel. L.'s vorige brieven over de spiervezels van een koe en een muis zijn Brief 307 [XI] van 21 augustus 1714 en Brief 308 [XII] van 26 oktober 1714, in dit deel.
 Vgl. SCHIERBEEK, *Leeuwenhoek*, Dl. 2, blz. 336-347; IDEM, *Measuring*, blz. 121-125; en COLE, "L.'s ... researches", blz. 36-39.
 [12] *immers zoo naakt*, zeker even duidelijk (nl. als die van de koe).
 [13] *digter*, dichter bij elkaar.
 [14] *de Trekkers*, de pezen.
 [15] *overbrengen tot*, toepassen op.
 [16] *hoe meerder ... wert*, des te meer tijd nodig hebben.
 [17] *daar door*, waardoor.
 [18] *aan een zyde gestelt*, buiten beschouwing gelaten.
 [19] Dit is L.'s laatste brief aan VAN ASSENDELFT. L.'s volgende brief over spiervezels is Brief 310 [XIV] van 9 november 1714, in dit deel.

LETTER No. 309 [XIII]   4 NOVEMBER 1714

Now when I once again observed the little fibres of flesh of the mouse from its hind leg, in order also to discover the spiralling or screw-like striations I have mentioned with regard to a horned animal[2], I have put them before my eyes indeed as clearly, and I have put them next to one another before the magnifying glass, in order that other people besides myself would discern not only the spiralling striations, but at the same time also the thickness of the little fibres of flesh, to the effect that the little fibres of flesh of a horned animal and the ones of the tiny animal, the mouse, are of one and the same thickness; with only this difference, that the spiralling striations or extensions of the little fibres of flesh of a mouse are closer to each other, or more numerous on a brief stretch, than in a horned animal; and the same is the case with the tendons. As I have said above, the shorter a rope is, the swifter it contracts as to length.

Muscle fibres.

Mouse.

Now when we apply these striations and extensions to the length of the little fibres of flesh of an ox and the length of the little fibres of flesh of a mouse, and keep in mind that the longer the little fibres of flesh are, the more time is required for their contraction; then, this being so, the legs of the mouse in its running can be moved many times as against the legs of an ox moving once; and so, consequent upon this, the smaller the animals are, the swifter they can move their limbs; leaving out of account the hindrance of the air, through which the movement has to be effected. I shall remain, with much diligence, etc.[3],

Ox.

                                                   Antoni van Leeuwenhoek.

---

[2] A *horned animal*, a cow or an ox.
See the Preface for an enumeration of L.'s letters on muscle fibres in this volume. For L.'s earlier letters on muscle fibres see note 3 on Letter 296 [I] of 8 November 1712, in this volume. L.'s previous letters on the muscle fibres of a mouse and a cow are Letter 307 [XI] of 21 August 1714, and Letter 308 [XII] of 26 October 1714, in this volume.
Cf. SCHIERBEEK, *Leeuwenhoek*, vol 2, pp. 336-347; IDEM, *Measuring*, pp. 121-125; and COLE, 'L.'s ... researches', pp. 36-39.

[3] This is L.'s last letter to VAN ASSENDELFT. L.'s next letter on muscle fibres is Letter 310 [XIV] of 9 November 1714, in this volume.

BRIEF No. 310 [XIV]   9 NOVEMBER 1714

Gericht aan: de Royal Society.

Manuscript: Eigenhandige, ondertekende brief. Het manuscript bevindt zich te Uppsala, Uppsala Universitet, Universitetsbibliotheket, Waller Ms beul-00476; 4 kwartobladzijden.

GEPUBLICEERD IN:

A. VAN LEEUWENHOEK 1718: *Send-Brieven,* ..., blz. 127-133 (Delft: A. Beman). - Nederlandse tekst [A].
A. À LEEUWENHOEK 1719: *Epistolae Physiologicae* ..., blz. 128-134 (Delphis: A. Beman). - Latijnse vertaling [C].
N. HARTSOEKER 1730: *Extrait Critique des Lettres de feu M. Leeuwenhoek*, in *Cours de Physique* ..., blz. 60-61 (La Haye: J. Swart). - Frans excerpt.
A.J.J. VANDEVELDE 1923: *De Send-Brieven van Antoni van Leeuwenhoek* ..., in *Versl. en Meded. Kon. Vlaamsche Acad.*, Jrg. 1923, blz. 368-369. - Nederlands excerpt.

SAMENVATTING:

Over de spiervezels van een os, een schaap, een kip, een muis en een haas.

OPMERKINGEN:

Bij HARTSOEKER is de brief abusievelijk gedateerd op 19 november 1714.
De brief is niet voorgelezen tijdens een vergadering van de Royal Society.

LETTER No. 310 [XIV] 9 NOVEMBER 1714

Addressed to: the Royal Society.

Manuscript: Signed autograph letter. The manuscript is to be found in Uppsala, Uppsala Universitet, Universitetsbiblioteket, Waller Ms beul-00476; 4 quarto pages.

PUBLISHED IN:

A. VAN LEEUWENHOEK 1718: *Send-Brieven*, ..., pp. 127-133 (Delft: A. Beman). - Dutch text [A].
A. À LEEUWENHOEK 1719: *Epistolae Physiologicae* ..., pp. 128-134 (Delphis: A. Beman). - Latin translation [C].
N. HARTSOEKER 1730: *Extrait Critique des Lettres de feu M. Leeuwenhoek*, in *Cours de Physique* ..., pp. 60-61 (La Haye: J. Swart). - French excerpt.
A.J.J. VANDEVELDE 1923: *De Send-Brieven van Antoni van Leeuwenhoek* ..., in *Versl. en Meded. Kon. Vlaamsche Acad.*, 1923, pp. 368-369. - Dutch excerpt.

SUMMARY:

On the muscle fibres of an ox, a sheep, a chicken, a mouse, and a hare.

REMARKS:

In HARTSOEKER the letter has been wrongly dated 19 November 1714.
The letter was not read out in a meeting of the Royal Society.

BRIEF No. 310 [XIV] 9 NOVEMBER 1714

Delft in Holland[a] den 9[h] Novemb. 1714.

Aande Hoog Edele Heeren
Mijn Heeren die vande Coninklijke Societeit in London[1]

Mijn Heeren[b]

Spiervezels.

Os.

Ik hebbe te meermalen[c] de trekker[2], die aan een stuk Wal-vis-vlees was, door het Vergroot-glas beschout, dog daar van ben ik af gestapt ende tot de trekker van een Hoorn-beest[d], over gegaan[3].

Ik hebbe ook geseijt, dat ik de groote trekker van[e] een Os in sijn lengte hebbe doorsogt[4]; en na der hand[f], hebbe ik de geseijde trekker in sijn lengte wat van een gescheijden, ende een gedeelte van het selve[g], dat ontrent, een kints vinger dikte was, over dwars doorsnede na dat het selve voor het meerendeel was droog geworden, want als het selve soo[h] vogtig is, gelijk als men[i] vant been van een[j] beest af snijt, soo kan men 't niet aan dunne schijven snijden.

Dese[k] schijven, hebbe ik op een schoon glas geplaast, ende dan het selve nat makende, spreijde het[5] sig in groote uijt[l], soo danig, dat men sig most verwonderen, over al die deelen, die den trekker uijt maakten, en die men over dwars hadde door sneden, want men sag een over groote menigte van menbrane, die haar verspreijden, in seer kleijne takken, waar van veele mij soo dun voor quamen, ende dat door een scharp siende Vergroot glas, als het dunste deel dat een wel siende, met het bloote oog[m] kan bekennen[6].

---

[a] A: In Delft   [b] A: Hoog-Edele Heeren.   [c] A: hebbe meermalen   [d] A: de groote Trekker van een Hoorn-beest, Os   [e] A: van het agterbeen van   [f] A: doorsogt. Naderhant   [g] A: deselve   [h] A: als het zoo   [i] A: gelyk men 't   [j] A: het   [k] A: Dese dunne   [l] A: geplaatst; wanneer deselve, nat gemaakt synde, sig in groote uytspreyden   [m] A: ook

[1] L.'s vorige brief aan de Royal Society is Brief 308 [XII] van 26 oktober 1714, in dit deel.
[2] *trekker*, pees.
[3] Zie voor de brieven over spiervezels in dit deel de opsomming in het Voorwoord. Zie voor L.'s eerdere brieven over spiervezels aant. 5 bij Brief 296 [I] van 8 november 1712, in dit deel. L.'s vorige brief over de spiervezels van een walvis is Brief 307 [XI] van 21 augustus 1714, in dit deel; over de spiervezels van een koe Brief 309 [XIII] van 4 november 1714, in dit deel.
Vgl. SCHIERBEEK, *Leeuwenhoek*, Dl. 2, blz. 336-347; IDEM, *Measuring*, blz. 121-125; en COLE, "L.'s ... researches", blz. 36-39.
[4] Zie Brief 308 [XII] van 26 oktober 1714, in dit deel.
[5] *spreijde het*, lees: spreidden zij. Zie ook de gewijzigde lezing in aant. l; daarin is *wanneer* een relationeel voegwoord met de betekenis 'waarbij', 'tijdens welke handeling'.
[6] *bekennen*, onderscheide, waarnemen.

LETTER No. 310 [XIV]   9 NOVEMBER 1714

Delft in Holland, the 9th of November 1714

To the Very Honoured Sirs,
The Gentlemen of the Royal Society in London[1]

Dear Sirs,

Many times I have observed the tendon, which was attached to a piece of flesh of the whale, through the magnifying glass, but I have abandoned that, and I have turned to the tendon of a horned animal[2]. *Muscle fibres.*

I have also said that I have examined the large tendon of an ox along its length[3]; and afterwards I have slightly separated the said tendon lengthwise, and I have cut a part of it crosswise, the thickness of which was, roughly, that of the finger of a child, when it had become mostly dried; for while it was as moist as when one cuts it from the bone of an animal, then it cannot be cut in thin slices. *Ox.*

I have put these slices on a clean glass, and when I then moistened it, it gained in size, so much so, that one could not but wonder at all those parts which constituted the tendon, and which had been cut transversely, for one saw an exceedingly great multitude of membranes which spread into very small branches, many of which seemed so thin to me and this through a clearly discerning magnifying glass as the thinnest part which a person with a good power of vision can distinguish with his naked eye.

---

[1] L.'s previous letter to the Royal Society is Letter 308 [XII] of 26 October 1714, in this volume.
[2] A *horned animal*, a cow or an ox.
See the Preface for an enumeration of L.'s letters on muscle fibres in this volume. For L.'s earlier letters on muscle fibres see note 3 on Letter 296 [I] of 8 November 1712, in this volume. L.'s previous letter on the muscle fibres of a whale is Letter 307 [XI] of 21 August 1714, in this volume; on the muscle fibres of a cow Letter 309 [XIII] of 4 November 1714, in this volume.
Cf. SCHIERBEEK, *Leeuwenhoek*, vol 2, pp. 336-347; IDEM, *Measuring*, pp. 121-125; and COLE, "L.'s ... researches", pp. 36-39.
[3] See Letter 308 [XII] of 26 October 1714, in this volume.

Maar het geene mij^a verwonderens waardig voor quam, dat was, dat^b inde spatie van een grof sant groote⁷, soo een groot getal van deelen hadde door sneden, die alle als omtrokken⁸ lagen, soo dat men seer net⁹ ijder deel konde onder scheijden, even als of men de over dwars door sneden vlees deelen door het Vergroot-glas besag, ende in ijder van die deelen, konde men weder deelen bekennen¹⁰ soo danig, of ijder een kleijne trekker was.

Ik hebbe al mijn vermogen in gespannen, om de over dwars door sneden deelen vande trekker, soo als die over dwars waren door sneden, ende nat gemaakt^c, soo danig laten^d in krimpen, dat men¹¹ ijder lang deeltje vande trekker waar mede het omwonden is vande menbraantjens, als^e ik met het vlees hebbe gehandelt; Maar ik hebbe mijn^f genoegen niet konnen vinden¹², om dat die deelen soo naeuw aan den anderen¹³, als vereenigt sijn, datter geen de minste scheijdinge, in het droog werden en geschiede^g, als daar¹⁴ de groote menbrane waren, ende de rest droogde soo vast in een, als of het een vast ligham was, daar^h in op eenige plaatsen geen deelen te bekennen waren; en als ik de in een gedroogde deelen weder nat maakte, soo konde ik de verhaalde over dwars door snede deelen weder op eenige plaatsen bekennen, dog soo volkome niet, als met de eerste nat makinge.

Als ik mijne gedagten hadde laten gaan, op de menigvuldige groote menbrane, met haar kleijne verspreijde takjens, nam ik in gedagten¹⁵, of deseⁱ menbrane mede geen bloet vaaten waren, niet dat ze bloet over voerde, die¹⁶ met ronde bolletjens sijn^j beladen, die het bloet root maakt^k, maar alleen de stoffe van het bloet, die wij weij, of Cerum, noemen, ende dat dit^l de stoffe is, waar uijt het vet voort komt, dat^m ik ook inde trekkers hebbe ontdekt.

---

^a A: my ook   ^b A: dat ik   ^c A: overdwars doorsneden, ende nat gemaakt waren   ^d A: zodanig te laten   ^e A: men de membraantjens konde beschouwen, waar mede yder lang deeltje van den Trekker mogt omwonden syn, even als   ^f A: hebbe daar ontrent myn   ^g A: werden geschiede   ^h A: waar   ⁱ A: of in dese   ^j A: ze het bloet overvoerden, dat met de ronde bolletjens is   ^k A: maaken   ^l A: *Serum* noemen; 't welk   ^m A: het geen

⁷ Een *grof sant groote* is 870μ.

⁸ *als omtrokken*, als het ware omhuld, door een vlies omgeven.

⁹ *seer net*, prachtig.

¹⁰ In het hs. is na *deelen* het woord *konde* doorgestreept en op de volgende regel abusievelijk ook het woord *bekennen*.

¹¹ Het in het hs. oninterpreteerbare vervolg van de zin is in A ingrijpend gecorrigeerd (zie aant. e). Het lijkt uitgesloten, dat een corrector dit zonder medewerking van L. gedaan zou hebben. Hetzelfde geldt voor een aantal andere verbeteringen in A.

¹² *hebbe ... vinden*, was daar niet voldaan over.

¹³ *aan den anderen*, aan elkaar.

¹⁴ *als daar*, behave waar.

¹⁵ *na ... gedagten*, overwoog ik.

¹⁶ *die*, lees: dat; in het vervolg van de zin moet *sijn beladen* gelezen worden als *is beladen*.

But what seemed astonishing to me was that in the space the size of a coarse grain of sand[4] I had cut across such a great number of parts, all of which lay, as it were, enclosed, so that one could distinguish each part very beautifully, just as if one observed the parts of flesh, which had been cut across, through the magnifying glass, and in each of these parts one could again perceive parts, in such a manner as if each of them was a little tendon.

I have done everything in my power to make the cut-across parts of the tendon, so as they had been cut crosswise and moistened, shrink in such a way[5], that one would be able to observe the little membranes, in which each long little part of the tendon might be wrapped up, just as I have done with the flesh. But I was not satisfied with the result, because those parts are, as it were, so closely joined to one another that not the slightest separation came about during the drying; except where the large membranes were situated; and the others dried up so compactly as if it was a single compact body, where in some places no parts could be distinguished, and when I again moistened the dried-in parts, then I could again perceive in some places the said parts which had been cut transversely, but not as perfectly as was the case with the first moistening.

When I had thought about the numerous large membranes with their spreading little branches, then I considered the possibility whether there were not blood vessels as well in these membranes; not that they conveyed the blood which is provided with the round little globules which make the blood red; but merely that matter in the blood which we call whey, or serum, and that this is the matter from which the fat originates which I have also discovered in the tendons.

---

[4] *A coarse grain of sand* is 870 μ.

[5] The corrupt sequel of this sentence in the ms. has been drastically corrected in A. Here, as in some other cases, the translation follows A.

BRIEF No. 310 [XIV]   9 NOVEMBER 1714

Wijders hebbe ik ook de trekker van een Hoorn-beest, die buijten op het gewrigt, van het agter been, voet[17a], van het selve leijt, van het been, daar het aan[b] vereenigt was, af gesneden, ende welke[c] trekker aldaar niet ront, maar platagtig is, loopende aan beijde de zijden dunder[18].

Dese trekker[d] hebbe ik aldaar in sijn lengte, en over dwars doorsnede, en in ijder over dwarsse snede die ik quam te doen, daar[19] ik hier soo veel menigvuldige vaaten, en menbrane quam[e] te ontdekken in vergelijkinge bij die geene die ik te vooren gesien hadde. Maar het geene mij nog vreemder voor quam, dat was[f], dat ik soo veel ja onbedenkelijk[20] veel trekkers, aldaar in haar lengte was door snijdende, die over dwars door de trekker haar[g] verspreijden; en[21] aan welke trekkers hare omwentelende in krimpinge, men meest door gaans, ja die soo danig over dwars door de trekker verspreijt waren, dat ik te meermaal[h] gesien hebbe, dat een sant groote[22] vande trekker in sijn lengte, van een over dwars loopende trekker om vangen was.

Dese over dwars loopende trekkers, die haar ook in onbedenkelijke[23][i] takken verspreijden, waren immers soo veel[24] versien, met de[j] om wentelende in krimpinge, als ik vande trekker in sijn lengte, hebbe geseijt.

[a] A: van de agtervoet, been   [b] A: been, waar aan het als   [c] A: afgesneden; welke   [d] A: Den Trekker   [e] A: te doen, quam ik seer veele en menigvuldige vaten en membranen   [f] A: voorquam, was   [g] A: die sig over dwars langs den Trekker   [h] A: verspreyde: aan welke Trekkers men hare omwentelende inkrimpinge doorgaans bekende: ja die Trekkers waren zoodanig overdwars door de Trekker verspreyt, dat ik meermaal   [i] A: in onbedenkelijk veele   [j] A: zoo wel versien van

[17] *agter been, voet*, lees: achterbeen of achtervoet. L. schrijft, evenals in vorige brieven, twee (hier partieel) synonieme woorden zonder voegwoord achter elkaar.

[18] *loopende (...) dunder*, (...) dunner uitlopend.

[19] L. begint hier met een nieuwe bijzin, terwijl hij eigenlijk de hoofdzin had moeten vervolgen. In A is de bijzin in een hoofdzin veranderd (zie aant. e).

[20] *onbedenkelijk*, ondenkbaar.

[21] Het zinsgedeelte *en ... te meermaal* is in het hs. verminkt; men zie de gewijzigde lezing in aant. h.; *omwentelende in krimpinge*, spiraalsgewijze inkrimping; *doorgaans*, overal, elke keer (*meest doorgaans*, bijna overal, bijna elke keer).

[22] Een *sant groote* is 400 μ.

[23] *onbedenkelijke*, ondenkbaar veel; waarschijnlijk heeft L. *veel* vergeten, want hij gebruikt *onbedenkelijke* uitsluitend (een enkele uitzondering misschien daargelaten) in verband van grootte en hoeveelheid. Zie ook aant. i.

[24] *immers soo veel*, zeker zo ruim; de variant *zoo wel* is hier synoniem.

Furthermore I have also cut off that tendon of a horned animal, which lies on the outside of the joint of its hind leg or foot, from the bone to which it was attached, and which tendon on that place is not round but flattish, tapering off on both sides so as to become thinner.

I have cut this tendon on that place lengthwise and transversely, and in each transverse incision I happened to make, I came to discover very numerous vessels and membranes, when compared to the ones I had seen before. But what appeared still more strange to me was that there I was cutting through so many, indeed inconceivably many, tendons in their length, which extended crosswise through the tendon; on which tendons one distinguished everywhere their spiralling striations; indeed those tendons were extended crosswise through the tendon in such a way that several times I have seen that a lengthwise part of the tendon of the size of a grain of sand[6] was enclosed by a tendon running transversely.

These tendons, which run transversely, which also spread themselves into inconceivably many branches, were certainly as largely provided with the spiralling striations as I have said of the tendon in its length.

---

[6] The *size of a grain of sand* is 400 μ.

Uijt de geseijde ontdekkinge, nam ik in gedagten, of niet de trekkers in haar lengte op het gewrigt, met de over dwars loopende trekkers moste versien sijn, want voor eerst, mosten de trekkers op de gewrigten niet ront sijn, om datze aldaar veel te lijden hadden[a], want int op staan ende neder leggen, werden[b] de trekkers aldaar een boven gemeen gewelt aan gedaan[25], soo met haar in breete[c] uijt te setten[26], ende dese uijt settinge in haar breete, wert ook met ijder tree[27d], die de beesten doen, in haar breete uijt geset, ende om[e] dese uijt settinge, door gaans[28] weder in sijn[f] natuurlijke stant te brengen, was het noodig, dat daar over dwarsse trekkers op de gewrigten waren.

Ik hebbe ook veel malen, de trekkers beneden de gewrigten door sogt, dog[g] geen over dwarsse trekkers konnen ontdekken.

Alsoo ik nu de geseijde ontdekkinge, ende de gesigten van deselve[29] niet alleen voor mijn selven wilde behouden, soo hebbe ik mijnen vrient Abraham van Bleijswijk, der Medicina doctor Anatomicus en Leser in onse stad[30], tot mij versogt, ende den selven oog getuijge laten wesen int ontstukken snijden vande trekker, soo op de gewrigten, als beneden de gewrigten, ende die[h] af gesneden deelen voor het Vergroot glas gestelt, ende int[i] beschouwen vande geseijde deelen vande trekker af gevraagt[31], of den selven niet en quam[j] te sien, het geene ik hier vooren hebbe verhaalt, die mij telkens antwoorde, dat hij sulks seer distinct[32k] quam te sien, ende int af scheijt nemen, gebruijkte hij sijn dankbaar[33l], met bij voeginge, ik hebbe hier van geprofiteert.

---

[a] A: hebben [b] A: werd [c] A: breete als in lengte [d] hs: tre [e] A: dese uytsettinge in breete geschiedt ook met yder tree die de beesten doen. En om [f] A: haar [g] A: nagesogt; dog daar [h] A: gewrigten. Die [i] A: gestelt hebbende; heb ik onder het [j] A: Trekker van hem gevraagt, of hy het selve niet quam [k] A: dat hy seer distinkt sulks [l] A: in 't afscheyt van my te nemen, betuygde hy syne dankbaarheyt

[25] *werden ... gedaan*, wordt er op de trekkers een buitengewoon grote kracht uitgeoefend.
[26] *soo ... te setten*, doordat ze zich zowel in de breedte [als in de lengte] uitzetten (zie ook aant. c).
[27] *tree*, stap. Het vervolg van de zin (*die ... om*) is verward en in A verbeterd (zie aant. e).
[28] *door gaans*, telkens.
[29] *de gesigten van deselve*, de waarneming daarvan.
[30] L.'s neef Abraham van Bleyswijk (1685-1761) was stadsanatoom en lector in de anatomie van Delft.
[31] *af gevraagt*, (heb ik hem) gevraagd.
[32] *distinct*, duidelijk, scherp.
[33] *gebruijkte hij sijn dankbaar* is een onverklaarbare verschrijving (zie aant. l).

Consequent upon the said discovery I considered whether the tendons could not but be equipped in their length at the joint with the tendons which run crosswise; for, firstly, the tendons at the joint must not be round, because in that place they have to endure much; for when [the animals] rise to their feet or lie down, exceptionally great force is brought to bear upon the tendons there, owing to the fact that they extend both in breadth and in length; and the extension in breadth also occurs with each step the animals take; and in order to bring this extension each time back to its natural condition, it was necessary that transverse tendons would be present at the joint.

I have also many times examined the tendons below the joints, but I could not discover there transverse tendons.

Now because I did not want to keep the said discovery and the observing of that only to myself, therefore I have invited to my house my friend Abraham van Bleyswijk, doctor of medicine and reader of anatomy in our town[7], and I have made him an eyewitness to the dissection of the tendon both at the joints and below the joints, and I have put those cut-off parts before the magnifying glass, and I have asked him while he was observing the said parts of the tendon whether he did not see what I have related above, who each time answered me that he saw that very clearly and when he was taking leave he expressed his gratitude, adding: I have profited from this.

---

[7] ABRAHAM VAN BLEYSWIJK (1685-1761) was anatomist and lector in anatomy of the city of Delft.

BRIEF No. 310 [XIV] 9 NOVEMBER 1714

Schaap.
Kip.

Muis.

Haas.

    Wijders hebbe ik de trekker van een schaap, op de gewrigte als ook de trekkers op de gewrigte van een hoen, als ook de trekkers beneden de gewrigten, ontledigt[a], ende gans geen onderscheijt inde selve bevonden, als[34b] ik vande trekkers[c] van een runt, hoorn beest hebbe geseijt.

    Ik hebbe de trekkers vande Muijs, op de gewrigten soeken te ontledigen[d], maar ik hebbe[e] mijn genoegen niet gevonden[12], dog beneden de gewrigten, hebbe ik alles gezien, wat ik van een groote trekker hebbe geseijt.

    Na dese ben ik gevallen op[35] de trekker van een haas, en selfs[f] op de gewrigten van de voet, ende hebbe gans geen veranderinge gesien, als alleen dat de over dwars loopende trekkers na[g] advenant de kleijnheijt soo veel[36h] niet waren, als ik hier vooren hebbe geseijt.

    Als ik nu een kleijn trekkertje[i] voor het Vergroot-glas hadde gebragt, om in deselve de omwentelende in krimpinge te sien, soo quamen mij de in krimpinge seer verwart voor, waar over ik eenigsints verset stont[37]; Maar blijvende met mijn gesigt, een weijnig daar op staan[38], sag ik dat dese trekker, soo als die voor het gesigt[39] was[j], uijt vier trekkers was bestaande, sijnde ijder af gescheijden met een menbrane, ende ijder vande selve hadde sijn bijsondere[40] omwentelinge, waar mede ik was voldaan.

---

    [a] A: een Schaap, op de gewrigten, als ook de Trekkers op de gewrigten en beneden de gewrigten van een Hoen, ontleedt   [b] A: bevonden, in het geen   [c] A: van den Trekker   [d] A: ontleeden   [e] A: hebbe daar in   [f] A: Haas; selfs   [g] A: naar   [h] A: zoo veele in getal   [i] A: een kleynen Trekker   [j] A: die aan het gesigt voorquam

    [34] Het voegwoord *als* geeft het verband niet duidelijk aan. Dit zal de reden zijn, waarom het in A is vervangen door *in het geen* (wat datgene betreft, dat).
    [35] *gevallen op*, overgegaan op.
    [36] *soo veel*, zo talrijk (vgl. aant. h).
    [37] *verset*, verbaasd.
    [38] *blijvende ... staan*, toen ik er een poosje naar bleef kijken.
    [39] *voor het gesigt*, voor het oog.
    [40] *bijsondere*, eigen.

Furthermore I have dissected the tendon of a sheep at the joints as well as the tendons at the joint of a fowl, and also the tendons below the joints, and I have found in them no difference at all with what I have said about the tendons of a cow, or horned animal. *Sheep. Chicken.*

I have tried to dissect the tendons of the mouse at the joints, but I was not satisfied with the result, but below the joints I have seen everything which I have said with regard to a large tendon. *Mouse.*

After this I have passed on to the tendons of a hare, and even to the joints of its foot, and I have seen no difference at all, except only the fact that the tendons which run transversely, in proportion to its smallness, were not as numerous as I have said above. *Hare.*

Now when I had put a tiny tendon before the magnifying glass, in order to see in this the spiralling striations, then the striations appeared to me to be in great disorder, at which I was somewhat amazed; but when I continued for a while to look at it, I saw that this tendon so as it was visible to the eye, consisted of four tendons, each being separated through a membrane, and each of them had its own spirals, and with this I was satisfied.

Als wij nu een trekker sien, die ontrent een vinger dik is, ende wij gedenken dan[a], aan de menigvuldige hairtjens[b], die soo een trekker dik is, ende dat soo een dun hairtje dikte[c] inde trekker, meer dan uijt hondert dunne[d] deelen is bestaande, uijt[e] wat een groot getal van deelen[41], soo een trekker in sijn uijt werkinge[42] is gedivideert.

Ik sal af breeken, en bij gesontheijt, eer lang UE: Hoog Edele Heeren[f], mijne nadere waar neminge, ontrent de vlees fibertjens, en hoe deselve aan de trekkers sijn vereenigt, laten toe komen, ende onder des met ijver blijven[43].

Hare Hoog Edele Heeren

Onderdanigste[g] Dienaar.
Antoni van Leeuwenhoek.

---

[a] A: ende dan gedenken [b] A: menigvuldige dunne hairtjens [c] A: een hairtjes dikte [d] A: hondert seer dunne [e] A: bestaande; is het dan wel te begrypen in [f] A: afbreeken Hoog-Edele Heeren; en UE. by gesontheyt, eerlang [g] A: blyven *Hoog-Edele Heeren*, Uw onderdanigste

[41] L. had moeten vervolgen: is dan soo een trekker (...) gedivideert. In de A is deze retorische vraag iets anders geformuleerd (aant. e).

[42] *in sijn uijt werkinge*, als hij in actie is.

[43] L.'s volgende brief aan de Royal Society is Brief 311 [XV] van 20 november 1714, in dit deel, wederom over spiervezels.

Now when we see a tendon, which is about as thick as a finger, and we think, then, of the numerous little hairs which constitute the thickness of such a tendon, and that the thickness of such a little hair in the tendon consists of more than a hundred thin parts, can it, then, be understood how great the number of parts is, in which such a tendon in its action is divided?

I shall conclude and, if my health allows it, send to you, Very Honourable Sirs, my further observations with regard to the little fibres of flesh, and how these are attached to the tendons, and in the meantime remain, with diligence[8].

Very Honourable Sirs,

Your Most Humble Servant,
Antoni van Leeuwenhoek.

---

[8] L.'s next letter to the Royal Society is Letter 311 [XV] of 20 November 1714, in this volume, on muscle fibres once again.

BRIEF No. 311 [XV] 20 NOVEMBER 1714

Gericht aan: de Royal Society.

Manuscript: Eigenhandige, ondertekende brief. Het manuscript bevindt zich te Londen, Royal Society, MS 2107, Early Letters L.4.56; 8 kwartobladzijden.

GEPUBLICEERD IN:

A. VAN LEEUWENHOEK 1718: *Send-Brieven,* ..., blz. 134-148, 4 figuren (Delft: A. Beman). - Nederlandse tekst [A].

A. À LEEUWENHOEK 1719: *Epistolae Physiologicae* ..., blz. 135-148, 4 figuren (Delphis: A. Beman). - Latijnse vertaling [C].

N. HARTSOEKER 1730: *Extrait Critique des Lettres de feu M. Leeuwenhoek*, in *Cours de Physique* ..., blz. 60-61 (La Haye: J. Swart). - Frans excerpt.

A.J.J. VANDEVELDE 1923: *De Send-Brieven van Antoni van Leeuwenhoek* ..., in *Versl. en Meded. Kon. Vlaamsche Acad.*, Jrg. 1923, blz. 369-370. - Nederlands excerpt.

SAMENVATTING:

Over spiervezels en pezen uit de poot van een muis, uit de vleugel van een eend, uit vlees tussen de ribben van een muis, van een honingbij en uit de poot van een bunzing. Theorie over de bouw en werking van pezen.

FIGUREN:

fig. LI-LIV. De oorspronkelijke tekeningen zijn verloren gegaan. In de uitgaven A en C zijn de vier figuren bijeengebracht op één plaat tegenover blz. 144 in beide uitgaven.

OPMERKINGEN:

Een eigentijdse, Engelse vertaling door JOHN CHAMBERLAYNE bevindt zich in manuscript te Londen, Royal Society, MS 2108, Early Letters L.4.56. De brief werd tijdens de vergadering van de Royal Society van 13 januari 1714/15 O.S. geopend, "but could not be read til it was translated it being in dutch" (Royal Society, *Journal Book Original*, Dl. 12, blz. 36). De vertaling werd voorgelezen tijdens de vergadering van 10 maart 1714/15 O.S. (Royal Society, *JBO*, Dl. 12, blz. 50). Zie voor de Oude Stijl (O.S.) de Opmerkingen bij Brief 296 [I] van 8 november 1712, in dit deel.

Dit is voorlopig L.'s laatste brief aan de Royal Society. De volgende is Brief 340 van 9 januari 1720 (*Alle de Brieven*, Dl. 19). Zie over dit hiaat PALM, "Leeuwenhoek and other Dutch correspondents", blz. 197.

LETTER No. 311 [XV]   20 NOVEMBER 1714

Addressed to: the Royal Society.

Manuscript: Signed autograph letter. The manuscript is to be found in London, Royal Society, MS 2107, Early Letters L.4.56; 8 quarto pages.

PUBLISHED IN:

    A. VAN LEEUWENHOEK 1718: *Send-Brieven*, ..., pp. 134-148, 4 figures (Delft: A. Beman). - Dutch text [A].
    A. À LEEUWENHOEK 1719: *Epistolae Physiologicae* ..., pp. 135-148, 4 figures (Delphis: A. Beman). - Latin translation [C].
    N. HARTSOEKER 1730: *Extrait Critique des Lettres de feu M. Leeuwenhoek*, in *Cours de Physique* ..., pp. 60-61 (La Haye: J. Swart). - French excerpt.
    A.J.J. VANDEVELDE 1923: *De Send-Brieven van Antoni van Leeuwenhoek* ..., in *Versl. en Meded. Kon. Vlaamsche Acad.*, 1923, pp. 369-370. - Dutch excerpt.

SUMMARY:

On muscle fibres and tendons from the leg of a mouse, from the wing of a duck, from flesh between the ribs of a mouse, from a honeybee, and from the leg of a polecat. Theory about the structure and action of tendons.

FIGURES:

The original drawings have been lost. In the editions A and C the four figures have been combined on one plate facing p. 144 in both editions.   *figs LI-LIV*.

REMARKS:

A contemporary English translation by JOHN CHAMBERLAYNE is to be found in London, Royal Sociey, MS 2108, Early Letters L.4.56. The letter was opened at the meeting of the Royal Society of 13 January 1714/15 O.S., "but could not be read til it was translated it being in dutch" (Royal Sociey, *Journal Book Original*, vol. 12, p. 36). The translation was read out at the meeting of the Royal Society of 10 March 1714/15 O.S. See for the *Old Style* (O.S.) the Remarks to Letter 296 [I] of 8 November 1712, in this volume.
    This is for the time being L.'s last letter to the Royal Society. The next one is Letter 340 of 9 January 1720 (*Collected Letters*, vol. 19). See for this gap PALM, "Leeuwenhoek and other Dutch correspondents", p. 197.

BRIEF No. 311 [XV]   20 NOVEMBER 1714

Delft in Holland[a] den 20.[e] Novemb. 1714.

Aande Hoog Edele Heeren.
Mijn Heeren die vande Coninklijke Societeit in[b] London[1].

Hoog Edele Heeren.

Spiervezels.

Pees.

Muis.

Ik hebbe al over veel jaren[2], aan UE: Hoog Edele Heeren[c] geschreven dat ik ontdekt hadde, dat de vlees deelen in een kleijn schepsel in dunte toe namen, en haar vereenigde[3], of haar[d] eijnde was inde trekker[4]; Maar dit heeft[e] door gaans geen[5] plaats, in alle vlees deelen, en ter contrarie, na mijn oordeel, sijn meest alle de[f] vlees fibertjens, soo dik als deselve sijn, vereenigt[6] aan de trekkers, ofte ook aan de menbrane, vliesen[7] en ook aan de bloet-vaaten; en dit laaste bevinde ik hoe langer hoe naakter[8], ende dese mijne na spooringe, sijn in geen[g] groote schepsels[9]; maar ik ben gevallen op[10] de Muijs, en onder veele Muijsen, die ik ontledigt[h] hebbe, haalde ik de huijt vande agter pooten[i], ende het beenagtig deel, dat boven de voet was, bestont uijt vijf lange beentjens, die wij in groote dieren schinkels[11] soude noemen; op dese lange dunne beentjens, snede ik die deelen[12], waar aan men met het bloote oog, geen vlees deelen[j] konde bekennen, en ik bragt het[k] selve voor het Vergroot glas, en sag met verwonderinge, dat het bestont[l] uijt twaelf trekkers, die alle aan weder sijde versien waren met vlees fibertjens, waar van ses trekkers van bovenen quamen, na alle gedagten vereenigt in[m] het gewrigt, want sij waren boven dikst, ende verdunden na onderen, ende[n] alle de andere trekkers[o], waren onder dikst, ende verdunden op waarts gaande[13].

---

    [a] A: In Delft   [b] A: te   [c] A: Ik hebbe UE. over veel jaren, Hoog Edele Heeren,   [d] A: haar vereenigen, of dat haar   [e] A: Trekkers; maar dit en heeft   [f] A: syn de meeste   [g] A: naakter, doch dese myne naspeuringen syn niet geschiedt in   [h] A: ontleedt   [i] A: de agterste Pooten   [j] A: snede ik in die deelen, die men met het bloote oog niet   [k] A: de   [l] A: dat ze bestonden   [m] A: quamen; en naar alle gedagten vast vereenigt waren in   [n] hs: end   [o] A: andere ses Trekkers

[1] L.'s vorige brief aan de Royal Society is Brief 310 [XIV] van 9 november 1714, in dit deel.
[2] *over veel jaren*, veel jaren geleden.
[3] *haar vereenigde*, zich verenigden; *haar eijnde*, hun uiteinde. De herhaling van *dat* na het voegwoord *of* (zie aant. d) maakt achteraf duidelijk, dat *inde trekker* (Trekkers) niet betrokken moet worden op *haar vereenigde*.
[4] *trekker*, pees.
Zie voor de brieven over spiervezels in dit deel de opsomming in het Voorwoord. Zie voor L.'s eerdere brieven over spiervezels aant. 5 bij Brief 296 [I] van 8 november 1712, in dit deel.
Vgl. SCHIERBEEK, *Leeuwenhoek*, Dl. 2, blz. 336-347; IDEM, *Measuring*, blz. 121-125; en COLE, "L.'s ... researches", blz. 36-39.
[5] *door gaans geen*, niet altijd.
[6] *vereenigt*, verbonden, bevestigd.
[7] Evenals in vorige brieven zet L. hier twee synoniemen zonder verbindingswoord of zonder het tweede woord tussen haakjes te zetten, achter elkaar.
[8] *naakter*, duidelijker.
[9] Hier is het woord *geschied* vergeten; zie ook aant. g.
[10] *ben gevallen op*, heb mijn keus bepaald op.
[11] *schinkel*, schenkel, dat wil zggen het gedeelte van de achterpoot tussen de knie en het spronggewricht.
[12] Voor *die deelen* is het woord *in* vergeten. In A is de zin verbeterd (zie aant. j).
[13] L.'s vorige brief over de spiervezels van de muis is Brief 310 [XIV] van 9 november 1714, in dit deel.

LETTER No. 311 [XV] 20 NOVEMBER 1714

Delft in Holland, the 20th of November 1714.

To the Very Noble Sirs,
The Gentlemen of the Royal Society in London[1].

Very Noble Sirs,

Many years ago I have already written to You, Very Noble Sirs, that I had discovered that the parts of flesh in a little creature either became gradually thinner and united, or that their end was to be found in the tendon[2]. But this is not always the case in all parts of flesh, and on the contrary, in my opinion, almost all the little fibres of flesh, whatever their thickness, are attached to the tendons or, as the case may be, also to the membranes, pellicles, and also to the blood-vessels; and I discern this phenomenon last mentioned more and more clearly, and these investigations of mine were not carried out on large creatures; but I have focused on the mouse, and from many mice, which I have dissected, I removed the skin of the hind legs; and the bony part which was above the foot consisted of five long little bones, which in large animals we would call the shank; on these long thin little bones I cut into those parts in which one could not perceive parts of flesh with the naked eye, and I put it before the magnifying glass and I saw to my amazement that it consisted of twelve tendons, all of which were on each side equipped with little fibres of flesh, six tendons of which came from above, to all appearances attached to the joint, for they were thickest in the topmost part and became thinner lower down, and all the other tendons were thickest in the lowest part and became thinner while going upwards[3].

Muscle fibres.

Tendon.

Mouse.

---

[1] L.'s previous letter to the Royal Society is Letter 310 [XIV] of 9 November 1714, in this volume.
[2] See the Preface for an enumeration of L.'s letters on muscle fibres in this volume. For L.'s earlier letters on muscle fibres see note 3 on Letter 296 [I] of 8 November 1712, in this volume.
Cf. SCHIERBEEK, *Leeuwenhoek*, vol. 2, pp. 336-347; IDEM, *Measuring*, pp. 121-125; and COLE, "L.'s ... researches", pp. 36-39.
[3] L.'s previous letter on the muscle fibres of a mouse is Letter 310 [XIV] of 9 November 1714, in this volume.

Alle dese trekkers waren aan weder sijden beset[14], met vlees fibertjens die seer digt en ordentlijk nevens den anderen[15] lagen, en ook aan de nevens leggende trekkers vereenigt waren. Namentlijk, de buijtenste trekkers waren de[16a] vlees fibertjens vereenigt aan een menbraantje, ofte trekker leggende nevens het[b] beentje, ende na de regter hand, waren de vleesfibertjens vereenigt aan de tweede trekker, die van onderen quam, om dat hij onder sijn dikte hadde, ende[c] op waarts gaande in dunte toe name, dog de vereeninge[17] geschiede[d], niet regthoekig, maar soo danig dat de vleesfibertjens schuijns[e] neder waarts gaande, een inwendigen hoek van 45. graaden schenen te maken, ende soo insgelijks was[f] soo danige vereeninge, met alle de twaelf trekkers, ende dat alleen door de vlees fibertjens.

Uijt welke vereeninge vande geseijde twaelf trekkers[g], ik een besluijt maakte[18], dat als ses[h] vande trekkers, die boven inde gewrigte vereenigt waren, na[i] om hoog een gewelt wierde aan gedaan[19], de[j] ses trekkers die beneden int gewrigt gevest[20] waren, gelijke[k] gewelt wierd aan gedaan, om nederwaarts[l] te trekken.

---

[a] waren aan de   [b] A: een   [c] A: quam, ende   [d] A: toenam. Dog de vereeniging en geschiede   [e] hs: schuijs   [f] A: geschiede   [g] A: geseyde Trekkers   [h] A: als aan ses   [i] A: naar   [j] A: gewelt wierd aangedaan; dat dan aan de   [k] A: waren, een gelyk   [l] hs: nederwaats

[14] *beset*, bedekt.
[15] *nevens, van, in den anderen*, naast, van, in elkaar.
[16] In het hs. ontbreekt voor *de* het noodzakelijke voorzetsel *aan*; vgl. aant. m.
[17] Het woord *vereeninge* komt ook in andere brieven voor. Het is een gebruikelijke afleiding van *(zich) vereenen*, maar omdat L. altijd het werkwoord (zich) *vereenigen* gebruikt, zou men bij hem eerder de afleiding *vereeniging* verwachten. Daarom is het denkbaar, dat we bij *vereening* te doen hebben met een zich herhalende verschrijving. In A is het woord systematisch door *vereeniging* vervangen; dit is in de varianten niet expliciet vermeld.
[18] *een besluijt maakte*, de conclusie trok.
[19] *een gewelt wierde aan gedaan*, een kracht werd uitgeoefend (op).
[20] *gevest*, vastgehecht.

All these tendons were covered on both sides with little fibres of flesh, which lay very closely and neatly alongside one another and were also attached to the tendons which lay next to them. That is to say, the outer tendons the little fibres of flesh were attached to a little membrane, or little tendon, lying next to the little bone, and more to the right the little fibres of flesh were attached to the second tendon, which came from below, because it had its thickest part underneath, and became thinner while going upward; but the uniting did not come about at a right angle but in such a way that the little fibres of flesh, going down in an oblique direction, seemed to make an internal angle of 45 degrees, and such a uniting was of that same kind on all twelve tendons, and this solely by means of the little fibres of flesh.

From this uniting of the said twelve tendons I concluded that if an upward force was brought to bear upon six of the twelve tendons, which were at the top attached to the joint, an equal force would be brought to bear on the six tendons which were attached to the joint below to draw them downwards.

Vorders nam ik een agter voet, been[21], vande Muijs, en ik door snede veel maal[a] de groote muscul, om was het mogelijk te ontdekken waar die vlees fibertjens haar eijnde[22b], of beter geseijt, in gevest waren, in welke na spooringe, ik veel maal[c] hebbe gesien, dat de trekkers niet dikker en ook dunder[23d] waren, dan een hair van ons hooft[24] is, egter die[e] trekkers met de omwentelende in krimpinge waren versien[f], die mede schuijnser als ander[g] vleesfibertjens, nederwaarts gingen, en alsoo na een korte spatie, aan andere kleijne trekkers in gevest waren, ende dat[25] soo danige[h] trekkers in dunte toe nemende, ik veel maal gesien hebbe, dat soo danige trekker, niet[i] meer als twee à. drie vlees fibertjens, en eijntelijk sijn[j] wesen[26] van een trekker in een vlees fibertje eijndigde[27k].

Uijt dese waar neminge, nam ik in gedagten, dat gelijk als de trekker aan[l] het onderste van het morg-been[28], ofte schinkel in gevest[m] is, dat ins gelijks, de trekker van het boven lid, sig mede in een gelijk getal van kleijne trekkers verspreijen[n], die alle met vleesfibertjens sijn versien, ende dat de eijnde van dese vlees fibertjens sijn, die geene[29] die uijt de onderste trekker voort komen, ende dat dus[30] de trekkers van het onderste, en bovenste lid, als vereenigt sijn[31].

[a] A: veelmalen   [b] A: waar dat die vleesfibertjens haar eynde hadden   [c] A: naspeuringe ik seer veele malen   [d] A: ook veel dunder   [e] A: Egter waren die   [f] A: inkrimpingen versien: welke Trekkers ook met de vleesfibertjens versien waren   [g] A: als de andere   [h] A: spatie, in andere seer kleyne Trekkers gevest waren: ende zoodanige   [i] A: toenemende, heb ik veelmaals gesien dat niet   [j] A: vleesfibertjens hadden; en eyndelyk, dat hun   [k] A: vleesfibertje als eyndigde   [l] A: in   [m] A: schinkel, gevest   [n] A: verspreydt

[21] *been*, achterpoot (samentrekking van het woorddeel *agter*).

[22] We hebben hier waarschijnlijk te doen met een onjuiste samentrekking van het werkwoord; zie de verbetering in aant. i.

[23] *ook dunder*, zelfs wel dunner. Hierna volge men de verbeterde lezing van A (aant. l en m), die gemoderniseerd luidt: Toch waren die trekkers voorzien van 'omwentelende inkrimpingen' (spiraalgewijze insnoeringen); deze trekkers waren ook voorzien van de vleesfibertjes die schuinser dan andere, enz.

[24] Een *hair van ons hooft* is 60-80 μ.

[25] Het vervolg van de zin is verward. Men leze: en ik heb veel malen gesien, dat soo danige trekkers in dunte toe nemende, niet meer als twee à. drie vlees fibertjens (bevatten).

[26] *en eijntelijk*, en dat ten slotte; *sijn wesen*, zijn hoedanigheid, zijn eigenschappen.

[27] *eijndigde*, zijn einde vond (De trekker verloor dus zijn specifieke functie).

[28] *morg-been*, mergbeen, mergpijn; *morg* is een dialectische vorm.

[29] In het hs. staat na *die geene*: "die de eijnde van de vlees fibertjens". L. moet zich dus bij het overschrijven van zijn aantekeningen vergist hebben.

[30] *dus*, daardoor.

[31] *als vereenigt sijn*, als het ware met elkaar verbonden zijn.

LETTER No. 311 [XV]   20 NOVEMBER 1714

Furthermore I took a hind foot, leg, of the mouse, and I cut many times through the large muscle, in order to discover, if it were possible, where these little fibres of flesh had their end, or, to put it more correctly, where they were attached; in which investigations I have seen many times that the tendons were not thicker, or even at times thinner, than a hair from our head[4] is; even so, those tendons were equipped with spiralling striations; these tendons were also equipped with the little fibres of flesh, which went down more obliquely than other little fibres of flesh, and so after a short distance were attached to other little tendons; and I have seen many times that such tendons, growing thinner, comprised no more than two or three little fibres of flesh and that, eventually, its nature of a tendon came to an end in a little fibre of flesh.

As a result of these observations it occurred to me that as the tendon is attached to the lowest part of the marrowbone or shank, in the same way the tendon of the topmost segment also divides into the same number of little tendons, which are all of them equipped with little fibres of flesh, and that the ends of these little fibres of flesh are the ones which come forth from the lower tendon, and that through this the tendons of the lower and the upper segment are, as it were, connected.

---

[4] *A hair from our head* is 60-80 μ.

Ik snede de vlees muscul vande *Muijs* soo veel mij doenlijk was, int midden door, om de eijnde vande groote trekker, te ontdekken, in welk doen ik een groote menbrane voor een gedeelte quam te door snijden, en welke[a] menbrane ik mij in beelde[32], dat veele menbrane daar uijt voort kome[b], die de vlees fibertjens om vangen, en aan[c] welke menbrane veele vleesfibertjens schuijns in gevest[d] waren. Dog alsoo het vlees door nat was, ende de vlees deelen in droogden, soo schuurde[33e] de menbrane ontstukken, en soo het een trekker hadde[f] geweest, soo soude soo een separeringe vande vlees deelen niet sijn geweest[34], en in welke waar neminge ik doorgaans[35] sag, de omwentelinge[g] in krimpinge[36] vande vlees fibertjens.

Ik hebbe geseijt, dat, als of[37] de vlees fibertjens, uijt de trekkers[h] mogten[38] voort komen, maar men moet het soo danig[i] niet op nemen, want de trekkers, ende de vleesfibertjens sijn te gelijk gefourmeert, ende nemen ook te gelijk in groote toe.

Ik hebbe ook door gaans[35] waar genomen, dat de vlees-fibertjens die aan het eijnde van dese trekkers, niet[39j] weder aan de eijnde van een andere trekker vereenigt sijn, maar dat de eijnde vande trekkers voor bij den anderen[15] gaan, ende[k] dit soo sijnde, soo sijn de vleesfibertjens mede trekkers, ende de trekkers, en konnen[l] wij geen eijnde toe schrijven, dan daar[40] de vlees fibertjens sijn vereenigt, aan de menbrane, vliesen[m].

---

[a] A: voor een gedeelte in haar langte quam te doorsnyden: uyt welke [b] A: membranen voortkomen [c] A: in [d] A: schuyns gevest [e] A: scheurde [f] A: was [g] A: geweest. In dese waarneminge sag ik doorgaans ook de omwentelende [h] A: geseyt dat de vleesfibertjes wel uyt Trekkers [i] A: zoodanig naar den letter [j] A: Trekkers syn, niet [k] A: gaan; ende het eynde van den eenen Trekker in de dikte van den anderen eyndigt: ende [l] A: ende aan de Trekkers konnen [m] A: of vliesen

[32] *mij in beelde*, dacht. Men leze na *door snijden*: uit welk membraan, naar ik meende, veel membranen voortkwamen.

[33] *schuurde*, scheurde. Daarnaast heeft L. ook de spelling met -eu-. De uitspraak van -uu- voor -r- zal in het Delflands dus overeengekomen zijn met die van -eu- voor -r-.

[34] *sijn geweest*, plaats gevonden hebben.

[35] *door gaans*, telkens.

[36] *omwentelende in krimpingen*, spiraalsgewijze insnoeringen; de vorm *omwentelinge* in het hs. is een verschrijving, waarschijnlijk een anticipatie op het woordeinde van *inkrimpingen*.

[37] Waarschijnlijk heeft L. na *dat* een werkw. als *scheen* of *mij toescheen* vergeten. In A is de zin op een andere wijze gecorrigeerd (zie aant. e).

[38] *mogten*, konden.

[39] Na *trekkers* is *sijn* vergeten, of wel het gezegde *vereenigt sijn* uit het volgende deel van de zin samengetrokken.

[40] *de trekkers ... toe schrijven, dan daar*, wat de trekkers betreft, kunnen wij niet anders aannemen, dan dat ze eindigen waar.

I cut through the flesh muscle of the mouse, as far as it was feasible for me, in the middle, in order to discover the ends of the large tendon; while I was doing this, I happened partly to cut through a large membrane, and from this membrane came forth, as I thought, many membranes which enclose the little fibres of flesh, and to which membranes many little fibres of flesh were attached obliquely. But because the flesh was wet through, and the parts of flesh dried up, the membrane was torn to pieces; and if it had been a tendon, then such a separation of the flesh parts would not have taken place; and in these observations I saw many times the spiralling striations of the little fibres of flesh.

I have said that the little fibres of flesh could come forth from the tendons[5], but it should not be understood like that, for the tendons and the little fibres of flesh are formed simultaneously and increase simultaneously as to size.

I have also each time observed that the little fibres of flesh, which are at the ends of these tendons, are not again attached to the ends of another tendon, but that the ends of the tendons go past one another; and this being so, the little fibres of flesh are also tendons, and with regard to the tendons, no other end can be ascribed to them than the spot where the little fibres of flesh are attached to the membranes, pellicles.

---

[5] The translation here follows the emandations in A.

Vorders hebben mijn gedagten geloopen, ontrent de dikte van de vlees musculs, en om mijn selven te voldoen, hebbe ik mij verbeelt[41], de groote trekker bij de stam van een boom, en uijt[a] welke stam een tak spruijt, en uijt die tak weder verscheijde takken, ende dat boven de eerste tak, een tweede tak spruijt, die sig insgelijks, in veele takken verspreijen[b], ende dat het soo van tak tot tak toe gaat, ende dus een groote uijt spreijende boom wert, ende dat[c] het soo danig ook toe gaat met een groote vlees muscul stel ik vast[42]; alleen met dit onderscheijt, dat de takken vande boomen alle haar eijnden hebben, ende de vlees fibertjens meest alle geen eijnde hebben, want ik hebbe waar genomen, dat een seer dun trekkertje van een grooter als af gescheijden[43][d], waar aan vlees fibertjens waren vereenigt, en welke vlees[44][e] meer dan hondert maal dikker lighaam uijt maakten, als de trekker was, ende dat een weijnig verder, weder een kleijn gedeelte vande trekker af scheijde, die niet[f] minder een dikte van vlees fibertjens uijt maakte dan de[g] eerste, ende dit beelt ik mij in[45], gaat vervolgens[h], en hierom is de trekker met soo veel bij sondere[46] menbrane versien, om te konnen van een te scheijden[i], sonder eenige de minste scheuringe.

Hoe dat de trekker sig scheijde, en aan die scheijdinge, vlees fibertjens waren, ende een weijnig verder, de trekker weder met een menigte van vlees fibertjens is versien[j], dat hebbe ik verscheijde malen waar genomen in het vlees dat ik uijt de borst vande vliegende schepsels nam, ende wel[k] uijt de borst, vande wilde bije, die men hier hoorn-toorn[47] noemt; en wat mij belangt, ik vinde de na spooringe vande te samen gestel vande dieren, in[l] kleijne schepsels veel naakter[8] en bequamer tot ontdekkinge[48], dan in[m] groote schepsels, namentlijk[49] door het Vergroot-glas.

Hommel.

---

[a] A: voldoen, hebbe den grooten Trekker by my selven vergeleken by de stam van eenen Boom; uyt   [b] A: verspreydt   [c] A: toegaat; waar door het een groote en wyd-uytgespreyde Boom wort. Dat   [d] A: afscheyde   [e] A: welk vlees   [f] A: afscheyde, 't welk met geen   [g] A: vleesfibertjens beset was, dan het   [h] A: gaat zoo vervolgens   [i] A: van een scheyden   [j] A: versien was   [k] A: ende voor al   [l] A: de naspeuringe van 't samengestel van de Dieren in de   [m] A: in de

[41] *verbeelt*, voorgesteld. L. gaat echter voort, alsof hij *vergeleken* geschreven had (zie ook aant. k).

[42] *stel ik vast*, meen ik stellig.

[43] Waarschijnlijk is *was* vergeten.

[44] Gezien de werkwoordsvorm *uijt maakten* moeten we hier waarschijnlijk lezen *vlees fibertjens*; in A leidde het behoud van het woord *vlees* tot verandering van de werkwoordsvorm in *uijtmaakte*.

[45] *beelt ik mij in*, denk ik.

[46] *bij sondere*, afzonderlijke.

[47] *hoorn-toorn*, hommel. Volgens het *WNT* (Dl. 16, kol. 1116) in deze betekenis vooral in het Westland – en blijkbaar ook in Delfland – gebruikt. Daarnaast betekende het woord ook wesp en horzel.

[48] *bequamer tot ontdekkinge*, gemakkelijker te ontdekken.

[49] *namentlijk*, vooral.

LETTER No. 311 [XV] 20 NOVEMBER 1714

Further my thoughts have focused on the thickness of the flesh muscles, and to satisfy myself I have compared the large tendon to the trunk of a tree, and from this trunk a branch originates, and from that branch again several other branches, and that above the first branch a second branch comes forth, which divides itself equally in many branches, and that it goes on like this from one branch to the next one, and so becomes a large expanding tree; and I am firmly convinced that it happens also like this with a large flesh muscle; with this difference only, that all branches of the tree have their endings, and that most of the little fibres of flesh have no endings; for I have observed that a very thin little tendon, had, as it were, branched off from a larger one, and that to the former little fibres of flesh were attached, and that this flesh constituted a body more than a hundred times thicker than the tendon, and that a little further on again a small part branched off from the tendon, which made up a thickness of little fibres of flesh no less than the first; and this, I think, goes on in that way; and the tendon is equipped with so many separate membranes for this reason, that it will be able to divide without any rupture, however slight.

How the tendon branches off, and that little fibres of flesh were to be found at this branching, and that a little further on the tendon is again equipped with a multitude of little fibres of flesh – this I have observed several times in the flesh which I took from the breast of the flying creatures, to wit, from the breast of the wild bee, which is here called the bumblebee; and as far as I am concerned, I find the investigation of the structure of animals much clearer and easier to discover in little creatures than in large creatures, especially through the magnifying glass.

Bumblebee.

BRIEF No. 311 [XV] 20 NOVEMBER 1714

Muis.

Nu hadde ik ook voor het^a Vergroot-glas staan, een weijnig vlees vande^b groote muscul van het agter-been van een Muijs, en in welk^c ik sag, twee bijsondere⁴⁶ trekkers, vande dikte van^d een hair van ons hooft²⁴, waar van de eene aan de slinker hant⁵⁰, van boven nederwaarts^e komende, ontrent de geseijde dikte hadde, ende beneden waarts gaande, wierde^f hoe langer hoe dunder, sijnde die trekker versien, met verscheijde omwentelende in krimpinge, en welke^g inkrimpinge ontrent een hair breete van den anderen¹⁵ stonden, en aan welke^h trekker vereenigt⁵¹, en digt nevens den anderen¹⁵ stonden^i, vleesfibertjens die int beschouwen, door het Vergroot glas mij soo lang voor quamen, als een halve duijm⁵², en welke vlees fibertjens, schuijns^j nederwaarts gingen, en vereenigt waren^k in een menbrane, die ik oordeelde dat de buijtenste menbrane vande Muscul was, en soo insgelijks^l was de geseijde trekker aande regter hant versien met vlees fibertjens, die mede schuijns^m nederwaarts gingen, ende vereenigde mede aan een dunne trekker, seer na vande dikte, als de voorgaande trekker, die^n sijn dikte onder hadde, ende op waarts gaande in dunte toe nam, die mede^o versien was met omwentelende in krimpinge, ende dese trekker was aan de ander sijde mede soo beset met vlees fibertjens. En gelijk⁵³ nu de eerste trekker van boven^p quam, soo was de tweede trekker onder in een dikker^q gevest⁵⁴.

Dit soo sijnde, soo wert de eene trekker, geen gewelt aan gedaan, of de tweede trekker lijd het selve gewelt, ende te gelijk ook alle de trekkers ende vlees fibertjens, die uijt een groote^r trekker voort komen, als hier vooren nog⁵⁵ is geseijt.

---

^{a} A: een ^{b} A: uyt de ^{c} A: Muys; in welk vlees ^{d} A: Trekkers, zoo dik als ^{e} A: van bovenwaarts ^{f} A: wierd hy ^{g} A: inkrimpingen: welke ^{h} A: stonden. Ook waren aan die ^{i} A: en stonden digt nevens den anderen, eenige ^{j} hs: schuijs ^{k} A: als een ende een halve duym. Dese vleesfibertjens gingen schuyns nederwaarts, ende waren vereenigt ^{l} A: was. Even eens ^{m} A: mede zoo schuyns - hs: schuijs ^{n} A: Trekkers; dog die ^{o} A: toenam; en mede ^{p} A: Trekker als van boven ^{q} A: dikker Trekker ^{r} A: grooter

⁵⁰ *slinker*, een in het zeventiende-eeuws gebruikelijk synoniem van *linker*.
⁵¹ Hierna is in de lezing van het hs. *waren* vergeten.
⁵² Een *duijm* is 2,61 cm.
⁵³ *gelijk*, terwijl.
⁵⁴ *in een dikker gevest*, in een dikkere trekker vastgehecht.
⁵⁵ *nog*, al.

LETTER No. 311 [XV] 20 NOVEMBER 1714

Now I had also standing before the magnifying glass a little piece of flesh of the large muscle of the hind leg of a mouse, and in this I saw two separate tendons, as thick as a hair from our head[4], of which the one to the left, coming from above downwards, had roughly the thickness mentioned, and became thinner and thinner while going downwards; this tendon being equipped with several spiralling striations, which striations stood at a distance of a hair's breadth from one another; and to which tendon little fibres of flesh were attached, standing close to one another, which, when observed through the magnifying glass, seemed to me to be half an inch[6] long; and which little fibres of flesh went downwards in an oblique direction and were attached to a membrane, which I judged to be the outermost membrane of the muscle; and the said tendon was to the right likewise equipped with little fibres of flesh, which also went down in an oblique direction, and were also united to a thin tendon, very close as to thickness to the former tendon, which had its thickest part underneath and became thinner while going upwards, which was also equipped with spiralling striations; and this tendon was on the other side also in the same way covered with little fibres of flesh. And whereas the first tendon came from above, the second tendon was attached underneath to a thicker one.

This being so, no force can be brought to bear on the one tendon, but the second tendon undergoes the same force; and at the same time also all the tendons and little fibres of flesh which come forth from a large tendon, as has been said here already earlier.

Mouse.

---

[6] An *inch* is 2.61 cm.

Nu staat het ook bij mij vast, dat de groote trekker die aan het ander eijnde vande muscul voort komen[56a], aan de eerste trekker door de vlees fibertjens, aan malkanderen sijn vereenigt, ende[b] dus[30] alle de vlees fibertjens en trekkers te gelijk bewogen werden, ende in welke[c] beschouwinge ik ook seer net[57] de om wentelende in krimpinge inde[d] vlees fibertjens in veele konde bekennen.

Ende dit volmaakte, en over verwonderens waardige[58] maaksel en soude men in sijn Hersenen niet konnen vormen, als hier vooren verhaalt is[59], want waar souden wij blijven, met der selver eijnde[e] soo vande trekkers, als[f] vlees fibertjens, ende de[g] uijt werkinge die sij te weeg brengen, en als wij hier nog bij doen, dat ijder vlees-fibertje, nog omwonden leijt, in een menbraantje, vliesje soo sijn de wonderen nog te grooter.

Vorders hebbe ik waar genomen, dat als wij een dun muscultje, in sijn lengte ondersoeken, ik wel gesien hebbe[h], dat de vlees-fibertjens soo lang sijn, dat het mij toe schijnt, dat ze aan geen andere trekkers en sijn vereenigt, als aan de tegen over staande trekker, en ook aan de menbrane, die de muscul omvangt, en dit is mij ook voor gekomen[60] in een seer dun muscultje, die[i] ik tussen de been deelen van de wiek[j] van een Eent-vogel door sogt[61].

Eend.
Muis.

Ook is mij veel maal[k] in een vlees-muscul van een Muijs de vlees-fibertjens soo lang voor gekomen, dat ik deselve niet vervolgen konde, waar in[62] haar eijnde in gevest[l] waren.

---

[a] A: voorkomt   [b] A: Vleesfibertjens vereenigt is: ende dat   [c] A: werden. In welke   [d] A: van de   [e] A: met de eynden   [f] A: als van de   [g] A: ende met de   [h] A: Vorders heb ik, in een dun Muscultje in syn lengte te ondersoeken, wel gesien   [i] A: dat   [j] A: wieken   [k] A: syn my veelmalen   [l] A: waar in dat haar eijnden gevest

[56] *voort komen*, lees: *voort komt*, te voorschijn komt. – Voor het vervolg van de zin volge men de redactie van A.

[57] *seer net*, heel mooi, heel duidelijk.

[58] *over wonderens waardige*, uiterst bewonderenswaardig.

[59] *en soude men ... vormen*, zou men niet kunnen bedenken; *als ... verhaalt is*: meestal verwijst L. met deze formule naar een eerdere, ongeveer gelijke bewering, maar in deze brief is dat niet van toepassing. Denkelijk heeft hij hier bedoeld: zoals hierboven beschreven is.

[60] *is ... voor gekomen*, heb ik ook gezien.

[61] Zie voor de spiervezels in het hart van een eend Brief 136 [82] van 2 april 1694, *Alle de Brieven*, Dl. 10, blz. 76-82.

[62] *is* (lees: *sijn*) *mij (...) de vlees fibertjens soo lang voor gekomen*, heb ik gezien dat de vleesvezeltjes zo lang waren; *dat ... waar in*, dat ik deze (in hun verloop) niet volgen kon, tot (het punt) waarin.

LETTER No. 311 [XV]   20 NOVEMBER 1714

Now I am also firmly convinced that the large tendon, which comes forth at the other end of the muscle, is connected with the first tendon through the little fibres of flesh and that through this all the little fibres of flesh and tendons are simultaneously set in motion; and in these observations I have also perceived very clearly the spiralling striations in the little fibres of flesh in many of them.

And one would not be able to invent in one's brain this perfect and exceedingly admirable structure, as has been described above, for we would be at a loss with regard to the ends, both of the tendons and of the little fibres of flesh, and the effects which they bring about; and when we add to this that each little fibre of flesh lies moreover enclosed in a little membrane, pellicle, then the miracles become still greater.

Furthermore I have observed that when we examine a thin little muscle lengthwise, I have seen at times that the little fibres of flesh are so long that it seems to me that they are not attached to any other tendon save to the opposite tendon, and also to the membrane which encloses the muscle; and I have also seen this in a very thin little muscle between the bony parts of the wing of a duck, which I investigated[7].   *Duck.*

I have also seen many times that the little fibres of flesh in a flesh muscle of a mouse were so long, that I could not trace out their course up to the point where their ends were attached.   *Mouse.*

---

[7] For the muscle fibres in the heart of a duck see Letter 136 [82] of 2 April 1694, *Collected Letters*, vol. 10, pp. 77-83.

Ook mede hebbe[a] ik veel moeijten, en[63][b] ook al verscheijde Muijsen gehad, eer ik tot mijn genoegen[64], de trekkers, met der selver vlees fibertjens, soo danig op het glas hadde geplaast, dat ik aan andere de[c] verhaalde toe stel, soo vande trekkers, als vlees fibertjens klaar voor de oogen konde stellen[65], want soo wij niet net[66] de vlees fibertjens, in haar lengte, ende dat seer dunne door snijden, soo konnen wij niet[67] sekers daar van sien, want de minste schuijnheijt, door snijden[d] de vlees fibertjens over dwars, die ons dan irregulier voorkomen[68].

Ook is mij int door snijden van een vlees-muscultje wel voor gekomen, dat twee vlees fibertjens, omtrent ter halver lengte van de selve, in een fibertje in gevest waren, en[e] ik hebbe ook eens gesien, dat drie vlees fibertjens, in[f] een vleesfibertje vereenigde.

Als wij nu sien, dat de trekkers, die van boven nederwaarts komen, ende de trekkers die van beneden na bovenen gaan, niet met haar eijnden aan[g] malkanderen vereenigen, maar voor bij malkanderen gaan, en oversulks de vereeninge[h] door[i] de vlees fibertjens[69] soo moeten[j] wij vast stellen[70], dat alle het gewelt, dat de trekkers wert aan gedaan, dat selfde gewelt, de[k] vleesfibertjens, die voor het merendeel de muscul uijt maken, moeten lijden[l].

---

[a] A: Ook hebbe   [b] A: moeyte gedaan, en   [c] A: het   [d] A: want met de minste schuynsheyt, doorsnyden wy   [e] A: waren, of vereenigden: en   [f] A: vleesfibertjens zich in   [g] A: aan, of in   [h] hs: vereenige   [i] A: over sulks zich vereenigen door   [j] hs: moeten moeten   [k] A: aangedaan, ook aan de   [l] A: uytmaken, aangedaan wort

[63] De samentrekking van *gehad* (*veel moeijten gehad*) die L. waarschijnlijk in eerste instantie heeft bedoeld, is in A niet gehandhaafd (aant. j).

[64] *tot mijn genoegen*, tot mijn tevredenheid.

[65] *aan andere ... stellen*, dat ik anderen de beschreven bouw (...) duidelijk kon laten zien.

[66] *net*, precies, nauwkeurig.

[67] *niet*, niets. Voor het vervolg van de zin zie men aant. l.

[68] *voorkomen*, toeschijnen.

[69] In de lezing van het hs. is hierna *geschiedt* vergeten. In A is de redactie gewijzigd.

[70] *vast stellen*, concluderen.

I have also taken much trouble and used several mice as well, before I had placed the tendons with their little fibres of flesh on the glass to my satisfaction, in such a way that I could put clearly before the eyes of other people the structure described, both of the tendons and of the little fibres of flesh; for if we do not cut precisely lengthwise through the little fibres of flesh, and very thinly, then we cannot see anything of this for certain, for with the slightest obliquity we cut through the little fibres of flesh crosswise, and then they seem to us irregular.

It has also at times appeared to me, while cutting through a little flesh muscle, that two little fibres of flesh about halfway of their length were attached to a single little fibre, and I have also seen once that three little fibres of flesh were united in a single little fibre of flesh.

When we now see that the tendons, which come downwards from above, and the tendons, which go from below upwards, are not joined together at their ends, but pass by one another, and therefore connect themselves to the little fibres of flesh, then we must conclude that that same force, which is brought to bear on the tendon, needs must also affect the little fibres of flesh, which constitute the larger part of the muscle.

Maar vast gestelt sijnde, dat[71] een gedeelte vande trekker, die een weijnig[a] dikker is als een vlees fibertje, ende dat soo danig een trekkertje, met eenige hondert vlees fibertjens is beset; soo moet soo een dun trekkertje eenige hondert maal[b] meer gewelt lijden, als een vlees fibertje.

Omme een meerder bevattinge, van het te samen gestel[c] van de trekkers, met de vlees fibertjens[72] te hebben, soo hebbe ik[73d] een kleijn gedeelte[e] vlees vande Muijs, dat ik van de onderste[f] schinkeltjens, digt bij de voet, hebbe af gesneden, ende dat[74] soo dun als het mij doenlijk was, want soo het wat dikker is, soo soude men de trekkers met der selver vlees fibertjens, soo net niet konnen onderscheijden, laten afteijkenen, als[g] met fig: 1: ABCDEFGH. wert aan gewesen, waar van AB: CH: DG: ende EF. vier bijsondere[46] trekkers sijn, waar van AB: ende GD. de twee trekkers sijn, die van beneden na boven gestrekt leggen[75], ende HC: ende EF. sijn de twee trekkers, die boven gehegt sijn, ende na benedewaarts gaan, ende tussen de gestrekte deelen[76] sijn de vlees fibertjens.

fig. LI.

Nu konnen, wij wel begrijpen, dat wanneer de trekker met CH aan gewesen, van C op waarts trekt, of gewelt wert aan gedaan[77], dat dan[h] alle de vlees fibertjens, die niet alleen, aan[i] de geseijde trekker sijn vereenigt, ende daar door[j] bewogen werden, maar te gelijk ook alle de vier[k] trekkers, met der selver vlees fibertjens: en dit gaat nog verder, ja soo danig, dat alle de trekkers die soo boven als onder gehegt sijn, in hoe veel duijsende de trekkers mogten[78l] gedivideert sijn, met alle de vlees fibertjens die daar aan mogten vereenigt sijn, soo verre deselve een muscul mogten uijt maken, alle te gelijk bewogen werden.

---

[a] A: Trekker weynig   [b] A: malen   [c] A: van het t'samenstel   [d] hs: hebben, soo hebben, soo hebbe ik   [e] A: hebbe ik genomen een kleyn gedeelte van het   [f] hs: onderst   [g] A: onderscheyden: als hier   [h] A: gewelt lydt, dat dan niet alleen   [i] A: die aan   [j] A: vereenigt, daar door   [k] A: de geseyde vier   [l] A: duysenden Trekkertjes de Trekkers mogten

[71] *vastgesteld sijnde, dat*, aangenomen dat. – Na *vande trekker* moeten de woorden *die een* worden geschrapt (vgl. aant. s).

[72] *het te samen gestel ... vlees fibertjens*, de wijze waarop (...) een geheel vormen.

[73] De in A aangebrachte wijzigingen in het vervolg van de zin (aant. c en d) waren onnodig, want L.'s zin is correct, al is de afstand tussen *hebbe ik* en *laten afteijkenen* wat groot door de lange tussenzin (*dat ik ... onderscheijden*).

[74] *ende dat*, en (dat) wel.

[75] *gestrekt leggen*, in een bepaalde richting liggen.

[76] *de gestrekte deelen*, de delen die in de lengterichting liggen.

[77] Het vervolg van de zin in het hs. bevat twee evidente fouten die een juiste lezing verhinderen. Deze zijn in A verbeterd (aant. e en f en aant. g).

[78] *mogten*, lees: deselve mogten. Het in A gemaakte onderscheid tussen *Trekkers* en *Trekkertjes* werkt verhelderend.

LETTER No. 311 [XV] 20 NOVEMBER 1714

But when it is granted that a part of the tendon is slightly thicker than a little fibre of flesh, and that such a little tendon is covered with several hundred little fibres of flesh; then such a thin little tendon cannot but be subjected to a force several hundred times greater than a little fibre of flesh.

In order to arrive at a better understanding of the way in which the tendons and little fibres of flesh are connected, therefore I have ordered a drawing to be made of a small part of the flesh of the mouse, which I have cut off from the nethermost little shanks close to the foot; and this as thin as I could, for if it is somewhat thicker, one would not be able so clearly to discern the tendons with their little fibres of flesh as is shown in fig: 1: ABCDEFGH. of which AB: CH: DG: and EF. are four separate tendons, of which AB: and GD. are the two tendons which lie extended from underneath upwards, and HC: and EF. are the two tendons, which are attached above and go downwards; and between the parts, which lie lengthwise, are the little fibres of flesh. *fig. LI.*

Now we can easily understand that when the tendon, shown with CH, is drawn upwards from C, or subjected to a force, that then not only all the little fibres of flesh which are attached to the said tendon are put in motion by this, but at the same time also all four tendons with their little fibres of flesh; and this goes still further, indeed, so much so, that all the tendons which are attached both at the top and underneath, in however many thousands of little tendons the larger ones might be divided, with all the little fibres which might be attached to them, in as far as they may constitute a muscle, are all set in motion simultaneously.

Dat nu de trekker met AB. aan gewesen, met geen om wentelende in krimpinge is af geteijkent, en alleen maar met dunne striemtjens, is aan gewesen, komt[a] mij te meer malen voor[79], en dit beelt ik mij in, is[80], om dat die[b] te veel uijt gerekt is[c].

Aan meest alle de vlees fibertjens, waren de omwentelende in krimpinge seer weijnig te sien, die alleen maar ontrent DE. werden aan gewesen.

Ik hebbe meest door gaans[81,d] waar genomen, dat hoe korter de vlees muscultjens sijn, hoe bequamer men de trekkers, haar eijnde kan vervolgen[82], want als ik de trekkers, in een groote vlees muscul sogt te vervolgen, soo konde ik der selver eijnde seer weijnig sien, om dat de vlees fibertjens seer lang sijn, in vergelijkinge die[83,e] ik hebbe aan gewesen.

Men moet niet denken, dat de trekkers hier vooren aan gewesen, alleen maar aan twee sijden met vlees fibertjens sijn beset, maar vast stellen[84], dat de trekkers rontomme, ende dat seer digt, met vlees fibertjens sijn beset[f], en hoe wij meer, en meer, de vlees deelen vande Muijs, voor het Vergroot-glas hebben gestelt, hoe meer, en meer, ik[g] plaijsier hebbe gehad, om de verwonderenswaardige[h] maaksel, en te samen gestel[85] hebbe[i] gesien[86].

Omme nu meerder, en korter muscultjens na te speuren, soo sijn mijn gedagten gevallen op de vlees fibertjens, waar uijt het vlees mogte bestaan, die[j] tussen de ribbetjens vande Muijs mogten geplaast sijn[k]; waar in ik waar genomen hebbe, dat de vlees fibertjens, die aan de slinker hand[l] van het ribbetje waren, aldaar aan een trekker die nevens het ribbetje lag, waren vereenigt, ende schuijns[m] nederwaarts gingen, ende aldaar in gevest waren, in[87] een trekkertje, dat naast het ribbetje, aan de regter hand[n] was.

---

[a] A: met seer dunne striemtjens is aangewesen; dat komt   [b] A: voor, en geschiedt daar door, beelt ik my in, om dat die Trekker   [c] A: is geweest   [d] A: hebbe doorgaans   [e] A: vergelykinge van de geenen die   [f] A: vleesfibertjens beset syn   [g] A: hoe ik meer en meer   [h] hs: verwonderens   [i] A: gehad in't verwonderswaardige maaksel en het t'samen gestel dat ik daar in hebbe   [j] A: dat   [k] A: Muys geplaatst is   [l] A: slinker syde   [m] hs: schuijs   [n] A: regter syde

[79] *met ... aan gewesen*, met dunne streepjes aangegeven; *komt ... voor*, komt mij meermalen onder de ogen, zie ik dikwijls. Deze laatste formulering is een gevolg van vereenzelviging van de afbeelding met de waarnemingen in L.'s gedachten.

[80] *dit ... is*, dit is, denk ik, het geval.

[81] *meest door gaans*, meestal.

[82] *bequamer*, gemakkelijker; *de trekkers, haar eijnde*, de uiteinden van de trekkers; *vervolgen*, met het oog volgen.

[83] Na *vergelijkinge* is het noodzakelijke voorzetsel vergeten (in A *van*, 'met').

[84] *vast stellen*, ervan overtuigd zijn.

[85] *te samen gestel*, structuur.

[86] *hebbe gesien*, lees: te sien.

[87] *in gevest in*, vastgehecht in.

LETTER No. 311 [XV]   20 NOVEMBER 1714

The fact that the tendon, shown with AB., is now not drawn with spiralling striations, and is shown merely with thin little strips, is several times seen by me, and I think that this has been brought about because that tendon has been stretched too far.

On almost all the little fibres of flesh the spiralling striations were hardly to be seen, which are only shown near DE.

I have usually observed that the shorter the little flesh muscles are, the easier one can trace with the eye the tendons up to their ends, for when I tried to trace the tendons in a large flesh muscle, I could hardly see their ends because the little fibres of flesh are very long, when compared to the ones I have shown.

One should not assume that the tendons, shown above, are only on two sides covered with little fibres of flesh, but one should be convinced that the tendons are on all sides covered, and that very thickly, with little fibres of flesh; and the more and more we put the flesh parts of the mouse before the magnifying glass, the more and more pleasure I have experienced through having seen its admirable make and structure.

In order to investigate more and shorter little muscles, my thoughts have turned towards the little fibres of flesh, which could constitute the flesh, which could have been situated between the little ribs of the mouse; in which I have observed that the little fibres of flesh, which were on the left of the little rib, were attached there to a tendon which was lying beside the little rib, and went down in an oblique direction, and there were attached to a little tendon which was lying next to the little rib on the right.

BRIEF No. 311   20 NOVEMBER 1714

Vorders sag ik datter vlees fibertjens waren, die dwars over de eerste vlees fibertjens gingen, waar uijt ik een besluijt maakte[18], dat nevens ijder ribbetje, twee trekkers, nevens den anderen[15] lagen.

Wijders hebbe ik het vlees, dat dese ribbetjens als bekleede[88] vande ribbetjens af genomen, ende voor het vergroot glas geplaast, en waar genomen, dat de vlees fibertjens, daar deselve ontrent het wervel-been[89] geplaast hadde[a] geweest, een korte spatie besloeg[b], ende wat verder daar van daan, strekte het vlees in breete, vande vlees fibertjens[c], wel twee maal die lengte uijt; en alsoo de vlees fibertjens, niet in dikte toe namen, soo quamen uijt verscheijde vleesfibertjens, twee[90d] te voorschijn, en maakten aldus een grooter uijt breijdinge[91]; maar dat nog verder ging, dat was, dat uijt[92e] een rije van vlees fibertjens, die in haar lengte lagen, drie gantsche rijen van vlees fibertjens als[f] in gevest waren, die dan nog een grooter uijt breijdinge van het vlees te weeg bragt[g].

fig. LII.   Ik hebbe tot meerder bevattinge, eenige seer weijnig vlees fibertjens laten af teijkenen, die hier met fig: 2: ABCDE.[h] sijn aan gewesen, sijnde AB. de vlees fibertjens die naast het wervel-been hebben gelegen, ende met BCD. wert aangewesen, die vlees fibertjens, die[i] als in gevoegt waren, om[j] een grooter uijt breijdinge aan de vlees muscul te weeg te brengen[k].

En al hoe wel het ons toe schijnt, dat de vlees fibertjens, als in den andere[15] sijn vereenigt, soo beelt ik mij egter in[93], dat ze in menbrane[l], die de vlees fibertjens omvangen in gevest sijn, en welk[m] menbraantje, om sijn dunheijt ons gesigt ontwijkt.

---

[a] A: waren   [b] A: besloegen   [c] A: strekte het vlees, naar de breete van de vleesfibertjens gerekent   [d] A: vleesfibertjens als twee   [e] A: in   [f] A: vleesfibertjens ten deele als   [g] A: bragten   [h] A: hier Fig. 2. met ABCDE.   [i] A: BCD. werden aangewesen, de vleesfibertjens die in een ander muscul   [j] hs: om om   [k] A: vleesmuscul te geven   [l] A: membraantje   [m] A: omvangt, ingevest syn: welk

[88] *als bekleede*, als het ware bekleedde.
[89] *daar*, waar; *ontrent het wervel-been*, bij de wervel.
[90] *twee*, nl. twee vleesfibertjes; *als* (A), als het ware.
[91] *maakten ... uijt breijdinge*, brachten zo een vermeerdering van het aantal tot stand. – Het woord *grooter* lijkt hier pleonastisch te zijn, in tegenstelling tot ditzelfde woord in het slot van de zin.
[92] In plaats van *uijt* leze men met A *in*. Er heeft waarschijnlijk contaminatie plaats gevonden tussen een werkwoord met de betekenis 'te voorschijn komen' en *investen*. Opvallend is de invoeging van *ten deele* in A vóór *als* (als het ware) *ingevest*.
[93] *als ... in*, als het ware in elkaar gegroeid zijn, denk ik toch.

I saw further that there were little fibres of flesh, which went crosswise over the first little fibres of flesh, from which I concluded that two tendons were lying next to each little rib alongside each other.

Furthermore I have taken the flesh, which, as it were, coated these little ribs, from the little ribs and put it before the magnifying glass, and observed that the little fibres of flesh, where they had been situated close to the vertebra, took up a small space, and somewhat farther on the flesh extended breadthwise up to twice this length, when estimated to the breadth of the little fibres of flesh; and because the little fibres of flesh did not increase as to thickness, therefore from several little fibres of flesh two little fibres of flesh came forth, and so brought about an increase of their number; but something which went still further, was that to a row of little fibres of flesh, which lay lengthwise, were, as it were, attached three entire rows of little fibres of flesh, which, then, brought about an even greater increase of the flesh.

In order to make this better understood, I have ordered some very few little fibres of flesh to be drawn, which are shown here with fig: 2: ABCDE., AB. being the little fibres of flesh which have been lying alongside the vertebra; and with BCD. are shown the little fibres of flesh which were, as it were, attached, in order to bring about a greater increase of the flesh muscle. *fig. LII.*

And although it seems to us as if the little fibres of flesh are, as it were, grown together, yet I think that they have been attached to a membrane which encloses the little fibres of flesh, and that this little membrane eludes our sight through its thinness.

fig. LIII.

Honingbij.

fig. LIV.

Ik hebbe mijn selven niet konnen voldoen, als[94] ik een snede over dwars in de vlees fibertjens quam te doen, de[a] eerste snede de vlees fibertjens wel over dwars was door snijdende[b], maar als ik een weijnig dieper quam te snijden, eenige[c] vlees fibertjens, wat in haar lengte quam te doorsnijden[d], dog als ik nu de geseijde, als ingelaste vlees fibertjens, hebbe ontdekt, hebbe ik de redenen daar van gesien.

Vorders hebbe ik een kleijn gedeelte vande trekker[e], met sijn Vlees-fibertjens, die het eijnde van de trekker uijt maken[95], als hier met fig: 3: IKLMN wert aan gewesen, ende welke vlees fibertjens die af gebrooke sijn[f], ende aan andere trekkers, sijn vereenigt geweest.

Ik hebbe hier vooren geseijt, hoe uijt een trekker een sprank[96] voort komt, ende uijt die sprank vlees fibertjens, als voort komen ofte[g] vereenigt sijn, ende dat wat verder weder een sprank voort komen, ende dus[97] een[h] muscul, in lengte en dikte is toe nemende en om dat[98] soo danige[i] maaksel, weijnig plaats op het papier soude beslaan, soo hebbe ik daar toe[j] uijt gekosen een vande trekkers uijt de borst van een wilde hoonig bije, als hier met fig: 4:[k] ABCDEFGHIKLMN. wert aan gewesen sijnde ABCMN. die vlees deelen die naast[99] de wiek geplaast waren, ende met DEFGKL. wert aan gewesen, de tweede[l] ende met HIK. de derde sprank met de vlees fibertjens, ende met AMLK. de trekker.

---

[a] A: doen: want ik in de   [b] A: overdwars doorsneed   [c] A: dieper sneed, quam ik eenige   [d] A: lengte te doorsnyden   [e] A: van eenen Trekker   [f] A: uytmaken, alhier met Fig. 3. IKLMN. aan gewesen: welke vleesfibertjens afgebrooken syn   [g] A: ofte daar aan   [h] A: verder een andere sprank uyt den Trekker voortkomt: ende dat dus de   [i] A: ende op dat zoodanig   [j] A: zoo hebbe daar toe   [k] A: hier Fig. 4. met   [l] A: de tweede sprank

[94] *Ik ... als*, ik ben niet tot mijn tevredenheid geslaagd, toen. – De verwarde constructie van het volgende gedeelte van de zin, is in A verbeterd.

[95] Hierna is waarschijnlijk *laten af teijkenen* vergeten; in het vervolg van de zin leze men *af gebrooke sijn* in plaats van *die af gebrooke sijn*. – In A is de zinsconstructie veranderd (zie aant. e).

[96] *sprank*, (zij)tak.

[97] *voort komen*, lees: voort komt; *ende dus*, en dat op deze wijze.

[98] *om dat*, opdat.

[99] *naast*, bij, dichtbij.

I have not succeeded to my satisfaction, when I happened to make a crosswise incision in the little fibres of flesh; with the first incision cutting the little fibres of flesh indeed crosswise, but when I happened to cut somewhat deeper, I happened to cut through some little fibres of flesh slightly lengthwise; yet now that I have discovered the said little fibres of flesh, which are, as it were, inserted, I have seen the cause of that.

Furthermore I have a small part ordered to be drawn of the tendon with its little fibres of flesh, which constitute the end of the tendon, as is shown here with fig: 3: IKLMN, and which little fibres of flesh, are broken off and have been connected with other tendons.

fig. LIII.

I have said earlier how a branch comes forth from a tendon, and that from this branch little fibres of flesh come, as it were, forth, or are attached to it, and that a little further on again a branch comes forth, and that in this way a muscle is increasing as to length and thickness; and in order that such a structure would take up not too much space on the paper, therefore I have selected for this one of the tendons from the breast of a wild honeybee, as is shown here with fig: 4: ABCDEFGHIKLMN., ABCMN. being those parts of flesh which were situated next to the wing, and with DEFGKL. is shown the second branch, and with HIK. the third one with the little fibres of flesh, and with AMLK. the tendon.

Honeybee.
fig. LIV.

Als wij nu gedenken, dat alle de vlees fibertjens, die inde geseijde fig: werde aangewesen, alle aan andere trekkers[a] of menbrane sijn vereenigt geweest, ende dat ik nog een trekker daar nevens leggende ontdekten, die met meerder vlees fibertjens was versien, moeten wij besluijten, dat de werktuijgen[100], die in soo een schepsel op geslooten leggen ons tot verwondering strekt[101b].

Ik sal af breeken, met die verwagtinge dat in desen ijets sal gevonden werden, waar in UE.[c] Hoog Edele Heeren een behagen sult hebben, met toe wensinge van veel Heijl int aan staande jaar, en sal ondertussen met veel agtinge blijven.

Hare Hoog Edele Heeren

Onderdanige Dienaar.[d]
Antoni van Leeuwenhoek.

P.S.

Mijn voornemen is geweest[e], om dese mijne waarneminge op den 20.[e] Novmb. UE: Hoog Ed: Heeren te laten toe komen, maar om met mijn te veel schrijven UE: Hoog Ed: Heeren, niet[f] als te overladen[102] sende ik deselve eerst den 27.[e] Xmb. 1714. ende onder tussen[g] hebbe ik mijne ondersoekinge vervolgt in het vlees op de pooten van het schadelijk dier dat het gevogelte als hoenders ende duijven verslint, die wij[h] Bonsem[103] noemen, en welkers[i] bont stark, en veel in gebruijk is, dat men hier Visse bont noemt, ende dat met deselve uijt komst, als[j] ik van het vlees van de muijs hebbe geseijt; ik wil niet twijfelen, of mijn[k] voorgaande schrijvens van den 26 octob: laast leden ontvangen hebben[104].

Bunzing.

---

[a] A: aangewesen, aan de Trekkers   [b] A: strekken   [c] A: waar in gy L.   [d] A: hebben. En sal ondertusschen met toewenschinge van veel heyl in 't aanstaande Jaar, en met veel agtinge blyven, enz.   [e] A: was geweest, Hoog-Edele Heeren   [f] A: waarnemingen UL. op den 20. November te laten toekomen: maar om UL. met myn te veel schryvens niet   [g] A: 1714. Ondertussen   [h] A: verslindt, 't welk wy een   [i] A: wiens   [j] A: noemt, doch hebbe deselve uytkomst gehad, als   [k] twyfelen, Hoog-Edele Heeren, of gy l. sult myn

[100] *werktuijgen*, organen.

[101] *verwondering*, bewondering; *strekt*, lees: strekken.

[102] L. doelt hier op Brief 308 [XII] van 26 oktober 1714, in dit deel. Uit de laatste zin van dit P.S. blijkt, dat hij eraan hechtte bericht van ontvangst te krijgen en tevens, dat het hem was ontschoten, dat hij op 9 november 1714 ook nog had geschreven.

[103] *Bonsem*, bunzing; ook *bonsen* en *bonsinck*. De samenstelling *vis(se)bont* 'bont van de bunzing', bevat als eerste lid het Zuid-Nederlandse woord *vis(se)*, dat 'bunzing' betekent. Het bont werd ook kortweg *vis(se)* genoemd.

[104] L.'s volgende brief aan de Royal Society is Brief 340 van 9 januari 1720 (*Alle de Brieven*, Dl. 19). Zie ook de Opmerkingen bij de onderhavige brief. L.'s volgende brief over spiervezels is Brief 314 [XVI] van 26 maart 1715, in dit deel.

If we now realize that all the little fibres of flesh, which are shown in the said fig:, have all of them been connected to other tendons or membranes, and that I discovered yet another tendon lying alongside, which was equipped with more little fibres of flesh, we cannot but conclude that the organs which are enclosed in such a creature serve to amaze us.

I shall conclude, in the expectation that something will be found in this with which You, Very Noble Sirs, will be pleased; with my wishes for many blessings in the coming year, and in the meantime I shall remain with much respect.

Very Noble Sirs,

Your Humble Servant,
Antoni van Leeuwenhoek.

P. S.

I had intended to send these observations of mine on the 20th of November to You, Very Noble Sirs, but in order not, as it were, to overburden You, Very Noble Sirs, with too much of my writings, I am sending them only on the 27th of December 1714[8]; and in the meantime I have continued my investigations in the flesh on the legs of that noxious animal, which devours birds like chickens and pigeons, which we call the polecat, and the fur of which is strong, and much in use, which we call here fitch fur; and that with the same outcome as I have said about the flesh of the mouse; I will not doubt that my previous missive of the 26th of October last has been received[9].

Polecat.

---

[8] L. here refers to Letter 308 [XII] of 26 October 1714, in this volume. It appears from the P.S. that L. clung to an acknowledgement of receipt and that he apparently had forgotten that he wrote a letter to the Royal Society on 9 November 1714.

[9] L.'s next letter to the Royal Society is Letter 340 of 9 January 1720 (*Collected Letters*, vol. 19). See also the Remarks on the present letter. L.'s next letter on muscle fibres is Letter 314 [XVI] of 26 March 1715, in this volume.

BRIEF No. 312   11 JANUARI 1715

Gericht aan: ANTHONIE HEINSIUS.

Manuscript: Eigenhandige, ondertekende brief. Het manuscript bevindt zich te 's-Gravenhage, Nationaal Archief, Archief Anthonie Heinsius, toegangsnr. 3.01.19, inv.nr. 1931; 1 kwartobladzijde.

GEPUBLICEERD IN:

A.J. VEENENDAAL JR & M.T.A. SCHOUTEN(red.), *De Briefwisseling van Anthoni Heinsius*, 1702-1720, deel 16 (Den Haag, 1997), p. 413, no. 742.

SAMENVATTING:

Begeleidend schrijven bij een kopie van een brief over spiervezels.

OPMERKINGEN:

Het is niet duidelijk van welke brief L. een kopie aan HEINSIUS zond. De eerste brief waarin hij melding maakte van zijn nieuwe inzichten omtrent de vorm van de samentrekking van spiervezels is Brief 308 [XII] van 26 oktober 1714, aan de Royal Society, in dit deel. Waarschijnlijk betreft het echter, vanwege de vermelding van de *over dwars loopende trekkers* (zie aant. 3), Brief 310 [XV] van 20 november 1714, in dit deel.

LETTER No. 312   11 JANUARY 1715

Addressed to: ANTHONIE HEINSIUS.

Manuscript: Signed autograph letter. The manuscript is to be found in The Hague, Nationaal Archief, Archief Anthonie Heinsius, toegangsnr. 3.01.19, inv.nr. 1931; 1 quarto page.

PUBLISHED IN:

A.J. VEENENDAAL JR & M.T.A. SCHOUTEN(ed.), *De Briefwisseling van Anthoni Heinsius*, 1702-1720, vol. 16 (The Hague, 1997), p. 413, no. 742.

SUMMARY:

Accompanying letter to a copy of a letter on muscle fibres.

REMARKS:

It is not clear of which letter L. sent a copy to HEINSIUS. The first letter in which L. acknowledged his new opinion is Letter 308 [XII] of 26 October 1714, to the Royal Society, in this volume. However, because of the mention of the *tendons running crosswise* (see note 2), it concerns probably Letter 310 [XIV] of 9 November 1714, in this volume.

BRIEF No. 312 11 JANUARI 1715

Wel Edele gestrenge Heere[1].

Na toe wensinge van alle Heijl in dit nieuwe jaar. Neme ik weder de vrijheijt, dese mijne ontdekkinge[2], rakende de over dwars loopende trekkers, die op de gewrigte van de groote trekkers sijn[3], als mede hoe de vlees-fibertjens ende de trekkers, te gelijk een beweginge werden[4] aan gedaan, ende dat door een omwentelende[5], uijt rekkinge ende in krimpinge vande selve, en welke gesteltheijt men tot mij seijt, dat daar ontrent de verstandige Werelt[6], tot deser tijd toe onkundig is geweest: ende in welke ontdekkinge, ik niet en twijfel, of UE. Wel Edele Gestrenge Heere, sult eenige genoeginge in mijne ontdekkinge vinden. En ik sal met veel agtinge blijven[7].

UE: Edele gestrenge Heere.

Sijn Onderdanige Dienaar.
Antoni van Leeuwenhoek.

Delft desen
11e jann. 1715

---

[1] De brief is gericht aan ANTHONIE HEINSIUS (1641-1720), die van 1689-1720 Raadpensionaris van Holland was. Zie het Biogr. Reg., *Alle de Brieven*, Dl. 3, blz. 484. L.'s vorige brief aan HEINSIUS is Brief 303 [VIII] van 30 juni 1713, in dit deel.
[2] Aan het zinstuk *dese ... rakende* ontbreken zinsdelen. Men leze: UE dese mijne ontdekkinge mede te deelen.
[3] L. vermeldde dit voor het eerst in Brief 310 [XIV] van 9 november 1714, in dit deel.
[4] *werden*, lees: werd.
[5] *ende dat*, en wel; *omwentelende*, spiraalsgewijze.
[6] *de verstandige Werelt*, de ter zake kundigen, de geleerde wereld.
[7] L.'s volgende brief aan HEINSIUS is Brief 321 van 25 februari 1716, in dit deel. De volgende brief over spiervezels is Brief 314 [XVI] van 26 maart 1715, in dit deel.

LETTER No. 312 — 11 JANUARY 1715

Right Honourable Sir[1].

After wishing you a most happy New Year, I take again the liberty to impart to you the following discoveries of mine with regard to the tendons running crosswise, which are situated at the joints of the large tendons[2]; and also how a movement is imparted simultaneously to the little fibres of flesh and the tendons; and that this comes about through a spiralling extension and contraction of them; and with regard to this condition I have been told up to this time the world of the learned has been ignorant of it; and I do not doubt that you, Honoured Sir, will find some pleasure in this discovery of mine. And I shall remain with much respect[3].

Right Honourable Sir,

Your Humble Servant,
Antoni van Leeuwenhoek.

At Delft
On the 11th Jan. 1715

---

[1] The letter was addressed to ANTHONIE HEINSIUS (1641-1720), who was Grand Pensionary of Holland from 1689 up to 1720. See the Biogr. Reg., *Collected Letters*, vol. 3, p. 485. L.'s previous letter to HEINSIUS is Letter 303 [VIII] of 30 June 1713, in this volume.

[2] L. mentioned this for the first time in Letter 310 [XIV] of 9 November 1714, in this volume.

[3] L.'s next letter to HEINSIUS is Letter 321 of 25 February 1716, in this volume. His next letter on muscle fibres is Letter 314 [XVI] of 26 March 1715, in this volume.

BRIEF No. 313   28 FEBRUARI 1715

Gericht aan: ANTONI VAN LEEUWENHOEK

Geschreven door: ANTHONY HEINSIUS

Manuscript: Copie. Het manuscript bevindt zich in het Nationaal Archief te Den Haag, Archief Anthonie Heinsius, toegangsnr. 3.01.19, inv. nr. 1941.

GEPUBLICEERD IN:

A.J. VEENENDAAL JR & M.T.A. SCHOUTEN (red.), *De Briefwisseling van Anthoni Heinsius*, 1702-1720, deel 16 (Den Haag, 1997), p. 508, no. 903.

SAMENVATTING:

Heinsius bedankt Leeuwenhoek voor de door hem in de loop van de tijd toegezonden brieven en verwacht dat het nageslacht hem dankbaar zal zijn voor wat hij heeft ontdekt.

OPMERKING:

Met aantekening door Heinsius in de kantlijn: "Missive aen mijnheer Leeuwenhouck, 28 febr. 1715".

LETTER No. 313   28 FEBRUARY 1715

Addressed to: ANTONI VAN LEEUWENHOEK

Written by: ANTHONY HEINSIUS

Manuscript: Draft letter. The manuscript can be found in the National Archive in The Hague, Archive of Anthonie Heinsius, access number. 3.01.19, inv. no. 1941.

PUBLISHED IN:

A.J. VEENENDAAL JR & M.T.A. SCHOUTEN (ed.), *De Briefwisseling van Anthoni Heinsius, 1702-1720*, vol. 16 (The Hague, 1997), p. 508, no. 903.

SUMMARY:

Heinsius thanks Leeuwenhoek for the letters sent by him over time and expects that posterity will be grateful for what he has discovered.

REMARK:

With a note by Heinsius in the margin: 'Letter to Mr. Leeuwenhoek, 28 February 1715'.

Mijnhr,

Ik heb U Ed. aangenaeme miss. van de 11 jan. laestl. met de bijgevougde stucken wel ontfangen. Ik bedanke U Ed. voor de genegene toewenschingh in het doen aangevange jaer, ende wensch U Ed. mede alle heyl en voorspoet ende specialijk sterkte ende gesontheyt in desselfs hoge jaeren en nuttige besicheden.

Ik heb de voorsr. stucken met aandaght gelesen, gelijck ook gedaen heb diegeene, die mij van tijt tot tijt hebt gelieven te senden. Ik heb daerin geremarqueert met groote verwonderingh d'uytnemende decouverte bij U Ed. in de natuyrkunde gedaen, de onvermoyde ijver die U Ed. daertoe hebt gebruyckt ende het groot voordeel desaangaende bij U Ed. aan 't gemeen toegebragt.

Ik bedanck U Ed. voor al 'tselve wat mij belangt ende twijffele niet off de redelijcke wereld sal daerontrent met mij concurreren, ende dat de posteriteyt U Ed. daervoor altijt ook danckbaer sal zijn, waermede eyndigende sal ik verblijve,

[Geen handtekening]

Hage, 28 feb. 1715.

LETTER No. 313 28 FEBRUARY 1715

Sir

I have received your honourable letter from 11 January last month, with the attached documents. I thank Your Honour for the generous wishes for the then commencing year, and wish Your Honour all salvation and prosperity, and especially strength and good health in your high age and useful activities.

I have read the pieces mentioned before with attention, just as I have done with those that you have sent to me before from time to time. I have noticed in it, with great wonder, the excellent discoveries of Your Honour in natural history, the untiring zeal that Your Honour has used for this purpose, and the great advantage of this for the common good.

I thank Your Honour for all the things that interest me and I have no doubt that the rational world will concur with me in this regard, and that posterity will be grateful to Your Honour for this, with which ending I will stay,

[no signature]

The Hague, 28 February 1715.

BRIEF No. 314 [XVI] 26 MAART 1715

Gericht aan: Antoni Cink.

Manuscript: Geen manuscript bekend.

GEPUBLICEERD IN:

A. van Leeuwenhoek 1718: *Send-Brieven*, ..., blz. 149-155, 3 figuren (Delft: A. Beman). - Nederlandse tekst [A].
A. à Leeuwenhoek 1719: *Epistolae Physiologicae* ..., blz. 149-155, 3 figuren (Delphis: A. Beman). - Latijnse vertaling [C].
N. Hartsoeker 1730: *Extrait Critique des Lettres de feu M. Leeuwenhoek*, in *Cours de Physique* ..., blz. 60-61 (La Haye: J. Swart). - Frans excerpt.
A.J.J. Vandevelde 1923: *De Send-Brieven van Antoni van Leeuwenhoek* ..., in *Versl. en Meded. Kon. Vlaamsche Acad.*, Jrg. 1923, blz. 370-371. - Nederlands excerpt.

SAMENVATTING:

Uiteenzetting van L.'s ideeën over de bouw en werking van spiervezels en pezen uit de poot van een muis. Afbeelding van een model van de door L. veronderstelde spiraalvormige samentrekking.

FIGUREN:

fig. LV-LVII.   De oorspronkelijke tekeningen zijn verloren gegaan. In de uitgaven A en C zijn de drie figuren bijeengebracht op één plaat tegenover blz. 151 in beide uitgaven.

OPMERKINGEN:

De hier afgedrukte tekst is die van uitgave A.

LETTER No. 314 [XVI] 26 MARCH 1715

Addressed to: ANTONI CINK.

Manuscript: No manuscript is known.

PUBLISHED IN:

A. VAN LEEUWENHOEK 1718: *Send-Brieven*, ..., pp. 149-155, 3 figures (Delft: A. Beman). - Dutch text [A].

A. À LEEUWENHOEK 1719: *Epistolae Physiologicae* ..., pp. 149-155, 3 figures (Delphis: A. Beman). - Latin translation [C].

N. HARTSOEKER 1730: *Extrait Critique des Lettres de feu M. Leeuwenhoek*, in *Cours de Physique* ..., pp. 60-61 (La Haye: J. Swart). - French excerpt.

A.J.J. VANDEVELDE 1923: *De Send-Brieven van Antoni van Leeuwenhoek* ..., in *Versl. en Meded. Kon. Vlaamsche Acad.*, 1923, pp. 370-371. - Dutch excerpt.

SUMMARY:

Exposition of L.'s ideas about the structure and action of muscle fibres and tendons from the leg of a mouse. Illustration of a model of L.'s assumed spiral contraction.

FIGURES:

The original drawings have been lost. In the editions A and C the three figures have been combined on one plate facing p. 151 in both editions.   *figs LV-LVII.*

REMARKS:

The text as printed here is that of edition A.

BRIEF No. 314 [XVI]   26 MAART 1715

In Delft den 26. Maart 1715.

Aan den Hoog-Geleerden en
Hoog-Geagten Heere,
Den Heere A: Cink, &c. &c. resideerende te Loven[1].

Myn Heer.

Spiervezels.

Muis.

Ik hebbe in het voorleden Jaar ontdekt, hoe dat de Trekkers ende Vleesfibertsjens te gelyk[2] Trekkers mogen genoemt werden: en om dat ik sulks in verscheyde volwassene Muysen seer naakt[3] my selven hadde voor de oogen gestelt; zoo heb ik ook een afteykening daar van laten maken; ende deselve aan de Koninglyke Societeit in Londen toegesonden[4]. Ende om dat dese ontdekkinge wat nieuws in de redelyke werelt[5] is, zoo neeme ik de vryheyt tot U Ed: Hoog-Geleerde Heeren[6] te seggen, dat men sedert weynige dagen in myn huys heeft gevangen een jong Muysje, dat ik oordeelde dat niet half volwassen was. Dit gedoot en tot my gebragt synde, heb ik syn agterlyf van de huyt ontbloot; de agter-pooten digte aan de buyk afgesneden; ende ook zoodanig een agterbeen van een volwassene Muys laten afteykenen, als

fig. LV. hier met Fig. 1. ABCDEFG. wert aangewesen: ende hebbe een kleyn gedeelte van het vlees, dat digte by de voet in een kleyne holte in vyf distinkte[7] beentjens lag, daar uytgenomen: want AB. verbeelt de voet van 't Muysje; ende DG. de beentjens, waar in het geseyde vleesmuscultje[8] geplaatst is.

---

[1] *Loven*, Leuven.
De brief is gericht aan ANTONIE CINK (1668-1742), hoogleraar filosofie te Leuven. L.'s vorige brief aan CINK is Brief 305 [IX] van 24 oktober 1713, in dit deel.
[2] *Trekkers*, pezen of spieren; *Vleesfibertsjens*, vleesvezeltjes (gewoonlijk *fibertjens*) *te gelyk*, allebei.
[3] *naakt*, duidelijk.
[4] Zie L.'s vorige brief over de spiervezels van een muis, Brief 311 [XV] van 20 november 1714, in dit deel.
Zie voor de brieven over spiervezels in dit deel de opsomming in het Voorwoord. Zie voor L.'s eerdere brieven over spiervezels aant. 5 bij Brief 296 [I] van 8 november 1712, in dit deel.
Vgl. SCHIERBEEK, *Leeuwenhoek*, Dl. 2, blz. 336-347; IDEM, *Measuring*, blz. 121-125; en COLE, "L.'s ... researches", blz. 36-39.
[5] *in de redelijke werelt*, in kringen van ontwikkelde mensen. L. denkt hiermee waarschijnlijk zowel aan geleerden, als aan liefhebbers en geïnteresseerden in de natuurwetenschap.
[6] *Heeren*, lees: Heere.
[7] *in vyf distinkte beentjens*, tussen vijf verschillende botjes.
[8] *vleesmuscultje*, spiertje.

LETTER No. 314 [XVI] — 26 MARCH 1715

At Delft, the 26th of March 1715.

To the Highly Learned and
Highly Esteemed Sir,
Mr A. Cink, etc., etc., living in Louvain[1].

Dear Sir,

Last year, I discovered that both the tendons[2] and the little fibres of flesh may be called tendons; and because I had put this very clearly before my eyes in several fully-grown mice; therefore I have also ordered a drawing to be made from this; and sent it to the Royal Society in London[3]. And because this discovery is something new in the world of erudition, therefore I take the liberty to say to you, Highly Learned Sir, that a few days ago a young little mouse had been caught in my house, which I judged to be not yet half-grown. When this had been killed and brought to me, I have removed the skin from its rump; cut off the hind legs close to the belly; and also ordered such a drawing to be made of the hind leg of a fully-grown mouse, as is shown here with Fig. 1 ABCDEFG: and from the flesh, which lay close to the foot in a small cavity between five separate little bones, I have taken a small part, for AB. depicts the foot of the little mouse; and DG. the little bones between which the said little flesh muscle is situated.

Muscle fibres.

Mouse.

fig. LV.

---

[1] The letter was addressed to ANTONIE CINK (1668-1742), professor in philiosophy at Louvain.
[2] The Dutch word *trekker* means both muscle and tendon. The translation depends on the context.
[3] See L.'s previous letter on the muscle fibres of a mouse, Letter 311 [XV] of 20 November 1714, in this volume.
See the Preface for an enumeration of L.'s letters on muscle fibres in this volume. For L.'s earlier letters on muscle fibres see note 3 on Letter 296 [I] of 8 November 1712, in this volume.
Cf. SCHIERBEEK, *Leeuwenhoek*, vol. 2, pp. 336-347; IDEM, *Measuring*, pp. 121-125; and COLE, "Leeuwenhoek's ... researches", pp. 36-39.

Dat ik nu veelmalen het vlees, tussen de geseyde beentjens leggende, hebbe genomen, is, om dat ik in de grooter musculen dese vleesfibertjens, ende die deelen die men Trekkers noemt, om haar lengte niet kan vervolgen tot daar ze weder aan de van boven komende Trekkers vereenigen[9]. Want men moet vast stellen[10], dat'er geen vleesfibertjens syn, of deselve syn met het eene eynde aan een Trekker vereenigt; ende zoo deselve met het andere eynde aan geen Trekker en[11] syn vereenigt, zoo vereenigen ze aan een membrane die de muscul omvangt, ofte ook wel aan een membrane die van binnen in een vleesmuscul leyt. Want in een welgestelde[12] vleesmuscul wert aan geen Trekker gewelt aangedaan[13], ofte de vleesfibertjens moeten dat gewelt ook lyden: dat eenigen[14] vreemt sal voortkomen, om dat de vleesfibertjens seer ontstark[15] syn. Maar laten wy stellen, dat eenen grooten Trekker van het agterbeen van een Os een gewelt wert aangedaan van duysent pont[16], ende vast stellen[10], dat zoo een Trekker zoodanig van maaksel is, dat deselve in duysent bysondere[17] Trekkers kan verdeeld werden, ende dat yder van die kleyne Trekkers omwonden is met een membrane; ende dat yder van deselve met een bysondere omwentelende inkrimpinge[18] ende uytrekkinge is begaaft, die wy door het Vergroot-glas seer distinkt[19] komen te sien: zoo sal aan yder van die dunne Trekkertjens een gewelt werden aangedaan van een pont; laat nu maar yder van zoo een dun Trekkertje beset syn met duysent vleesfibertjens, die yder mede haare omwentelende inkrimpingen hebben, en die als eygen syn aan[20] de Trekkers; zoo komen dan duysent vleesfibertjens te genieten een gewelt[21] van een pont.

---

[9] *vereenigen*, verbonden zijn met, vast zitten aan.
[10] *vast stellen*, als zeker aannemen.
[11] *aan geen Trekker (en)*, niet met een trekker.
[12] *welgestelde*, welgevormde.
[13] *gewelt aangedaan (aan)*, kracht uitgeoefend op.
[14] *dat eenigen*, hetgeen sommigen.
[15] De overtollige *t*'s in *voortkomen* en *ontstark*, kunnen zetfouten zijn, maar ook getrouw overgenomen verschrijvingen van L.
[16] Een *pont* is 475 g.
[17] *bysondere*, afzonderlijke.
[18] *een ... inkrimpinge*, een afzonderlijke spiraalsgewijze verkorting. L. gebruikt de term 'omwentelende inkrimpinge ende uytrekkinge' zowel voor de waarneembare spiraalsgewijze insnoering, als voor de spieractie.
[19] *distinkt*, precies, duidelijk.
[20] *ende ... aan*, die om zo te zeggen een eigenschap zijn van. (*ende* is overtollig.)
[21] *zoo komen (...) te genieten een gewelt*, dan ondergaan (...) een kracht.

Now the reason why I have many times taken the flesh, which is lying between the said little bones, is that in the larger muscles I could not trace, because of their length, these little fibres of flesh and those parts which are called tendons up to the point where they are again attached to the tendons, which come from above. For one should take it for granted that there exist no little fibres of flesh which are not with one end attached to a tendon; and when they are not attached with their other end to a tendon then they are attached to a membrane which encloses the muscle or, as the case may be, to a membrane which lies within a flesh muscle. For in a well-formed muscle no force is brought to bear on a tendon, without the little fibres of flesh also being subjected to that force; this may seem strange to some people, because the little fibres of flesh are very frail. But let us suppose that a force of a thousand pounds[4] is brought to bear on a large tendon of the hind leg of an ox, and let us take it for granted that such a tendon has such a structure that it can be divided into a thousand separate tendons, and that each of those little tendons is enclosed in a membrane, and that each of them is equipped with a separate spiralling striation and extension, which we manage to see very distinctly through the magnifying glass; on each of these little tendons, then, a force is brought to bear of one pound; and now suppose that each of such little tendons is covered with a thousand fibres of flesh, each of which has also its spiralling striations, which are, as it were, the property of the tendons; then a thousand little fibres of flesh are subjected to the force of a pound.

---

[4] A *pound* is 475 g.

BRIEF No. 314 [XVI] 26 MAART 1715

fig. LVI. Ik hebbe hier vooren aangewesen, van wat deel van de Poot van de Muys ik het vlees nam.

Van welk vlees ik een kleyn gedeelte hebbe laten afteykenen, als hier Fig. 2. met ABC-DEFGHIKL. wert aangewesen: welke wyte tussen F. en K. na het afmeten met myn oog, ontrent 6. a 7. diameters lengte van een hair van myn kinne[22] uytmaakt; waar uyt men dan wel kan gissen de kleynheyt van de geseyde figuur.

In deselve Fig. werden twee Trekkers aangewesen, die van beneden in de muscul opkomen als[23] EF. ende CH. ende twee Trekkers, die van boven na beneden gaan, als GD. ende IB.

Nu syn alle de vier Trekkers aan den anderen niet vereenigt, als[24] door vleesfibertjens[a]; en wy konnen ook niet seggen, dat de Vleesfibertjens uyt de Trekkers, nog dat de Trekkers uyt de Vleesfibertjens syn voortgekomen, want ze zyn te gelyk geformeert.

Vorders sien wy, dat de Trekkers met omwentelende inkrimpingen syn verbeelt[25]; ende dit heeft ook plaats in de vleesfibertjens, als hier vooren nog[26] is geseyt: hoewel men deselve niet doorgaans[27] komt te sien: want met de minste uytrekkinge, die men aan de vleesfibertjens komt te doen, zoo werden de omwentelende inkrimpingen onsigtbaar: welke inkrimpingen en uytrekkingen aan eenige weynige vleesfibertjens syn aangewesen tussen Fig. 2. BLA.

fig. LVI. Ik hadde Fig. 2. ontrent AB. met een schaartje afgesneden, ende dus en konde men de eynden van de vleesfibertjens niet vervolgen[28]: maar het eynde van de Trekkers syn de Vleesfibertjens, gelyk men hier aan B. komt te sien: ende het eynde van de Trekker IK. is maar sigtbaar op de hoogte van L.

---

[a] A: vleesfibersjens
[22] Een *hair van mijn kinne* is 100 μ.
[23] *als*, namelijk.
[24] *aan ... als*, slechts met elkaar verbonden.
[25] *met ... verbeelt*, met spiraalsgewijze insnoeringen.
[26] *nog*, al.
[27] *doorgaans*, altijd.
[28] *dus ... vervolgen*, daardoor kon men de vleesvezeltjes niet ten einde toe met het oog volgen.

LETTER No. 314 [XVI]   26 MARCH 1715

I have shown above from which part of the leg of the mouse I took the flesh.

I have ordered a small part of this flesh to be drawn, as is shown here in Fig. 2. with ABCDEFGHIKL; the distance between F. and K. is, estimated by my eye, about 6 to 7 times the length of the diameter of a hair from my chin[5]; from this one can easily gauge the smallness of the said figure.   *fig. LVI.*

In the same Fig. are shown two tendons, which come upwards from below in the muscle, namely EF. and CH., and two tendons which go from above downwards, namely GD. and IB.

Now all these four tendons are only connected with one another through little fibres of flesh; and neither we can say that the little fibres of flesh have come forth from the tendons, nor that the tendons have come forth from the little fibres of flesh, for they have been formed simultaneously.

Furthermore we see that the tendons are equipped with spiralling striations and this is also the case in the little fibres of flesh, as has been said already above, although one does not always manage to see them, for with the slightest extension, which one happens to bring about in the little fibres of flesh, the spiralling striations become invisible, which striations and extensions in some few little fibres of flesh are shown in Fig. 2. between BLA.

I had cut off Fig. 2 close to AB. with a pair of little scissors, and therefore one could not trace the ends of the little fibres of flesh, but the ends of the tendons are the little fibres of flesh, as one may see here at B; and the end of the tendon IK. is just visible on a par with L.   *fig. LVI.*

---

[5] A *hair from my chin* is 100 μ.

En gelyk[29] men tot nog toe gestelt heeft dat al het gewelt, dat men een muscul dede, alleen op de Trekkers aanquam; zoo sien wy nu dat de vleesfibertjens ook al het gewelt moeten lyden, dat de Trekkers wert aangedaan; als mede dat aan de Trekkers, die van beneden komen, geen gewelt wert aangedaan, of de bovenste Trekkers genieten[30] het selve gewelt.

Als wy nu hier by doen, dat in de vleesmusculen deelen loopen, die wy vliesen, membranen, noemen; ende dat deselve in dikte, ende in langte, in de vleesmusculen doorgaans haar[31] taksgewys door de vleesfibertjens uytspreyen; zoo dat ze niet alleen door yder vleesfibertjen omgaan, maar het selve gansch omkleeden als met een rokje[32], zoo geschiedt het dat de vleesfibertjens malkanderen als[33] niet aanraken, en dus[34] beschermt syn in tyde van quetsinge ofte stootinge, als niet aan den anderen vereenigt synde[35]: ende dese membranen geeven ook geen kleyne starkte aan de vleesfibertjens.

Spiraalvormige inkrimping.

Ik hebbe voor desen van geen andere gedagten geweest, of de uytrekkingen en inkrimpingen van de Trekkers, ende van de Vleesfibertjens, bestonden uyt ringswyse deeltjens. Maar in 't voorleden na-jaar[36] hebbe ik geseyt, dat ik in myne meyninge quam te dwalen: ende doen ontdekte ik dat het omwentelender-wyse ofte schroefsgewys geschiede; ende dat dit de volmaakste uytrekkinge ende inkrimpinge was, die wy in onse hersenen konnen smeden.

---

[29] *gelyk*, terwijl.
[30] *genieten*, ondergaan.
[31] *doorgaans*, overal; *haar*, zich.
[32] *rokje*, beschermend vliesje.
[33] *als*, als het ware.
[34] *dus*, daardoor.
[35] *als ... synde*, omdat ze niet aan elkaar gehecht zijn, aan elkaar vastzitten.
[36] Zie Brief 308 [XII] van 26 oktober 1714, in dit deel.

LETTER No. 314 [XVI]   26 MARCH 1715

And whereas up to now it has been assumed that the whole force, which is brought to bear on a muscle, is exerted only on the tendons, now we see, then, that the little fibres of flesh are also subjected to the whole force which is brought to bear on the tendons; and also that whatever force is brought to bear on the tendons which come from below, the topmost tendons experience the same force.

If we now add to this that parts, which we call pellicles, membranes, run through the flesh muscles, and that they everywhere in the thickness and length of the flesh muscles extend themselves by branching off; in such a way that they do not only run around each little fibre of flesh, but that they envelop the whole in the way of a little coat; it comes about, then, that the little fibres of flesh, as it were, do not touch one another, and so are protected during injuries and knockings, because they are not united to one another; and these membranes also impart considerable strength to the little fibres of flesh.

Earlier I had no other notions than that the extensions and striations of the tendons and of the little fibres of flesh consisted of annular particles. But in the last autumn I have said that I happened to be wrong in my opinion[6]; and then I discovered that this comes about in a spiralling or screw-like manner, and that this was the most perfect extension and contraction which we are able to forge in our brain.   *Spiral striations.*

---

[6] See Letter 308 [XII] of 26 October 1714, in this volume.

BRIEF No. 314 [XVI] 26 MAART 1715

Model.

fig. LVII.

Omme een beter bevattinge van de uytrekkinge ende inkrimpinge te hebben, zoo hebbe ik een stukje dun koperdraat om een schryfpenne gewonden; ende het selve, zoo als het van de schryfpenne[a] was afgedaan, laten afteykenen; als hier Fig: 3. met MN. wert aangewesen: en als wy aan beyde de eynden van het selve een weynig trekken, ende van de trekkinge weder aflaten, zoo komen ons de uytrekkingen ende de inkrimpingen voor de oogen: ende sulks, moeten wy vast stellen[10], geschiet aan de Trekkers en vleesfibertjens; schoon ze[37] veel duysent maalen kleynder syn, als aan het koperdraat[38].

Sedert myne geseyde ontdekkingen hebbe ik nog verscheyde waarnemingen gedaan ontrent het vlees van een Hoen en Muys. Maar soude ik alle die over-verwonderenswaardige gesigten, die my ontmoeten[39], laten afteykenen, en beschryven, daar was voor my geen doorkomen aan.

Kabeljauw.

Ik hebbe, eenige tyd geleden, aan den Heer Antoni Heinsius, Raat-Pensionaris van Hollant, geschreven[40], ende hem toegesonden myne afteykeningen, die ik hebbe laten maken ontrent de Visfibertjens van een Kabeljaeuw, enz. welke Visfibertjens alle mede omwonden leggen in vliesjens. En alzoo[41] ik nu besig was met het opsoeken van de Trekkers, ontrent de groote vinne, die digte by het hooft van de Kabeljaeuw is, om te vernemen[42] of daar geen Trekkers waren; zoo bevond ik dat deselve visfibertjens aldaar mede voor Trekkers verstrekten, gelyk ik doorgaans[43] bevonden hadde, dat alle de visfibertjens doen, die met beyde haare eynden in de vliesen syn gehegt. Ende nu konde ik veel naakter[44] als voor desen bekennen, dat yder visfibertje mede omwonden was van een vliesje, schoon het eene vis-fibertje vyf-en-twintig maal dikker was, als een ander daar nevens leggende; ende daar benevens quamen my ook seer naakt in 't oog de menigvuldige seer dunne fibertjens, waar uyt een fibertje was te samen gestelt.

---

[a] A: schrifpenne
[37] *ze*, te weten de uitrekkingen en inkrimpingen.
[38] *als aan het koperdraat*, als bij het koperdraad.
[39] *die over-verwonderenswaardige ... ontmoeten*, die meer dan bewonderenswaardige dingen die mij onder de ogen komen.
[40] Zie Brief 297 [II] van 17 december 1712, in dit deel.
[41] *alzoo*, toen. (Het volgende *nu* is geen tijdsbepaling, maar een zinsverbindend bijwoord.)
[42] *vernemen*, zien.
[43] *voor Trekkers verstrekten*, als 'trekkers' dienst doen; *doorgaans*, altijd.
[44] *naakter*, duidelijker.

In order to gain a better understanding of the extension and contraction I have wound a little piece of copper wire around a writing-pen; and just as it had been removed from the writing-pen I have ordered it to be drawn, as is shown here Fig. 3. with MN.; and when we slightly pull at both its ends, and then again desist from the pulling, then the extensions and contractions come before our eyes, and it must be granted that the same comes about on the tendons and little fibres of flesh, although they are many thousand times smaller, as on the copper wire. *Model.* *fig. LVII.*

Since my said discoveries I have still carried out several observations with regard to the flesh of a fowl and mouse. But if I would order to be drawn, and describe, all those exceedingly admirable views, which I came upon, there would never be a end of the matter for me.

Some time ago I wrote to Mr Antoni Heinsius, Grand Pensionary of Holland, and sent him my drawings[7], which I have ordered to be made of the little fish-fibres of a cod etc., all of which little fish-fibres also lie enclosed in little membranes. And while I was busy seeking out the tendons close to the large fin, which is near the end of the cod, in order to ascertain whether tendons were to be found there, then I found that these little fish-fibres there also served as tendons, as I had always found being done by all little fish-fibres which with both ends are attached to the membranes. And now I could discern much more clearly than before that each little fish-fibre was also enclosed in a little membrane, although the one little fish-fibre was twenty-five times thicker than another lying next to it, and, moreover, I could see very clearly the numerous very thin little fibres, of which a little fibre was composed. *Cod.*

---

[7] See Letter 297 [II] of 17 December 1712, in this volume.

Vorders hebbe ik de huyt van verscheyde Kabeljaeuwen besigtigt[45]; ende deselve op eenige plaatsen seven dik op den anderen[46] sien leggen; en eenige hairbreeten verder, maar vyf dik: ende ik beelt my ook in[47], dat eenige lange deeltjens, die in de huyt lagen, en welkers eene eynde dik ende het ander eynde dun was, mede versien syn met omwentelende inkrimpingen; en hoe veele waarnemingen ik daar ontrent hebbe gedaan, zoo hebbe ik myne ondersoekinge daar ontrent gestaakt, als oordeelende[48] dat'er voor my geen doorkomen aan en was. Afbrekende blyve met veel agtinge[49]

Hoog-Geleerde en Hoog-
Geagte Heere, enz.

Antoni van Leeuwenhoek.

---

[45] L. schreef eerder over de schubben van een kabeljauw in Brief 76 [39] van 17 september 1683, *Alle de Brieven*, Dl. 4, blz. 142-144.
[46] *op den anderen*, op elkaar.
[47] *beelt my ook in*, denk ook.
[48] *als oordeelende*, omdat ik van oordeel was.
[49] L.'s volgende brief aan CINK is Brief 315 [XVII] van 7 juli 1715, in dit deel, weer over spiervezels.

Furthermore I have examined the skin of several cods[8], and I saw that in some places it lay in a thickness of seven layers upon one another; and a few hairbreath's further in a thickness of no more than five layers; and I also think that some long little parts, which were lying in the skin, and one end of which was thick and the other thin, were also equipped with spiralling striations; and however many observations I have carried out with regard to this, I have ceased my examinations of this, because I judged that here would never be an end of the matter for me. Concluding, I remain with much respect[9],

Highly Learned and much respected Sir, etc.,

Antoni van Leeuwenhoek.

---

[8] L. wrote earlier about the scales of a cod in Letter 76 [39] of 17 September 1683, *Collected Letters*, vol. 4, pp. 143-145.

[9] L.'s next letter to CINK is Letter 315 [XVII] of 7 July 1715, in this volume, on muscle fibres once again.

BRIEF No. 315 [XVII] 7 JULI 1715

Gericht aan: ANTONI CINK.

Manuscript: Geen manuscript bekend.

GEPUBLICEERD IN:

A. VAN LEEUWENHOEK 1718: *Send-Brieven*, ..., blz. 156-164 (Delft: A. Beman). - Nederlandse tekst [A].

A. À LEEUWENHOEK 1719: *Epistolae Physiologicae* ..., blz. 156-163 (Delphis: A. Beman). - Latijnse vertaling [C].

N. HARTSOEKER 1730: *Extrait Critique des Lettres de feu M. Leeuwenhoek*, in *Cours de Physique* ..., blz. 60-61 (La Haye: J. Swart). - Frans excerpt.

A.J.J. VANDEVELDE 1923: *De Send-Brieven van Antoni van Leeuwenhoek* ..., in *Versl. en Meded. Kon. Vlaamsche Acad.*, Jrg. 1923, blz. 371-372. - Nederlands excerpt.

SAMENVATTING:

Antwoord op een brief van de Leuvense hoogleraar ANTONI CINK. Theorieën over het inkrimpen en uitrekken van spiervezels en pezen. Vergelijking met een uitgerekt touw. Hoe kleiner spieren zijn, des te sneller kunnen ze bewegen: zie vogels. Het structurele en functionele verband tussen pees en spier uitgelegd aan de hand van de pezen in de poot van een kreeft en spiervezels van een krab. L. kan niet waarnemen of er tussen de spiervezels en de membranen ook zenuwen lopen, noch kan hij door waarneming bevestigen dat zenuwen hol zijn.

OPMERKINGEN:

De hier afgedrukte tekst is die van uitgave A.

LETTER No. 315 [XVII] — 7 JULY 1715

Addressed to: ANTONI CINK.

Manuscript: No manuscript is known.

PUBLISHED IN:

A. VAN LEEUWENHOEK 1718: *Send-Brieven,* ..., pp. 156-164 (Delft: A. Beman). - Dutch text [A].

A. À LEEUWENHOEK 1719: *Epistolae Physiologicae* ..., pp. 156-163 (Delphis: A. Beman). - Latin translation [C].

N. HARTSOEKER 1730: *Extrait Critique des Lettres de feu M. Leeuwenhoek*, in *Cours de Physique* ..., pp. 60-61 (La Haye: J. Swart). - French excerpt.

A.J.J. VANDEVELDE 1923: *De Send-Brieven van Antoni van Leeuwenhoek* ..., in *Versl. en Meded. Kon. Vlaamsche Acad.*, 1923, pp. 371-372. - Dutch excerpt.

SUMMARY:

Reply to a letter from the Louvain professor ANTONI CINK. Theories about the contracting and stretching of muscle fibres and tendons. Comparison with a tightened rope. The smaller the muscles, the quicker they are able to move: see birds. Explanation of the structural and functional connection between tendon and muscle on the basis of the tendons in the leg of a lobster and muscle fibres of a crab. L. is not able to observe whether there are nerves to be found between the muscle fibres and the membranes. L. cannot confirm by observation that nerves are hollow.

REMARKS:

The text as printed here is that of edition A.

In Delft den 7. July 1715.

Aan den Hoog-Geleerden en Hoog-Geagten Heere,
Den Heere A: Cink, &c. &c. residerende te Loven[1].

Myn Heer,

Spiervezels.

Ik hebbe U Edelheyts seer aangenamen uyt Loven van den 2. July laastleden ontfangen, en daar in gesien U Ed. gewigtige besigheden: als ook de veelvuldige seer beleefde[2] expressien, die U Ed. in deselve komt te gebruyken. Daar benevens bevinde ik ook dat U Ed. myn schryvens, rakende de Trekkers ende Vleesfibertjens, aan de seer Geleerde Heeren Narez[3], ende Hage[4], beyde Professoren in de Medicine, had mede deelt[5]: die daar op aan U Ed. haar behagen in geschrift hadden toegesonden welk geschrift U Ed. de goetheyt hebt gehad aan my, onder U E. couvert, toe te senden. Hier op sal ik seggen dat het seker is dat een Muscul, sig uyttrekkende[6], moet dunder werden, ende inkrimpende moet dikker werden. Ende dit is ook zoo gelegen met de Trekkers[7]: maar of de beweginge eerst van de Vleesfibertjens ofte van de Trekkers is[8], dat geef ik aan andere over. Wy weten, dat als'er een groote Boom staat en wast[9], en wy slaan maar met onse hand beneden op den stam van den Boom; dat door die kleyne beweginge, die wy aan den stam van den Boom doen, alle de takjens die aan deselve syn daar door bewogen worden: ende dat ook geen de minste beweginge aan een Trekker of Vleesfibertje wert gedaan, of de geheele Muscul wort bewogen: ende, na myn gedagten, lyden de Vleesfibertjes[a] ende Trekkers niet doorgaans een gelyk gewelt[10].

[a] A: Vleesfibertje
[1] De brief is gericht aan ANTONI CINK (1668-1742), hoogleraar filosofie te Leuven.
[2] *beleefde*, vriendelijke, hoffelijke.
[3] URSMER NAREZ (1678-1744) was hoogleraar in de botanie in Leuven.
[4] *Hage*, is vermoedelijk een verschrijving voor REGA. HENDRIK JOSEF REGA (1690-1754) was hoogleraar in de geneeskunde in Leuven.
[5] L. doelt hier op Brief 314 [XVI] van 26 maart 1715, in dit deel.
[6] *uyttrekkende*, bedoeld zal zijn *uytrekkende*.
[7] *Trekkers*, pezen.
[8] *eerst van (...) is*, begint bij.
[9] *staat en wast*, staat te groeien.
[10] *lyden (...) gewelt*, zijn (...) niet altijd aan een even grote kracht onderhevig.

LETTER No. 315 [XVII] 7 JULY 1715

At Delft, the 7th of July 1715.

To the Highly Learned and Highly Esteemed Sir,
Mr A: Cink, etc., etc., living in Louvain[1].

Dear Sir,

I have received from Louvain the very pleasant letter of Your Honour of the 2nd of July last, and in this I have seen the important activities of Your Honour; as well as the many most courteous expressions which Your Honour used in this. I gather, moreover, that Your Honour has communicated my letter concerning the tendons and little fibres of flesh[2] to the very learned gentlemen Narez[3] and Hage[4], both professors of medicine, who thereupon have sent to Your Honour in writing the expression of their pleasure, which document Your Honour has been so kind as to send to me under cover of the missive of Your Honour. In answer to this I shall state that it is certain that a muscle, when stretching, cannot but become thinner, and become thicker when it contracts. And this is also the case with the tendons; but whether the movement has its beginning in the little fibres of flesh or in the tendons, that I leave to others. We know that when a large tree stands growing, and we merely strike with our hand the lower part of the trunk of the tree, that through that slight movement which we impart to the trunk of the tree, all little branches which are part of it are put in motion by this; and also that not the slightest movement will be imparted to a tendon or a little fibre of flesh without the entire muscle being moved: and in my opinion the little fibres of flesh and the tendons are not always subjected to an equal force.

Muscle fibres.

---

[1] The letter was addressed to ANTONI CINK (1668-1742), professor in philosophy at Louvain University.
[2] L. here refers to Letter 314 [XVI] of 26 March 1715, in this volume.
[3] URSMER NAREZ (1678-1744) was professor of botany at Louvain.
[4] *Hage* is probably an error in writing for REGA. HENDRIK JOSEF REGA (1690-1754) was professor of medicine at Louvain.

Touw.

Ik hebbe voor desen geseyt hoe dat ik, eenige jaren geleden, voorby een Lynbaan ging[11]; daar men was makende Lynen, waar mede men de Paarden, Schepen en Jagt-schuyten[12], in onse binnelantze wateren, laat voorttrekken. Dese Lynen volmaakt synde[13], sag ik dat een man en twee jongens yder Lyn waren uytrekkende, ende uytgerekt synde, vast maakten: ik sloeg myne handen aan de uytgerekte Lyn; en ik trok met al myn vermogen deselve nog verder uyt; en ik liet deselve weder inkrimpen: welke uytrekkinge ende inkrimpinge seer langsaam toeging: en dit most zoo geschieden, stelde ik vast[14]. Want in 't midden van de Lyn, daar het meeste gewelt geschiede, moest de inkrimpinge van de Lyn eerst[15] geschieden, ende zoo vervolgens, tot daar de Lyn het mindere gewelt quam te lyden. Hier op myne gedagten latende gaan, seyde ik by my selven: laat ik met myne handen een gewelt doen van hondert ponden[16]; zoo lydt dat deel, daar de Lyn met het ander eynde vast is, een gelyk gewelt. Dit soo synde, lydt de Lyn in't midden een gewelt van twee hondert ponden. Want laten wy soodanige Lyn over een catrol of balk doen, en trekken aan yder eynde met een gewelt van hondert pont; zoo lydt de balk, of catrol, een gewelt van twee hondert ponden: en zoo de Lyn doorgaans[17] gelyke starkte hadde, zoo soude deselve in't midden, daar sy het meeste gewelt is lydende, breken.

---

[11] Zie Brief 309 [XIII] van 24 november 1714, in dit deel.
[12] *Jagt-schuyten*, trekschuiten.
[13] *Dese ... synde*, toen deze lijnen klaar waren.
[14] *stelde ik vast*, meende ik stellig.
[15] *eerst*, het eerst.
[16] Een *pont* is 475 g.
[17] *doorgaans*, over de gehele lengte.

LETTER No. 315 [XVII] 7 JULY 1715

Rope.

I have said earlier that some years ago I passed by a rope walk[5], where people were busy making ropes with which the horses are made to draw ships and towing barges in our inland waterways. I saw that when these ropes were finished a man and two boys were stretching each rope, and when these had been stretched, fastened them: I took the stretched rope in my hands; and with all my might I stretched it still further; and I let it again contract: which stretching and contracting happened very slowly; and I was firmly convinced that this could not be otherwise. For in the middle of the rope, where the greatest force was exerted, the contraction of the rope had to come about first; and so continuing, up to the place where the rope happened to be subjected to the lesser force. When I pondered this, I said to myself: suppose that I exert with my hands a force of a hundred pounds[6]; then that part of the rope, where the rope has been fastened with its other end, will be subjected to an equal force. This being so, the rope will be subjected in the middle to a force of two hundred pounds. For suppose we put such a rope round a pulley or a beam, and draw on each end with a force of a hundred pounds; then the beam or pulley will be subjected to a force of two hundred pounds; and if the rope throughout its length has an equal strength, it would break in the middle, where it is subjected to the greatest force.

---

[5] L. here refers to Letter 309 [XIII] of 24 November 1714, in this volume.
[6] A *pound* is 475 g.

BRIEF No. 315 [XVII] 7 JULI 1715

Os.

Dese myne waarneminge bragt ik van de Lyn over tot[18] de Trekkers ende Vleesfibertjens in de groote Muscul van een Os: en stelde vast[19], dat de lange Trekkers ende Vleesfibertjens, in zoodanige Muscul, in haar midden het meeste gewelt hadden te lyden: en oversulks, aldaar haar eerste inkrimpinge ofte uytrekkinge mosten hebben; ende zoo vervolgens, tot daar de mindere uytrekkinge ofte gewelt wierdt gedaan. Want men moet vast stellen, dat in de uytrekkinge van een vleesmuscul alle de omwentelende deeltjens, die in den Trekker ofte Vleesfibertjens syn ingeschapen, en die onbedenkelyk[20] veel syn, bewogen worden; ende tot de uytrekkinge yets toebrengen. En hoe kleynder dese Musculs in de Diertjens syn, hoe vaardiger[21] die Musculs haar konnen bewegen; ende dus[22] kan een Muys syne pooten veelmaal voortsetten[23], tegen dat een Paart ofte Os syn poot of voet eens voortset.

Vogels.

Dit konnen wy ook overbrengen tot het gevogelte: want siende eenen Oyevaar, Reyger, ofte Gans vliegen, en hoe langsaam de wieken bewogen werden; beeld ik my in[24] dat sulks afhangt van de lange en dunne vleesspieren, de hinder van beweginge, die deselve door de lugt lyden, aan een syde gestelt[25]: daar in tegendeel[26] een Mus haare wieken seer vaardig[21] beweegt. En nog vaardiger bewegen de Vliegen hare wieken: want de langste vleesmusculs in eenige kleyne Vliegen[27] syn niet meer dan eenige hairbreeten lang; ende daar by hebben alle die kleyne vleesfibertjens zoo ordentelyke, en zoo nette omwentelende inkrimpinge[28], dat wy in't beschouwen van deselve daar over als verbaast staan.

---

[18] *Dese ... tot*, deze waarneming van mij aan de lijn (het touw) paste ik toe op.
[19] *stelde vast*, nam als vaststaand aan, ging ervan uit.
[20] *onbedenkelyk*, ondenkbaar.
[21] *vaardiger*, sneller.
[22] *dus*, zo, daardoor.
[23] *voortsetten*, vooruitzetten; *eens*, één keer.
[24] *beeld ik my in*, denk ik, neem ik aan.
[25] *de hinder ... gestelt*, de belemmering van de beweging die zij door de lucht ondergaan (dus: de luchtweerstand) buiten beschouwing gelaten.
[26] *daar in tegendeel*, terwijl daartegenover.
[27] *in eenige kleyne Vliegen*, bij sommige kleine vliegjes (vliegende insecten).
[28] *zoo ordentelyke ... inkrimpinge*, zulke regelmatige en fraaie spiraalvormige insnoeringen.

This observation of mine I transferred from the rope to the tendons and the little fibres of flesh in the large muscle of an ox; and I was firmly convinced that the long tendons and little fibres of flesh in such a muscle are subjected to the greatest force in the middle; and therefore cannot but have their first contractions or stretchings in that place; and so continuing, up to the place where the lesser stretching, or force, is brought to bear. For it must be granted that when a flesh muscle is stretched all spiralling particles, which are innate in the tendon or little fibres of flesh and which are inconceivably numerous, are put in motion; and contribute something to the stretching. And the smaller these muscles are in the little animals, the swifter these muscles are able to move; and through this a mouse is able to put his legs forward many times, as against a horse or an ox putting its leg or foot forward once. *Ox.*

We can also apply this to the birds: for when I see a stork, heron, or goose flying, and see how slowly the wings are moved; I think, then, that this is determined by the long and thin flesh muscles, when we leave out of account the obstruction to which they are subjected through the air; whereas, on the contrary, a sparrow moves its wings very swiftly. And even more swiftly do the flies move their wings; for the largest flesh muscles in some little flies are no longer than a few hairbreadths; and in addition all these tiny fibres of flesh have such orderly and beautiful spiralling striations, that we stand, as it were, amazed while observing them. *Birds.*

BRIEF No. 315 [XVII]   7 JULI 1715

Membraan.   Wat nu de membraantjens belangt, waar in yder vleesfibertje als omwonden leyt, der selver deeltjens, die een membraantje uytmaken, syn zoo dun dat ze veelmaalen het fynste[29] Vergroot-glas ontwyken; en bygevolg dan, kan ik daar geene omwentelende inkrimpinge en uytrekkinge gewaar werden: maar in grooter membranen hebbe ik die wel in een groote en onbedenkelyke menigte by den anderen[30] sien leggen.

Walvis.   Ik heb een stuk Walvis-vlees, dat ontrent een span[31] lang is, en nu vier jaren onder my berust heeft, ende zoo hart gedroogt is, als of het hout was. Daar in kan ik de omwentelende inkrimpingen ende uytrekkingen of omwentelende deelen seer naakt[32] sien, met deselve wat te spannen: ende nog meer in de Trekkers, als ik de deelen weder nat maak.

Kreeft.   Ik heb sedert weynige dagen op myn tafel gehad een groote gekookte Zee-kreeft: en alzoo myn oog viel op de Pooten van deselve, dagt ik, dat het t'samenstel[33] van de vlees- ende visfibertjens, ende van der selver Trekkers, ende ook de bewegings, op een ende deselve wyse wert te weeg gebragt[34]. Hier op opende ik verscheyde Pooten van de Kreeft; ende de buytenste schors van deselve afgesneden hebbende, snede ik de visdeelen door midden; ende doen konde men met het bloote oog bekennen, hoe dat de visfibertjens vereenigt waren aan de Trekkers, ende met derselver ander eynde aan de membrane gehegt waren, die van binnen tegen de harde schors aan leyt[35].

---

[29] *fynste*, scherpste.
[30] *by den anderen*, bij elkaar.
[31] *een span*, de afstand tussen duim en pink van de uitgespreide hand; als lengtemaat ongeveer 20 cm. Zie Brief 292 van 1 maart 1712, *Alle de Brieven*, Dl. 16, blz. 360-382; en Brief 296 [I] van 8 november 1712, in dit deel.
[32] *naakt*, duidelijk.
[33] *het t'samenstel*, de bouw, de structuur.
[34] *op ... wyse*, nl. als bij eerder onderzochte dieren; *wort ... gebragt*, tot stand gebracht wordt.
[35] L.'s vorige brief over de spiervezels van de kreeft is Brief 303 [VIII] van 30 juni 1713, in dit deel.

With regard to the little membranes, in which each little fibre of flesh lies, as it were, wrapped up, the particles of these, which constitute a little membrane, are so thin that they often elude the sharpest magnifying glass; and consequently, then, I cannot perceive there spiralling striations and extensions; but in larger membranes I have at times seen them lying in a large and inconceivable multitude close to one another. *Membrane.*

I have a piece of flesh of a whale of the length of about a span[7], and which by now has been in my possession for four years, and which has dried up so hard as if it was wood. In this I am able to see the spiralling striations and extensions, or spiralling parts, very clearly by slightly stretching them; and even more so in the tendons, when I again moisten the parts. *Whale.*

For a few days I have had on my table a large boiled lobster; and, my eye falling on its legs, I thought that the structure of the little fibres of flesh and fish and of their tendons, and also the movement, was fashioned in the same manner. Hereupon I opened up several legs of the lobster; and when I had cut off the shell from them, I cut through the fish-parts in two; and then one could discern with the naked eye how the little fibres of fish were united to the tendons, and with their other end were attached to the membrane which lies on the inside against the hard shell[8]. *Lobster.*

---

[7] A *span* is the distance between the thumb and the little finger of an outspread hand. As linear measure about 20 cm. See Letter 292 of 1 March 1712, *Collected Letters*, vol. 16, pp. 361-383; and Letter 296 [I] of 8 November 1712, in this volume.

[8] L.'s previous letter on the muscle fibres of a lobster is Letter 303 [VIII] of 30 June 1713, in this volume.

Ik hebbe hier boven gesproken van de Trekkers in de Pooten van de Kreeft: dog ik beelt my in dat ze geen naam[36] van Trekkers mogen voeren; om dat het een beenagtig deel is, het welke geen uytrekkinge nog inkrimpinge kan doen: en alleen, beelt ik my in, geschapen is voor de visfibertjens aan weder syde in het been ingevest. Het ander eynde van de visfibertjens is gevest in de membranen, die van binnen tegen de harde schors aanleggen en daar aan vereenigen[37]: waar door de visfibertjens, dus[22] korter synde, vaardiger[21] en meerder gewelt konnen doen: ende dit platagtig en beenagtig deel bereykt op verre na de lengte van het Lid van de Poot niet; waar door dan de visfibertjens, die van binnen aan het uyterste van het beenagtig deel gehegt syn, veel langer syn, om dat sy aan't uyterste van de schorse gehegt syn.

Met dese myne ontdekkinge was ik nu vergenoegt; om dat ik nu seer naakt sag het geene ik in de Vliegen maar stuksgewyse hadde gesien: hier in bestaande, dat de vleesfibertjens in de membranen, die van binnen tegen de harde schors aanleggen, vast gehegt ofte vereenigt waren; ende dat de harde schors van de Pooten voor beenen ofte schinkels in de Dieren verstrekken.

Krab. Alsoo men te koop was ventende[38] gekookte Krabben, die in de Rivieren[a] op de slikken[39] worden gevangen, zoo liet ik twee van deselve tot my brengen, ende ik beschoude de visdeelen: ende ik sag het geene ik van de Kreeft hebbe geseyt. Ende de visfibertjens door het Vergroot-glas beschouwende, bevond ik dat die gekookte visfibertjens nog hare omwentelende inkrimpingen ende uytrekkingen hadden; die in dese visfibertjens wel tweemaal zoo digt by een lagen, als ik de inkrimpinge en uytrekkinge in de vleesfibertjens hebbe gesien. Ja sy lagen digter by een, als die leggen in de vleesfibertjens, die ik uyt de borst van de Vloy hadde gebragt[40]: ende als ik met opmerkinge[41] een visfibertje uyt de Poot van de Krabbe beschoude, sag ik dat zoo een visfibertje uyt verscheyde fibertjens was bestaande; zoo dat het geene wy een visfibertje souden noemen, wel een vismuscultje is.

---

[a] A: Riveren
[36] *beelt my in*, denk, geloof; *geen naam*, niet de naam.
[37] *vereenigen*, vast hechten.
[38] De uitdrukking *te koop venten* komt in het *WNT* onder geen van de beide hoofdwoorden voor. *Te koop veilen*, dat bij L. ook voorkomt, was wel een gangbare uitdrukking (*WNT*, Dl. 7 (2), kol. 5369).
[39] *slikken*, (bij eb) droogvallende gronden.
[40] Zie voor de spiervezels van een vlo Brief 307 [XI] van 21 augustus 1714, in dit deel.
[41] *met opmerkinge*, opmerkzaam, aandachtig.

I have mentioned above the tendons in the legs of the lobster; but I believe that they are not entitled to the name of tendons; because it is a bony part, which is unable to produce extensions or contractions; and is created merely, I believe, for the little fibres of fish which are on both sides attached to the bone. The other end of the little fibres of fish is attached to the membranes, which lie on the inside against the shell, and are united to the latter; by means of this the little fibres of fish, being, then, shorter, are able to exert a swifter and greater force; and this flattish and horny part does not reach by far to the length of the segment of the leg; through this, then, the little fibres of fish, which on the inside are attached to the farthest end of the bony part, are much longer because they are attached to the farthest part of the shell.

With this discovery of mine I was now satisfied; because now I saw very clearly that which I had seen only partially in the flies: which consisted of the fact that the little fibres of flesh were attached, or joined, to the membranes, which lie on the inside against the shell; and that the hard shell of the legs serves for bones or shanks in the animals.

Because people were offering boiled crabs for sale, which are caught on the mud flats in the estuaries, I gave order to bring two of them to me, and I observed the fish-parts; and I saw what I have said with regard to the lobster. And when I observed the little fibres of fish through the magnifying glass, I found that those boiled little fibres of fish still had their spiralling striations and extensions; which lay as much as two times closer together in these little fibres of fish than the striations and extensions which I have seen in the little fibres of flesh. Indeed, they lay closer together than the ones which lie in the little fibres of flesh, which I had extracted from the breast of a flea[9]; and when I closely observed a little fibre of fish from the leg of the crab, I saw that such a little fibre of fish consisted of several little fibres; consequently, that which we would call a little fibre of fish is likely to be a little fish-muscle.

Crab.

---

[9] For the muscle fibres of a flea, see Letter 307 [XI] of 21 August 1714, in this volume.

BRIEF No. 315 [XVII]   7 JULI 1715

Membranen.   Ik hebbe in alle het vlees van Dieren, by my beschout, door de vleesfibertjens sien loopen groote of dikke deelen, die ik den naam van membranen hebbe gegeven: welke membranen haar in kleynder, en nog kleynder takjens verspreyen: ja zoodanig, dat ze yder vleesfibertje omvangen. Of nu onder dese membranen ook senuwen loopen dat kan ik niet onderscheyden. Alleen sie ik, dat de geseyde membranen, die wat dik syn, voor een gedeelte bestaan uyt lange striemtjens[42]; ende dat de vetdeelen, die tussen de vleesfibertjens geformeert werden, doorgaans[43] geplaatst ende als opgeslooten legen in de membranen: ende of dese seer dunne striemtjens kleyne vaatjens syn, dat is voor myne oogen verborgen. Ook kan het wel wesen dat het eenige deeltjens van een senuwe syn: want ik hebbe sedert weynige dagen ontdekt, dat het geene wy een senuwe noemen bestaat uyt 4. 5. 8. ja de dikke wel uyt 20. strengen: waar van de eene streng wel 6. a. 8. maal dikker is als de andere; leggende yder streng omwonden in een starke membrane. En yder van dese strenge bestaat weder uyt seer dunne lange deeltjens. En zoo het senuwen van een vet beest syn, zoo leggen ook seer veel vetdeelen tussen de membranen, die de strengen omvangen; ende daar loopen tussen dese strengen bloetvaten, die niet te bekennen syn, ten sy deselve zoo dik syn, dat ze een roode couleur in ons oog hebben: en dunder synde, syn ze niet te bekennen.

---

[42] *striemtjens*, zeer smalle deeltjes, vezeltjes.
[43] *doorgaans*, altijd.

LETTER No. 315 [XVII] 7 JULY 1715

Membranes.

In all the flesh of animals which I have observed, I have seen large or thick parts running through the little fibres of flesh, which I have termed membranes; which membranes extend themselves into smaller and still smaller branches; in such a way indeed, that they enclose each little fibre of flesh. Now I cannot discern whether nerves also run under these membranes. I only see that the said membranes, which are rather thick, partially consist of long little strips; and that the parts of fat, which are formed between the little fibres of flesh, are always positioned and, as it were, enclosed by the membranes; and whether these very thin little strips are tiny vessels, that is hidden to my eyes. It is also possible that they are some particles of a nerve; for a few days ago I have discovered that what we call a nerve consists of 4. 5. 8. strands, indeed the thicker ones of as much as 20 strands: one of these strands is as much as 6. to 8. times thicker than the other; each strand lying wrapped up in a strong membrane. And each of these strands again consists of very thin long particles. And if they are nerves of a fat animal, then very many parts of fat are lying between the membranes which enclose the strands; and between these strands run blood vessels, which cannot be perceived unless they are so thick that to our eye they have a red colour; and when they are thinner they cannot be perceived.

BRIEF No. 315 [XVII]   7 JULI 1715

Zenuwen.   Men seyt dat in de senuwe een holligheyt moet syn, waar door de sappen gevoert werden, al hoe wel men geen holligheyt daar in kan sien[44]. Wat my belangt, ik sal seggen, zoo daar holligheden in de strengen die een senuwe uytmaken syn, zoo syn deselve in yder strenge, en dat in een groot getal: want yder lang deeltje, waar uyt een strenge bestaat, verstrekt voor[45] een vaatje, ende de holligheden syn dan zoo kleyn, dat in de breete van een dik hair van de kinne[46] wel ses vaatjens syn: ende dese myne waarnemingen dienen nog vervolgt te syn.

Hier heeft U Ed. Hoog-geleerde en Hoog-geagte Heere, het geene ik op den Brief, die aan U Ed. door de Hoog-geleerde ende Hoog-geagte Heeren Professors in de Medicine, *Narez* en *H. Rega*, geschreven is, weet te seggen, en wensche bequaamheyt[a] te hebben, om U Ed. Hoog-geleerde ende Hoog-geëerde Heer, nevens de geseyde Heeren Professors, meerder genoegen te geven[47], als ik hier kome te doen, ende sal ondertussen met veel agtinge blyven, enz.[48]

                                                                   Antoni van Leeuwenhoek

---

[a] A: bequamheyt

[44] In L.'s tijd nam men aan dat zenuwen hol waren en een vloeistof bevatten. Zie SCHIERBEEK, *Leeuwenhoek*, Dl. 2, blz. 415-420; IDEM, *Measuring*, blz. 119-121; en COLE, "L.'s ... researches", blz. 38-39. L. komt hierop terug in het PS van de volgende brief. In Brief 335 [XXXVI] van 26 mei 1717 (*Send-Brieven*, blz. 357-368; *Alle de Brieven*, Dl. 18) schrijft L. de holtes inderdaad gezien te hebben.

[45] *verstrekt voor*, dient als.

[46] Een *hair van de kinne* is 100 μ.

[47] *genoegen te geven*, voldoening te geven, tevreden te stemmen.

[48] L.'s volgende brief aan CINK (tevens aan NAREZ en REGA) is Brief 324 [XXV] van 12 juni 1716 (*Send-Brieven*, blz. 220-232; *Alle de Brieven*, Dl. 18). L.'s volgende brief over spiervezels is Brief 317 [XVIII] van 28 september 1715, in dit deel.

LETTER No. 315 [XVII] — 7 JULY 1715

It is said that within the nerves there must be a cavity through which the juices are transported[10], although one cannot discern a cavity in them. As for me, I shall say: if cavities do exist in the strands which constitute a nerve, then they are situated within each strand, and in a great number at that; for each long particle which is a part of the structure of a strand serves for a little vessel, and the cavities are so tiny that there is room for as much as six little vessels in the breadth of a thick hair from the chin[11]; and these observations of mine must be yet further pursued.

Nerves.

Here, Highly Learned and Highly Esteemed Sir, You have what I am able to say in answer to the letter which has been written to Your Honour by the Highly Learned and Greatly Esteemed gentlemen, professors of medicine, Narez and H. Rega. And I would like to be able still further to satisfy You, Highly Learned and Highly Honoured Sir, as well as the gentlemen professors mentioned, than I managed to do in this case, and in the meantime I shall remain with much respect, etc.[12],

Antoni van Leeuwenhoek.

---

[10] In L.'s time it was generally assumed that nerves were hollow and contained a fluid substance. See SCHIERBEEK, *Leeuwenhoek*, vol. 2, pp. 415-420; IDEM, *Measuring*, pp. 119-121; and COLE, "L.'s ... researches", pp. 38-39. L. returns to this in the PS to the next letter. In Letter 335 [XXXVI] of 26 May 1717 (*Send-Brieven*, pp. 357-368; *Collected Letters*, vol. 18) L. writes that he indeed had seen these cavities.

[11] *A hair from the chin* is 100 μ.

[12] L.'s next letter to CINK (at the same time to NAREZ and REGA) is Letter 324 [XXV] of 12 June 1716 (*Send-Brieven*, pp. 220-232; *Collected Letters*, vol. 18). L.'s next letter on muscle fibres is Letter 317 [XVIII] of 28 September 1715, in this volume.

BRIEF No. 316   5 AUGUSTUS 1715

Gericht aan: ANTONI VAN LEEUWENHOEK

Geschreven door: GOTTFRIED WILHELM LEIBNIZ

Manuscript: Eigenhandige concept brief. Het manuscript bevindt zich in het Leibniz-Archiv in de Niedersächsische Landesbibliotheek te Hannover, L Konzept: LBr. 538 Bl. 1. 2 octavo bladzijden.

GEPUBLICEERD IN:

GOTTFRIED WILHELM LEIBNIZ: *Sämtliche Schriften und Briefe, Transkriptionen des Briefwechsels* 1715, Leibniz-Archiv Hannover (Online 24-10-2016), no. 270, p. 368.

SAMENVATTING:

Leibniz benadert Leeuwenhoek in verband met een afwijkende opinie van de Italiaanse arts Antonio Vallisnieri over de spermatozoïden. Leibniz deelt Leeuwenhoeks mening en geeft aan dat hij dat in zijn recente boek *Essais de Théodicée* heeft gepubiceerd. Hij hoopt dat Leeuwenhoek door zal gaan met de uitgave van zijn *Send-Brieven*. Ook hoopt hij dat Leeuwenhoek jonge mensen zal aanmoedigen om met de microscoop onderzoek te doen. Tenslotte vraag hij Leeuwenhoeks opinie over een boek van Nicolaas Hartsoeker.

OPMERKINGEN:

Hoewel Leibniz al in 1676 Leeuwenhoek heeft bezocht, is dit de eerste brief die van hun correspondentie is overgeleverd. In 1715 is de briefwisseling tussen Leibniz en Leeuwenhoek vermoedelijk tot stand gekomen naar aanleiding van een brief die Leibniz eind juli 1715 ontving uit Wolfenbüttel van zijn correspondent Johann Thiele Reinerding († 1727), sinds 1684 eerste secretaris van de Hertogelijke Bibliotheek. In deze brief, gedateerd 23 juli 1715, schrijft Reinerding: "Mein Sohn[1] ist vor wenig Wochen zu Delfft gewesen, woselbst er den Hern von Leeuwenhoek gesprochen, der ihm denn auch allerhand curiosa gezeiget, auch committiret, seinen Grueß an Ew. Excellenz zuvermelden".[2] Deze groet heeft Leibniz kennelijk willen beantwoorden.

---

[1] Dit betreft JOACHIM GEORG REINERDING, agent van het Hof te Wolfenbüttel in de Nederlandse Republiek. Hij was in 1713 afgestudeerd aan de universiteit van Helmstadt.
[2] LEIBNIZ: *Sämtliche Schriften und Briefe* [1715], (2016), no. 255.

LETTER No. 316   5 AUGUST 1715

Addressed to: ANTONI VAN LEEUWENHOEK

Written by: GOTTFRIED WILHELM LEIBNIZ

Manuscript: Signed autograph draft letter. The manuscript is to be found in the Leibniz-Archiv in the Niedersächsische Landesbibliothek in Hannover, L Konzept: LBr. 538 Bl. 1. 2 octavo pages.

PUBLISHED IN:

GOTTFRIED WILHELM LEIBNIZ: *Sämtliche Schriften und Briefe, Transkriptionen des Briefwechsels* 1715, Leibniz-Archiv Hannover (Online 24-10-2016), no. 270, p. 368.

SUMMARY:

Leibniz writes to Leeuwenhoek about the different opinion of the Italian physician Antonio Vallisnieri concerning spermatozoids. Leibniz shares Leeuwenhoek's views on this matter and informs him that he has published this in his recent book *Essais de Théodicée*. He hopes that Leeuwenhoek will continue with the publication of his *Send-Brieven*. He also hopes that Leeuwenhoek will encourage young people into research with the microscope. Finally, he asks Leeuwenhoek's opinion about a book by Nicolaas Hartsoeker.

REMARKS:

Although Leibniz had visited Leeuwenhoek in 1676, this is the first surviving letter of their correspondence. In 1715, the exchange of letters between Leibniz and Leeuwenhoek was probably established, as a result of a salutation Leibniz received from Leeuwenhoek, through his correspondent from Wolfenbüttel, Johann Thiele Reinerding († 1727), first secretary of the Ducal Library since 1684. In this letter, dated 23 July 1715, Reinerding writes: "A few weeks ago, my son[1] was in Delfft, where he spoke to Mr. Leeuwenhoek, who also showed him all sorts of curiosa, and also insisted to transmit his greetings to your excellency".[2] Leibniz apparently desired to answer this salutation.

---

[1] This concerns JOACHIM GEORG REINERDING, agent of the Court in Wolfenbüttel in the Dutch Republic. He had finished his studies at Helmstadt University in 1713.

[2] Leibniz: Sämtliche Schriften und Briefe [1715], (2016), no. 255.

[Hannover,] 5. August 1715.

A Mr Leewenhoek
Hochedler *Herr*,

Es hat mir einsmahls der hochseeligste Herzog von Wolfenbutel[1] gesagt, daß M. h. H. sich meiner erinnert, und das meldet mir auch iezo eine Person aus Wolfenbutel, die sich im Haag aufhalt. Mir ist es auch deswegen lieb, weil ich daraus sehe daß Mein Herr sich noch wohl befindet.

Es gibt mir aber dieses gelegenheit zu schreiben daß ein sehr gelehrter und erfahrner Mann zu Padua, nahmens H. Vallisnieri,[2] nicht zulaßen will, daß die thierlein die Mein Herr in dem Saamen der thiere sichtbar machet, die jenigen seyn durch deren Veränderung und Wachsthum die großen thiere selbst entstehen, sondern es scheinet er meyne daß thier stecke schohn im Ey, und werde durch die empfangniß nur erwecket. Er hat vor ein werck daruber heraußzugeben[,] hat aber eins schohn in seinen gedruckten schrifften etwas davon gedacht. Mir ist meines Herrn meynung zimlich wahrscheinlich vorkommen. Und ich habe auch in Meiner *Theodicaea* solches erwehnet.[3]

Mochte im ubrigen wundschen daß mein H. mit herausgebung seiner Sendschreiben fortfahren moge und der welt seine beobachtungen ferner mittheile. Ja, ich mochte wundschen daß Mein *Herr* ein *Systema phytorum*, obschohn nicht in allem sicher, dargeben wollte; denn solcher leute wie er, in zu gern (?) selbst sind nicht zu verachten. Und würde lieb zu vernehmen seyn, was ihm wahrscheinlich vorkomme.

Sonderlich aber mochte ich wundschen, daß durch meinen hochg. H. junge Leute zu Microscopischen beobachtungen angefuhret,[a] und gleichsam dadurch eine Microscopische schuhle aufgerichtet würde; welche bestehen und den schaz der menschlichen Wißenschafften vermehren köndte. Ich schrieb einsmahls dem seel. H. von Bleswyk,[4] die Stadt Delft wurde sich umb die Welt hoch verdient machen, wenn sie zu dergleichen in etwas beförderlich wäre etc.

P. S. Ich mochte auch gern M. h. H. gedancken wißen über H. Hartsoeker *Conjectures Physiques*,[5] die zwar nicht zu verachten, aber sonst zweifels ohne viel dabey zu erinnern, und das köndte von M. h. H. am besten geschehen.

an H. Leewenhoek zu Delft

5 Augusti 1715

---

[1] Anton Ulrich, Hertog van Brunswijk-Wolfenbüttel (1633-1714). Diens bezoek aan Leeuwenhoek heeft vermoedelijk in 1709 plaatsgevonden. Zie deel 16, brief 319 en Jonckheere, »Was ich aus Braband und Holland mitgebracht«.

[2] Antonio Vallisnieri (of Vallesneri; 1661-1730) uit Padua was een Italiaanse arts en natuuronderzoeker.

[3] [Gottfried Wilhelm Leibniz], *Essais de theodicée sur la bonté de Dieu, la liberté de l'homme et l'origine du mal* (Amsterdam: I. Troyel, 1710). Zie ook dit deel, brief 316, noot 12.

[4] Hendrik van Bleijswijk (1640-1703), voormalig burgemeester van Delft. Zie Biogr. Reg., vol. 4.

[5] Nicolaas Hartsoeker, *Conjectures physiques* (Amsterdam, 1706). In 1708, 1710 and 1712 publiceerde Hartsoeker nog enige verhelderingen *(Eclaircissemens)* op deze *Conjectures physiques*.

LETTER No. 316   5 AUGUSTUS 1715

Hanover, 5 August 1715.

To Mr. Leeuwenhoek
Very Noble Sir,

It was the Highly Esteemed Duke of Wolfenbüttel[1] who once told me, that Your Honourable Sir remembers me, and now comes here another person from Wolfenbüttel, who resides in The Hague. I love to hear that because it shows me that all is still well for you, Your Honour.

It gives me the opportunity, however, to write about a very learned and experienced man of Padua, named Mister Vallisnieri,[2] who doesn't want to admit that the little animals that Your Honour made visible in the semen of animals, are the same from which larger animals arise through a process of transformation and growth; rather he seems to have the opinion that the animal is already in the egg, where it is awakened by the conception. He intends to publish a work about it, but he has already noted some of his thoughts in his printed writings. To me, the opinion of Your Honour seems quite plausible. And I have also mentioned this in my *Theodicaea*.[3]

Apart from that I should like to express my wish that Your Honour will proceed with the publication of your *Sendbrieven*, and will further inform the world of your observations. Yes, I would wish that Your Honour presents a *Systema Phytorum*, although not in all certain; for such people like you, are not to be overlooked. And it would be nice to learn what he finds plausible.

But especially I would like that through Your Honourable Sir young people are led to microscopic observations, and as a result a microscopic school would be established, which could bestow and increase the treasure that is the human science. I once wrote to the late Mr. Van Bleijswijk[4] that the city of Delft would become highly esteemed in the world, if something like this could be promoted.

P.S.
I would also like to learn Your Honour's thoughts and knowledge about Mr. Hartsoeker's *Conjectures Physiques*,[5] which, though not to be despised, are without doubt much to be commented on, and this can best be done by Your Honour.

To Mr. Leeuwenhoek in Delft

5 August 1715

---

[1] ANTON ULRICH, DUKE OF BRAUNSCHWEIG-WOLFENBÜTTEL (1633-1714). His visit to Leeuwenhoek occurred probably in 1709. See vol. 16, letter 319 and JONCKHEERE, »Was ich aus Braband und Holland mitgebracht «.

[2] ANTONIO VALLISNIERI (of VALLESNERI; 1661-1730) from Padua was an Italian medical scientist, physician and naturalist.

[3] [GOTTFRIED WILHELM LEIBNIZ], *Essais de theodicée sur la bonté de Dieu, la liberté de l'homme et l'origine du mal* (Amsterdam: I. Troyel, 1710). See also this volume, letter 316, note 12.

[4] HENDRIK VAN BLEIJSWIJK (1640-1703), former Mayor of Delft. See Biogr. Reg. vol. 4.

[5] NICOLAAS HARTSOEKER, *Conjectures physiques* (Amsterdam, 1706). In 1708, 1710 and 1712 HARTSOEKER published some *Eclaircissemens (elucidations)* to this *Conjectures physiques* (conjectures on physics).

BRIEF No. 317 [XVIII] 28 SEPTEMBER 1715

Gericht aan: GOTTFRIED WILHELM LEIBNIZ.

Manuscript: Eigenhandige brief. Het manuscript bevindt zich te Göttingen, Universitätsbibliothek, Cod. MS Philos. 138, blz. 41-42; 4 kwartobladzijden.

GEPUBLICEERD IN:

A. VAN LEEUWENHOEK 1718: *Send-Brieven*, ..., blz. 165-171 (Delft: A. Beman). - Nederlandse tekst [A].

A. À LEEUWENHOEK 1719: *Epistolae Physiologicae* ..., blz. 164-169 (Delphis: A. Beman). - Latijnse vertaling [C].

N. HARTSOEKER 1730: *Extrait Critique des Lettres de feu M. Leeuwenhoek*, in *Cours de Physique* ..., blz. 61 (La Haye: J. Swart). - Frans excerpt.

A.J.J. VANDEVELDE 1923: *De Send-Brieven van Antoni van Leeuwenhoek* ..., in *Versl. en Meded. Kon. Vlaamsche Acad.*, Jrg. 1923, blz. 372-373. - Nederlands excerpt.

SAMENVATTING:

Vermelding van geleerden die het al of niet eens zijn met L.'s theorieën over voortplanting door spermatozoën. Zaadcellen van verschillende vissoorten zijn even groot. Discussie over de polsslag. Na L.'s dood zullen er brieven in druk verschijnen. L. weigert in te gaan op LEIBNIZ' verzoek om een school voor glaslijpers op te richten. Samenvatting van een brief aan de Royal Society over spiervezels en pezen. L. weigert voortaan teksten van HARTSOEKER te lezen. L. bekent opnieuw zijn onvermogen om holtes in zenuwen waar te nemen.

OPMERKINGEN:

Het manuscript is op de ondertekening na geschreven in oudhollands schrift. L.'s laatste brief in dit schrift was Brief 288 van 22 september 1711 (*Alle de Brieven*, Dl. 16, blz. 276-316), maar die is in een andere hand dan deze. In Brief 319 van 18 november 1715, in dit deel, schrijft L. dat hij door ziekte vanaf april 1715 niet heeft kunnen schrijven. Dit verklaart de andere hand in deze brief. Er zijn tussen april 1715 en 18 november 1715 geen manuscripten van L. bekend.

LETTER No. 317 [XVIII]   28 SEPTEMBER 1715

Addressed to: GOTTFRIED WILHELM LEIBNIZ.

Manuscript: Signed letter. The manuscript is to be found in Göttingen, Universitätsbibliothek, Cod. MS Philos. 138, pp. 41-42; 4 quarto pages.

PUBLISHED IN:

     A. VAN LEEUWENHOEK 1718: *Send-Brieven,* ..., pp. 165-171 (Delft: A. Beman). - Dutch text [A].

     A. À LEEUWENHOEK 1719: *Epistolae Physiologicae* ..., pp. 164-169 (Delphis: A. Beman). - Latin translation [C].

     N. HARTSOEKER 1730: *Extrait Critique des Lettres de feu M. Leeuwenhoek*, in *Cours de Physique* ..., p. 61 (La Haye: J. Swart). - French excerpt.

     A.J.J. VANDEVELDE 1923: *De Send-Brieven van Antoni van Leeuwenhoek* ..., in *Versl. en Meded. Kon. Vlaamsche Acad.*, 1923, pp. 372-373. - Dutch excerpt.

SUMMARY:

     A list of scholars who do or do not agree with L.'s theory of reproduction by means of spermatozoa. Spermatozoa of different kinds of fish have the same size. Discussion of the pulse. New letters will be printed after L.'s death. L. refuses to meet with LEIBNIZ's request to start a school for glass grinders. Summary of a letter to the Royal Society on muscle fibres and tendons. From now on L. refuses to read texts written by HARTSOEKER. L. acknowledges once more his inability to observe cavities in nerves.

REMARKS:

     But for the signature the letter has been written in an old-Dutch hand. The last letter in this handwriting is Letter 288 of 22 September 1711 (*Collected Letters*, vol. 16, pp. 277-317), albeit in another hand. In Letter 319 of 18 November 1715, in this volume, L. writes that he had not been able to write because of illness since April 1715. This explains the different hand in this letter. No manuscripts are known to have been written by L. himself between April 1715 and 18 November 1715.

BRIEF No. 317 [XVIII]   28 SEPTEMBER 1715

Delft in Holland den 28 septemb. 1715[a]

Hoog geleerde[b], ende wijt vermaarde Heere
D[1]: Heer G: G Leibnitz[2c]

Vallisnieri.

    Ik hebbe in U: Ed: Hoog geleerde, ende wijt vermaarde Heere, sijn aangenaame[3] van den 25[e] Augustij de voorledene maant gesien, dat de groote weetenschaps besittende[d] man tot Padoa[4] namentlijk de Heer Vallisnieri[5], niet toe staan[6] wil, dat de gediertens, de welke ik in de Zaade van de gedierten hebbe sigbaar gemaakt, geene[7] sijn, die door veranderinge ende wasdom, van de welke de groote gedierte selfs[8e] ontstaan, maar tis apparentlijk, dat hij meent[f], dat het gediertje alrees in het Eije[9] verborgen leijt, ende dat het door de ontfangenisse maar[10] opgewekt wierd, ende[g] dat hij van meeninge[11] is, een werk over dat punt uit te geeven, ende dat hij ook reeds sijne gedagten in sijne gedrukte schriften heeft geopenbaart. Wij hebben in ons lant een spreekwoort, met te seggen eene bonte kraij, en maakt geen koude winter[h]. Is de heer Vallisnieri, tegen mijne stelling, daar sijnder wel weer duisent[i] voor mij. Vorders segt U Ed: de opinie van u[j] mijn Heer, is heel waarschijnlijk, en heeft bij mij niet weijnig plaats gevonden, twelk ik ook in mijn boek, Theodicca[k] genoemt[12] hebbe laaten[l] doen blijken[m].

Theodicee.

---

    [a] A: In Delft den 28. September 1715.   [b] A: Aan den Hoog-Geleerden   [c] A: *G. C. Liebnitz*   [d] A: Ik hebbe, Hoog-geleerde ende Wyt-vermaarde Heere, in uwen aangenamen van den 25. der voorledene Maant Augustus gesien, dat de seer geleerde   [e] A: gemaakt, de geene syn, van dewelke de groote Gedierten selfs door verandering en wasdom   [f] A: Maar waarschynlyk meent hy   [g] A: opgewekt werd. UE. voegt daar by   [h] A: spreekwoort, dat eene Bonte-kraey geen koude winter maakt   [i] A: wel duysent   [j] A: UEd. Uwe opinie   [k] A: Theodicea   [l] hs: laatn   [m] A: hebbe doen blyken.

    [1] *D*.: den.
    [2] De brief is gericht aan GOTTFRIED WILHELM LEIBNIZ (1646-1716), filosoof en bibliothecaris te Hannover. Zie het Biogr. Reg., *Alle de Brieven*, Dl. 2, blz. 460. *G: G* als gevolg van de Latijnse vertaling van LEIBNIZ' voornamen.
    [3] *in U: Ed: ... aangename*, in uw aangename (vriendelijke, welkome) brief. – Voor de constructie vergelijke men *m'n broer z'n fiets*.
    [4] *Padoa*, Padua.
    [5] ANTONIO VALLISNIERI (of VALLISNERI; 1661-1730) was arts en anatoom.
    [6] *toe staan*, toegeven, erkennen.
    [7] *geene*, degene. Voor het vervolg van de zin leze men de verbeterde redactie van A (zie aant. d en e).
    [8] *selfs*, zelf.
    [9] *gediertje* is in het hs., evenals de meeste andere verkleinwoorden, met een i (als grafische variant van de j in deze positie) geschreven.
    alrees kan een schrijffout zijn (vgl. *reeds* in het vervolg van deze zin, maar anderzijds is assimilatie van de t aan de s in het Hollands niet ongewoon (hoewel thans als onverzorgd beschouwd). Deze vormen zijn bij L. dan ook niet zeldzaam; zie in deze brief nog: *Duislant, laaste*, en *plaas*.
    Eije is een ongebruikelijke buigingsvorm die in eerdere brieven van L. niet gesignaleerd is.
    [10] *maar*, alleen maar.
    [11] *van meeninge*, van plan. De toevoeging in A (aant. f) is grammaticaal niet nodig, maar wel verduidelijkend.
    [12] *Theodicca*: L. doelt hier op LEIBNIZ' in 1710 verschenen *Essais de Theodicee* .... In paragraaf 91 schrijft LEIBNIZ dat hij van mening is dat de ziel, net als het lichaam gepreformeerd is vanaf Adam, en dat "il semble que Monsieur Swammerdam, le R.P. Mallebranche, M. Bayle, M. Pitcairne, M. Hartsoeker, & quantité d'autres personnes très-habiles sont de mon sentiment." Zie ook paragraaf 397 van de *Essais*. LEIBNIZ noemt overigens L. niet bij name. Vgl. ook COLE, *Early theories*, blz. 66-67.
    L. vermeldde eerder dat LEIBNIZ tevreden was met zijn waarnemingen in Brief 115 van 18 september 1691, *Alle de Brieven*, Dl. 8, blz. 174 en 180.

LETTER No. 317 [XVIII] 28 SEPTEMBER 1715

Delft in Holland, the 28th of September 1715

Highly Learned, and Widely Famous Sir
Mr G: G Leibnitz[1]

In the kind letter of the 25th of August, the past month, of Your Honour, Highly Learned and Widely Famous Sir, I have seen that the man in Padua with his vast learning, to wit, Mr Vallisnieri[2], refuses to acknowledge that the little animals, which I have made visible in the kinds of semen of animals, are the ones from which the large animals themselves come into being, through change and growth; but it is evident that he thinks that the animals are already lying hidden in the egg, and are merely awakened through the conception; and that he has the intention to publish a work on that issue, and that he has also already made known his ideas in his printed works. In our country we have a proverb which says: a single hooded crow does not yet make a cold winter. Even if Mr Vallisnieri is against my thesis, there are, on the other hand, as many as a thousand others who side with me. Furthermore Your Honour says: Your thesis, Sir, is very probable, and has strongly impressed me, something which I have also shown in my book called Theodicca[3].

Vallisnieri.

Theodicee.

---

[1] The letter was addressed to GOTTFRIED WILHELM LEIBNIZ (1646-1716), philosopher and librarian at Hanover. See the Biogr. Reg., *Collected Letters*, vol. 2, p. 461. G: G as consequence of the Latin translation of LEIBNIZ's first names.

[2] ANTONIO VALLISNIERI (or VALLISNERI; 1661-1730) was physician and anatomist.

[3] *Theodicca*: L. here refers to LEIBNIZ's *Essais de Theodicee* ..., published in 1710. In paragraph 91 LEIBNIZ writes that he is of opinion that the soul has been preformed since Adam, just like the body, and that "il semble que Monsieur Swammerdam, le R.P. Mallebranche, M. Bayle, M. Pitcairne, M. Hartsoeker, & quantité d'autres personnes très-habiles sont de mon sentiment." See also paragraph 397 of the *Essais*. Actually LEIBNIZ does not mention L.'s name. See also COLE, *Early theories*, pp. 66-67.

L. mentioned earlier that LEIBNIZ was pleased with his observations in Letter 115 of 18 September 1691, *Collected Letters*, vol. 8, pp. 174 and 181.

Ik moet hier op seggen, dat het mij niet vreemt voor komt, datter nog eenige weijnige sijn, die mijn stellinge van de voort teelinge niet aannemen, want veeltijts willen de nieuwigheden niet aangenoomen werden, om dat ze[a] vast blijven staan, aan[b] het geene haare leermeesters hebben[c] in geprent. Tis eenige weijnige jaaren geleeden, dat seker Heer, soon van een bisschop in Engelant[13], mij koomende besoeken tot mij gesegt heeft, dat[d] seeker Heer en seer geleert professor in Schotlant, een seer geleert boek int Latijn heeft[e] uijt gegeven[14], raakende de stellinge van voorteelinge van de[f] dieren, over een koomende met het geene ik daar van hebbe gesegt, ende geevende mij die eer die mij toekomt. Als ook dat seeker geleert Heer in Frankrijk, meede daar ontrent[g] heeft geschreven, met verder bij voeginge dat mijn stellinge nu doorgaan[15].

Andry.

Boerhaave.

Tis ook sulks[16] dat de heer professor Boerhaven, nu van dit jaar in sijn oracie, onder andere verwerpt, de stellinge van verscheijde Heeren ontrent de voorteelinge, ende seijt dat de mijne, in Italien, Duislant[9], Engelant, ende Vrankrijk werden aangenoomen[17].

---

[a] A: om dat de menschen [b] A: staan op [c] A: Leermeesters haar hebben [d] A: heeft in 't Latyn, dat [e] A: Boek heeft [f] A: van de voorteelinge der [g] A: daar over

[13] L. doelt hier op een zoon van bisschop GILBERT BURNET. Zie het Biogr. Reg., *Alle de Brieven*, Dl. 15, blz. 348.

[14] L. doelt hier op de Schotse professor ARCHIBALD PITCAIRNE (1652-1713), auteur van het boek *Dissertatio de motu sanguinis per vasa minima* ... (1693).

[15] *doorgaan*, verder ingang vinden.

L. doelt hier waarschijnlijk op NICOLAUS ANDRY (1658-1742). Zie het Biogr. Reg., *Alle de Brieven*, Dl. 2, blz. 434; en ROGER, *Life Sciences*, blz. 205-258.

[16] *Tis ook sulks*, 't is ook zó, het geval wil ook.

[17] L. doelt hier op de oratie van HERMAN BOERHAAVE (1668-1738) uitgesproken op 8 februari 1715 bij de overdracht van het rectoraat van de universiteit Leiden *Sermo academicus de comparando certo in physicis*, blz. 25-26. In de uitgave van KEGEL-BRINKGREVE & LUYENDIJK-ELSHOUT op blz. 166.

LETTER No. 317 [XVIII] 28 SEPTEMBER 1715

I must say to this that it does not appear strange to me that there are still a few people who do not accept my thesis on the procreation, for people are often unwilling to accept novelties, because they stick to that which their teachers have inculcated into them. Some few years ago a certain gentleman, son of a bishop in England[4], who came to visit me, said to me that a certain gentleman and very learned professor in Scotland has published a very learned book in Latin, dealing with the thesis on the procreation of animals, which agreed with what I have said on that subject, and gave me the credit I deserve. Also that a certain learned gentleman in France has written on this issue as well, adding, moreover, that my thesis is now on the way of being accepted[6].   *Andry.*

It is also the case that Mr Professor Boerhaave in this present year in his oration[7] rejects among other things the theses of several gentlemen about the procreation, and says that mine are being accepted in Italy, Germany, England, and France.   *Boerhaave.*

---

[4] L. here refers to a son of bishop GILBERT BURNET. See the Biogr. Reg., *Collected Letters*, vol. 15, p. 349.

[5] L. refers here to the Scottisch professor ARCHIBALD PITCAIRNE (1652-1713), author of the book *Dissertatio de motu sanguinis per vasa minima* ... (1693).

[6] L. here probably refers to NICOLAUS ANDRY (1658-1742). See the Biogr. Reg., *Collected Letters*, vol. 2, p. 435; and ROGER, *Life Sciences*, pp. 205-258.

[7] L. here refers to HERMAN BOERHAAVE's (1668-1738) oration of 8 February 1715 on occasion of the conferment of the vice-chancellorship of Leiden university *Sermo academicus de comparando certo in physicis*, pp. 25-26. In the edition by KEGEL-BRINKGREVE & LUYENDIJK-ELSHOUT on p. 166.

BRIEF No. 317 [XVIII]   28 SEPTEMBER 1715

Spermatozoën.

    Ik moet hier ook bij voegen, dat ik van dit jaar, niet alleen de mannelijke Zaaden van de groote vissen als cabbeljaauwe, maar ook de[a] kleijne baarsjens, die maar een jaar ofte wat meer out waaren haare mannelijke Zaaden beschout[b], ende daar in de diertjens soo[18] levent ende groot bevonden[c], als in de groote vissen, en soo is het ook geleegen met de kuit greijnen, van de kleijne visjens, want die sijn in de kleijne visjens, soo[18] groot, als in de vissen die fijftig maal, ende meer, grooter sijn[19]. Uit deese waarneminge soud ik wel een besluit maaken[20], dat de diertjens in de mannelijke saaden van de walvis niet grooter sijn, als de diertjens der mannelijke saaden van de kleijne visjens. Ik ben begeerig geweest, om een testicul[d] van een walvis te hebben, maar ik hebbe deselve niet konnen magtig werden.

    Seeker verstandig[21e] heer in onse stad, die mijn gedrukte brieven was leesende, seijde tot mijn, Leeuwenhoek, gij hebt de waarheijt, maar bij u leeven en sal het[f] geen ingang vinden. Ende dus komt het mij niet vreemt voor dat ik in mijn leeven wert tegen geprooken.

---

[a] A: ook van de   [b] A: out waren, beschouwt   [c] A: bevonden heb   [d] hs: *abusievelijk* testiculs   [e] A: seker seer verstandig   [f] A: leven sal zy

[18] *soo*, even.

[19] Zie voor de spermatozoën van een baars Brief 54 [29] van 12 januari 1680, *Alle de Brieven*, Dl. 3, blz. 182-184 en voor die van een kabeljauw Brief 224 [137] van 15 april 1701, *idem*, Dl. 13, blz. 292.
Vgl. SCHIERBEEK, *Leeuwenhoek*, Dl. 2, blz. 295-385; IDEM, *Measuring*, blz. 80-107; COLE, "L.'s ... researches", blz. 8-12; en RUESTOW, *Microscope*, blz. 201-259.

[20] *een besluit maaken*, de conclusie trekken.

[21] *verstandig*, deskundig.

LETTER No. 317 [XVIII]   28 SEPTEMBER 1715

To this I should also add that in this year I have not only observed the male semen of large fishes like the cod, but also the male semen of small perches, which were only a year old, or slightly more, and I found in this the little animals as much alive and big as they are in large fishes; and the same is the case with the grains of hard roe of the small fishes, for in small fishes they are as large as in fishes which are fifty or more times larger. From these observations I would be inclined to conclude that the little animals in the male semen of the whale are not bigger than the little animals of the male semen of small fishes[8]. I have desired to obtain a testicle of a whale, but I have not been able to acquire it.   *Spermatozoa.*

A certain knowledgeable gentleman in our town, who was reading my printed letters, said to me: Leeuwenhoek, you have the truth, but during your life it will not be accepted. And so it does not appear strange to me that I meet with objections during my life.

---

[8] For the spermatozoa of a perch, see Letter 54 [29] of 12 January 1680, *Collected Letters*, vol. 3, pp. 183-185 and for those of a cod, Letter 224 [137] of 15 April 1701, *idem*, vol. 13, p. 293.

Cf. SCHIERBEEK, *Leeuwenhoek*, vol. 2, pp. 295-385; IDEM, *Measuring*, pp. 80-107; COLE, "L.'s ... researches", pp. 8-12; and RUESTOW, *Microscope*, pp. 201-259.

BRIEF No. 317 [XVIII] 28 SEPTEMBER 1715

Polsslag.

Wanneer ik niet lang geleeden met seeker doctor medicine was spreekende ontrent de slag van de pols, namentlijk dat die niet in de arterie maar inde vena geschiede, soo leede[22] ik van den selven, heevige tegenspreekens[a] als sijnde[23] een onmoogelijke saak, maar doen hij nevens andere[24], het klaar voor sijn oogen sag, most hij swijgen. Mijn voornemen is, in[b] onse taal niet[25] te laaten drukken maar na mijn doot sullen daar meer dan hondert brieven met den druk gemeen gemaakt werden, ende daar toe hebbe ik al elf koopere plaaten laaten snij‑

Publicatie.

den, soo datter nu niet gemeen gemaakt wert, als het geene ik aan de Koninklijke Societeit schrijf, ende dat is in de Engelse taal[26].

L. weigert leer‑lingen.

Om jonge luijden tot het aanvoeren van[27] het slijpen van glaasen[c], ende als[28] een school op te rigten, en kan ik niet sien, dat veel nut daar uijt[d] soude voortkomen[29], want door mijne ontdekkinge, en slijpen[30] van glaasen sijn veele studenten tot Leijden aan gemoedigt, ende daar sijn drie glaase slijpers geweest, waar bij[e] de welke de studente het glaase slijpen gingen leeren, maar wat isser uijt voort gekoomen. Niet[25] soo veel mij bekent is, om dat meest alle de studien daar op uijt koomen, om door haaren[f] wetenschappen, gelt te bekoomen of wel in[g] geleertheijt geagt te sijn, ende dat steekt in het glas te slijpen, ende in het ontdekken van de saaken, die voor onse oogen verborgen sijn, niet[31], en het staat ook bij mij vast, dat van duijsent menschen geen een bequaam is, om sig over te geeven, tot soodaanige studie, om datter veel tijds, toe ver‑eijst wert, gelt[h] gespilt wert, ende geduurig[i] met sijn gedagten, moet beesig weesen, sal men wat uijt voeren, ende daar en booven sijn de meeste menschen niet weet gierig, ja eenige[32] daar men het niet van behoorde te wagten, seggen, wat isser aan geleegen of wij het weeten.

---

[a] A: tegenspraak [b] A: is myne Brieven in [c] A: Luyden tot het slypen van glasen aantevoeren [d] A: op te regten; daar uyt kan ik niet sien dat veel nut [e] A: geweest; by [f] A: door de [g] A: door de [h] A: veel gelt [i] A: ende men geduyrig

[22] *leede*, ondervond.
[23] *als sijnde*, omdat het (...) was.
[24] *nevens andere*, met anderen.
[25] *niet*, niets. – In A is de redactie gewijzigd en is *niet* het ontkennend bijwoord (zie aant. b).
[26] D.w.z.: de publicatie geschiedde in Engelse vertaling, nl. in de *Philosophical Transactions*. L. schreef immers in het Nederlands. In A staat hierbij de volgende voetnoot: *Door aanrading van goede vrienden ben ik van voorneemen veranderd* (Send-Brieven, blz. 168); dit leidde tot de publicatie van de *Send-Brieven*.
[27] *tot ... van*, lees: *aan te voeren tot, op te leiden tot*.
[28] *als*, als het ware.
[29] *en ... voortkomen*, ik kan niet inzien, dat dat veel resultaat zou opleveren. De zin *Om ... voortkomen* (een anakolouth) is een typische spreektaalconstructie, waarin het hoofdelement van de mededeling naar voren geschoven is (prolepsis).
[30] *slijpen*, hier is *(door) mijn* samengetrokken: en door mijn lenzenslijpen.
[31] In het hs.: *niet te bekoomen*, als gevolg van contaminatie van de uitdrukkingen *steken in* en *te bekomen zijn door, met*, die hier beide toepasbaar zijn.
[32] *eenige*, sommigen.

Recently, when I was talking with a doctor of medicine about the pulse, to wit that this comes about, not in the artery, but in the vein, I met with strenuous objections on his part, because it would be an impossible thing; but when, together with other people, he saw it clearly before his eyes, he must needs be silent. I intend to have nothing printed in our language, but after my death more than a hundred letters will be made generally known in print and to that end I have already ordered eleven copper plates to be cut; so that now nothing is published but what I write to the Royal Society in London, and that is in the English language[9].

Pulse.

Publication.

I cannot see that it would be very useful to train young people in the grinding of lenses and, as it were found a school, for through my discoveries and grinding of lenses many students in Leiden have been encouraged; and there have been three grinders of lenses under whom the students were to learn to grind lenses, but what has been the outcome? As far as I know, nothing, because the aim of almost all courses of study is to make money by means of their knowledge or, as the case may be, to win respect by their learning; and that is not to be found in the grinding of lenses and in discovering things which are hidden from our eyes; and I am also firmly convinced that not one among a thousand people is able to devote himself to such a study, because it requires much time, money is spent, and one must continuously bear it in mind, if one is to achieve something; and, moreover, most people are not curious; indeed, some people, from whom one should not have expected it, say: what does it matter whether we know that?

L. refuses to teach pupils.

---

[9] The publication was in the English language in the *Philosophical Transactions*, for L. wrote in Dutch. In A the following footnote has been printed: *Door aanrading van goede vrienden ben ik van voorneemen verandert* (*Send-Brieven*, blz. 168) [at the advice of good friends I have changed my plans]; which led to the publication of the *Send-Brieven*.

BRIEF No. 317　　　　　　　　　　　　　　　　28 SEPTEMBER 1715

Spiervezels.

Ik neeme de vrijheit tot UEd: Hoog geeleerde ende wijt vermaarde Heere te seggen[a], dat ik ontrent het laaste[9] van voorleede jaar, aan de Koninklijke Societeit in Londen, hebbe toegesonden[33], de afteijkeninge[b] van het vlees, van een os, muijs, enz: ende daar in aangewesen, dat de uitrekkinge ende inkrimpinge[c] vande trekkers, tendenes[34d], ende vleesfibertjens geschiet omwentelens gewijse[35], ende dat vergelijk ik bij een kooperdraetje dat men om een schagt[36e] van een penne wint ende dan van de penne afdoet, het welke dan door de circulagtige ronte kan uijt gerekt werden, en ook weder kan in krimpen, ende dit heeft ook plaas[9] in de vleesfibertjens, uijt de pooten van vliegen, muggen, ja selfs in de pooten van de vloij. Ook hebbe ik geseijt, ende met figuure aan geweesen, dat ijder vleesfibertje van een os, en selfs van de muijs, om wonden leggen[f] in een menbrane, ende soo ook de trekkers, soo dat de vleesfibertjens, malkanderen niet en raaken, als mede dat alle de vleesfibertjens[g] aan de trekkers, of wel aan de menbrane sijn verenigt ende dat geen gewelt aan een trekker wert gedaan[37] of de vleesfibertjens lijden dat gewelt, als meede dat[h] de vleesfibertjens, die met haar eene eijnde aan de beneden trekker sijn verenigt, met het andere eijnde vereenigt sijn, aan de trekker die van boven komt. Int kort, daar wert geen gewelt aan een booven trekker gedaan, ofte de beneden trekker lijd dat selvige gewelt, ende dat door de vereeninge[38] van de vleesfibertjens. Deese nieuwigheden sullen eenige[42] wel vreemt voor komen, ende wel voornaamentlijk als men haar seijt, dat de vleesfibertjens van een volwassen muijs, ende een[i] volwassen os, van een ende de selve dikte sijn, ende dat dus de vleesmuscul van een os, haar groote en starkte[39] bestaat, uijt[j] meerder, ende langer vleesfibertjens.

---

　　[a] A: vryheyt, Hooggeleerde ende wyd-vermaarde Heere, van UE: te seggen　　[b] hs: afteijkinge　　[c] A: en de inkrimpinge　　[d] A: *Tendines*　　[e] A: schaft　　[f] A: legt　　[g] A: alle Vleesfibertjens　　[h] A: gewelt: vorders dat　　[i] A: Muys, ende die van een　　[j] A: dus de groote en de starkte van de Vleesmusculs van een Os bestaat in

[33] Zie Brief 311 [XV] van 20 november 1714, in dit deel. L. verzond deze brief pas op 27 december 1714.
[34] *tendenes*, pezen.
[35] *omwentelens gewijse*, spiraalsgewijze.
[36] De vorm *schaft* (aant. f) is een Hollandse dialectvorm, zoals bijv. ook *graft* (gracht). Deze vormen komen in eerdere brieven van L. vaker voor.
[37] *gewelt wert gedaan aan*, kracht wordt uitgeoefend op; *gewelt lijden*, kracht ondergaan.
[38] *en dat*, en wel; *vereeninge* is een bij L. gebruikelijke vorm; het is een afleiding van *vereenen*.
[39] *de vleesmuscul ... starkte*, zie voor de constructie aant. j hierboven. Gezien het bezittelijk voornaamwoord *haar* (hun) had *vleesmuscul* meervoud moeten zijn, evenals in A (zie aant. j).

LETTER No. 317 [XVIII] 28 SEPTEMBER 1715

I take the liberty to say to Your Honour, Highly Learned and Widely Famous Sir, that towards the end of last year I have sent to the Royal Society[10] in London drawings of the flesh of an ox, mouse, etc., and shown in this that the extensions and contractions of the tendons, and small fibres of flesh are effected in a spiralling manner, and I compare this to a small copper wire which is wound round the shaft of a pen and then removed from the pen, which can, then, be stretched through the circular coils, and also again be contracted; and this also occurs in the little fibres of flesh from the legs of flies, gnats, and indeed, even in the legs of a flea. I have also said, and shown with figures, that each little fibre of flesh of an ox, and even of the mouse, lies wrapped up in a membrane, and this is also the case with the tendons, so that the little fibres of flesh do not touch one another; and also that all the little fibres of flesh are attached to the tendons or, as the case may be, to the membranes; and that whatever force is brought to bear on the tendons, the little fibres of flesh are subjected to that same force; and also that the little fibres of flesh, which with one end are attached to the lower tendon, with their other end are attached to the tendon which comes down from above. Briefly, whatever force is brought to bear on an upper tendon, the lower tendon is subjected to that same force, and this comes about through their connection by means of the little fibres of flesh. These novelties are apt to appear strange to some people, and that chiefly when they are told that the little fibres of flesh of a fully-grown mouse and a fully-grown ox have one and the same thickness, and that therefore the size and strength of the muscle of an ox consists in more and longer little fibres of flesh.

Muscle fibres.

---

[10] See Letter 311 [XV] of 20 November 1714, in this volume. L. did not send this letter until 27 December 1714.

BRIEF No. 317 [XVIII] 28 SEPTEMBER 1715

Hartsoeker.

Mij is ter ooren gekoomen, dat Hartsoeker bij de geleerde in weijnig agtinge is, ende als ik in sijn schriften sag dat hij sig onwaarheeden aanmatigde, en laat dunkende was, hebbe ik hem niet verder in gesien[40].

Hier heeft UEd:[a] Hoog geleerde, ende wijt vermaarde Heere het geene ik voor dees tijd, de vrijheidt neeme U.E. te[b] laaten[c] toe koomen, ende te seggen dat ik mij verheuge, dat mijne geringe arbeijt, bij soo een groot verstant als UEd: Hoog geleerde en wijd vermaarde Heer is, ende ook[d] daar voor bij de reedelijke weerelt te boek staat[41], in agtinge wert genoomen[42], ende sal[e] met veel agtinge en ijver blijven[43],

Sijne Edele Hoog geleerde ende wijd vermaarde Heere

Alderonderdanigste Dienaar
Antoni van Leeuwenhoek[44f]

Zenuwen.

P.S: Ik hebbe eenige tijde doende geweest, en vervolgt[45], de[g] ontleding van de tendenes[h], trekkers van verscheijde dieren, ende daar in ontdekt de onbedenkelijke[46] menigte van menbrane, en bloet aderkens die door de selve loopen, als ook hebbe ik de senuwe, na mijn vermogen onder sogt, dog niet konnen begrijpen, hoe soo veel vloeijbaare sappen, door de senuwen konnen gevoert werden, als men deselve toeschrijft[47].

---

[a] A: Hier hebt gy   [b] hs: te *ontbreekt*   [c] A: neme van UE: te laten   [d] A: als UEd: zyt, die ook   [e] A: in agt wert genomen; en dat ik   [f] A: yver blyve, Hoog-Geleerde ende wyd-vermaarde Heere, enz. Antoni van Leeuwenhoek   [g] A: doende geweest met de   [h] A: *Tendines*

[40] Zie voor NICOLAAS HARTSOEKER (1656-1725) het Biogr. Reg., *Alle de Brieven*, Dl. 12, blz. 404 en *idem*, Dl. 2, blz. 450-452; en WIELEMA, "Nicolaas Hartsoeker". HARTSOEKER was in een voortdurend conflict met L. gewikkeld over de prioriteit van de ontdekking der spermatozoën. Zie hiervoor LINDEBOOM, "Sexual Reproduction", blz. 140-144 en Brief 196 [113] van 17 december 1698, *idem*, Dl. 12, blz. 250-266, m.n. blz. 252 en aant. 3 aldaar.
HARTSOEKER citeert deze uitspraken in zijn *Extrait Critique* (blz. 61) en doet ze af met de opmerking dat L. zijn commentaar toch niet begrepen zou hebben.

[41] *ende ook ... staat*, en waarvoor u ook in kringen van ontwikkelde mensen (geleerden, liefhebbers, belangstellenden) te boek staat. – In A is de aanspreekvorm van de 3de persoon in die van de 2de persoon veranderd.

[42] *dat mijne arbeijt ... in agtinge (in agt) wert genoomen*, dat door zo'n groot geleerde ... aan mijn bescheiden werk aandacht wordt geschonken.

[43] L.'s volgende brief aan LEIBNIZ is Brief 316 van 18 november 1715, in dit deel.

[44] De woorden *Alderonderdanigste ... Leeuwenhoek* zijn in L.'s hand in 'Italiaans schrift' geschreven.

[45] *hebbe (...) doende geweest, en vervolgt*, ben bezig geweest met en heb voortgezet. Zie de verbetering in A (aant. f).

[46] *onbedenkelijke*, ondenkbaar (grote).

[47] Zie aant. 44 bij Brief 315 [XVII] van 7 juli 1715, in dit deel.

I have heard that men of learning have a low opinion of Hartsoeker, and when I saw in his writings that he allowed himself to voice falsehoods and was conceited, I did not look further into him[11]. *Hartsoeker.*

Here Your Honour, and Highly learned and widely famous Sir, have what I take the liberty this time to send to Your Honour, and to say that I am delighted that such a great mind as Your Honour, Highly learned and widely famous Sir, is, and in the world of learning is reputed to be, takes notice of my slight efforts, and I shall remain with much regard and diligence[12],

Noble, Highly learned and widely famous Sir,

Your most Humble Servant
Antoni van Leeuwenhoek

P.S.

For some time I have been busy on, and continued with, the dissection of the tendons of several animals, and in these I have discovered the inconceivable multitude of membranes and little blood veins, which run through them; I have also investigated the nerves as well as I could, but I have not been able to understand that such a quantity of fluid juices can be transported via the nerves, as is ascribed to them[13]. *Nerves.*

---

[11] See for Nicolaas Hartsoeker (1656-1725) the Biogr. Reg., *Collected Letters*, Dl. 12, p. 405 and *idem*, vol. 2, pp. 451-453; and Wielema, "Nicolaas Hartsoeker". Hartsoeker was permanently at war with L. on the priority of their discovery of spermatozoa. See for this Lindeboom, "Sexual Reproduction", pp. 140-144 and Letter 196 [113] of 17 December 1698, *idem*, vol. 12, pp. 251-267, and in particular p. 253 and note 3 on that passage.

Hartsoeker quotes L.'s sayings in his *Extrait Critique* (p. 61) and disposes them of by remarking that L. would not have understood his comments anyhow.

[12] L.'s next letter to Leibniz is Letter 319 of 18 November 1715, in this volume.

[13] See note 10 on Letter 315 [XVII] of 7 July 1715, in this volume.

BRIEF No. 318   29 OKTOBER 1715

Gericht aan: ANTONI VAN LEEUWENHOEK

Geschreven door: GOTTFRIED WILHELM LEIBNIZ

Manuscript: Eigenhandige concept brief. Het manuscript bevindt zich in het Leibniz-Archiv te Hannover, L Konzept: LBr. 538 Bl. 2 folio bladzijden.

GEPUBLICEERD IN:

GOTTFRIED WILHELM LEIBNIZ: *Sämtliche Schriften und Briefe, Transkriptionen des Briefwechsels* 1715, Leibniz-Archiv Hannover (Online 24-10-2016), no. 376, pp. 496-498.

SAMENVATTING:

Over de Italiaanse arts Antonio Vallisnieri, die Leeuwenhoeks mening over de spermatozoïden niet deelt, en over Nicolaas Hartsoeker, die volgens Leibniz als waarnemer niet zo goed is als hij beweert te zijn. Over twee bezoekers aan Leeuwenhoek. Leibniz doet een beroep op Leeuwenhoek om de voordelen van de microscoop te beschrijven. Het idee dat wetenschappelijk onderzoek geen financiële beloningen oplevert is fout. Over Leeuwenhoeks anatomische waarnemingen, en zijn standpunten met betrekking tot, onder-meer, membranen.

LETTER No. 313   29 OCTOBER 1715

Addressed to: ANTONI VAN LEEUWENHOEK

Written by: GOTTFRIED WILHELM LEIBNIZ

Manuscript: Signed autograph draft letter. The manuscript is to be found in the Leibniz-Archiv in Hannover, L Konzept: LBr. 538 Bl. 2. folio pages.

PUBLISHED IN:

GOTTFRIED WILHELM LEIBNIZ: *Sämtliche Schriften und Briefe, Transkriptionen des Briefwechsels* 1715, Leibniz-Archiv Hannover (Online 24-10-2016), no. 376, pp. 496-498.

SUMMARY:

On the Italian medical doctor Antonio Vallisnieri, who renounces Leeuwenhoek's opinion about the spermatozoids, and Nicolaas Hartsoeker, who – according to Leibniz – is not such a good observer as he claims to be. About two visitors to Leeuwenhoek. Leibniz appeals to Leeuwenhoek to describe the advantages of the microscope. The notion that scientific research does not yield any financial rewards is wrong. About Leeuwenhoek's anatomical observations, and his views with regard to, among other things, membranes.

BRIEF No. 318   29 OKTOBER 1715

Hanover 29 octob. 1715

A Monsieur
Monsieur Leeuwenhoek
à Delft

Insonders Hochgeehrter Herr

Dessen wehrtes Schreiben vom 28 September habe den 21[a] October erhalten, und bedanke mich, dass M. Hochg. Herr auf alles antworten, auch einige merkwurdig dinge bey fügen wollen. Von Herr Vallisnieri[1] einwurfen habe gedacht, nicht wegen seiner achtbarkeit, ob er schon in grosser achtung stehet, sondern weil seine einwurffe Meinem H. G. Herrn gelegenheit geben konnen allerhand gutes zu sagen. Herr Hartsoeker[2] ist von einer andern aart, und kein so grosser observator als Herr Vallisnieri. Er urtheilet[b] allzu geschwind, doch kan er zu besserm nachdenken gelegenheit geben.

Der Englische Bischof dessen Sohn M. H. G. Herrn besucht, wird Burnet[3] gewesen seyn, und der Professor in Schottland Pitcarne[4], welcher unlangst gestorben.

Der jenige der gesagt dass Mein Herr bei seinem leben keinen eingang finden werde, hat sich[c] geirret. Ich bemerke[d] eine Schwürigkeit, wie es zugehe, dass bey gewissen dieren, als Menschen zum exempel, die Zwillige so seltsam seyn[e], da man vermeinen solte die menge[f] der principien könte leicht viele zugleich herfür bringen. Mein Herr köndte nuzzen schaffen nicht nur mit seinen observationen, sondern auch mit einer genauen beschreibung aller vortheile die er bey den Microscopicalischen observationen brauchet; damit auch andere zu dergleichen angefrischet[g] und ihnen der weg mehr[h] gebahnet würde.

Die[i] jenigen die da vermeynen dass gründliche wissenschaften[j] kein geld bringen, sind irrig. Denn[k] nach dem man[l] heutzutage den nuzzen[m] rechtschaffener[n] untersuchungen siehet, ist man an vielen orthen ganz geneigt,[o] wisskünstige leute wohl zubesolden.

Und ich finde dass es mehr[p] an personen fehle, [die was rechtes zu thun lust haben; insgemein[q] fehlets nicht an fähigkeit, sondern am willen, und den kan man[r] durch bequeme erziehung bey bringen, als an mitteln ihnen zu helfen][s].

---

    [a] Verbetering voor '28' [b] Doorgehaald: 'ger' [c] Doorgehaald: 'be' [d] Verbetering voor: 'finde'
[e] Verbetering voor: 'so rar sey' [f] Doorgehaald: 'kleine saat die Herr' [g] Doorgehaald: 'werden' [h] Doorgehaald: 'erbeichtert' [i] Verbetering voor: 'Erst' [j] Verbetering voor: 'Wischeschaf' [k] Doorgehaald: 'man sucht' [l] Dit woord is ingevoegd [m] Doorgehaald: 'gut rechss' [n] Hier is een woord van drie letters doorgehaald
[o] Doorgehaald: 'Solche' [p] Doorgehaald: 'an nechts' [q] Dit woord is ingevoegd [r] Doorgehaald: 'ihnen bei zeiten'
[s] Het gedeelte tussen rechte haken is in de marge bijgevoegd. Hierna is doorghaald de passage: 'Herr Hartsoeker urtheilt all zu Geschwind doch kann er zu bessern nachdenken Gelegenheit geben'.
    [1] ANTONIO VALLISNIERI (of Vallesneri; 1661-1730). Zie dit deel, brieven 315 en 316.
    [2] NICOLAAS HARTSOEKER (1656- 1725).
    [3] GILBERT BURNET (1643-1715), Zie ook de voorgaande brief 316.
    [4] ARCHIBALD PITCAIRNE (1652-1713). Zie ook de voorgaande brief 316, noot 14.

LETTER No. 318 29 OCTOBER 1715

Hannover, 29 October 1715

To Mister Leeuwenhoek in Delft

Highly Respected Gentleman,

Your esteemed letter of 28 September I have received on the 21st of October. And I would like to thank Your Highly Learned Sir that you have answered all my questions, and also added a few curious things.

About Mr. Vallisnieri's[1] interjections, I brought them up, not because of his respectability, though he is already deemed in very high esteem, but because his interjections could provide you, Highly Learned Sir, the opportunity to say all kinds of good things. Mister Hartsoeker[2] is quite another kind; he is not such a great observer as Mister Vallisnieri. He judges too quickly, although he needs the opportunity to give things a better thought.

The English bishop, whose son visited Your Highly Learned Sir, must have been Burnet[3] , and the Professor in Scotland Pitcairne[4] , who has died recently.

Those who have said that Your Honour would not be accepted during his lifetime, were wrong. I perceive a difficulty, as it is, that with certain animals, as in human beings, twins are so rare, that one should avoid a lot of the things that could easily bring about many at the same time. Your Honour could attain something useful, not only through his own observations, but also with a detailed description of all the beneficial steps needed for microscopic observations; so that others might be encouraged, and their paths would be more paved.

Those who claim that through science one cannot make money, are mistaken. Because nowadays you can see the benefits of genuine research, in many places, one is inclined to pay knowledgeable people rather well.

And I think that we lack more people, who are eager to do something right; in general, there is no lack of skills but a lack of willpower, and that can be imparted by both an adequate upbringing and the means to help them.

---

[1] ANTONIO VALLISNIERI (or VALLISNERI; 1661-1730). See this volume, letters 315 and 316.
[2] NICOLAAS HARTSOEKER (1656-1725).
[3] GILBERT BURNET (1643-1715). See also this volume, letter 316.
[4] ARCHIBALD PITCAIRNE (1652-1713). See also this volume, letter 316, note 14.

Es ist merklich das die saat-thierlein[a] des grossen und des kleinen fiches in der grösse wenig unterscheiden und dass auch die Fleisch-fasen im ochsen denen so in der Maus[b], nicht an dikke [oder stärke][c] sondern nur an länge und[d] menge uberlegen[e].

Nach dem Mein Herr begriffen ist, das Fleisch [und die Musklen][f] zu anatomiren, so möchte seine gedanken wohl wissen von den organen der bewegung und empfindung. Mir ist auß allen umstenden vorkommen dass die empfindung vornehmlich[g] beruhe in den zaarten membranen, als[h] die da sein eine continuation von der *pia mater*, dergleichen die *periostea* seyn. Daher würde zum exempel ein hohler[i] zahn nicht wehe thun, wenn er nicht mit einem zaarten häutlein bekleidet wäre, und wenn man man[j] solches zu tode brennet, horet der Schmerzen auf. Was die empfindung[k] und bewegung verursachet[l], wird man wohl nimmer[m] sichtbar machen. Aber, wenn man nach meines Herrn exempel wird alles sichtbar gemacht haben, was dabey zu sehen ist[n], wird man auch von dem unsichtbaren trieb besser urtheilen konnen. Ich wundsche daß mein Herr noch lange bey uns nuzzen schaffe. Und verbleibe iederzeit,

Meines Hochgeehrten Herrn
dienstergebenster[o]

G. G. Leibniz[1]

---

[a] Verbetering voor '*saat dieren*'. [b] Verbetering voor: '*die so inder Maus*'. [c] Het gedeelte tussen rechte haken is ingevoegd. [d] Dit woord is ingevoegd. [e] Verbetering voor: '*Ubertreffen*'. [f] Het gedeelte tussen rechte haken is ingevoegd. [g] Doorgehaald: *vermehl*. [h] Dit woord is ingevoegd. [i] Dit woord is ingevoegd. [j] Onleesbare korte doorhaling. [k] Doorgehaald: *bewegung*. [l] Verbetering voor: '*machet*'. [m] Doorgehaald: '*mehr*'. [n] Dit woord is ingevoegd. [o] De letter '*n*' is ingevoegd.

[1] De Letters 'G.G.' verwijzen naar de Latijnse spelling van Leibniz 'voonamen: 'Godefridus Guilielmus'

It is remarkable that the spermatozoids of the large and small fishes differ little in size, and also that the fibres of flesh in the oxen, as well as in mice, differ not in thickness or strength, but rather in length and quantity.

As Your Honour has the intention to anatomize the flesh and the muscles, so I would like to know his thoughts about the organs of movement and the senses. To me, from all evidence it appears that perception predominantly occurs in the sensitive membranes, as being a continuation of the *pia mater*, which are the *periostea*. Therefore, for example, a hollow tooth would not hurt, if it had not been clothed with a delicate skin, and when these are burnt to death, the pain stops. What causes the perception and movements, will probably never be made visible. But if, according to Your Honour's example, everything is made visible that is to be seen, one also can better judge about the invisible mechanism. I wish that Your Honour will continue to be of use to us for a long time to come. And remain at all times,

My Highly Esteemed Sir
Your Humble Servant,

G.G. Leibniz[1]

---

[1] The letters 'G.G.' refer to the Latin spelling of Leibniz' given names: 'Godefridus Guilielmus'.

P. S.

ªDamit nicht so viel lehr papier bleibe, habe noch ein und anders beyfugen wollen. Es weiset Mein Herr daß dieᵇ Trekkers undᶜ Tendenes von verschiedenᵈ thieren aus membranen und blut adern bestehen. [Alleine man solte vermeynen dass die]ᵉ Membranenᶠ selbst aus hohlen gefässen oder vasis bestehen mussen, damit sie wachsen können. Zwar weil der hohlen gefässeᵍ ihre wand selbst auch ist von membranen art, so wird man endlich diese membranen der wände solcher gefässe, nicht allezeit wieder in solche gefässe resolviren konnen, sonst ginge es *in infinitum*. Und wird man alsoʰ mit den hohlen gefässen, so säffte in sich halten, aufhöhren mussen. Alsoⁱ werden zu lezt die faden, daraus die gefässe [und membranen]ʲ gesponnen,ᵏ keine Säfte mehr, sondern eine art von luft in sich halten, so den trieb gibt, und in einem steten hin und her gehen begriffen un[d] wie ein Drat-gewirreˡ von dem geringsten anstoss in eine neueᵐ Zitterung gesezzet wird gleichwie in der gemeinen luft der schall in solcher Zitterung bestehet.

ᵐAber es ist ohnmöglich, ᵒdiese geschirrᵖ sichtbar zu machen, weil ja durch solche selbst das sehen und höhren geschicht. Inzwischen [das sichtbare zu verfolgen so wäre]ᵠ zu fordern bey denen gefässen der Säfteʳ zu untersuchen, was sie für öfnungen haben dadurch so wohl die unempfindliche ausdampfung oder transpiration, als auch die Scheidung der Humoren, als der Gall, Urin, Saliva, etc. in den Glandulen geschehe, da dann die Schwuhrigkeit annoch ubrig, worumb an einem ort diese, am andern orth andre säfte, auss dem allgemeinem safte nehmlich dem blute geschieden werdenˢ. Ob nun solchesᵗ gleich nicht so leicht zu erclären sein durfte, so solten doch billich die Öfnungen und wege sichtbar gemacht werden. Konnen dadurch zum exempel [zeigen wie]ᵘ in der leber die galle aus demᵛ blut vonʷ den kleinen arterien in die kleinen gall gefässe komt.

Ich begreiffe nicht wohl wie mein Herrˣ den Slag vom Puls den Venen zuschreibet, da ja das blutʸ durch zusammenziehung der linken Herzcammer, in die *arteriam aortam*, und folglich in die andern arterien mit gewalt getrieben wird. Hingegen aus den Venen durch öfnung der rechten Herzkammer sich ins Herze ziehet, und also die venen vermittelst des Herzen nicht gefüllet sondern geleeret werden.

ᵃ Doorgehaald: *'Weil noch viel plaz ubrig, habe ich an Lehr pap'*. ᵇ Doorgehaald: *'Tendene'*. ᶜ Doorgehaald: *'trekkers'*. ᵈ Doorgehaald: *'Die'*. ᵉ Het gedeelte tussen rechte haken is een verbetering voor: *'Da ist die frage ob denn'*. ᶠ Doorgehaald: *'nicht'*. ᵍ Doorgehaald: *'selbst'*. ʰ Doorgehaald: *'mit den geschinden säffte mussen aufhoren hohlen gefässen'*. ⁱ Verbetering voor: *'Aber es'*. ʲ Het gedeelte tussen rechte haken is ingevoegd. ᵏ Doorgehaald: *'endlich vermuhtlich'*. ˡ Doorgehaald: *'die gerin'*. ᵐ Dit woord is ingevoegd. ⁿ Doorgehaald: *'Aber bey denen saften und ihren gef'*. ᵒ Doorgehaald: *'weil'*. ᵖ Doorgehaald: *'onmöglich'*. ᵠ Het gedeelte tussen rechte haken is ingevoegd en is een verbetering voor: *so werde*. ʳ Doorgehaald: *'selbst'*. ˢ Dit woord is ingevoegd. ᵗ Doorgehaald: *'nicht'*. ᵘ Abusievelijk weggelaten. ᵛ Verbetering voor: *'das'*. ʷ Verbetering voor: *'auf'*. ˣ Doorgehaald: *'den Puls denen'*. ʸ Doorgehaald: *'von herzen in die alt arteriam aortam'*.

LETTER No. 318   29 OCTOBER 1715

P.S.

In order that not so much empty paper remains, I would like to add some things. My Lord knows that the pullers and tendons of different animals consist of membranes and blood veins. The only thing to avoid is that the membranes themselves must consist of hollow vessels or vasis, so that they can grow. Though, because of the hollow vessels its wall itself is also made of membrane stuff, finally, these membranes of the walls of such vessels cannot always be resolved into such vessels, or else they would be divided in infinitum. And so would one thus stop with the hollow vessels, which contain fluids. Thus, finally, the threads, from which the vessels and membranes are spun, do not contain juices anymore, but they have a kind of air in themselves, to give the impulse, and proceed in a steady state, back and forth, and are brought into a new vibration, just as a wire gauze can be trembling after receiving a minor push, just as in common air the sound consists of such a vibration. But it is impossible to make this harness visible, because it is by itself that seeing and hearing happens.

In the meantime, to pursue the visible, it would be necessary to examine the vessels of the juices, what kind of opening they have, through which flows the insensible evaporation or transpiration, as well as the separation of the humours, and the gall, urine, saliva, etcetera in the glandules, for then the difficulty still remains, why at one place these juices, and at another one others, are separated from the general juice, namely the blood. Although this is probably not so easy to explain, still it must be easy to make the openings and paths visible. This can, for instance, show how in the liver, the gall in the blood comes from the small arteries and flows into the small gall vessels.

I do not understand correctly how My Lord attributes the beat of the pulse of the veins, since the blood is driven by force from the contraction of the left ventricle, into the arteria aortam, and consequently to the other arteries. On the contrary, from the veins, through the opening of the right ventricle of the heart, it draws to the heart, and the veins are not filled by the heart, but are emptied.

BRIEF No. 319　　　　　　　　　　　　　　　　　18 NOVEMBER 1715

Gericht aan:　　　GOTTFRIED WILHELM LEIBNIZ.

Manuscript:　　　Eigenhandige, ondertekende brief. Het manuscript bevindt zich te Göttingen, Universitätsbibliothek, Cod. MS Philos. 138, blz. 49; 2 octavobladzijden.

Niet gepubliceerd.

SAMENVATTING:

Aanbiedingsbrief bij Brief 317 [XIX] van 18 november 1715, in dit deel.

OPMERKINGEN:

Deze brief is door L. weer eigenhandig geschreven. Zie de Opmerkingen bij Brief 317 [XVIII] van 28 september 1715, in dit deel.

LETTER No. 319   18 NOVEMBER 1715

Addressed to: GOTTFRIED WILHELM LEIBNIZ.

Manuscript: Signed autograph letter. The manuscript is to be found in Göttingen, Universitätsbibliothek, Cod. MS Philos. 138, p. 49; 2 octavo pages.

Not published.

SUMMARY:

Complimentary letter to Letter 320 [XIX] of 18 November 1715, in this volume.

REMARKS:

This letter by L. is an autograph once more. See the Remarks to Letter 317 [XVIII] of 28 September 1715, in this volume.

BRIEF No. 319 — 18 NOVEMBER 1715

d'H[r] G: G: Liebnitz[1]

Hoog geleerde en Wijd vermaarde
Heere etc. etc.

Ik was niet weijnig verheugt, als in UEd Hoog geleerde en Wijd vermaarde Heere sag[2], dat[3] mijne stellinge ontrent de Voorteelinge der dieren, was voorstaande[4].

Ik neme de vrijheijt, dese nevens gaande waarneminge, die ik in mijne ontdekkinge[5] op het papier hebbe gebragt, UEd: Hoog geleerde ende Wijd vermaarde Heere, toe te senden, waar in ik wil hoopen, dat[3] eenige genoginge[6] sult vinden, en soo het UEd. wel bevalt, soo sal het in tijd, en wijlen[7] met den druk gemeen gemaakt werden.

Ik ben int laast van voorleden April, in soo een sware siekt gevallen, dat ik geen andere staat maakte, als om te sterven[8], dog ik ben nu weder soo verre herstelt, dat ik bij wijlen weder kan schrijven, maar de minste koude hindert mij.

Sedert mijne nevens gaande stellinge ontfange ik UEd: Hoog geleerde en Wijd vermaarde Heere sijn seer aangename schrijvens uijt Hanover vanden 29[e] Octob. waar van mijn voor nemen is, die eer lang te sullen beantwoorden[9], en ik sal onder des na veel agtinge en ijver blijven[10].

Sijne Hoog geleerde
en Wijd vermaarde
Heere.

Alder onderdanigste Dienaar.
Antoni van Leeuwenhoek

In Delft desen
18[e] Novemb. 1715

---

[1] De brief is gericht aan GOTTFRIED WILHELM LEIBNIZ (1646-1716), filosoof en biliothecaris te Hannover. Zie het Biogr. Reg., *Alle de Brieven*, Dl. 2, blz. 460. *G: G* als gevolg van de Latijnse vertaling van LEIBNIZ' voornamen.
  L.'s vorige brief aan LEIBNIZ is Brief 317 [XVIII] van 28 september 1715, in dit deel.
[2] *als ... sag*, na *als* is het onderwerp *ik* achterwege gebleven; dit was in het zeventiende-eeuws niet ongebruikelijk en dat is de vorm van het Nederlands die L. had leren schrijven. Na *Heere* heeft hij waarschijnlijk de woorden 'sijn brief' vergeten. Men leze: toen ik in de brief van u, hooggeleerde en wijd en zijd beroemde heer, zag.
[3] *dat*, dat u (vgl. aant. 2).
[4] *was voorstaande*, verdedigde, voorstander was van.
[5] *in mijne ontdekkinge*, bij mijn onderzoekingen; toen ik die dingen ontdekte.
[6] *genoginge*, genoegen, voldoening. De spelling met -o- in plaats van met -oe- is in overeenstemming met de Delftse en Rotterdamse uitspraak van die klinker tot in de achttiende eeuw. Zie MENDELS, "Leeuwenhoek's taal", blz. 319-320.
[7] *in tijd, en wijle*, na verloop van tijd, te gelegener tijd.
[8] *dat ... sterven*, dat ik niet anders dacht, dan dat ik zou sterven.
  Zie de Opmerkingen bij Brief 320 [XVIII] van 28 september 1715, in dit deel.
[9] Zie Brief 322 [XX] van 3 maart 1716, in dit deel.
[10] L.'s volgende brief aan LEIBNIZ is Brief 320 [XIX] van 18 november 1715, in dit deel.

Mr. G: G: Leibniz[1]

Highly learned and widely famous
Sir etc. etc.

I was greatly pleased, when I saw in Your letter, Highly learned and Widely famous Sir, that you supported my thesis about the procreation of the animals.

I take the liberty to send to You, Highly learned and Widely famous Sir, the enclosed observations, which I have committed to paper in making my discoveries; in which I would like to hope that You will find some pleasure, and if it is indeed agreeable to You, they will in due course be circulated in print.

Towards the end of April last I was afflicted with such a grave illness that I could not think otherwise than that I was about to die[2], but now I have again recovered thus far that every now and then I am again able to write, yet the slightest cold is trying for me.

Posterior to my theses, which I enclose herewith, I receive the most pleasant missive from You, Highly learned and Widely famous Sir, from Hanover, dated the 29th of October, to which I intend shortly to answer[3], and meanwhile I shall remain, with much regard and diligence[4].

Highly learned and Widely famous Sir,

Your Most humble Servant
Antoni van Leeuwenhoek

At Delft, the
18th of November 1715

---

[1] The letter was addressed to GOTTFRIED WILHELM LEIBNIZ (1646-1716), philosopher and librarian at Hanover. See the Biogr. Reg., *Collected Letters*, vol. 2, p. 461. *G: G* as consequence of the Latin translation of LEIBNIZ's first names.
   L.'s previous letter to LEIBNIZ is Letter 317 of 28 September 1715, in this volume.
[2] See the Remarks on Letter 317 [XVIII] of 28 September 1715, in this volume.
[3] See Letter 322 of 3 March 1716, in this volume.
[4] L.'s next letter to LEIBNIZ is Letter 320 [XIX] of 18 November 1715, in this volume.

BRIEF No. 320 [XIX] 18 NOVEMBER 1715

Gericht aan: GOTTFRIED WILHELM LEIBNIZ.

Manuscript: Eigenhandige, ondertekende brief. Het manuscript bevindt zich te Göttingen, Universitätsbibliothek, Cod. MS Philos. 138, blz. 43-48; 8 kwartobladzijden en 1 octavobladzijde.

GEPUBLICEERD IN:

A. VAN LEEUWENHOEK 1718: *Send-Brieven*, ..., blz. 172-184, 5 figuren (Delft: A. Beman). - Nederlandse tekst [A].
A. À LEEUWENHOEK 1719: *Epistolae Physiologicae* ..., blz. 170-182, 5 figuren (Delphis: A. Beman). - Latijnse vertaling [C].
N. HARTSOEKER 1730: *Extrait Critique des Lettres de feu M. Leeuwenhoek*, in *Cours de Physique* ..., blz. 61-62 (La Haye: J. Swart). - Frans excerpt.
A.J.J. VANDEVELDE 1923: *De Send-Brieven van Antoni van Leeuwenhoek* ..., in *Versl. en Meded. Kon. Vlaamsche Acad.*, Jrg. 1923, blz. 373-375. - Nederlands excerpt.

SAMENVATTING:

Over vaten in het vruchtvlees en in de zaden van verschillende perenrassen. Kiemplant in het zaad van een peer. Over de bouw van de schil van een peer. Over spiraalvaten in theebladeren.

FIGUREN:

fig. LVIII-LXII. De oorspronkelijke tekeningen zijn verloren gegaan. In de uitgaven A en C zijn de vijf figuren bijeengebracht op één plaat tegenover respectievelijk blz. 178 en blz. 176.

OPMERKINGEN:

In HARTSOEKER is de brief abusievelijk gedateerd op 11 november 1715.

LETTER No. 320 [XIX]   18 NOVEMBER 1715

Addressed to: GOTTFRIED WILHELM LEIBNIZ.

Manuscript: Signed autograph letter. The manuscript is to be found in Göttingen, Universitätsbibliothek, Cod. MS Philos. 138, pp. 43-48; 8 quarto pages and 1 octavo page.

PUBLISHED IN:

    A. VAN LEEUWENHOEK 1718: *Send-Brieven*, ..., pp. 172-184, 5 figures (Delft: A. Beman). - Dutch text [A].
    A. À LEEUWENHOEK 1719: *Epistolae Physiologicae* ..., pp. 170-182, 5 figures (Delphis: A. Beman). - Latin translation [C].
    N. HARTSOEKER 1730: *Extrait Critique des Lettres de feu M. Leeuwenhoek*, in *Cours de Physique* ..., pp. 61-62 (La Haye: J. Swart). - French excerpt.
    A.J.J. VANDEVELDE 1923: *De Send-Brieven van Antoni van Leeuwenhoek* ..., in *Versl. en Meded. Kon. Vlaamsche Acad.*, 1923, pp. 373-375. - Dutch excerpt.

SUMMARY:

On the vessels in the flesh of fruit and in the seeds of various strains of pears. Embryo in the seed of a pear. On the structure of a pear's skin. On spiral vessels in tea-leaves.

FIGURES:

The original drawings have been lost. In the editions A and C the five figures have been combined on one plate facing pp. 178 and 176 respectively.   *figs LVIII-LXII*.

REMARKS:

In HARTSOEKER the letter was wrongly dated 11 November 1715.

BRIEF No. 320 [XIX] 18 NOVEMBER 1715

In Delft desen[a] 18.[e] Novemb. 1715

Aan de Hoog geleerde, ende Wijd vermaarde Heere,

d'Heer G: G: Liebnitz, lid vande Coninklijke Societeit,
in[b] London, Professor, en Bibliothecaris, in Hanover[c].

Hoog geleerde, ende Wijd vermaarde Heere.

Ik hebbe in UEd: Hoog geagte[d] schrijvens uijt Hanover van den 25.[e] Augustij, gesien, dat[2] de[e] agtinge die UEd: in[f] mijnen Arbeijt hebt, waar uijt ik de vrijheijt neme, de[g] volgende waarneminge UEd: te laten toe komen, met die gedagten, datter ijets in sal wesen, waar in[3] een behagen[h] sult vinden, ende de[i] aanteekeninge, die ik daar van op het papier hebbe[j] gestelt, sijn de volgende.

Suikerpeer.

Aderen.

Wanneer ik een suijker peer[4] was nuttigende, ende deselve aan kleijne[k] schijfjens was snijdende, soo bragt ik soo danige schijfjens, voor het vergroot-glas, en ik ontdekten, de aderen die ik over dwars hadde doorsneden, en sag met groot genoegen, hoe dat ront omme uijt soo een ader, die ontrent de dikte hadde, van een hair van ons hooft[5], voort quam[l], tien en meer lang werpige of kegels gewijse[m] deelen, die als met een scharpe punct, uijt de ader voort quamen, en die kort daar aan in dikte toe namen, en ontrent de lengte hadde van vier hair breeten, en welke[n] dikke eijnde, peers gewijse toe liep, ende uijt[o] dese rondigheijt, wierden als[6] irreguliere deeltjens uijt gestooten, die haar weder vereenigde, aan andere adere daar bij gelegen[7], ende dus[8] wierde de peer tot een groote gebragt[9], ende ik sag niet alleen, soo een verhaalde ader, met sijn[p] om leggende, of uijt[q] voortkomende, deelen, maar ik konder drie en ook wel meer te gelijk sien; ende dese[r] beschouwinge, waren mij soo vermakelijk[10], dat soo deselve door het weg droogen vande vogtigheijt hare figuur niet en hadden verlooren, ik soude deselve[s] voor een vergroot-glas hebbe geplaast.

---

[a] A: den [b] A: te [c] A: Professor in Hanover, en Bibliothekaris te Bronswyk. [d] A: hebbe uyt uw [e] A: gezien de [f] A: voor [g] A: neme, van de [h] A: waar in behagen [i] A: vinden. Onder de [j] A: ik dien aangaande op het papier hadde [k] A: aan zeer kleyne [l] A: quamen [m] A: kegelswyse [n] A: breeten, welke [o] A: eynden peersgewijs toeliepen: uyt [p] A: haare [q] A: ofte daar uyt [r] A: zien. Dese [s] A: die

[1] De brief is gericht aan GOTTFRIED WILHELM LEIBNIZ (1646-1716), filosoof en bibliothecaris te Hannover. Zie het Biogr. Reg., *Alle de Brieven*, Dl. 2, blz. 460. G: G als gevolg van de Latijnse vertaling van LEIBNIZ' voornamen.
L.'s vorige brief aan LEIBNIZ is Brief 319 van 18 november 1715, in dit deel.

[2] *dat* moet geschrapt worden.

[3] *waar in*, lees: waarin u.

[4] In KNOOP, *Pomologia*, worden zes verschillende suikerperenrassen onderscheiden, die ook wel 'suikerey' worden genoemd. Het is niet uit te maken welk ras L. hier in handen had. Zie ook *WNT*, Dl. 16, kol. 501. Ik dank C.M. Ballintijn voor zijn hulp.

[5] Een *hair van ons hooft* is 60-80 μ.

[6] *als*, als het ware.

[7] Zie voor L.'s ideeën over saptransport in planten BAAS, "L.'s contributions", en voor deze brief m.n. blz. 100.

[8] *dus*, zo, op deze wijze.

[9] *wierde (...) tot een groote gebragt*, bereikte (...) haar grootte.

[10] *waren ... vermakelijk*, gaven mij zoveel genoegen, zoveel voldoening.

At Delft, the 18th of November 1715

To the Highly learned and Widely famous Sir
Mr G: G: Leibniz, member of the Royal Society
in London, Professor, and Librarian, in Hanover[1].

Highly learned and Widely famous Sir,

In the highly valued letter of Your Honour from Hanover, dated the 25th of August, I have seen the esteem You have of my work; hence I take the liberty to send Your Honour the following observations, thinking that there will something to be found in them in which you will find pleasure; and the notes which I have committed to paper on these subjects are the following.

When I was eating a sugar pear[2] and cutting this into small slices, I put such little slices before the magnifying glass, and I discovered the veins, which I had cut transversely, and I saw with great pleasure that on all sides from such a vein, which had roughly the thickness of a hair from our head[3], came forth ten or more oblong or conical parts which came forth from the vein with, as it were, a sharp point, and which were long increased as to thickness, and had about the length of four hairbreadths; and this thick part became pear-shaped at its end; and from this rounded part irregular little parts were, as it were, thrust out, which connected themselves in their turn with other veins lying close to them, and in that way the pear acquired its size; and I saw not merely a single vein of the kind I described with the parts which surrounded it, or came forth from it, but I could see three or even more of them simultaneously; and these observations gave me so much pleasure that I would have put them before a magnifying glass if they had not lost their shape because of the evaporating of the moisture[4].

Sugar pear.

Veins.

---

[1] The letter was addressed to GOTTFRIED WILHELM LEIBNIZ (1646-1716), philosopher and librarian at Hanover. See the Biogr. Reg., *Collected Letters*, vol. 2, p. 461. *G: G* as consequence of the Latin translation of LEIBNIZ's first names.
L.'s previous letter to LEIBNIZ is Letter 319 of 18 November 1715, in this volume.
[2] In KNOOP, *Pomologia*, six different varieties of sugar pears are described. They were called 'suikerey' as well. One cannot decide which variety L. was dealing with. See also *WNT*, vol. 16, col. 501. Ik thank C.M. Ballintijn for his help.
[3] A *hair from our head* is 60-80 μ.
[4] For L.'s ideas on sap transport in plants, see BAAS, "L.'s contributions", and for the present letter esp. p. 100.

BRIEF No. 320 [XIX]   18 NOVEMBER 1715

Vorders sien wij, dat als wij een[11] rijpe suijker peer[a], desselfs steel vande peer af trekken, dat de steel vande peer, daar deselve inde peer heeft gesteken[12], in verscheijde deelen is van een gescheijden, waar uijt wij[b] moeten besluijten[13], dat uijt ijder van die deelen, een groote ader, die[c] wij wel arterien inde peer mogen noemen, om dat het bij mij vast staat, datter geen circulatie inde vrugten sijn na de maal[14d] deselve alleen geschapen sijn, om tot haar gestelde grootheijt[15] te komen, ende de zaaden, inde selve volmaakt sijnde[16e], af vallen, ende in korte dagen verrotten, uijt gesondert de zaade.

Uijt dese geseijde aderen inde peer, komen aan alle kanten verscheijde spranken voort[f], die de hoe grootheijt vande peer, als hier vooren is geseijt, te weeg brengen, maar nog meer verstrekken[17] dese vaaten, om het zaat huijsje inde peer te schapen[18], ende in die[g] zaat huijsjens werden de zaatjens gemaakt, ende dat ijder zaatje, sijn groot makinge geniet[h] door een dun strengetje, sonder dat het anders[19] vast geplaast is, het geene meest met alle[i] zaade over een komt.

---

[a] A: zien wy in een rype Suyker-peer, als wy   [b] A: wy vast   [c] A: ader voortspruyt; die   [d] A: vrugten geschiedt, nademaal   [e] A: komen, ende deselve, de saaden volmaakt synde   [f] A: kanten voort verscheyde spranken   [g] A: schapen. In die   [h] A: ende yder saatje geniet syne grootmakinge   [i] A: het geene het meest alle de

[11] *een*, bij een (*suijker peer* is indirect object).

[12] *gesteken* is de oorspronkelijke vorm van het verleden deelwoord van *steken* volgens de werkwoordsklasse *geven – gegeven*. Deze vorm is in de loop van de zeventiende eeuw vervangen door *gestoken* in aansluiting bij *nemen – genomen*.

[13] *besluijten*, concluderen. In het vervolg van de zin is na *ader* een woord vergeten; zie de aanvulling in aant. b.

[14] *na de maal*, aangezien.

[15] *haar gestelde grootheijt*, de voor hen (door de Schepper) beschikte afmetingen.

[16] *de zaaden ... sijnde*, als de zaden daarin volgroeid zijn (absolute constructie); zie DAMSTEEGT, "Syntaxis", *Alle de Brieven*, Dl. 9, blz. 392-394.

[17] *verstrekken*, dienst doen.

[18] *schapen*, voortbrengen, vormen. Het werkwoord is synoniem met *scheppen* en daarmee etymologisch verwant. Het was in de zeventiende eeuw waarschijnlijk reeds verouderd. Zie *WNT, Aanvullingen*, Dl. 3, kol. 5666.

[19] *anders*, op andere wijze.

LETTER No. 320 [XIX] 18 NOVEMBER 1715

Furthermore we see that if we pull the stalk of a ripe sugar pear from the pear, that the stalk of the pear on the place, where it has been inserted in the pear, is divided into several parts, from which we cannot but conclude that from each of these parts a large vein comes forth, which we may well call arteries in the pear; because I am firmly convinced that no circulation exists in fruits, because these have been created only to achieve their preordained size, and fall off when the seeds in them have attained their full growth, and decay in a few days, with the exception of the seeds.

From these said vessels in the pear come forth on every side several branches, which bring forth the bulk of the pear, as has been said here before; but these vessels serve even more to create the little capsule for the seed in the pear, and in those little capsules for the seed the little seeds are fashioned; and that each little seed attains its growth by means of a thin little strand, without being attached in any other way, is what is in accordance with almost all other seeds.

BRIEF No. 320 [XIX]   18 NOVEMBER 1715

Pit.

Vaten.

    Dese geseijde groote vaaten, voor een gedeelte het zaat huijsje gemaakt hebbende, gaan verder tot inde kruijn[20] vande peer, daar int beginne vande wasdom, de bloesem ofte bloem heeft gestaan, dog eer de geseijde groote vaaten soo verre sijn gekomen, soo spreijen[a] soo veel aderen vande selve, aan alle kanten uijt, dat die geene, die daar maar een weijnig gesigt[b] van heeft, daar over moet verbaast staan, en nog meer, als wij gedenken, wat al Wijsheijt is vereijst[c] geweest, om soo een vrugt te fourmeren, ende de zaaden tot soo een volmaaktheijt te brengen, dat in soo een kleijnheijt van een[d] zaatje, dat geen vierhonderste deel van een zaatje, ofte van de pit is, veel meer dan duijsent vaaten gemaakt sijn, want ik[21e] inde groote diameter van soo een kleijne plant, meer dan veertig vaaten getelt, ende in dat deel alle[f] die bijsondere[22] vaaten, al sijn op[g] geslooten, waar mede den boom sal versien sijn, want soo inde plant, die int zaat is, sulks niet en was[23], hoe soude het uijt het zaad voort komen, als voor desen nog maal[24] is geseijt.

    Ik hebbe tot tijd kortinge, soo een kleijn gedeelte[h] van het zaatje van een suijker-peer, in sijn lengte door sneden, ende het selve voor het vergroot-glas beschouwende, sag ik niet alleen de menigvuldige vaaten, maar ook in ijder vaatje, sijne afscheijdinge, die wij voor klap-vliesen[25], wel mogen aan nemen, want als het zaad inde aarde leijt, ende de waterige vogt, wert inde plant gedrongen, ende[i] de warmte vande sonne, ende de persinge vande lugt, maken soo[j] een beweginge in het saad, datter in ijder vaatje een voort stootinge van wasdom komt.

---

    [a] A: spreyen zich   [b] A: weinig het gesigt   [c] A: vereyst is   [d] A: tot een volmaaktheyt te brengen; ende dat in soo een kleyn gedeelte van het   [e] A: ik hebbe   [f] A: deel sijn alle   [g] A: vaten als opgeslooten   [h] A: kleyn deeltje   [i] A: vogt in de plant gedrongen wert, dan maken   [j] A: lugt, soo

    [20] *kruijn*, kroontje. In deze betekenis niet in het *WNT*.
    [21] Na *ik* is *hebbe* vergeten (vgl. aant. m).
    [22] *bijsondere*, afzonderlijke. In A is het hulpwerkwoord *sijn* (*syn*) terecht naar voren verplaatst (vgl. aant. n).
    [23] *soo (...) sulks niet en was*, als (...) dit niet het geval was.
    [24] *nog maal*, reeds.
    [25] *klap-vliesen*, kleppen die terugstroming van een vloeistof verhinderen.

LETTER No. 320 [XIX] 18 NOVEMBER 1715

These said large vessels, when a part of them has created the little capsule for the seed, continue up to the calyx of the pear, where at the beginning of its growth the blossom or flower has stood; but before the said large vessels have reached that point, so many veins branch off from them on all sides, that anyone, even if he sees only a little part of it, must stand amazed at this; and even more so when we keep in mind how much Wisdom has been required for the formation of such a fruit and to achieve such a perfection in the seed that in such a small part of a little seed, which is not as large as one four-hundredth part of a seed, or of the pip, far more than a thousand vessels have been fashioned; for I have counted in the large diameter of such a small embryo more than forty vessels; and in that part are all separate vessels already enclosed with which the tree will be equipped; for if this were not present in the embryo which is in the seed, how could it come forth from the seed, as has already been said before. *Pip.*

For a pastime I have cut such a small part of the little seed of a sugar pear lengthwise, and observing this before the magnifying glass, I did not only see the numerous vessels, but also in each little vessel its partitions, which we may probably regard as valves; for when the seed lies in the earth and the watery fluid is thrust into the embryo, then the heat of the sun and the pressure of the air cause such a motion in the seed that in each little vessel an impulsion of growth substances comes about. *Vessels.*

Dese voort stootinge inde vaatjens, vereijste ook klap-vliese in ijder vaatje, en welke[a] klap-vliesen, inde vaatjens, soo digte bij den anderen[26] leggen, datter verscheijde sijn, in de diameter van een hair breet[5], want soo daar geen klap-vliesen inde vaatjens waren, soo soude met het onder gaan vande sonne, ofte door het ophouden van de beweging[27b], die wij warm-te noemen, de sappen weder te rugge konnen sakken;

Nu mosten ook in dese kleijne vaatjens, tweederleij vaaten, en klap-vliesen sijn, namentlijk vaaten, die de sappen na boven voeren, ende vaaten, die de sappen na beneden stooten, en gelijk de eerste, tot groot makinge vanden boom dienen, soo sijn de andere tot groot makinge, ende uijt breijdinge vande wortel, ende dus dan, mosten[c] de klap-vliesen, die inde vaaten sijn, ende die[d] tot groot makinge vande wortel sijn geschapen, soo danig sijn, dat al wat neder gestooten was, niet soude na boven konnen gevoert werden.

Hier sag ik nu, het verwonderens waardige maaksel, soo veel het Vergroot-glas mij toe liet, in soo een kleijn gedeelte van het zaatje, van een peer, en voorts[e] mijn gedagten, daar ontrent, waar van de duijsenste mens, niet aan en gedenkt, al wat[f] Wijsheijt[28], vereijst is, om soo een boom te fourneren[29g], die soo veel zaade voorbrengt, ende dat in ijder zaatje[h] soo veel verwonderens waardige saaken, op gesloten leggen, ende dat dit maaksel van zaaden niet nieuw, maar al[30] af hangende sijn, vande[i] zaaden die inden beginne[31] geschapen sijn.

---

[a] A: vaatje; welke [b] A: ofte door de beweginge - hs: ofte de beweginge [c] A: Ende dus moesten [d] A: syn, dewelke [e] A: Peer. En liet voorts [f] A: ontrent gaan: waar omtrent de duysenste mensch niet en gedenkt, wat al [g] A: formeren [h] A: in yder van welke saaden [i] A: niet nieuws is; maar al afhan-gend is van die

[26] *bij, aan den anderen*, bij, aan elkaar.
[27] Aldus de lezing met in achtneming van de corrigenda op blz. Ppp 4^v in A.
[28] *waar van ... Wijsheijt*, waaraan niet een op de duizend mensen denkt, nl. hoeveel wijsheid. De onvolkomenheden in de zin zijn in A gecorrigeerd.
[29] *fourneren*, verschrijving voor *fourmeren*; deze spelling niet in het *WNT*.
[30] *niet nieuw*, niets nieuws; *maar al*, maar dat zij helemaal.
[31] *inden beginne*, bij de Schepping.

This impulsion in the little vessels demanded also valves in each little vessel, and these valves lie in the little vessels so close to one another, that several of them are present in the diameter of a hair's breadth; for if there would be no valves in the little vessels, then with the setting of the sun or through the ceasing of the motion, which we call heat, the juices could again relapse;

Now there must also be two kinds of vessels and valves in these little vessels, to wit, vessels which convey the juices upwards, and vessels which thrust the juices downwards, and as the first serve to make the tree grow, the others are to increase the size and extent of the root; and therefore, then, the valves, which are present in the vessels, and which are created to make the root grow, had to be of such a kind that what had been thrust downwards could not be conveyed upwards.

Now here I saw the admirable structure, as far as the magnifying glass allowed me to do, in such a little part of the seed of a pear, and then I gave thought to that point which not one in a thousand people thinks about, how much Wisdom is required to form such a tree, which brings forth so many seeds, and that in each little seed so many admirable things lie enclosed, and that this structure of seeds is nothing new, but is wholly determined by the seeds which have been created in the beginning.

BRIEF No. 320 [XIX]   18 NOVEMBER 1715

Goudpeer.   Dus verre mijne gedagten, en waar neminge op het papier gebragt hebbende, nuttig ik int laast van Octob. 1715. een smakelijke peer, die men Pora Sinjora, en ook wel gout peer noemt³², en siende, dat de kern ᵃ, ofte zaaden swart waren, dat men dan oordeelt, de vrugt volkome rijp te sijn ᵇ, soo hebbe ik eenige van dese zaaden ontledigt ᶜ, ende door het vergroot glas beschout, die ᵈ mij soo wel voor quamen³³, dat ik de plant int zaad³⁴, met de soo genoemde deelen, die men wel strengen mag noemen³⁵, hebbe laten af teijkenen.

Zaad.   Ik hebbe dan het zaatje, waar uijt den boom moet voort komen, van sijn buijte schors ontbloot, als met fig: 1: met AB.ᵉ aan gewesen, sijnde het punct fig: 1. met A aan gewesen de plant,
fig. LVIII. waar uijt de boom moet voort komen, ende de rest, vande geseijde fig: 1 is dat deel, dat tot voetsel vande plant moet strekken, tot soo lang, dat de plant, sijn ᶠ wortel inde aarde geschooten heeft, ende sijn ᵍ verdere voetsel uijt de aarde kan trekken, als voor desen te meer maal ʰ is geseijt.

      Vorders hadde ik ook het zaatje, met sijn omwinsels laten af teijkenen, om aan te wijsen, dat deel, waar door soo een zaatje, groot gemaakt wert, ende dat is ⁱ door een streng, want meest alle ʲ zaaden leggen in haar omwinsel los, als alleen ᵏ vast³⁶ aan een streng, over een komende met meest alle de dieren, leggende en groot werdende inde Baar-moeders, en welk
fig. LIX. zaad, in sijn ˡ volkome groote³⁷, met desselfs om winsels fig: 2 met CD wert ᵐ aangewesen, sijnde het punctje met C. aangewesen, dat van desselfs streng, is afgebrooken.

      ᵃ A: karnen   ᵇ A: waren, wanneer men oordeelt dat de vrugt volkomen ryp is   ᶜ A: ontleedt
ᵈ A: beschout de vaten, die   ᵉ A: met fig. 1: AB wert   ᶠ A: haar   ᵍ A: haar   ʰ A: desen meermalen
ⁱ A: dat geschiet   ʲ A: alle de   ᵏ A: haar omwindsels los, synde alleen   ˡ A: Baar-moeders. Welk zaat syn
ᵐ A: wort

      ³² In KNOOP, *Pomologia*, worden twee goudperenrassen onderscheiden: de 'Poire d'Or d' Été' en de 'Beurré Blanc of Herfst-Goud-Peer'. Het laatste ras werd ook wel 'Poire Seignore' genoemd en zal dus wel het ras zijn dat L. in handen heeft gehad. Met dank aan C.M. Ballintijn voor zijn hulp.
      ³³ *die ... quamen*, die zo goed waarneembaar waren.
      ³⁴ *de plant int zaad*, de kiem.
      ³⁵ *de soo genoemde ... noemen*, de delen die men met recht 'strengen' (vaten) kan noemen. In L.'s redactie is *soo* proleptisch of anticiperend gebruikt: het heeft betrekking op *af teijkenen*.
      ³⁶ *als alleen vast*, omdat ze alleen vast zitten.
      ³⁷ *in sijn volkome groote*, in volgroeide staat.

LETTER No. 320 [XIX] 18 NOVEMBER 1715

Having put down on paper my thoughts and observations up to this point, I consumed towards the end of October 1715 a tasty pear, which is called Pora Sinjora, or, at times, gold pear[5], and because I saw that the core, or the seeds, were black, from which the fruit is judged to be perfectly ripe, I have dissected a few of those seeds and observed them through the magnifying glass; which were so clearly perceptible, that I have ordered the embryo in the seed, with the parts which may well be called strands, to be drawn. — *Gold pear.*

I have, then, removed the outer rind from the little seed out of which the tree must come forth, as is shown in fig: 1: with AB.; in which the point, shown in fig: 1. with A, is the embryo from which the tree is to come forth, and the remainder of the said fig: 1 is that part which must serve as food for the embryo, up to the time when the embryo has taken root in the earth, and is able to extract its subsequent food from the earth, as has been said before several times. — *Seed. fig. LVIII.*

Furthermore I had also ordered the little seed with its wrappings to be drawn, in order to show that part through which such a little seed is made to grow, and that comes about through a strand; for all seeds lie free in their wrappings, being attached only to a strand; which corresponds with almost all animals, which lie and grow in the wombs; and this seed in its full growth, with its wrapping, is shown in fig: 2 with CD, the little tip which had been broken off from its strand being shown with C. — *fig. LIX.*

---

[5] In KNOOP, *Pomologia*, two varieties of gold pears are described: the 'Poire d' Or d' Été' and the 'Beurré Blanc of Herfst-Goud-Peer'. The latter variety was also called 'Poire Seignore'; this probably was the variety L. was dealing with. We thank C.M. Ballintijn for his help.

fig. LVIII. Dese af gebrooke streng, waar door het gantse zaad gevoet wert, en gaat niet binnewaarts int zaad, om fig: 1: AB. te voeden, maar alle de vaaten uijt de streng, gaan, van C. na D. en dan spreijen, de aderen uijt de streng, aldaar van malkanderen, en gaan weder na C.

Vorders hebbe ik de buijte schors, na mijn vermogen door sogt, ende gesien, dat de gantsche schors niet en bestaat, als uijt[38] seer kleijne vaatjens, en soo insgelijks bestaan de vliesjens, die binne waarts leggen, uijt seer kleijne vaatjens, sonder dat ik int minste hebbe konnen ontdekken, die vaatjens, waar uijt fig: 1: AB. wert groot gemaakt.

Kiem. Wijders hebbe ik de plant, in[a] fig: 1: met A wert[39] aan gewesen, in sijn[b] lengte door sneden, want in sijn geheel voor het Vergroot-glas staande, en kan men de[c] menigvuldige vaaten, die daar in sijn, geen verbeeldinge van hebben[d].

fig. LX. Ik hebbe dan, het plantje in fig: 1: met A aangewesen, soo als[40] het in sijn lengte hadde door sneden, ende dat selvige voor[e] het Vergroot-glas gestelt, laten af teijkenen, als hier met fig: 3: EFGKLMPQ. wert aan gewesen.

fig. LVIII. Nu hebbe ik inde dikte vande plant als[41] van E.[42] tot Q. wel getelt, 50. vaaten, waar uijt wij dan na de Meet regels[43], wel konnen seggen, dat de plant in fig: 1 met A. aangewesen, wel met 2500. vaaten is versien.

---

[a] A: die in   [b] A: in de   [c] A: want geheel (...) staande, kan men van de   [d] A: verbeeldinge hebben   [e] A: ende voor

[38] *niet en bestaat, als uijt*, uit niets anders bestaat dan uit.

[39] In het hs. is *wert* boven de regel toegevoegd. Daardoor werd een correcte deelwoordconstructie een bijzin waaraan het onderwerp ontbrak. Dit is vervolgens in de druk toegevoegd (zie aant. g).

[40] *soo als*, lees: zoals ik.

[41] *als*, namelijk.

[42] *E* is kennelijk een verschrijving voor *F* (zie fig. 3).

[43] *na de meetregels*, volgens de regels van de (land)meetkunde.

This broken-off strand, through which the entire seed is being fed, does not enter into the seed to feed fig: 1: AB., but all vessels from the strand go from C. to D., and then the veins from the strand separate there from one another, and go back to C. *fig. LVIII.*

Furthermore I have examined the outer rind as well as I could, and I have seen that the entire rind consists of nothing but very tiny vessels, and likewise the little membranes, which lie on the inside, consist of very tiny vessels, but I have not at all been able to discover the little vessels through which fig: 1: AB is made to grow.

Further I have cut through the embryo, shown in fig: 1: with A, lengthwise because when it stands whole before the magnifying glass one cannot imagine the numerous vessels which are in it. *Embryo.*

I have, then, ordered the little embryo, shown in fig: 1: with A, to be drawn just as I had cut through it lengthwise and put it before the magnifying glass, as is shown here with fig: 3: EFGKLMPQ. *fig. LX.*

Now I have counted in the thickness of the embryo, that is, from E. to Q., as many as 50 vessels, from which we are entitled to say, in accordance with the rules of geometry that the embryo, shown in fig: 1. with A, is equipped with as much as 2500 vessels. *fig. LVIII.*

fig. LX.

fig. LVIII.

Kokosnoot.

Vorders ontdekken wij, boven⁴⁴ de menigte van afdeelinge, die^a in ijder op gaande vaat-je wert^b aan gewesen, ende die ik stel, klap-vliesen te sijn⁴⁵, een onbedenkelijke kleijnheijt van^c deeltjens.

Inde geseijde fig: 3. wert^d met KLM. aan gewesen, twee bladerkens, met de vaatjens inde selve, en welke^e bladerkens, soo ras alsser wasdom inde plant komt, in groote toenemen;

Inde geseijde fig: 3. wert^f met GHIK. ende met MNOP. aangewesen, eenige weijnige deelen van de twee bladers gewijse deelen, die voor het grootste gedeelte het lighaam van fig: 1: AB. uijt maakt^g.

In welke^h laast geseijde, wij moeten stellen, dat ze voor strenge (inde dieren) verstrekken⁴⁶, om het voetsel dat in haar is, na de plant te voeren, als^i wij sien aan GH. ende MP. hoe die vaaten gestrekt leggen, en aan de plant vereenigt sijn⁴⁷.

Ik hebbe voor desen verscheijde malen, de aderen, in appelen en peeren getragt te ontdekken, dog^j tot mijn genoegen daar toe niet konnen komen⁴⁸, als hier vooren nog is geseijt, als⁴⁹ na dat ik de schors ofte dikke bast, waar mede de Cocos-noot bekleet is, hadde beschout, en waar in ik sag⁵⁰, dat uijt die^k deelen, die men draaden noemt, en die seer veel inde geseijde schors sijn, hebbe ontdekt, ende dat het geene men draaden noemt, niet anders^l sijn als vaaten, ende dat soo een dik draatagtig deel, (dat seer stark is) wel bestaat uijt hondert vaatjens, ende dat uijt^m die vaatjens worden gemaakt, blaasagtige deelen, die ten tijde van wasdom, stel ik vast⁵¹ⁿ, gevolt sijn geweest, voor het meerendeel, met een waterige^o stoffe⁵².

---

^a hs: die die   ^b A: vaatjens werden   ^c A: onbedenkelyke menigte van kleyne   ^d A: werden
^e A: de selve: welke   ^f A: werden   ^g A: uytmaaken   ^h A: welk   ^i A: gelyk als   ^j A: dog hebbe
^k A: beschout; waar in ik sag, dat die   ^l A: schors syn, niet anders   ^m A: vaatjens. Uyt   ^n A: wasdom, soo als ik vast stel   ^o A: wateragtige

⁴⁴ *boven*, behalve.

⁴⁵ *die ik stel*, waarvan ik stellig meen, dat ...

⁴⁶ *In ... verstrekken*, wij moeten ervan uitgaan, dat ze in het laatstgenoemde "lighaam" dienst doen als *strengen* (vaten) bij de dieren. De verbogen vorm *welke* (hs.) die formeel alleen naar *fig.* kan verwijzen, is in A terecht in *welk* veranderd.

⁴⁷ *hoe ... sijn*, in welke richting de vaten lopen en hoe ze met de kiem verbonden zijn.

⁴⁸ *dog ... komen*, maar daarin niet tot mijn tevredenheid kunnen slagen.

⁴⁹ *nog*, reeds, ook; *als*, dan.

⁵⁰ Het hierna volgende zinsgedeelte bevat een herhaling van het gezegde (*sag* en *hebbe ontdekt*) en van de bijzin *die/het geene men draaden noemt*. Men volge de verbeterde redactie van A (aant. e en f).

⁵¹ *stel ik vast*, meen ik stellig.

⁵² Zie Brief 298 [III] van 28 februari 1713, in dit deel.

Furthermore we discover, apart from the multitude of partitions, which are shown in each little vessel going upwards, and of which I am firmly convinced that they are valves, an inconceivable multitude of small particles.

In the said fig: 3. two little leaves are shown with KLM., with the little vessels in them, and which little leaves increase as to size, as soon as the embryo begins to grow. *fig. LX.*

In the said fig: 3. a few parts of the two leaf-like parts are shown with GHIK. and with MNOP., which make up the major part of the body of fig: 1: AB. *fig. LVIII.*

We must assume with regard to the parts just mentioned, that they serve as strands (as in animals) to convey the food, which is in them, to the embryo, when we see in GH. and MP. in which direction the vessels lie extended, and are attached to the embryo.

Previously I have tried several times to discover the veins in apples and pears, but I have not succeeded to my satisfaction, as has been said already earlier, until I had observed the rind, or thick bark, with which the coconut is covered; in which I saw that those parts, which are called fibres, and which are present in the said rind in a great number, are nothing but vessels, and that such a thick fibre-like part (which is very strong), consists of as much as a hundred little vessels, and that from these vessels bladder-like parts are fashioned, which in the period of growth, I am firmly convinced, have for the most part been filled with a watery substance[6]. *Coconut.*

---

[6] See Letter 298 [III] of 28 February 1713, in this volume.

BRIEF No. 320 [XIX] 18 NOVEMBER 1715

Goudpeer.

Dit heeft mij weer op nieuw[53], een[a] stukje vande laast geseijde peer, met een scharp[b] mesje, ende dat[54] soo dun als het mij doenlijk was, af te snijden ende het selve[c] voor het Vergroot-glas geplaast hebbende, ontdekten ik naakter[55] als te vooren, ende dat als[d] met eenen opslag, verscheijde aderen inde peer, en welke aderen, soo daanig omvangen[e] waren met vliesen[56], die ik vast stelde[53], dat uijt de[f] aderen wierden gemaakt, en welke[g] vliesen rondomme de ader punctagtig waren, ende in dikte toenamen, en weder punctagtig toeliepen, en vereenigde weder[57] aan andere aderen[h], daar nevens leggende, soo dat bij na de gantze peer, niet en bestaat, als uijt[58] aderen, ende de[i] geseijde vliesjens, die gevolt sijn met een water agtige vogt, vermengt met veel kleijne deeltjens. Maar gelijk[58] de vaaten inde peer, uijt het zaad huijsje, voort komen dat men een klokhuijs noemt, soo komen de draadige vaaten, vande schors vande Cocos-noot, voort uijt het Hout, daar de Cocos-noot aan vast is.

fig. LXI.

Ik hebbe een ader uijt de peer, die ik over dwars hebbe door sneden, met der selver om leggende vliesen, laten afteijkenen, als hier fig: 4. met RSTV. wert aan gewesen, ende met WX[j] de ader, die mij voorkomt, als of deselve uijt 30. en andere weder maar uijt 5. ofte 6. vaatjens, waren bestaande; dog de openinge vande vaatjens, en hebbe ik maar enige weijnige[k] voor het gesigt konnen bloot stellen, om dat de aderen seer sagt sijnde[59], met het doorsnijde, de openinge[l] wierden toe gedrukt.

---

[a] A: my al weer op nieuw bewogen om   [b] A: een seer scharp   [c] A: het selvige   [d] A: ende als   [e] A: Peer: welke aderen omvangen   [f] A: die   [g] A: gemaakt: welke   [h] A: aan een andere ader   [i] A: ende uyt de   [j] A: aangewesen: met WX word aangewesen   [k] A: maar in een kleyn getal   [l] A: synde, de openingen met het doorsnyden

[53] In het hs. is hierna *bewogen* vergeten; zie aant. i.
[54] *ende dat*, en wel.
[55] *naakter*, duidelijker.
[56] Hier of eventueel later in de zin had in aansluiting op *soo daanig* eem consecutieve bijzin moeten volgen, maar L. sloot aan op het woord *vliesen*. Daarom is in A *soo daanig* geschrapt.
[57] *en vereenigde weder*, en zich weer verenigden.
[58] *gelijk*, terwijl.
[59] *de aderen ... sijnde*, aangezien de aderen heel zacht zijn.

This has induced me once again to cut a little piece from the pear last mentioned with a sharp little knife, and that as thin as I could; and when I had put this before the magnifying glass, I discovered more clearly than before, and that, as it were, at a single glance, several veins in the pear, and which veins were wrapped up in membranes, in such a way that I was firmly convinced that these were fashioned from the veins; and which membranes around the vein were point-like, and increased as to thickness, and again tapered off into a point; and again united themselves to other veins which lay next to them; so that the entire pear consists of nothing but veins and the said little membranes, which are filled with a watery fluid, intermixed with many small parts. But whereas the vessels in the pear come forth from the little capsule for seed, which is called a core, the fibre-like vessels of the rind of the coconut come forth from the wood to which the coconut is attached. *Gold pear.*

I have ordered a vein from the pear to be drawn, which I have cut crosswise, with the membranes surrounding it; as is shown here in fig: 4. with RSTV., and with WX the vein, which appears to me to consist of 30 little vessels, and again others of no more than 5 or 6 little vessels; but as to the apertures of the little vessels, I could make only a few of them visible, because – the veins being very soft – the apertures were pressed together by the cutting through. *fig. LXI.*

Als wij ons nu[a] inbeelden[60], dat uijt de steel vande peer, soo danige vaatjens, aderen, komen, die te samen komen, daar het zaad huijsje vande peer gemaakt sal[b] werden, ende dat aldaar, uijt weijnig aderen, verscheijde spranken, werden verdeelt[61], ende die spranken weder in spranke over een komende, met de bloet aderen inde dieren, die wij een Arterie noemen, ende uijt[c] alle die vaaten, ende de sappen, die inde geseijde vliesjens op geslooten leggen, de peer sijn groote[62] bestaat.

Dese vaaten inde peer, leggen ontrent het uijterste vande selve, ofte wel aan het opperste huijtje vande selve[d], in soo een groote menigte, dat ik wel hebbe geoordeelt, dat in het vierkant van $1/10$ van een duijm[63], leggen wel tien aderen[e], waar van de eene boven de andere, in dikte waren uijt stekende.

Als nu een geseijde peer, sijn axe[f] is drie duijm[64], ende dat[65] in een honderste deel van een quadraat duijm, sijn tien aderen, soo konnen wij volgens de meetkundige regels[45] seggen, datter meer dan agtentwintig duijsent vaaten, in soo een peer leggen op geslooten, die alle tot geen ander eijnde, sijn geschapen[g], als om de vrugt, tot sijn[h] volmaaktheijt te brengen.

---

[a] A: Laat ons nu ons selven   [b] A: sal gemaakt   [c] A: ende dat uyt   [d] A: huytje van de Peer
[e] A: van een $1/10$ van een duym, wel tien aderen leggen   [f] A: nu de axe van een geseyde Peer   [g] A: geschapen syn   [h] A: haare

[60] De bijzin *Als ... inbeelden* wordt, zoals bij L. meer voorkomt, niet opgenomen in een hoofdzin, maar blijft geïsoleerd. Men leze daarom: Wij moeten ons 'inbeelden' (voorstellen).

[61] *uijt ... verdeelt*, weinige (een klein aantal) aderen zich vertakken in verscheidene (een groot aantal) zijtakken.

[62] *de peer sijn groote*, het volume van de peer.

[63] Een *duijm* is 2,61 cm.

[64] *een geseijde peer, sijn axe*, de doorsnede van een peer als de hier genoemde (de *Pora Sinjora*). Het is opmerkelijk, dat L.'s spreektaalconstructie (vgl. Jan z'n boek) in A meermalen (maar niet altijd; zie bijv. bij aant. 66) in de meer formele constructie met *van* is vervangen.

[65] *ende dat*, en als.

LETTER No. 320 [XIX] — 18 NOVEMBER 1715

Now we must imagine that such little vessels, or veins, come forth from the stalk of the pear, which come together there where the capsule of the pear will be fashioned, and that on that spot a small number of veins divide into several branches, and those branches again in branches, corresponding to the blood veins in animals which we call an artery; and the bulk of the pear consists of all those veins, and the juices which lie enclosed in the said little membranes.

These vessels in the pear lie about its outermost part, that is, close to its outer little skin, in such a great number, that I even came to the conclusion that as much as ten veins lie in the square of the tenth of an inch[7], the one of which surpassed the other as to thickness.

Now when the diameter of a pear of the kind mentioned is three inches, and there are ten veins in the hundredth part of a square inch, then we can say, in accordance with the rules of geometry, that more than twenty-eight thousand vessels lie enclosed in such a pear, all of which have been created for no other purpose than to bring the fruit to the perfection of its full growth.

---

[7] An *inch* is 2.61 cm.

Wanneer[66] ik nu het opperste huijtje vande peer, dat ik mij inbeelt[67] geschapen te sijn, om de aderen en sappen, voor de wegwaseminge[a] te beschermen, en al waar de aderen, als[68] tegen aan leggen, en als eijndigen, en welke vliesjens bestaan[b] uijt parkjens[69], waar van de[c] eene grooter is als de[d] andere, en soo veel het ons voor komt[70], bestaat ijder parkje, uijt rontagtige bolletjens, waar van ijder[e] parkje, uijt 16: 20. en meer deeltjens is bestaande, dat ons voor komt[71], als of ijder parkje om soomt[f] was; en al hoe wel, dese kleijne deelen ons rontagtig voor komen, soo moeten wij deselve eer sessijdig stellen, om dat de sessijdigheijt, de volmaakste in een schikkinge is.

Als wij nu het getal vande kleijne deeltjens, die de oppervlakte vande peer uijt maakt[g], soude begrooten, soo soude[h] het getal, veel hondert milioenen bedragen.

Als wij nu soo danige in geschapenheijt, in soo een vrugt[i] beschouwen, moeten wij niet als verbaast staan, en seggen al weer, hoe weijnig ist dat wij weten.

---

[a] A: Peer beschouwe, den (*lees:* dan) beelde ik my in datze geschapen is om de aderen ende de sappen voor wegwaseminge   [b] A: eyndigen. Dit vliesje bestaat   [c] A: het   [d] A: het   [e] A: bolletjes: zoo dat yder   [f] A: parkje daer mede omsoomt   [g] A: uytmaaken   [h] A: souden sy   [i] A: een geseyde vrugt

[66] Ook de hier beginnende conditionele bijzin blijft geïsoleerd (vgl. aant. 64). men volge de lezing van A (aant. j).

[67] *ik beelde/beelt mij in*, ik denk.

[68] *als*, als het ware.

[69] *vliesjens*, synoniem met 'opperste huijtjes' van peren; *parkjens*, vakjes.

[70] *soo veel als het ons voor komt*, voorzover wij kunnen zien.

[71] *dat ons voor komt*, dat eruitziet.

Now when I observe the outer little skin of the pear, then I think that this is created to protect the veins and juices against evaporation, and against this the veins are, as it were, lying and come, as it were, to an end; which little membranes consist of little compartments, the one of which is greater than the other, – and, as far as we can see, each little compartment consists of roundish little globules; each of these little compartments consisting of 16: 20. and more little parts, which looks as if each little compartment was hedged off; and although these little parts seem roundish to us, we should rather take them to be hexagonal, because the hexagonal structure is the most perfect form of interlocking.

Now if we are to give an estimate of the number of little parts which make up the surface of the pear, the number should add up to many hundreds of millions.

Now if we contemplate such an innate structure in a fruit of this kind, ought we not, as it were, to stand amazed, and say again: how little is that which we know?

BRIEF No. 320 [XIX] 18 NOVEMBER 1715

Tracheiden.

Ik hebbe in mijn voorgaande schrijvens, aan UE. Hoog geleerde ende wijd vermaarde Heere, geseijt[72], dat de trekkers[73], ende vleesfibertjens, hare uijt rekkinge, ende in krimpinge, uijt omwentelinge[74], ende niet uijt rings gewijse[a], als ik mij voor desen, hadde in gebeelt[75], en om[b] hier van een beter bevattinge te hebben, soo hebbe ik een[c] kleijn gedeelte[76], van een ader die ik in veel hout, en inde bladeren vande boomen, veel maal hebbe gesien, en ook eenige weijnige in het stro, maar onbedenkelijk veel[77], die van binnen tegen de harde schors vande Cocos-noot, aan leggen[78], en waar van[79] ik veel maal, soo een gedeelte van aderkens, die[d] niet dikker als een hair van een Varken waren[80], en welke aderkens[81] in de lengte bij den anderen[26] lagen, sonder datze aan den anderen[26] waren vereenigt, waar van den eenen dikker was, als den anderen ende de dunste, als de dikte van[e] een enkel draatje dat de zijd-worm maakt[82], maar inde the bladerkens, hebbe ik die wel meer dan vier maal dunder ontdekt; dese om wentelende[83] aderen leggen soo digt bij den anderen, en sijn soo naakt[55] te bekennen, door een scharp siende Vergroot glas, dat het voor een weetgierig oog, een vermaak is, deselve te beschouwen.

Theebladeren.

---

    [a] A: uyt een omwentelinge bestaan, en niet ringsgewyse geschieden   [b] A: ingebeelt. Om   [c] A: ik nagespeurt een   [d] A: veelmaal sulke gedeelten heb gesien, die   [e] A: vereenigt: synde de eene dikker als de andere, ende de minste soo dik als

   [72] Zie Brief 317 [XVIII] van 28 september 1715, in dit deel.
   [73] *trekkers*, pezen.
   [74] *de trekkers ... in krimpinge*, de uitrekking en samentrekking van de 'trekkers' en de vleesvezel-tjes; *uijt omwentelinge*, door draaiing, spiraalsgewijze. Hierna voege men *geschieden* in, terwijl *uijt* voor *rings gewijse* geschrapt moet worden. In het vervolg van deze zin, een lange keten van nevenschikkingen, komen meer van zulke omissies voor.
   [75] *als ... in gebeelt*, zoals ik eerder had gedacht.
   [76] Hier ontbreekt het werkwoord. In A is al dan niet in overleg met L. de zin aangevuld met *nagespeurt* (aant. c). Het is echter ook mogelijk, dat L.'s eerste gedachte was: *hebbe ik laten af teijkenen*, want het gaat hier al om fig. 5.
   [77] *onbedenkelijk veel*, ondenkbaar vele (van die soort).
   [78] Dit zijn de spiraalvaten of tracheïden van de kokosnoot.
   [79] Na *aan leggen* leze men een punt en vervolgens in aansluiting bij A (aant. d): Daarvan heb ik vaak een deel (een aantal) van die adertjes gezien, die niet dikker dan een varkenshaar waren.
   [80] Een *hair van een Varken* is 172-294 μ.
   [81] *en welke aderkens*, lees: Dese aderkens lagen enz. – In de lezing van A (zie aant. l) heeft *minste* de betekenis 'dunste' en *soo* die van 'even'.
   [82] De dikte van een draad van een zijderups is ongeveer 8 μ. Zie Brief 32 [20] van 14 mei 1677, *Alle de Brieven*, Dl. 2, blz. 220.
   [83] *om wentelende*, spiraalvormige.

LETTER No. 320 [XIX] 18 NOVEMBER 1715

In my previous letter to You, Highly learned and Widely famous Sir[8], I have said that the extensions and contractions of the tendons and the little fibres of flesh come about in a spiralling and not in an annular way, as I had thought previously, and in order to have a better understanding of this, I have examined a small part of a vein, which I have seen many times in many kinds of wood and in the leaves of trees, and also some few in straw, but inconceivably many of which lie on the inside against the hard rind of the coconut[9]; and among these I have often seen a number of little veins which were not thicker than a hair from a pig[10], and which little tea veins were lying lengthwise together without being united to one another, the one of which was thicker than the other, and the thinnest of them was like the thickness of a single little thread fashioned by the silkworm[11]; but in the little leaves I have discovered some which were as much as four times thinner; these spiralling veins lie so close to one another, and are to be perceived so clearly through a clear-sighted magnifying glass, that it is a pleasure to an inquiring eye to observe them.

Tracheids.

Tea leaves.

---

[8] See Letter 317 [XVIII] of 28 September 1715, in this volume.
[9] These are the spiral vessels or tracheids of the coconut.
[10] A *hair from a pig* is 172-294 μ.
[11] The thickness of the thread of a silk worm is about 8 μ. See Letter 32 [20] of 14 May 1677, *Collected Letters*, vol. 2, p. 221.

fig. LXII.

Dese vaaten inde the bladeren, mosten dus[84] gemaakt sijn, beelt ik mij in[67], eensdeels, om dat ze[a] in groote hitte, niet en soude toe vallen, ende ten anderen, om dat[85] de[b] om wentelende deelen[86], die niet aan den anderen[26] en sijn vereenigt, tussen deselve deelen, haar toe voerende sappen, door gaans[87], aan de om leggende deelen, het voetsel soude toe voeren, ende welke[c] omwentelende vaatjens int hout, en bladeren[d] fig: 5. tussen W en X voor een seer kleijn gedeelte werden aan gewesen, en welke[e] vaaten sig soo laten uijt rekken, dat ze de fig: 5. als[f] van X. tot IJ. wert aangewesen. Ende de omwentelende gestalte[88], inde vleesfibertjens, ende de trekkers is de volmaakste in geschapenheijt[89], om die deelen uijt te rekken, ende in te krimpen als men[g] sig soude konnen in beelden[90]. En gelijk nu de vlees fibertjens, ende trekkers geen holligheden hebben, om voetsel toe te voeren, soo hebben ook[91] de menbrane geen holligheden, soo veel als het mij voorkomt, maar moeten door gaans[92] haar voetsel ontfangen, uijt de seer kleijne Arterie, en welk[h] voetsel aan alle kanten, daar het voetsel noodig[i] is, door de dunne rokjens[93] vande Arterien, als door sijpelen[94][j].

Bloedvaten.

Seker Heer professor in Franeker[95], seijt in schriften, dat eenige eijnde vande arterien het bloet storten, inde vlees fibertjens ende dat daar door het vlees root is, maar hij komt te dwalen; wat mij belangt, ik en geloof niet, datter eenig bloetvaatje is, die[k] een eijnde heeft, als het groot bloet vat, die[l] het bloet uijt het hart stort, soo wij dat een eijnde mogen noemen. Af breekende blijve ik met veel agtinge[96], sijne

Hoog geleerde ende
Wijd vermaarde Heere

Onderdanigste Dienaar[m]
Antoni van Leeuwenhoek

---

[a] A: op datze   [b] A: anderen, op dat de sappen der   [c] A: tussen deselve deelen aan de omleggende deelen, tot voetzel soude toegevoert worden. Deze   [d] A: Bladeren, worden   [e] A: aangewesen; welke   [f] A: soo wel laten uytrekken als in de fig: 5   [g] A: krimpen, die men   [h] A: arterie: welk   [i] A: daar het noodig   [j] A: door sypelt   [k] A: dat   [l] A: dat   [m] A: agtinge enz.

[84] *dus*, zo.
[85] *toe vallen*, dichtklappen; *ten anderen*, ten tweede; *om dat*, opdat (evenzo bij aant. f).
[86] *tussen deselve deelen*, nl. tussen de hier besproken 'aderkens'.
[87] *door gaans*, overal.
[88] *gestalte*, bouw, structuur.
[89] *in geschapenheijt*, aangeboren eigenschap.
[90] *in beelden*, voorstellen.
Deze spiraalvormige verdikkingen komen uit de tracheïden van theebladeren. Zie Brief 320 [XIX] 18 nov. 1715, in dit deel.
[91] Hier heeft L. onderaan het vel geschreven: *vervolgt op het tweede blaatje in de nevens gaande brief* (kennelijk Brief 319 van 18 november 1715, in dit deel).
[92] *door gaans*, altijd.
[93] *rokjens*, wanden.
[94] Zie Brief 195 [112] van 20 september 1698, *Alle de Brieven*, Dl. 12, blz. 238-248, m.n. aant. 26 op blz. 248.
[95] WIJER WILLEM MUYS (1682-1744), hoogleraar geneeskunde te Franeker.
[96] L.'s volgende brief aan LEIBNIZ is Brief 322 [XX] van 3 maart 1716, in dit deel.

These veins in the leaves have to be fashioned in this way for one part, I think, in order that they should not fall shut during periods of great heat, and secondly in order that the juices of the spiralling parts, – which are not united to one another, – should everywhere be conveyed to the surrounding parts to serve as food. These spiralling little vessels in the wood and leaves are shown for a very small part in fig: 5. between W and X, and these vessels are capable of being stretched to such an extent as is shown in fig: 5 from X to IJ. And the spiralling structure in the little fibres of flesh and the tendons is the most perfect innate mean to extend and contract those parts, which one could imagine[12]. And as the little fibres of flesh and tendons do not have cavities to convey food, in the same way the membranes have no cavities either, as far as I can see, but they must always receive their food from the very small artery, and which food filters, as it were, through the thin little walls of the arteries on all sides where the food is required[13].

fig. LXII.

A certain gentleman, professor in Franeker[14], says in his writings that some endings of the arteries pour the blood into the little fibres of flesh, and that through this the flesh is red; but he happens to be wrong; as for me, I do not believe that any blood vessel exists which has an ending, apart from the great blood vessel which pours the blood from the heart, if we may call that an ending. Concluding, I remain with much respect[15],

Bloodvessels.

Highly learned and Widely famous Sir,

Your Most humble Servant
Antoni van Leeuwenhoek

---

[12] These spiralling structures resemble the tracheids of tea leaves. See Letter 320 [XIX] of 18 Nov. 1715, in this volume.;
[13] See Letter 195 [112] of 20 September 1698, *Collected Letters*, vol. 12, pp 239-249, esp. note 8 on p. 249.
[14] WIJER WILLEM MUYS (1682-1744), professor of medicine at Franeker.
[15] L.'s next letter to LEIBNIZ is Letter 322 [XX] of 3 March 1716, in this volume.

BRIEF No. 321   25 FEBRUARI 1716

Gericht aan: ANTHONIE HEINSIUS.

Manuscript: Eigenhandige, ondertekende brief. Het manuscript bevindt zich te 's-Gravenhage, Nationaal Archief, Archief Anthonie Heinsius, toegangsnr. 3.01.19, inv.nr. 1975; 1 kwartobladzijde.

GEPUBLICEERD IN:

A.J. VEENENDAAL JR & M.T.A. SCHOUTEN (red.), *De Briefwisseling van Anthoni Heinsius*, 1702-1720 , deel 17 (Den Haag,1998), p. 668-669, no. 927.

SAMENVATTING:

Aanbiedingsbrief bij aantekeningen over pezen, spieren en zetmeelkorrels.

OPMERKINGEN:

Het is niet duidelijk naar welke brief over spiervezels L. hier verwijst. De aantekeningen over zetmeelkorrels zijn te vinden in Brief 298 [III] van 28 februari 1713, in dit deel.

LETTER No. 321   25 FEBRUARY 1716

Addressed to: ANTHONIE HEINSIUS.

Manuscript: Signed autograph letter. The manuscript is to be found in The Hague, Nationaal Archief, Archief Anthonie Heinsius, toegangsnr. 3.01.19; inv.nr. 1975; 1 quarto page.

PUBLISHED IN:

A.J. VEENENDAAL JR & M.T.A. SCHOUTEN (ed.), *De Briefwisseling van Anthoni Heinsius*, 1702-1720, vol. 17 (The Hague,1998), p. 668-669, no. 927.

SUMMARY:

Complimentary letter to notes about tendons, muscle fibres, and starch grains.

REMARKS:

It is not clear which letter on muscle fibres L. is referring to here. The notes on starch grains are to be found in Letter 298 [III] of 28 February 1713, in this volume.

BRIEF No. 321   25 FEBRUARI 1716

Wel Edele Gestrenge Heere[1].

Ik neme weder de vrijheijt, dese nevens gaande aanteijkeninge UE. Wel Edele gestrenge Heere[2], die ik eenige tijd geleden op het papier hebbe gebragt, om de eene ofte de ander tijd, daar nog wat bij te voegen, maar nu denk ik niet, dat ik verder inde geheijme, vande senuwe, ofte trekkers[3] sal konnen indringen.

Ik hebbe sedert drie maanden, veel genoegen geschept, int ontdekken[4], vande seer kleijne meel deeltjens[5], hier in bestaande, dat die kleijne meel deeltjens, hare naaden[6] hebben, soo wel als de schorssen van tarwe, rogge, enz: die ten tijde[7], door water en warmte, wel drie maal dikker konnen op swellen, sonder dat haar harde basten breeken, en waar van ik doende ben veele afteijkenen[8], door een schilder, te laten maken, waar van in toekomende[9] breeder. Ik wil hoopen dat inder nevengaande, ijets in sal wesen waar in[10] een behagen sult vinden, en ik sal blijven[11], sijne

Wel Edele Gestrenge Heere

Alderonderdanigsten, ende seer
verpligten dienaar.
Antoni van Leeuwenhoek

Delft desen
25 Feb. 1716.

---

[1] De brief is gericht aan ANTHONIE HEINSIUS (1641-1720), die van 1689-1720 Raadpensionaris van Holland was. Zie het Biogr. Reg., *Alle de Brieven*, Dl. 3, blz. 484. L.'s vorige brief aan HEINSIUS is Brief 312 van 11 januari 1715, in dit deel.

[2] Hier is het gezegdewerkwoord vergeten; waarschijnlijk 'te doen toekomen'.

[3] *trekkers*, pezen.

[4] Lees: in het ontdekken van de eigenschappen enz.

[5] L. doelt hier op zetmeelkorrels. L. schreef eerder over zetmeelkorrels in Brief 17 [11] van 26 maart 1675, *Alle de Brieven*, Dl. 1, blz. 278-280 (erwten en tabakszaad) en blz. 352 (melksap van kroontjeskruid); Brief 26 [18] van 9 oktober 1676, *idem*, Dl. 2, blz. 130-134 (tarwe) en blz. 136-138 (gember); Brief 62 [32] van 14 juni 1680, *idem*, Dl. 3, blz. 250 (tarwe, boekweit, haver); Brief 120 [72] van 22 april 1692, *idem*, Dl. 9, blz. 34 (tarwe); Brief 143 [88] van 1 mei 1695, *idem*, Dl. 10, blz. 218 (wortelhout muskaatboom); Brief 187 [109] van 3 september 1697, *idem*, Dl. 12, blz. 174 (tarwe); en Brief 257 van 27 maart 1705, *idem*, Dl. 15, blz. 178 (lindenhout).

Vgl. SCHIERBEEK, *Leeuwenhoek*, Dl. 1, blz. 207 en Dl. 2, blz. 380-382 en 468-469.

[6] Met *naad* bedoelt L. een gleuf of groef aan één zijde van de korrel.

[7] *ten tijde*, op de daarvoor bestemde tijd.

[8] *afteijkenen*, lees: afteijkeningen.

[9] *in toekomende*, in de toekomst.

Zie Brief 325 [XXVI] van 22 juni 1716 (*Send-Brieven*, blz. 235-253; *Alle de Brieven*, Dl. 18).

[10] *waar in*, lees: waarin UE. In het zeventiende-eeuws kon het onderwerp achterwege blijven, als het voor de lezer duidelijk was, wie de handeling verrichtte.

[11] Dit is L.'s laatste brief aan HEINSIUS.

Right Honourable Sir[1],

I take again the liberty to send to You, Right Honourable Sir, the notes enclosed with this, which I have put down on paper some time ago, intending still to add something to them at some time or another; but now I do not think that I shall be able further to penetrate into the secrets of the nerves, or tendons.

For three months I have found much pleasure in discovering the properties of very tiny particles of meal[2], consisting in this, that those small particles of meal have their grooves, just like the rinds of wheat, rye, etc.; which at the proper time, through water and warmth, come to swell to as much as three times their thickness, without their tough rinds breaking; and I am busy ordering very many of them to be drawn by a painter, about which I shall write more fully in the future[3]. I will hope that in the enclosed matter there will be something in which Your Honour will find pleasure, and I shall remain[4]

Right Honourable Sir

Your most Humble and very much
obliged servant.
Antoni van Leeuwenhoek

At Delft
the 25th Febr. 1716.

---

[1] The letter was addressed to ANTHONIE HEINSIUS (1641-1720), who was Grand Pensionary of Holland from 1689 up to 1720. See the Biogr. Reg., *Collected Letters*, vol. 3, p. 485. L.'s previous letter to HEINSIUS is Letter 312 of 11 January 1715, in this volume.

[2] L. here refers to starch grains. L. wrote earlier about starch grains in Letter 17 [11] of 26 March 1675, *Collected Letters*, vol. 1, pp. 279-281 (peas and tobacco seed) and p. 353 (latex of spurge); Letter 26 [18] of 9 October 1676, *idem*, vol. 2, pp. 131-135 (wheat) and pp. 137-139 (ginger); Letter 62 [32] of 14 June 1680, *idem*, vol. 3, p. 251 (wheat, buckwheat, oats); Letter 120 [72] of 22 April 1692, *idem*, vol. 9, p. 35 (wheat); Letter 143 [88] of 1 May 1695, *idem*, vol. 10, p. 219 (nutmeg rootwood); Letter 187 [109] of 3 September 1697, *idem*, vol. 12, p. 175 (wheat); and Letter 257 of 27 March 1705, *idem*, vol. 15, p. 179 (lindenwood).
Vgl. SCHIERBEEK, *Leeuwenhoek*, vol. 1, p. 207 and vol. 2, pp. 380-382 and 468-469.

[3] See Letter 325 [XXVI] of 22 June 1716 (*Send-Brieven*, pp. 235-253; *Collected Letters*, vol. 18).

[4] This is L.'s last letter to HEINSIUS.

BRIEF No. 322 [XX]   3 MAART 1716

Gericht aan: GOTTFRIED WILHELM LEIBNIZ.

Manuscript: Eigenhandige, ondertekende brief. Het manuscript bevindt zich te Hannover,
                       Königliche Bibliothek, Leibniz Briefe 538, blz. 5-6; 4 kwartobladzijden.

GEPUBLICEERD IN:

A. VAN LEEUWENHOEK 1718: *Send-Brieven,* ..., blz. 185-192 (Delft: A. Beman). - Nederlandse tekst [A].

A. À LEEUWENHOEK 1719: *Epistolae Physiologicae* ..., blz. 183-190 (Delphis: A. Beman). - Latijnse vertaling [C].

N. HARTSOEKER 1730: *Extrait Critique des Lettres de feu M. Leeuwenhoek*, in *Cours de Physique* ..., blz. 62 (La Haye: J. Swart). - Frans excerpt.

A.J.J. VANDEVELDE 1923: *De Send-Brieven van Antoni van Leeuwenhoek* ..., in *Versl. en Meded. Kon. Vlaamsche Acad.*, Jrg. 1923, blz. 375-376. - Nederlands excerpt.

SAMENVATTING:

Waarom bij sommige dieren tweelingen zo zeldzaam zijn. Ook bij zaden van bomen groeit er meestal maar een uit tot een boom. Over het verschil in aantal jongen tussen nestvliedende en nestblijvende vogels. L. wil niet betaald worden voor zijn onderzoek, noch leerlingen onderwijzen. Spermatozoën van grote en kleine dieren zijn ongeveer even groot. Over het aantal eieren in de kuit van vissen. Levendbarende vissen hebben maar enkele jongen. Over de bouw van pezen en spiervezels. Over de werking van het hart.

OPMERKINGEN:

In A, C en HARTSOEKER is brief abusievelijk gedateerd op 13 maart 1716: Deze brief is naar Leibniz verzonden via Joachim Georg Reinerding, agent van het Hof te Wolfenbüttel in de Nederlandse Republiek, zoals blijkt uit diens brief aan Leibniz geschreven te Den Haag op 7 maart 1716. Zie: LEIBNIZ: *Sämtliche Schriften und Briefe* [1716] (2016), no. 161.

LETTER No. 322 [XX]   3 MARCH 1716

Addressed to: GOTTFRIED WILHELM LEIBNIZ.

Manuscript: Signed autograph letter. The manuscript is to be found in Hanover, Königliche Bibliothek, Leibniz Briefe 538, pp. 5-6; 4 quarto pages.

PUBLISHED IN:

A. VAN LEEUWENHOEK 1718: *Send-Brieven,* ..., pp. 185-192 (Delft: A. Beman). - Dutch text [A].

A. À LEEUWENHOEK 1719: *Epistolae Physiologicae* ..., pp. 183-190 (Delphis: A. Beman). - Latin translation [C].

N. HARTSOEKER 1730: *Extrait Critique des Lettres de feu M. Leeuwenhoek*, in *Cours de Physique* ..., p. 62 (La Haye: J. Swart). - French excerpt.

A.J.J. VANDEVELDE 1923: *De Send-Brieven van Antoni van Leeuwenhoek* ..., in *Versl. en Meded. Kon. Vlaamsche Acad.*, 1923, pp. 375-376. - Dutch excerpt.

SUMMARY:

On the rare occurrence of twins with certain animals. From the seeds of trees too, in general only one develops into a mature tree. On the difference in the number of young in nidifugous and nidicolous birds. L. does not want to be paid for his research, nor does he want to teach students. Spermatozoa from big and small animals are about the same size. On the number of eggs in fishes' hard roe. Viviparous fishes produce only a few young. On the structure of tendons and muscle fibres. On the functioning of the heart.

REMARKS:

In A, C, and HARTSOEKER the letter has been wrongly dated 13 March 1716: This letter was sent to Leibniz via Joachim Georg Reinerding, agent of the court of Wolfenbüttel in the Netherlands, which is revealed in his letter to Leibniz, written in The Hague, 7 March 1716. See: LEIBNIZ: *Sämtliche Schriften und Briefe* [1716] (2016), no. 161.

BRIEF No. 322 [XX] 3 MAART 1716

In Delft den 3.^e Maart 1716.

D'Heere: G: G: Leibnitz[1].

Hoog Geleerde, en Wijd Vermaarde Heere.

Ik hebbe UE: Hoog geleerde ende Wijd Vermaarde Heere, mijne[a] waar neminge van den 18. Novemb. 1715 ontrent de vaaten, inde plant[2], en peer[b], ende daar benevens een seer rouwe[3] schets vande menigvuldige vaaten in de selvige laten toe komen, op dat men sig eenigsints, soude konnen in beelden[4c], de werktuijgen[5], die tot grootmakinge van soo een schepsel vereijst werden, die ik wil hoopen, dat UE: Hoog Geleerde Heer sal ontfangen hebben[d].

UE: Hoog Geleerde Heer, segt, in desselfs laaste missive, onder anderen[6c],

Tweelingen.   Ik bemerke een swarigheijt[7], hoe het gebeure, dat bij sekere Dieren[8], als bij[f] exempel, bij menschen, de twee linxe[g], soo raar[9] sijn; ende dat men meijne soude[10] datde menigte der principien, of begintselen, veele te samen konnen[h] voort brengen[11].

---

[a] : hebbe, Hoog-geleerde wyd-vermaarde Heere, UE: myne   [b] A: plant van de Peer   [c] A: konnen verbeelden.   [d] A: die ik ... hebben *ontbreekt*   [e] A: UEd: segt onder anderen   [f] A: als ten   [g] A: tweelingen   [h] A: beginselen, ligtelyk veel te samen zoude konnen

[1] In A volgt deze adressering op de (enigszins gewijzigde) aanspreking: "Aan den geleerden..." enz. In het hs. is de -z- door een -s- heen geschreven volgt daarop nog een -t-.
De brief is gericht aan GOTTFRIED WILHELM LEIBNIZ (1646-1716), filosoof en bibliothecaris te Hannover. Zie het Biogr. Reg., *Alle de Brieven*, Dl. 2, blz. 460. *G: G* als gevolg van de Latijnse vertaling van LEIBNIZ' voornamen.
L.'s vorige brief aan LEIBNIZ is Brief 320 [XIX] van 18 november 1715, in dit deel.

[2] *plant*, kiem. De lezing *van de Peer* (zie aant. b) verwijst in het bijzonder naar L.'s onderzoek van de "Goutpeer" ("Pora Sinjora"); zie Brief 217 [XIX] van 18 november 1715, in dit deel.

[3] *rouwe*, ruwe.

[4] *sig in beelden*, zich een voorstelling vormen van.

[5] *werktuijgen*, organen.

[6] Hierna leze men een dubbele punt, want L. schijnt Leibniz' zin in vertaling te citeren. De conjunctiefvorm *gebeure* is misschien onder invloed van een Duitse conjunctief ingeslopen.

[7] *een swarigheijt*, een moeilijkheid. Hierachter kan men *namelijk* invoegen.

[8] *Dieren*, zoogdieren.

[9] *tweelinxe* is een ongewone vorm voor 'tweelingen'; *raar*, zeldzaam.

[10] *ende ... soude*, terwijl men denken zou.

[11] In A staat op blz. 186 "konnen voortbrengen", evenals in het hs., maar in de lijst van Drukfouten op de laatste blz. (Ppp 4^v) wordt *konnen* verbeterd in *zoude konnen* (vgl. aant. h).

392

LETTER No. 322 [XX]   3 MARCH 1716

At Delft, the 3rd of March 1716.

To Mr: G: G: Leibnitz[1].

Highly Learned and Widely Famous Sir,

I have sent to you, Highly Learned and Widely Famous Sir, my observations of the 18th of November 1715 with regard to the vessels in the embryo and in the pear[2], and in addition a very rough sketch of the numerous vessels in this, in order that one would to some extent be able to form an idea of the organs which are required to make such a creature grow; I would hope that you, Highly Learned Sir, will have received them.

In your last missive, Highly Learned Sir, you say among other things:

I notice a difficulty, to wit, how it may come about that among certain animals[3] as, for instance, human beings, twins are so rare; whereas one would be apt to think that the multitude of first beginnings, or principles, would be able to bring forth many beings simultaneously.   *Twins.*

---

[1] The letter was addressed to GOTTFRIED WILHELM LEIBNIZ (1646-1716), philosopher and librarian at Hanover. See the Biogr. Reg., *Collected Letters*, vol. 2, p. 461. *G: G* as consequence of the Latin translation of LEIBNIZ's first names.
    L.'s previous letter to LEIBNIZ is Letter 320 [XIX] of 18 November 1715, in this volume.
[2] See Letter 320 [XIX] of 18 November 1715, in this volume.
[3] *animals*, i.e. mammals.

BRIEF No. 322 [XX]　　　　　　　　　　　　　　　　　　　　　　　　3 MAART 1716

Baarmoeder.

　　Dit vint in mij, geen de minste swarigheijt, want de lighamen van Menschen koeijen, en paarden enz: sijn soo danig geschapen, datze selden meer als[a] een schepsel konnen voeden; en gestelt[b] sijnde[12], dat de Baar-Moeders vande dieren, als[13] een kleijne werelt is[14], in vergelijkinge van een diertje, in het Manlijk zaat, en bij aldien[15] maar eenige weijnige diertjens int Mannelijk zaat waren, ende deselve ontmoeten een lijmagtige stoffe, ende daar benevens, een toe geparste[c] Baarmoeder, daar de mannelijke diertjens met veel arbeijt, moeten[d] door arbeijden[16], want ik hebbe wel gesien, dat een mannelijk diertje in desselfs in geschapene stoffe[17], voort arbeijdende, sijn staart wel driemaal in bogten was bewegende, eer[e] een hair breete van plaats veranderde.

　　Wanneer nu al, drie à. vier diertjens, de arterie aantreffen, (daar uijt stel ik vast, dat de grootmakinge[18] moet voort komen,) soo sal dat diertje, dat sijn meeste voetsel en grootmakinge geniet, meest door gaans[19] de andere het voetsel ontrekken, waar door de andere moeten vergaan. Mij gedenkt[20], dat ik in[21] soo danige stellinge, dit volgende hebbe bij gebragt.

Zaden van bomen.

　　Laten wij met ons vinger[f], een puttje inde aarde steeken, ende daar in leggen 8. à. 10. saaden, van een Boom, daar sullen immers[22] geen 8. à. 10. boomen van voort komen, ende soo ze alle haar wortelen schooten, ende een vande selve die de grootste wortel hadde geschooten, ende die verdrukten[23] de rest niet[g], soo soude het soo danige groote boomen niet werden, dan of[24] uijt een saatje, dat inde aarde geleijt was, een boom[h] voort quam.

---

[a] A: meer dan　　[b] A: voeden: gestelt　　[c] A: toegepaste (*sic*)　　[d] A: dierkens niet als met veel arbeyt konnen　　[e] A: eer 't　　[f] A: vingers　　[g] A: geschooten, de rest niet en verdrukte　　[h] A: uyt een zaatje een boom

[12] *gestelt sijnde*, als we ervan uitgaan. Deze conditionele bepaling blijft geïsoleerd. Men leze daarom: wij moeten ervan uitgaan.

[13] *als*, als het ware.

[14] *is*, lees: sijn.

[15] *en bij aldien*, en dat als.

[16] *arbeijt*, moeite, inspanning; *door arbeijden*, zich met inspannng doorheen werken. Dit is dus een pleonastische formulering.

[17] *in geschapene stoffe*, nl. het zaadvocht.

[18] *daar ... grootmakinge*, waaruit, naar mijn overtuiging, de groei.

[19] *meest door gaans*, meestal, in de regel.

[20] *Mij gedenkt*, ik herinner mij.

[21] *in*, in verband met, aangaande.

[22] *immers*, zeker, stellig.

[23] *verdrukten*, het enkelvoud van zwakke werkwoorden kon met een -n geschreven worden. Voor de woordorde zie men aant. b.

[24] *dan of*, dan indien.

LETTER No. 322 [XX] 3 MARCH 1716

To me this seems to be no difficulty at all, for the bodies of humans, cows and horses, etc., are created in such a way that they are rarely able to nourish more than one creature; and we must take for granted that the womb of animals is, as it were, a little universe, when compared to a little animal in the male semen, and that if only a few little animals were present in the male semen, and they meet with a glue-like matter and, moreover, a womb which is compressed, then the male little animals there must work their way through with a great effort; for at times I have seen that a male little animal, working its way through its innate matter[4], moved its tail in curves as much as three times before it changed its position by as much as a hair's breadth.

Womb.

Now if just three or four little animals arrive at the artery (from which I am firmly convinced that the growth must come forth), that little animal which has the advantage of most of the nourishment and growth almost always will take away the nourishment of the others, through which the others cannot but perish. I remember that I have brought forward with regard to such a thesis the following argument.

Suppose that we poke a hole in the earth with our finger and lay 8 to 10 seeds of a tree in it, then, to be sure, no 8 to 10 trees will come forth from them, and if all of them would take root, and one of them, which had produced the largest root, did not oppress the others then they would not become such large trees as if a tree came forth from a single seed that had been laid in the earth.

Seeds of trees.

---

[4] *innate matter*, the seminal plasma.

BRIEF No. 322 [XX]   3 MAART 1716

Vogels.

Ik hebbe laast int ontledige^a vande peer en saaden, veel maal gesien, dat twee saaden bij den anderen²⁵ leggende, het eene zaad sijn volkome wasdom hadde²⁶, en het andere was gans^b verdort, waar uijt wij moeten besluijten, dat, den eenen^c meer voetsel heeft genooten, of ook wel, dat de volwassene, het voetsel van den anderen^d heeft ontrokken.

Als wij met op merkinge²⁷, op het gevogelte sien, hier in bestaande²⁸, dat de hoenderen, patrijsen, fesanten enz:^e uijt haar geleijde Eijeren, veel jongen voort brengen, daar in tegendeel²⁹, het gevogelte, de welke^f hare nesten inde boomen maken, weinige jongen voortbrengen, daar van wij moeten^g vast stellen³⁰, dat het al een ingeschapenheijt van den beginne³¹ is, want het eerst geseijde gevogelte³², en sijn^h soo ras niet uijt deⁱ Eijeren gekomen, of sij loopen haar moeder na, en soeken haar kost, daar in tegendeel, de jonge vogele inde Nesten op boomen leggende, sijn meest gans naakt^j, en moeten soo lang gespijst werden, dat ze bequaam sijn om te vliegen, ende dus mosten^k soo danige vogelen, maar weijnig jongen voortbrengen, soudenze gevoet werden, waar door wij dan sien^l, datter soo een ordre is beraamt³³ dat^m ijderⁿ schepsel sijn groot werdinge, ende voort settinge³⁴, soude te weeg brengen.

L. weigert betaling.

De geene die in onse landen, om hare wetenschappen^o vergeldinge³⁵ krijgen, dat sijn Heeren Professoren, predicanten, ende Meesters inde Latijnse schoolen, en welke laaste gevordert³⁶ worden, om datze bequaam sijn, de jonge luijden inde Latijnse taal te^p onderwijsen.

---

^a A: in 't ontleden   ^b A: was als gants   ^c A: dat het eene   ^d A: dat het volwassene het voetsel aan het andere   ^e A: sien, dat Hoenderen, Patrysen, Faysanten, Eenden enz: ^f A: tegendeel vogelen dewelke   ^g A: voortbrengen: zoo moeten wy   ^h A: Want de eerste geseyde vogelen syn   ⁱ A: hare   ^j A: nesten op de Boomen leggende, meest gans naakt syn   ^k A: moeten   ^l A: wy sien   ^m A: op dat   ⁿ hs: ijde   ^o A: haar kennisse en wetenschappen   ^p A: schoolen, die soo veel Latyn konnen, datze de jonge Luyden in die taal konnen

²⁵ *bij, nevens den anderen*, bij, naast elkaar.
²⁶ *sijn ... hadde*, geheel volgroeid was.
²⁷ *op merkinge*, opmerkzaamheid, aandacht.
²⁸ *hier in bestaande*, namelijk.
²⁹ *daar in tegendeel*, terwijl daartegenover.
³⁰ *daar van*, lees hiervoor: dan (vgl. aant. k); *vast stellen*, als vaststaand aannemen.
³¹ *van den beginne*, van de schepping af; *een ingeschapenheijt van den beginne* is dus een pleonastische formulering.
³² Namelijk de jongen daarvan.
³³ *datter ... beraamt*, dat het zo geregeld is.
³⁴ *voort settinge*, voortplanting.
³⁵ *vergeldinge*, geldelijke beloning, salaris.
³⁶ *gevordert worden*, aangesteld worden.

LETTER No. 322 [XX]   3 MARCH 1716

Recently, when dissecting the pear and [its] seeds, I have many times seen that of two seeds lying next to one another one seed was fully grown, and the other wholly shrivelled up; from this we cannot but conclude that the one has received more nourishment or, as the case may be, that the full-grown one has taken away the nourishment of the other.

When we look attentively at the birds, namely that the fowls, partridges, pheasants etc., bring forth many young from the eggs they have laid, whereas, on the other hand, birds which build their nests in trees bring forth few young, we must assume from this that all this is an innate characteristic from the beginning onwards, for as soon as the birds first mentioned have come forth from the eggs, they run after their mother and seek their own food, whereas on the other hand the young birds which lie in the nests in the trees are usually quite unfledged and have to be fed until they are able to fly; and therefore such birds could not but bring forth few young, if these are to be fed; through this we see that such an arrangement has been devised that each creature would achieve its growth and procreation. *Birds.*

People who in our country receive a remuneration for their erudition are the gentlemen professors, ministers, and the teachers in the Latin schools, and the latter are appointed because they are able to teach the Latin language to young people. *L. refuses to get paid.*

BRIEF No. 322 [XX]   3 MAART 1716

De groote Hemel beschouwer, wijlen de Heer Cristiaan[a] Huijgens[37], heeft mij verhaalt, dat seker persoon in een ander provintie, twee duijsent guldens heeft bekomen, over sijn dienst int maken van tafels[38], waar over de geseijde Heer[b] misnoegt was, seggende tot mij: men behoorde hem eer[c] uijt het lant te bannen, want[d] hij heeft eerlijke[39] luijden beledigt, ende dit is de eenigste vereering[40], die ik weet, dat buijten de nieuwe tijdinge, den Staat vereert heeft[41]. En ik ben mede niet buijten die geene die giften ontfangen, want sijn Furstelijke doorlugtigheijt de Lant graaf van Hessen Cassel[42], heeft mij toe gesonden, een silvere gedreve van binnen vergulde drinkbeker, ende wijlen sijn furstelijke doorlugtigheijt, Heer Antoni Ulrig Hartog van Brunswijk etc.[43] wanneer ik de eer hadde, eenige jaren geleden, dat[44] bij mij quam, om eenige van mijne ontdeckinge te sien, vereerde mij twee silvere Medaaljens, met de beeltenisse van geseijde Heer Hartog, ende daar benevens toonde ik mijne dankbaarheijt, waar op de Hartog antwoorde, UE: gift is grooter als de mijne, int kort ik weijger giften, omme niet verpligt te sijn.

---

[a] A: wylen Christiaan   [b] A: Waar over deselve   [c] A: seggende, men behoorde hem beter
[d] A: bannen, als dat gelt te geven, want

[37] L. doelt hier op CHRISTIAAN HUYGENS (1629-1695). Zie het Biogr. Reg., *Alle de Brieven*, Dl. 1, blz. 402.

[38] *tafels*, tabellen.

[39] *eerlijk*, rechtschapen; fatsoenlijk; aanzienlijk. Welke betekenis bedoeld is, is ook hier niet vast te stellen. Na *beledigt* is de tekst in A bekort en gewijzigd. Hij luidt daar: "Wat my belangt; ik hebbe eenige vereeringen bekomen; het eene is een drinkbeker van gedreve Silver, ende van binnen vergult, ende dat van syn furstelyke doorlugtigheyt der Lant-graaf van Hesser (*sic*) Cassel: ende twee medaaljes met het afbeeltsels (*sic*) van syn furs: doorlugtigheyt Antony Ulrig van Brunswy (*sic*) enz: wanneer ik de eer hadde, eenige jaren geleden, dat by my quam, om myne ontdeckingen te sien, en daar benevens ..." enz. als in het hs.

[40] *vereering*, geschenk voor bewezen diensten, beloning.

[41] *die ... heeft*, die de staat, behalve wat in de nieuwstijdingen staat, bij mijn weten geschonken heeft. (Einde citaat van HUYGENS' mondelinge mededeling.)

[42] L. doelt hier op KARL, LANDGRAAF VAN HESSEN-KASSEL (1654-1730). Zie de aan hem gerichte brieven Brief 235 van 20 april 1702, *Alle de Brieven*, Dl. 14, blz. 96-98 en Brief 236 [146] van 20 april 1702, *ibid.*, blz. 100-132 en het Biogr. Reg., *ibid.*, blz. 366.

[43] L. doelt hier op ANTON ULRICH, HERTOG VAN BRUNSWIJK EN LÜNEBURG (1633-1714).

[44] *dat*, lees: dat hij.

398

LETTER No. 322 [XX]   3 MARCH 1716

The great contemplator of the heavens, the late Mr Christiaan Huygens[5], has told me that a certain person in another province has received two thousand guilders for his services with regard to the computing of tables; the said gentleman was displeased at this, saying to me: he ought rather to have been banished from the country, for he has offended respectable people; and as far as I know, this is the only remuneration which has been granted by the state, apart from what is published in the newspapers[6]. And I am also among those people who receive gifts, for His Serene Highness, the landgrave of Hessen Cassel[7], has sent to me an embossed silver goblet, gilded on the inside, and the late Serene Highness Sir Antoni Ulrig, Duke of Brunswick etc.[8], when I had some years ago the honour that he visited me in order to see some of my discoveries, graciously presented me with two silver medals with the effigy of the said Duke; and at the same time I evinced my gratitude to which the Duke answered: the gift of your Honour is greater than mine; to summarize: I reject gifts so as not to incur obligations.

---

[5] L. here refers to CHRISTIAAN HUYGENS (1629-1695). See the Biogr. Reg., *Collected Letters*, vol. 1, p. 403.

[6] End of the quotation of HUYGENS' verbal communication.

[7] L. here refers to KARL, LANDGRAVE OF HESSEN-KASSEL (1654-1730). See the letters addressed to him: Letter 235 of 20 April 1702, *Collected Letters*, vol. 14, pp. 97-99 and Letter 236 [146] of 20 April 1702, *ibid.*, pp. 101-133 and the Biogr. Reg., *ibid.*, p. 367.

[8] L. here refers to ANTON ULRICH, DUKE OF BRUNSWICK AND LÜNEBURG (1633-1714).

BRIEF No. 322 [XX]   3 MAART 1716

    Ik hebbe gans geen genegentheijt gehad, om ijmant te onder wijsen, want soo ik een onderwees, soo souden daar verscheijde gekomen sijn, om soo veel[45] regt te hebben, om onderwesen te werden, en soo doende soude ik een slaaf geworden hebben, daar[46] ik een vrij man soek te blijven[47].

    Het is eenige jaren geleden, dat eenige Heeren van Onse Hooge Regeeringe[a], eenige van mijne ontdekkinge quamen sien, een[48] van die Heeren, tot[b] de andere Heeren, (in mijn bij wesen) was seggende, sal[c] men soo veel arbeijt ongeloont laten; waar op een ander[d] antwoorde, dit seggen wij alle, en waarom, en doen wij het niet.

Aantal eieren bij vissen.

    Het is waar, dat de diertjens, inde Mannelijke Zaaden van Dieren[8], en Vissen, weijnig in groote van malkanderen[e] verschillen, en wat de vlees fibertjens aan gaan[f], die van een Os, en sijn[g] niet[49] vier maal soo dik, als de vlees fibertjens van een Vloij[h]; en het is aan merkelijk[50], dat de[i] Visjens, soo in onse Rivieren, als inde Zee, voor soo veel mij bekent, hare eijeren[51], die wij kuijt greijnen noemen, soo groot[52] sijn, als de Vissen[j] maar een jaar out sijn, als de kuijt greijnen van groote[k] Vissen, die van die soort 25 jaren out sijn[53], waar uijt dan moet volgen, dat de kleijne visjens, die maar een jaar out sijn[l], sulke groote[54] jonge visjens[m] voort brengen, als de grootste in ijder soort[55n].

    Ik kan niet na laten, hier bij te voegen, dat ik over eenige jaren[56], mijn gedagten hebbe laten gaan, op[o] de menigvuldige Eijeren, ofte kuijt greijnen, die[57] ten tijde als het nieuwe jaar is, verscheijde Zee Vissen, dan haare Eijeren, en Mannelijke Zaaden schieten, en na mijne rekeninge, en aanteekeninge, bedraagde het getal van Eijeren van eene vis op 846516 Eijeren[58p].

---

    [a] A: van de Hooge Regeringe van ons lant   [b] A: Een van die Heeren seyde tot   [c] A: in myn presentie, sal   [d] A: op de ander   [e] A: weynig van malkanderen in groote   [f] A: aan gaat   [g] A: Os, syn   [h] A: de Vlooy   [i] A: dat de Eyeren, of soo als wy die noemen, de kuyt-greynen van de   [j] A: my bekent is, soo groot syn als deselve visjens   [m] hs: groote groote   [n] A: die jaren en meer out syn: ende dat de kleyne visjens, een jaar out synde   A: groote jongen   A: grootste Vissen, yder in syn soort   [o] A: gaan, over   [p] A: kuyt greynen, ten tyde dat het ontrent nieuwe jaar is; en na myne aanteekeningen bedraagde het getal 856516. Eyeren

    [45] *soo veel*, evenveel. L. bedoelt waarschijnlijk: die vonden dat ze evenveel recht hadden.

    [46] *daar*, terwijl.

    [47] In A is deze alinea herzien; na *te onderwijsen* staat daar: "want als ik het aan een gaf, soude ik het aan meer moeten doen: om dat verscheyde souden meenen dat ik het aan haar uyt maagschap ('verwantschap'), en andere om haar gesaglykheyt (*lees:* geseglykheyt), verschuldigt was: ende dus ('op die wijze') sou ik my tot een slaafagtigheyt overgeven; daar ik een vry man soek te blyven: en tragt ook geen loon daar voor te trekken."

    [48] Na *sien* moet worden ingevoegd: en dat.

    [49] *en sijn niet*, zijn nog geen.

    [50] *aan merkelijk*, opmerkelijk.

    [51] De oorspronkelijke constructie: *de Visjens (...) hare eijeren* (d.i.: de visjes d'r eieren) is in A vervangen door een constructie met *van* (aant. i. en j.).

    [52] *kuijt greijnen*, kuitkorrels; *soo groot*, even groot.

    [53] *van ... sijn*, van de grote vissen van die soort, die 25 jaar oud zijn.

    [54] *sulke groote*, even grote.

    [55] L. beweerde dit eerder in Brief 206 [121] van 16 oktober 1699, *Alle de Brieven*, Dl. 12, blz. 382.

    [56] *over eenige jaren*, enige jaren geleden.

    [57] In het zinsgedeelte *die ... schieten* moeten enige woorden geschrapt worden. Men leze: die, als het nieuwe jaar is, verscheijde Zee Vissen schieten.

    [58] In Brief 327 [XXIV] van 22 mei 1716, in dit deel, herhaalt L. het getal 846516. Het getal in A bevat dus een drukfout.

LETTER No. 322 [XX]   3 MARCH 1716

I have had no inclination at all to teach someone; for if I would have taught one person, then several others would have come, assuming that they had as much right to be taught, and thus I would have become a slave, whereas I strive to remain free.

It is some years ago that some gentlemen of our high government came to see some of my discoveries, and that one of these gentlemen was saying to the other gentlemen (in my presence): will so much labour remain unrewarded? To which another answered: all of us are saying this, and why don't we carry it into effect?

It is true that the little animals in the male semen of animals and fishes do not much differ from one another as to size; and as to the little fibres of flesh, the ones of an ox are not as much as four times as thick as the little fibres of flesh of a flea; and it is remarkable that, as far as I know, the eggs of the little fishes, both in our rivers and in the sea, which we call grains of hard roe, when the fishes are no more than a year old, are as big as the grains of hard roe of the large fishes of that kind which are 25 years old; it follows from this, then, that the little fishes, which are no more than a year old, bring forth young fishes of an equal size as the largest of each kind[9].

Number of fishes' eggs.

I cannot refrain from adding to this that some years ago I have given thought to the numerous eggs, or grains of hard roe, which several sea fish spawn; they spawn their eggs and male semen in the period when the new year comes round, and according to my computations and notes the number of eggs of a fish comes to 846516 eggs[10].

---

[9] L. said this earlier in Letter 206 [121] of 16 October 1699, *Collected Letters*, vol. 12, p. 383.

[10] In Letter 327 [XXIV] of 22 May 1716, in this volume, L. repeats the number 846516. The number in A is therefore a printing error.

Ontrent die tijd, sag ik de kuijt, ofte het Eijer-nest[59], van een vis die wij een lenge[60] noemen, die mij voor quam van een ongemene groote te sijn. Dese kuijt beval ik dat men wegen soude, en men bevont die[a] 52 pont[61] swaar, en na mijn beste vermogen, bevont ik de hoe grootheijt, van Cubicq duijmen[62], die de kuijt was innehoudende[63], ende daar na hoe veel van die eijeren[b], nevens den anderen[25] leggende, de lengte van een duijm waren uijt makende, ende dus[64] bevont ik, dat de kuijt ofte Eijer nest[c], 9344000. Eijeren was inhoudende, waar van ik breeder als doen[65], aan Sijn Hoog Edelheijt de Heer Baron van Rhede hebbe geschreven[66d].

Laat nu van duijsent Eijeren, maar een visje voortkomen, soo moeten wij immers[67], verbaast staan, over soo een groot getal, en als wij weder daar en tegen gedenken[68], dat de meeste vissen hare voetsel, ende groot werdinge[e], niet en bestaat, als uijt[69] vissen, die sij op vangen, en dat wij te meer malen[f] hebben gesien, dat een groote lenge 4 ofte 5. groote schelvissen, in sijn maag hadde[70g], ende dat in tegendeel de groote verslindende Vissen, als bruijn vis, Bont Vis[71], en haeijen, die geen Eijeren, maar jongen voortbrengen, die ze in haar lijf dragen, maar weijnig sijn, in vergelijkinge vande eerste[h], ende dat de Wal-vis maar een jong, in sijn lijf draagt, int kort, als ons sulke saaken voor komen[i], moeten wij stil staan[72].

---

[a] A: sag ik een kuyt ofte Eyer-nest van Lenge leggen, die ik liet wegen; en bevont deselve [b] A: inhoudende, en hoe veel eyeren [c] A: ofte het Eyer-nest [d] A: inhoudende, doch hier van breeder in een brief, aan den Hoog Edelen Heere de Rhede geschreven [e] A: dat het voetsel en grootwerdinge van de meeste Vissen [f] A: dat wy meer malen [g] A: heeft [h] A: Bont Vis, Hayen enz. die geen Eyeren, maar jongen in haar lyf voortbrengen, maar weynige jongen, in vergelykinge van de eerst geseyde voortbrengen [i] A: draagt: als wy, seg ik, sulke saaken bemerken

[59] *het Eijer-nest*, de eierstokken.
[60] *een lenge*, een leng (*Molva molva* (L.)).
[61] Een *pont* is 475 g.
[62] Een *Cubicq duijm* is 17,78 cm^3.
[63] *de hoe grootheijt ... innehoudende*, het volume in kubieke duimen, dat de inhoud van de kuit vormde.
[64] *dus*, zo, op die manier.
[65] *waar ... doen*, waarover ik destijds uitvoeriger.
[66] Deze brief is niet teruggevonden. Hij was gericht aan FREDERIK ADRIAAN VAN REEDE VAN RENSWOUDE (1659-1738). Zie het Biogr. Reg., *Alle de Brieven*, Dl. 10, blz. 312. L.'s volgende brief aan VAN REEDE is Brief 341 [XLII] van 10 September 1717 (*Send-Brieven*, blz. 406-414; *Alle de Brieven*, Dl. 18).
[67] *immers*, toch.
[68] *daar en tegen gedenken*, daartegenover bedenken.
[69] *de meeste ... uijt*, dat het voedsel en de groei van de meeste vissen uit niets anders bestaat dan uit. L. had bij *groot werdinge* een ander werkwoord moeten gebruiken; *bestaat uijt* past alleen bij *voetsel*.
[70] Zie Brief 206 [121] van 16 oktober 1699, *Alle de Brieven*, Dl. 12, blz. 390.
[71] De *Bont vis* is vermoedelijk de tuimelaar (*Tursiops truncatus* Mont.).
[72] *als ... voor komen*, als we zulke dingen zien; *stil staan*, daarbij stil staan.

About that time I saw the roe, or ovary, of a fish which we call a ling[11], which appeared to me to have an exceptional size. I gave order to weigh this roe, and it was found to weigh 5 ½ pounds[12]; and computing as well as I could, I found the volume in cubic inches[13] which was contained in the roe, and then how many of those eggs, the one lying next to the other, made up the length of an inch, and in that way I found that the roe, or ovary, contained 9344000 eggs; at that time I have written in greater detail about this to the most noble gentleman, the Baron van Rhede[14].

Now let us assume that from a thousand eggs only a single little fish comes forth, then we must actually stand amazed at such a great number, and when on the other hand we keep in mind that for most fishes their food and their growth consists of nothing but the fishes they catch, and that we have seen several times that a large ling had 4 or 5 large haddocks in his stomach[15], and that on the other hand the large predatory fishes like the porpoise, the bottlenose dolphin[16], and sharks, which do not lay eggs, but bring forth young, which they carry in their body, are but few in number when compared to the kinds first mentioned, and that the whale carries no more than a single young in its body – in brief, when we see such things we should ponder them.

---

[11] The *ling, Molva molva* (L.).

[12] A *pound* is 475 g.

[13] A *cubic inch* is 17.78 cm³.

[14] This letter has not been traced. It was addressed to FREDERIK ADRIAAN VAN REEDE VAN RENSWOUDE (1659-1738). See the Biogr. Reg., *Collected Letters*, vol. 10, p. 313. L.'s next letter to VAN REEDE is Letter 341 [XLII] of 10 September 1717 (*Send-Brieven*, pp. 406-414; *Collected Letters*, vol. 18).

[15] See Letter 206 [121] of 16 October 1699, *Collected Letters*, vol. 12, p. 391.

[16] The *Bont Vis* is probably the bottlenose dolphin (*Tursiops truncatus* Mont.).

BRIEF No. 322 [XX] 3 MAART 1716

Spiervezels.

Ik beelt mij in[73], dat ik noijt verder sal komen, als het geene ik vande vleesfibertjens hebbe geseijt.

Dat de trekkers[74], tendenes, uijt menbrane souden bestaan[a], is abuijs[75], het geene de starkte, vande trekkers uijt maake[76] sijn lange uijt gestrekte deelen, waar tussen veele menbrane, van onbedenkelijke[77] dunte verspreijt leggen, en welke[b] trekkers haar in veele trekkers verspreijen[c], ende ijder vande selve verdeelt sijnde, is omvangen van een menbrane, ende in[d] dese seer dunne menbrane, sijn als ingevest[78], de vlees fibertjens, die ik in[e] dit schrijven weder hebbe beschout, en moet seggen, dat ik[f] soo danige dunne striemtjens[79], waar uijt een trekker, was[g] bestaande, wel hondert maal dunder oordeelde, dan een hair van mijn kinne is[80h]; en nogtans was het beschouwende[81] door een scharp siende vergroot glas, met de omwentelende inkrimpinge[82] versien.

Dese grootste trekkers, mosten[i] met veel bloet-vaatjens versien sijn, souden ze doorgaans[83] voetsel genieten, ende te gelijk ook met menbrane[84j], soude soo een groote trekker, als op het agter been van een Os leijt, gedeelt werden in meer dan duijsent trekkers, en ijder van die[k] kleijne trekkers, als om wonden leggen[85], als[l] ik in een van mijn brieven hebbe geseijt[86];

---

[a] A: *Tendines,* uyt membramen (*sic*) bestaan [b] A: verspreyt syn: welke [c] A: verdeelen [d] A: membrane. In [e] A: onder [f] A: dat yder van [g] A: uyt een dun trekkertje is [h] A: dunder was als een hair [i] A: Dese groote moesten [j] A: met een membrane [k] A: Trekkers: yder van welke [l] A: omwonden legt met eene membrane, soo als

[73] *beelt mij in,* denk.
[74] *trekkers,* pezen.
Zie het Voorwoord voor een opsomming van de brieven in dit deel die over spiervezels (en pezen) gaan.
[75] Na *abuijs* leze men een puntkomma.
[76] *uijt maake,* meervoudsvorm in plaats van enkelvoud onder invloed van het naamwoordelijk deel van het gezegde *deelen.*
[77] *onbedenkelijk,* ondenkbaar, onvoorstelbaar.
[78] *als ingevest,* als het ware vast gezet, bevestigd.
[79] *striemtjens,* vezeltjes.
[80] Een *hair van mijn kinne* is 100μ.
[81] *beschouwende,* beschouwd. Het gebruik van een tegenwoordig deelwoord in plaats van een verleden deelwoord is bij L. niet ongewoon. Deze zin is in A ingrijpend gewijzigd; na *bestaande* gaat de tekst B in aansluiting op de variant in aant. o als volgt voort: "wel hondert maal dunder was als een hair: en nogtans was het behoudende de omwentelende inkrimpinge van den Trekker daar het was afgescheurt".
[82] *omwentelende inkrimpinge,* spiraalsgewijze contractie.
[83] *doorgaans,* overal.
[84] *met menbrane,* van membranen (voorzien zijn).
[85] *als om wonden leggen,* als het ware (door een membraan) omgeven zijn.
[86] Zie Brief 310 [XIV] van 9 november 1714, in dit deel.

I think that I shall never progress beyond that which I have said with regard to the little fibres of flesh.   *Muscle fibres.*

It is an error that the tendons, would consist of membranes[17]; it is the long extended parts which constitute the strength of the tendons, between which many membranes of an inconceivable thinness lay dispersed, and which tendons divide themselves in many tendons; and each of the latter, having branched out, is wrapped up in a membrane; and in these very thin membranes the little fibres of flesh are, as it were, fastened; which I have again observed while writing this letter; and I must say that I judged such thin strips, of which the tendon consisted, to be as much as a hundred times thinner than a hair from my chin[18]; and yet, as observed through a sharp-sighted magnifying glass, it was equipped with the spiralling striations.

These largest tendons had to be equipped with many little blood vessels, if they were everywhere to receive nourishment, and at the same time with membranes, if such a large tendon, as lies on the hind leg of an ox, were to be divided into more than a thousand tendons, and each of those small tendons lie, as it were, wrapped up, as I have said in one of my letters[19].

---

[17] See the Preface for an enumeration of the letters on muscle fibres (and tendons) in this volume.
[18] A *hair from my chin* is 100 μ.
[19] See Letter 310 [XIV] of 9 November 1714, in this volume.

BRIEF No. 322 [XX]   3 MAART 1716

Geen lucht in aderen en zenuwen.

    Ik kan mijn selven niet in beelden[87], datter eenige de minste lugt in de aderen, senuwe, nog menbrane sijn[a], maar wel inde borst, ende in gewanden, ende welke laaste wij veel met swelgen[88b], in de in gewanden brengen, ofte men most de subtijle stoffe, die ik bij het vuur, ofte warmte vergelijk[c], en welke stoffe, door alle lighame kan door gaan, en geen plaats en kan behouden, voor lugt, te boek stellen[89].

Hartslag.

    Wat de beweginge van het Hert aan gaat, die en kan niet bestaan, sonder de beweginge vande longe, en gelijk de beweginge vande longe, af hangt, vande parsinge vande lugt, soo beelt ik mij in[73], dat de beweginge, van het Hert, ook meerendeel af hangt van het bloet, die[90] int Hert[d] gestort sijnde, ende aldaar een meerder warmte genietende, daar door een grooter plaats moetende[e] beslaan, het Hert daar door meerder uijt geset werdende, door[91] de trekkers[f], die in de holligheijt, van het Hert geplaast sijn, haar schielijk in trekken, waar toe het[g] gantsche Vlees, waar uijt het Hert bestaat, veel toe doet[92].

---

    [a] A: is   [b] A: ingewanden: welke laaste Lugt wy veel met het swelgen   [c] A: vuur, of de warmte gelyk   [d] A: bloet, in 't hart gestort synde, dat aldaar   [e] A: genietende, door syne warmte eene grooter plaats moet   [f] A: Het Hert, daar door boven syn natuurlyken stand uytgerekt werdende, koomen de Trekkers   [g] A: in te trekken: daar het

[87] *in beelden*, indenken, voorstellen.
[88] *swelgen*, slikken.
[89] *voor ... stellen*, als *lugt* betitelen, *lugt* noemen.
    L. doelt hier op DESCARTES' subtiele materie. L. vermeldde dit al in Brief 2 van 15 augustus 1673, *Alle de Brieven*, Dl. 1, blz. 56.
[90] *die*, lees: dat. In het vervolg van de zin gebruikt L. een overmaat aan tegenwoordige deelwoorden (*genietende, moetende, werdende*). In plaats van *moetende* leze men: moet, en in plaats van *werdende*: wordt. De laatst genoemde emendatie met verandering van de woordorde: het Hert wordt daardoor enz.
[91] *door*, lees: doordat.
[92] *toe doet*, bijdraagt (*toe* is overtollig).

406

LETTER No. 322 [XX]   3 MARCH 1716

I cannot imagine that there is any air, even the slightest amount, present in the veins, nerves, nor in the membranes; but it is present in the breast and in the intestines, and we convey a large amount of the latter to the intestines by swallowing unless one should call the subtle matter, which I equate with fire or heat, air; which matter is capable of traversing all bodies, and is not able to take up any room[20].

No air in veins and nerves.

As for the motion of the heart, this cannot exist without the motion of the lungs, and like the motion of the lungs depends on the pressure of the air, in the same way, I think, does the motion of the heart also depend for the greater part on the blood which, having been poured into the heart and there being subject to a greater heat, through this cannot but take up greater room; through this the heart expands more because the tendons, which are situated in the cavity of the heart, swiftly contract themselves, to which the entire flesh of which the heart consists, contributes much.

Motion of the heart.

---

[20] L. here refers to DESCARTES's subtle matter. L. mentioned this already in Letter 2 of 15 August 1673, *Collected Letters*, vol. 1, p. 57.

Ik hebbe eenige weijnige jaren geleden, aan de Co: Soc.' toe gesonden, hoe het Hert met het in storten, ende uijt stooten van het bloet, soo inde[a] salm en snoek toe gaat[93], en hoe dat daar toe noodig sijn, drie werktuijgen[94], namentlijk een werktuijg, waar door[b] het bloet uijt de venae wert gestort int Hert, ende[95] het tweede werktuijg het Hert, ende het derde werktuijg, die het bloet seedig[96] inde arterie voert. Laten wij dese drie werktuijgen[c] over brengen tot het[d] slinker oor[97], het Hert, ende het regter oor[98]. Ik blijf na seer veel agtinge, en ijver[99], sijne

    Hoog Geleerde en Wijd Vermaarde
    Heere

Onderdanigste dienaar
Antoni van Leeuwenhoek.

---

[a] A: hoe het met het instorten en uytstorten van het bloet in't Hert van de   [b] A: waar in
[c] A: dese werktuyen   [d] A: tot de soogenoemde Ooren van het Hert: als het

[93] *soo ... gaat*, zowel bij de zalm als bij de snoek functioneert.
Zie Brief 277 van 28 augustus 1708, *Alle de Brieven*, Dl. 16, blz. 120-138.
[94] *werktuijgen*, organen.
[95] In A luidt het vervolg van de zin: "en dat het bloet uyt het Hert in een derde werktuyg gaat, dat" enz. Hierin wordt het hart dus niet, zoals in het hs., expliciet het tweede orgaan genoemd.
[96] *die ... seedig*, dat het bloed rustig, gelijkmatig.
[97] *over brengen tot*, gelijk stellen met; *het slinker (regter) oor*, de linker (rechter) boezem.
[98] Hierna staat in A een puntkomma en volgt een aanvulling: "ende stellen dat dese drie bewegingen alleen afhangen van de uytrekkinge ende intrekkinge van de Trekkers, waar mede de geseyde werktuygen versien syn. enz." Hierna alleen "Antoni van Leeuwenhoek.".
[99] L.'s volgende brief aan LEIBNIZ is Brief 326 [XXIII] van 19 mei 1716, in dit deel, onder andere over membranen in spiervezels. L. schrijft over de kuit en de groei van vissen in Brief 327 [XXIV] van 22 mei 1716, in dit deel.

LETTER No. 322 [XX] 3 MARCH 1716

Some few years ago I have sent word to the Royal Society how the heart functions with the pouring in and thrusting out of the blood, both in the salmon and in the pike[21]; and how three organs are required for this, to wit, one organ by means of which the blood is poured from the veins into the heart; and the second organ, the heart; and the third organ, which steadily conveys the blood to the artery. Let us equate these three organs with the left auricle, the heart, and the right auricle. I remain, with much respect and diligence[22],

Highly Learned and Widely Famous
Sir,

Your Most humble servant
Antoni van Leeuwenhoek

---

[21] See Letter 277 of 28 August 1708, *Collected Letters*, vol. 16, pp. 121-139.

[22] L.'s next letter to LEIBNIZ is Letter 327 [XXIII] of 19 May 1716, in this volume, among other things on membranes in muscle fibres. L. writes about the hard roe and the growth of fishes in Letter 327 [XXIV] of 22 May 1716, in this volume.

BRIEF No. 323   31 MAART 1716

Gericht aan: ANTONI VAN LEEUWENHOEK

Geschreven door: GOTTFRIED WILHELM LEIBNIZ

Manuscript: Eigenhandig, ongedateerd concept. 4 bladzijden. De datum wordt genoemd in Leeuwenhoeks volgende brief aan Leibniz van 16 mei 1716 (No. 325 in dit deel). Het manuscript bevindt zich in het Leibniz-Archiv in de Niedersächsische Landesbibliothek te Hannover, L Konzept: LBr. 538 Bl.

GEPUBLICEERD IN:

GOTTFRIED WILHELM LEIBNIZ: *Sämtliche Schriften und Briefe, Transkriptionen des Briefwechsels* 1716, Leibniz-Archiv Hannover (Online 24-10-2016), no. 231, pp. 324-326.

SAMENVATTING:

Leibniz bedankt Leeuwenhoek voor al eerder al toegezonden schetsen. Bespreekt verder het functioneren van de membranen; over hun gevoeligheid en over de invloed van warmte en koude op hun functioneren; over het voorkomen van meerlingen bij mens en dier. Leibniz heeft de van Leeuwenhoek verkregen informatie met andere geleerden gedeeld. Bespreekt meningen van andere microscopisten over de voortplanting.

LETTER No. 323   31 MARCH 1716

Addressed to: ANTONI VAN LEEUWENHOEK

Written by: GOTTFRIED WILHELM LEIBNIZ

Manuscript: Unsigned autograph draft letter. 4 pages. Undated, but the date is mentioned in Leeuwenhoek's reply to Leibniz, dated 19 May 1716 (No. 325 in this volume). The manuscript is to be found in the Leibniz-Archiv in the Niedersächsische Landesbibliothek in Hannover, L Konzept: LBr. 538.

PUBLISHED IN:

GOTTFRIED WILHELM LEIBNIZ: *Sämtliche Schriften und Briefe, Transkriptionen des Briefwechsels* 1716, Leibniz-Archiv Hannover (Online 24-10-2016), no. 231, pp. 324-326.

SUMMARY:

Leibniz thanks Leeuwenhoek for some sketches, sent earlier. He discusses further the function of the membranes, writes about their sensitivity and the influence of heat and cold on their functioning, and gives his thoughts about the occurrence of multiple births in humans and animals. Leibniz has shared information obtained from Leeuwenhoek with some other scholars. Discusses the views of some other microscopic researchers on the question of reproduction.

BRIEF No. 323   31 MAART 1716

A Monsieur Leeuwenhoek à Delft

Hochgeehrter Herr

Ich bin demselben dannoch dank schuldig, dass er mir seine schöhne anmerkungen mit getheilet, und durch eine figur ercläret,[1] daraus zimblich[a] zu ersehen, wie es mit[b] dem gewebe[c] [der wachsenden corper][d] bewand.

Es stünde zu bedenken, ob die membranen keinen andern gebrauch haben, als dass sie die trekkers von einander scheiden. Diess ist gewiss, dass[e] in unserm leibe die zartesten sichtbaren[f] membranen am empfindlichsten seyn;[g] als zum exempel die so man *periostia* nennet. Daher bey Zahn-Schmerzen eigentlich das[h] Kleine heutlein so[i] das bein innewendig[j] bekleidet, leidet, und wann man es im holen zahn zu tode brennet, horet der Schmerzen auf. Es hat auch der wohlerfahrne Herr Mariotte[2] dafur gehalten, das das gesicht nicht in der *funica retina*, sondern *choroidali*, so eine [fortsezung der][k] *propagatio piae matris* verrichtet werde, und solches mit vielen gesunden zimlich glaublich gemacht.[l] Weil aber[m] solche membranose theile auch viel trekkers in sich halten werden[n], kan man ihnen die empfindligkeit zu schreiben.

Vermuthlich geschicht es durch Wärme und Kälte dass die treckers sich[o] aus einander geben oder zusammen ziehen.[p] Einige mogen[q] auch wohl in steter wechselung oder vibration[r] mit[s] ihren antagonisten bestehen. Wenn[t] eine neue merkliche[u] anderung einfallet, entstehet die fuhlung, und wenn die neue vibration mittelmassig und ordentlich geschicht, ist es lust; wo sie aber[v] ausser der maasse und unordentlich, ist es unlust, wie die Musik zu erkennen gibt.

Es gibt[w] gewisse gewächs die man *convolvulos* nennet; es dienen auch etliche zu Hygrometris[3], als [zum exempel][x], das *geranium minus*.[y] Wann man[z] dessen eine Schachtel voll hat, und solche mit ein wenig wasser besprizzet, wird alles gleichsam lebendig. Eine gleiche[aa] wurkung scheint Warme und Kalte [bey den Trekkern zu haben. Beim gehöhr gibt die gemeine Luft ihre Zitterung][bb] gewissen Trekkern [unsers corpers. Das liecht bestehet in einer Zitterung so noch viel zarter][cc].

---

[a] Dit woord is ingevoegd. [b] Doorgehaald: *'dem wachsenden bewand'*. [c] Doorgehaald: *'des fleisches'*. [d] Het gedeelte tussen rechte haken is ingevoegd. [e] Doorgehaald: *'die theile'*. [f] Dit woord is ingevoegd. [g] Doorgehaald: onleesbaar woordje. [h] Doorgehaald: innerven. [i] Doorgehaald: *'das'*. [j] Dit woord is ingevoegd. [k] Het gedeelte tussen rechte haken is ingevoegd. [l] Doorgehaald: *'Stehet'*. [m] Doorgehaald: *'vermuthlich'*. [n] Dit woord is ingevoegd. [o] Doorgehaald: *'zu sam'*. [p] Doorgehaald: onleesbaar zinnetje. [q] Dit woord is ingevoegd. [r] Doorgehaald: *'bestehen'*. [s] Dit woord is ingevoegd. Hierna is doorgestreept het zinnetje *'wenn aber zwischen eine ungemeine anderung komt'*. [t] Dit woord is ingevoegd. [u] Dit woord is ingevoegd. [v] Doorgehaald: *'gewachtsam'*. [w] Verbetering voor: *'gew'*. [x] Het gedeelte tussen rechte haken is ingevoegd. [y] Doorgehaald: *'Wann m'*. [z] Dit woord is ingevoegd. [aa] Verbetering voor: *'Einen gleich'*. [bb] Het gedeelte tussen rechte haken is ingevoegd, ter verbetering van de frase *'Auch wohl die Zitterung der luft bey denen Trekkern zu haben, welchen sie ihre zitterung mittheilet'*. [cc] Het gedeelte tussen rechte haken is ingevoegd.

[1] Uit de voorgaande brief van Leeuwenhoek aan Leibniz van 13 maart 1716 blijkt dat het hier gaat om een "seer rouwe schets van de menigvuldige vaaten" in ondermeer perenhout, toegezonden aan Leibniz op 18 november 1715. Zie nos. 319 en 321 in dit deel). Deze schets is verloren gegaan, maar een gravure ervan is door Leeuwenhoek opgenomen in zijn *Send-Brieven* (1718) en in de Latijnse versie daarvan, de *Epistolae Physiologicae* (1719).

[2] EDME MARIOTTE (1620 1684) was een Franse onderzoeker en priester (abbé).

[3] Hygrometris, ofwel vocht meter.

LETTER No. 323 31 MAART 1716

To Mister Leeuwenhoek in Delft

Highly Esteemed Gentleman,

I am indebted to you that you have shared with me your nice remarks, and have them explained by means of a figure[1], from which it is quite good to see how it is with the fabric of growing bodies. It should be considered whether the membranes have no other use than to separate the pullers (tendons) from one another.

This is certain, that in our body the most delicate visible membranes are also the most sensitive; for example the ones called *periostia*. With toothaches it is actually the little skin that covers the inside of the bone [that hurts], and when one burns it to death in the hollow tooth, then the pain stops. The well experienced Mr. Mariotte[2] has stipulated that vision is established, not in the *tunica retina*, but in the choroid coat, so that the *propagatio piae matris* is continued, something he made convincing with healthy arguments. But because such membranous parts also hold many pullers, one can attribute the sensitiveness to them.

Probably, it is by [the influence of] heat and cold that the pullers stretch out or constrict. Some may well be in constant alternation or vibration with their antagonists. When a new noticeable change occurs, the feeling arises, and when the new vibration is moderate and properly ordered, it is joy; but when they are out of proportion and untidy, it is unpleasant, as music reveals.

There are certain crops which one calls *convolvulus*; some of them serve as hygrometer[3], as for example, the geranium minus. When one has a box full of them, and sprinkles them with a little water, everything becomes animated. Heat and cold seems to have a similar effect on the pullers. In hearing, the common air gives its vibration to certain pullers of our body. Light consists of a much more delicate vibration.

---

[1] From Leeuwenhoek's last letter to Leibniz dated 13 March 1716 it is clear that this refers to a "a very rough sketch of the numerous vessels" in among others the wood of the peer, send to Leibniz on 18 November 1715. See nos. 319 and 321 in this volume). The original sketch has been lost, but an engraving of it was included by Leeuwenhoek in his Send-Brieven (1718) and in the Latin version, the Epistolae Physiologicae (1719).
[2] EDME MARIOTTE (1620 1684) was a French physicist and priest (abbé).
[3] Hygrometer, or moisture indicator.

Es ist eine Luft aber^a subtiler als die gemeine, so etliche *aetherem* nennen; dergleichen steckt etwas im Wasser und hat eine fulminirende Kraft so sich zeiget wann das Wasser beginnet auf zu wallen. Dergleichen etwas möchte in den treckern wohnen; Und wo ein stete vibration [ist], würde auch eine stete fulmination seyn müssen^b; und^c muste daher die *materia fulminans* durch die nahrung vermuhtlich aus dem blut immer wider ersezet werden.

Mich bedunkt dass noch einige Schwuhrigkeit zu finden, wegen wenigkeit der Zwillinge, Drillinge, Vierlinge, etc.^d bey den menschen und dergleichen thieren. Denn entweder^e es ist leicht oder^f schwehr zu vermuhten, dass das thierlein eine bequeme stelle finde. Ist es leicht, und der bequemen stellen sind viel, so solten zugleich mehr thierlein gerahten; ist es schwehr, [und der stellen sind wenig, so]^g wäre zu besorgen dass die meisten heurathen ohne erben sein wurden, da doch das gegentheil^h sich zeiget. Vielleicht gerahtenⁱ meistentheils mehr thierlein^j zugleich, aber sie verhindern hernach^k ein ander im Wachsthum, und die natur wehlet das eine umb ihm zu helfen, und lasset die andern verderben. [Es ist alles freylich von dem Urheber der Natur bestens eingerichtet, und unter andern dieses dass die Raubthiere (darunter die Menschen auch gerahten^l) nicht gar zu fruchtbar seyn sollen]^m.

Was Mein Hochgeehrter Herr mit einer schonen figur mir zugeschicket, habe ich einigen braven Medicis mitgetheilet, die es bewundert [haben].¹ Ich weis nicht ob das blut im Herzen von der Wärme sich so plozlichⁿ aufblasen konne als notig dass das Herz sich so bald aufthue.^o Stelle dahin ob nicht viel mehr das einsturzende blut den fibren eine empfindung gebe, so das aufthun^p des herzens vereinfache.

---

^a Dit woord is ingevoegd. ^b Dit woord is ingevoegd. ^c Verbetering voor: *'unde'*. ^d Doorgehaald onleesbaar woord. ^e Doorgehaald *'entweder die concept'*. ^f Doorgehaald dubbele woord *'oder'*. ^g Het gedeelte tussen rechte haken is ingevoegd, ter verbetering van een onleesbaar doorgehaald stuk. ^h Verbetering voor: *'gegenthil'*. ⁱ Verbetering voor: *'gerathen'*. ^j Dit woord is ingevoegd. ^k Doorgehaald: *'wac'*. ^l Verbetering voor: *'gehoren'*. ^m Het gedeelte tussen rechte haken is ingevoegd. ⁿ Verbetering voor een onleesbaar doorgekrast woord. ^o Doorgehaald: *'Weis nicht'*. ^p Verbetering voor: *'aufho'*.

[1] Ook dit betreft vermoedelijk een figuur die al op 18 november 1715 door Leeuwenhoek was toegezonden. Uit de correspondentie van Leibniz van dit jaar blijkt dat hij de van Leeuwenhoek verkregen informatie heeft gedeeld met onder andere JOHANN BERNHARD WILDEBURG (die Leeuwenhoeks brief op 10 maart 1716 aan Leibniz terug stuurt) en CONRAD BARTHOLD BEHRENS (die Leeuwenhoeks brief op 16 juni 1716 aan Leibniz retourneert). Later in 1716 deelt Leibniz ook informative met JOHANN W. PAULI en MARTIN NABOTH, beide hoogleraren aan de Universiteit van Leipzig. Zie hierover nader: Becchi, 'Leibniz, Leeuwenhoek and the School for Microscopists' (2017).

However, it's an air more subtle than the common one, called by some *aetherem*; something like this is stuck in water, and it has a powerful force, that shows itself when the water begins to surge. Something like this could house in the pullers; And where a constant vibration is, there must be also a constant fulmination; and, therefore, probably the *materia fulminans* must always be replaced in the blood by the food.

For my part, there are still some difficulties to overcome, because of the rarity of twins, triplings, and quadrupeds, etc among humans and comparable animals. For it is either easy or difficult to conjecture that animals do find a proper mate. If it is easy, and the appropriate couples are many, so there should directly arise more animals; if it is difficult, and the couples are few, it would be feared that most of the marriages would be without heirs, but the contrary is shown. Perhaps more animals come together at the same time, but they prevent another in development, and nature chooses the one for support, and lets the others perish. It certainly is all well established by the creator of nature, among other things, that the predators (among whom men also belong) should be not too fertile.

The beautiful figure that My Highly Esteemed Lord has sent me, I have communicated to some good physicians, who have admired it.[1] I do not know if the blood in the heart can blow up so quickly by heat that the heart is so soon opened. I wonder, on the contrary, whether the invading blood give the gives the fibres a stimulus, so that the opening of the heart is more easy.

---

[1] This, too, concerns probably a figure already sent by Leeuwenhoek with his letter of 18 November 1715. From the Leibniz correspondence of this year it is clear that he shared information acquired from Leeuwenhoek with other scholars, among whom were JOHANN BERNHARD WILDEBURG (who returns Leeuwenhoek's letter to Leibniz on 10 March 1716) and CONRAD BARTHOLD BEHRENS (who does the same on 16 June 1716). Later that year Leibniz also shares information with JOHANN W. PAULI and MARTIN NABOTH, both professors at the Leipzig University. See: Becchi, 'Leibniz, Leeuwenhoek and the School for Microscopists' (2017).

BRIEF No. 323   31 MAART 1716

Soviel ich spüre, scheint es Mein Hochg. Herr nicht mit dem *ovario muliebri* zu halten, als ob die thierlein in gewissen *ovulis* aufgefangen würden,^q da hingegen Herr Swammerdam[2] und Herr Kerkring[3], so vor die Eyerlein gewesen von den thierlein nichts gewust. Herr Andry in seinem Buch von Würmen[4], hat eines mit dem andern vereiniget^r, aber mehr aus bedünken, als aus observation. Herr Vallisnieri[5] ist auch noch zur zeit vor die *Ovaria*, und will die Thierlein nicht zulassen. Ich erwarte seine Grunde gegen die Thierlein, die mir allezeit sehr^s wohl gegrundet geschienen.

Ich verbleibe ieder zeit,

Meines Hochgeehrten Herren dienstwilligster

[Geen ondertekening]^t

---

^q Doorgehaald: *'welches da der'*. ^r Verbetering voor: *'verbunden'*. ^s Doorgehaald: *'vernuftig'*.
^t Onderaan deze minuut staat ondersteboven geschreven: *'La Lettre que vous m'aves l'honneur'*.

[2] JOHANNES SWAMMERDAM (1637-1680), arts te Amsterdam.

[3] THEODORE KERCKRING (1638-1693), arts te Amsterdam. Zijn microscopische onderzoekingen (uitgevoerd met een microscoop gemaakt door BARUCH DE SPINOSA) staan beschreven in het boek *Spicilegium Anatomicum* (Amsterdam 1670).

[4] NICOLAS ANDRY DE BOISREGARD (1658-1742) was een arts opgeleid aan de Universiteit van Parijs. Leibniz verwijst naar zijn boek *De la Génération des verse dans le corps de l'homme* (Parijs, 1700). Dit werk werd heruitgegeven te Amsterdam (1701) en Parijs (1714), en vertaald in het Engels (Londen 1701). In een bijlage worden drie brieven over dit onderwerp gepubliceerd: twee door NICOLAAS HARTSOEKER uit Amsterdam en één van GEORGES BAGLIVE uit Rome.

[5] ANTONIO VALLISNIERI (of VALLESNERI; 1661-1730). Zie dit deel, brieven 315, 316 en 317

As far as I perceive, your honour does not work with the *ovario muliebri*, as if the animals are caught in certain *ovulis*, where, on the contrary, Mr. Swammerdam[2] and Mr. Kerkring[3] were adherents of the ovaries, but they were not aware of the little animals. Mr. Andry, in his book of worms,[4] has united the one with the other, but more through thinking, than from observation. Mr. Vallisneri[5] is also at the moment in favour of the eggs [*ovaria*], and does not want to admit the little animals. I expect [to receive] his arguments against the little animals, which to me seems always to be very well founded.

I remain forever,
Your most honourable gentleman most willing servant
[no signature]

---

[3] THEODORE KERCKRING (1638-1693) was a Medical Doctor in Amsterdam. His microscopical researches (executed with a microscope made by BARUCH DE SPINOSA) are described in the book Spicilegium Anatomicum (Amsterdam 1670).

[4] NICOLAS ANDRY DE BOISREGARD (1658-1742) was a doctor of medicine from Paris University. Leibniz refers to his book De la Génération des vers dans le corps de l'homme (Paris, 1700). This work was reissued in Amsterdam (1701) and Paris (1714), and was translated into English (London 1701). In an appendix three letters on the subject are published: two by NICOLAAS HARTSOEKER in Amsterdam, and one by GEORGES BAGLIVI in Rome.

[5] ANTONIO VALLISNIERI (or VALLISNERI; 1661-1730). See this volume, letters 315, 316 and 317.

BRIEF No. 324 [XXI] 10 MEI 1716

Gericht aan: HUBERT KORNELISZOON POOT.

Manuscript: Eigenhandige, ondertekende brief. Het manuscript bevindt zich te Delft, Gemeentelijke Archiefdienst, II.B.59; 6 kwartobladzijden.

GEPUBLICEERD IN:

A. VAN LEEUWENHOEK 1718: *Send-Brieven*, ..., blz. 193-197 (Delft: A. Beman). - Nederlandse tekst [A].

A. À LEEUWENHOEK 1719: *Epistolae Physiologicae* ..., blz. 191-195 (Delphis: A. Beman). - Latijnse vertaling [C].

N. HARTSOEKER 1730: *Extrait Critique des Lettres de feu M. Leeuwenhoek*, in *Cours de Physique* ..., blz. 62 (La Haye: J. Swart). - Frans excerpt.

S. HOOLE 1799: *The Select Works of Antony van Leeuwenhoek* ..., Dl. 1, blz. 221-223 (London). - Vrijwel volledige Engelse vertaling van het gedeelte van de brief over de maagdenpalm.

A.J.J. VANDEVELDE 1923: *De Send-Brieven van Antoni van Leeuwenhoek* ..., in *Versl. en Meded. Kon. Vlaamsche Acad.*, Jrg. 1923, blz. 376. - Nederlands excerpt.

SAMENVATTING:

L. spreekt zijn dank uit voor twee lofdichten van POOT. Over de grootte en het ontstaan van micro-organismen. Verbazing over de kleinheid van micro-organismen en over de grootte van het heelal. Onderzoek naar de zaden van de maagdenpalm.

OPMERKINGEN:

Aan de gedateerde en aan POOT geaddresseerde brief over de maagdenpalm gaat een ongedateerde, aan POOT gerichte, inleidende brief van 2 blz. vooraf. Deze is niet in A en C afgedrukt.

In HARTSOEKER is de brief abusievelijk gedateerd op 10 maart 1716.

LETTER No. 324 [XXI]   10 MAY 1716

Addressed to: HUBERT KORNELISZOON POOT.

Manuscript: Signed autograph letter. The manuscript is to be found in Delft, Gemeentelijke Archiefdienst, II.B.59; 6 quarto pages.

PUBLISHED IN:

    A. VAN LEEUWENHOEK 1718: *Send-Brieven*, ..., pp. 193-197 (Delft: A. Beman). - Dutch text [A].
    A. À LEEUWENHOEK 1719: *Epistolae Physiologicae* ..., pp. 191-195 (Delphis: A. Beman). - Latin translation [C].
    N. HARTSOEKER 1730: *Extrait Critique des Lettres de feu M. Leeuwenhoek*, in *Cours de Physique* ..., p. 62 (La Haye: J. Swart). - French excerpt.
    S. HOOLE 1799: *The Select Works of Antony van Leeuwenhoek* ..., vol. 1, pp. 221-223 (London). - Practically complete English translation of the part of the letter on the periwinkle.
    A.J.J. VANDEVELDE 1923: *De Send-Brieven van Antoni van Leeuwenhoek* ..., in *Versl. en Meded. Kon. Vlaamsche Acad.*, 1923, p. 376. - Dutch excerpt.

SUMMARY:

L. expresses his gratitude for two panegyrics written by H.K. POOT. On the size and the origin of micro-organisms. L. wonders at the smallness of micro-organisms and the size of the universe. Investigation into the seeds of periwinkles.

REMARKS:

An undated introductory letter to POOT precedes the dated letter to POOT on the periwinkle. The former was not printed in A and C.
In HARTSOEKER the letter has been wrongly dated 10 March 1716.

BRIEF No. 324 [XXI]   10 MEI 1716

In Delft den 10. Mey 1716.

Mons.' Poot[1].

Eerwaardige Man, en hoog geagte Poeet.

Lofdichten.

Ik ben nog[a] dankbaar voor de twee versen, daar van de eene op mijn afbeeltsel is gemaakt, ende de andere tot mijn lof, over het uijt vinden van mijn saaken, waar van de Redelijke Werelt[2] voor mijn komste (soo als men tot mij seijt) onkundig is geweest[3]. Ik moet seggen.

Dat doen ik de Versen hoorde lesen wierde ik niet alleen als schaamroot, maar mijn oogen wierden te gelijk ook waterig, om dat UE: mijne ontdekte saaken te veel op vijselt, ende op verre na soo niet waardig[4] sijn als UE: die agt.

Micro-organismen.

Ik hebbe UE: laten sien, de kleijne diertjens die int water sijn, dewelke UE. selfs most oordeelen, dat[5] kleijnder waren, als de bolletjens van ons bloet, dat het bloet root maakt[6]. Laten wij nu stellen, dat hondert van die kleijne diertjens in een lini nevens den anderen[7] lagen[8], een grof sant[9] in sijn lengte soude uijt maken, maar laten wij het wat ruijmer nemen, en seggen, dat ze de lengte van den diameter van een geerst greijntje[10] niet en souden uijt maken. Dit soo sijnde soo konnen wij na de meetregels[11] seggen, dat tien maal hondert duijsent levende diertjens soo[b] groot niet en sijn als een geerst greijntje[12]. Nu moeten wij vast stellen[13] dat soo danige diertjens met soo veele bijsondere werktuijge[14] van beweginge sijn versien, als de groote dieren.

---

[a] hs: nog nog   [b] hs: soo *ontbreekt*

[1] De brief is gericht aan de dichter HUBERT KORNELISZOON POOT (1689-1733). Zie het Biogr.

[2] *de Redelijke Werelt*, ontwikkelde mensen.

[3] Het eerste gedicht is een kwatrijn, getiteld *Op de afbeelding des Heeren Antoni van Leeuwenhoek, Lidt der Koningklijke Societeit te Londen* (POOT, *Gedichten*, blz. 436. Het tweede is getiteld *Eerkroon voor den Heer Antoni van Leeuwenhoek*, ... (ibid., blz. 267-269). Ook POOTs drempeldicht voor L.'s *Send-Brieven* (1718) is in de bundel opgenomen (ibid., blz. 275-276; *Send-Brieven*, **4.ʳ-**4.ᵛ).

[4] *ende*, lees: ende omdat die; *soo niet waardig*, niet zo waardevol.

[5] *dewelke ... dat*, waarvan u zelf hebt moeten constateren, dat ze.

[6] *dat (...) maakt*, lees: die (...) maken.

[7] *nevens, tegen den anderen*, naast, tegen elkaar.

[8] *lagen*, lees: liggende.

[9] Een *grof sant* is 870 μ.

[10] Een *geerst greijntje* (gierstkorrel) heeft een diameter van 2 mm.

[11] *na de meetregels*, volgens de regels van de meet- en rekenkunde.

[12] In de marge heeft L. de volgende berekening geschreven (*een klootse ronte* is 'een bol'):

    100   diertjens in diameter van een geerst greijntje
    <u>100</u>
    10000.   diertjens in een Circul ronte van de diameter van een geersje
    <u>100.</u>
    1000000   maken een klootze ronte uijt van een geerst greijntje, na de meetregels.

(In de laatste zin staat in het hs. twee maal *ronte*.)

[13] *vast stellen*, ons ervan overtuigd houden, er zeker van zijn.

[14] *soo veele bijsondere werktuijge*, evenveel verschillende organen.

LETTER No. 324 [XXI] — 10 MAY 1716

Mr Poot[1].

Venerable Man and highly esteemed Poet.

I am still grateful for the two poems, the one of which has been made on my picture, and the other to praise me for the discovery of my things about which the erudite world was ignorant before I came (as has been said to me)[2]. I must say: *Panegyrics.*

That when I heard the poems read, I did not only blush, as it were, with embarrassment, but at the same time my eyes also became moist, because Your Honour extols the things I discovered too much, and these are by no means as valuable as Your Honour esteems them.

I have shown to Your Honour the little animals which are present in water, and You Yourself could not but judge that they were smaller than the little globules of our blood, which make the blood red. Now let us suppose that a hundred of those little animals, having been aligned the one next to the other, make up the length of a coarse grain of sand[3] – yet let us assess this somewhat more liberally, and say that they would not come up to the length of the diameter of a little grain of millet[4]. This being so, we may say, in accordance with the rules of geometry, that ten times hundred thousand living little animals are not as big as a little grain of millet. Now we must take for granted that such little animals are equipped with as many different organs of motion as the large animals. *Micro-organisms.*

---

[1] The letter was addressed to the poet HUBERT KORNELISZOON POOT (1689-1733).

[2] The first poem is a quatrain entitled *Op de afbeelding des Heeren Antoni van Leeuwenhoek, Lidt der Koningklijke Societeit te Londen* [On the picture of Mr Antoni van Leeuwenhoek, Fellow of the Royal Society of London] (POOT, *Gedichten*, p. 436). The second is entitled *Eerkroon voor den Heer Antoni van Leeuwenhoek, ...* [Wreath of honour for Mr Antoni van Leeuwenhoek] (*ibid.*, pp. 267-269). POOT's introductory poem to L.'s *Send-Brieven* (1718) is also to be found is this collection of poems (*ibid.*, pp. 275-276; *Send-Brieven*, **4r **4v).

[3] A *coarse grain of sand* is 870 μ.

[4] The diameter of a *grain of millet* is 2 mm.

[5] In the margin, L. wrote the following:

100	animals in the diameter of a grain of millet
100	
10000.	animals in a circle round of the diameter of a grain of millet
100.	
1000000	make one ball out of one millet grain, accoring to rules of measurement.

Dese diertjens en komen niet uijt bederf ofte uijt sig selfs voort gelijk als veele beuselen[15], en nog willen staande houden, maar bij voorteelinge, want ik hebbe verscheijde malen gesien, dat de diertjens in warm weder, als ik giste dat de selve 36. uren out waren, haar lighame[16] ontstukken barsten, en dan quamen agt levende diertjens uijt te voorschijn, die na een halve menuit tijts voort swommen: soo dat dese voorteelinge in korte dagen tot een seer groot getal wierden.

Gelijk wij nu in onse hersenen, niet en vormen[17], de kleijne deelen waar uijt de schepsels[a] sijn te samen gestelt, soo weijnig konnen wij ook begrijpen, de te samen gestel[18] vande groote Hemelze ligten, want na de stellinge van dien vermaarde Man wijlen de Heer[b] Christiaan Huijgens, Heere van Zeelhem[19], mijnen vrient, soo is de hoe grootheijt van onsen aartkloot als wij die stellen op een, dat dan den diameter[c] vande sonne doet 111[20].

Laaten wij dit nu eens overbrengen tot onse voet maat[21], ende stellen dat de aarde sijn diameter is, een duijm[22] soo sal de diameter ofte axe sijn vande sonne, soo deselve mede een klootze ronte[12] heeft 9 rijnlantze voeten ende drie duijmen, waaruijt dan volgt dat de sonne dertien hondert duijsent, ende seven en sestig duijsent, ses hondert en eenendertig maal grooter is, dan de aart-kloot[23]. Moeten wij niet soo wel verbaast staan, uijt de hoe grootheijt van de groote schepsels[24], als uijt de hoe kleijnheijt.

---

[a] hs: schepsel   [b] hs: Heer *ontbreekt*   [c] hs: diamerter

[15] *beuselen*, op domme, dwaze wijze beweren.

[16] *de diertjens (...) haar lighame*, de lichamen van de diertjes.

[17] *in ... vormen*, ons geen voorstelling kunnen vormen van.

[18] *de* (eig. *het*) *te samen gestel*, het stelsel.

[19] L. doelt hier op CHRISTIAAN HUYGENS (1629-1695). Zie het Biogr. Reg., *Alle de Brieven*, Dl. 1, blz. 402.

[20] L. vervlecht de twee mogelijkheden om zijn stelling te formuleren, nl. 1 de "Hoe grootheijt" van de aarde is 1/111 van de zon, en 2 de diameter van de zon is 111 maal die van de aarde. Daardoor is een verwarde zin ontstaan.

De berekening komt uit HUYGENS' *Kosmotheoros*, blz. 19.

[21] *overbrengen tot onse voet maat*, herleiden tot, uitdrukken in ons stelsel van lengtematen.

[22] Een *duym* is 2,61 cm.

[23] In de marge heeft L. de vermenigvuldiging opgeschreven:

```
        111
        111
        111
     111
     111
    12321
     111
    12321
    12321
    12321
   1367631
```

[24] *soo wel*, evenzeer; *uijt de hoegrootheijt*, over de grootte; *schepsels*, scheppingen van God, hier: hemellichamen. Deze betekenis komt in het zeventiende-eeuws ook bij andere auteurs voor. In het slot van de zin: *de hoe kleijnheijt*, nl. van de kleine "schepsels", is deze specifieke connotatie natuurlijk niet aanwezig.

These little animals do not come forth from putrefaction, or spontaneously, as many people foolishly assert and still want to maintain, but through procreation, for I have seen several times that in warm weather the bodies of little animals, which I guessed to be 36 hours old, burst asunder, and then eight living little animals came forth from them, which swam along after half a minute; so that in a few days these procreations mounted up to a very great number.

Now as we cannot form an idea in our brain of the small parts from which the creatures are put together, just as little do we understand the structure of the great heavenly lights, for according to the thesis of that famous man, the late Mr Christiaan Huygens[5], Lord of Zeelhem, my friend, if we put the size of our terrestrial globe at one, then the diameter of the sun comes to 111[6].

Now let us convert this to our longitudinal measurements, and suppose that the diameter of the earth is an inch; then the diameter or axis of the sun will be, if it has also a globular form, 9 Rhineland feet and three inches; it follows from this that the sun is thirteen hundred thousand and sixty-seven thousand, six hundred and thirty-one times larger than the terrestrial globe[7]. Ought we not to stand equally amazed at the magnitude of the large creations and at the smallness?

---

[5] L. here refers to CHRISTIAAN HUYGENS (1629-1695). See the Biogr. Reg., *Collected Letters*, vol. 1, p. 403.

[6] This calculation is to be found in HUYGENS's *Kosmotheoros*, p. 19.

[7] An *inch* is 2,61 cm.

[8] L. wrote down the calculation in the margin:

```
          111
          111
          111
    111
    111
   12321
     111
   12321
   12321
   12321
 1367631
```

BRIEF No. 324 [XXI]   10 MEI 1716

Maagdenpalm. Ik moet tot UEd. ook seggen dat seker groot poeet, seijt dat de vrugt van de maagde palm sijn naam heeft, om dat de soo genoemde maagde palm wel een bloesem voort, brengt en geen zaad draagt[25]. Siet hier van mijne aanteekeninge die ik daar van op het papier hebbe gebragt ende die luijt dus[26]

In Delft desen[a] 10. Meij 1716.

Aan de Hoog geagte Poeet.
H: K: Poots[27].

Wanneer ik in gedagten nam[b], het gewas, dat men Maagde Palm noemt, ende die[c] naam verkregen heeft om dat het gewas, een[d] bloem voortbrengt ende geen saat draagt, ende dus[e] werden de bladeren van de[f] soo genaamde Maagde Palm, op den dag als een maagt sal trouwen[28], de[g] straat voor de huijsinge vande bruijt, ende eenige naast gelege huijsen, met die palm, ende ook de bruijt, als zij van het trouwen komt[h], daar mede bestroeijt, ende de tafel daar mede versiert, ende ook eenige bladeren wel vergult[i]. Hier op, soo hebbe ik eenige bloemen, met haar takken, tot mij laten brengen, om dat het bij mij vast stont, datter geen bloem, of[j] eenig gewas was, of het[k] was geschapen, om bij het af vallen vande bloem sijn saat[29] voort te brengen.

---

[a] A: den   [b] A: Ik heb myne gedagten laaten gaan over   [c] A: noemt, welk dien   [d] A: om dat het een   [e] A: draagt. Daarom   [f] A: die   [g] A: trouwen, op de   [h] A: huysinge van de Bruyt, en voor eenige naastgelegen huysen gestroyt. Ook word de Bruyt, van het trouwen komende   [i] A: tafel word'er mede verciert; selfs worden'er wel eenige bladeren vergult   [j] A: bloem aan   [k] A: of deselve   [l] A: bloem, saat

[25] Dit is de kleine maagdenpalm, *Vinca minor*, die in het Nederlandse klimaat zelden zaad produceert.

[26] *dus*, aldus, als volgt.

[27] De naam is met grote, duidelijke letters geschreven, ook de foutieve -s-. Boven de aanbiedingsbrief, in het adres op de omslag, in A en in C staat de juiste naam.

[28] Na *trouwen* verloor L. de greep op de zinsconstructie; zie de verbeteringen in A (aant. f, g, h).

[29] Als de verandering van *of* in *aan* (aant. i) en van *het* in *deselve* (aant. j) in overeenstemming zijn met L.'s bedoeling, moeten de woorden *vande bloem*, die ook in A staan, geschrapt worden.

LETTER No. 324 [XXI]   10 MAY 1716

I must also say to Your Honour that a certain great poet says that the fruit of the periwinkle[8] bears this name because the periwinkle does bring forth a blossom, but bears no seed. Here you have my notes, which I have put down on paper concerning this, and which run as follows.   *Periwinkle.*

At Delft, the 10th of May 1716.

To the Highly esteemed Poet.
H: K: Poots.

I have given thought to the plant which is called periwinkle, and which has been given that name because the plant produces a flower, but does not bear any seed; and therefore on the day that a virgin is to marry the leaves of the periwinkle are strewn on the street before the bride's house and a few neighbouring houses, and also on the bride when she returns from the marriage ceremony, and the table is decorated with it, and at times a few of its leaves are gilded. Hereupon I have ordered that a few flowers with their stalks be brought to me, because I was firmly convinced that no flower or plant exists which was not created to bring forth its seed when the flower falls off.

---

[8] In Dutch the *periwinkle* (here the dwarf periwinkle, *Vinca minor*) is called 'maagdenpalm' which literally means 'virgin's palm'. Hence the various associations L. alludes to.

Zaden.

  Dese bloemen, ende het geene na het afvallen vande bloem, aan het steeltje bleef staan, door het Vergroot-glas beschouwende, sag ik seer klaar, dat het een geschape maaksel was[30], om saat voort te brengen; want ik ontdekten int selve, hoe wel seer[a] kleijn, twee â. drie saaden.
  Seker Heer, die mij eenige bloemen van maagde palm[31b], die op een binneplaats, daar weijnig son bij komt, waren gewassen, komende ter plaatze, daar jonge Luijden souden trouwen, ende handelende de maagde palm, vint aan deselve eenige saaden, die mij[c] ter hant stelt, met der selver saat huijsjens.
  Welkers[d] zaaden, eene bruijne[32] couluur hadden en lang agtig[e], en boven mijn verwagtinge, groot, en stark[f] van schors waren, want sij waren niet veel korter als een koffe-boon, maar de Coffe boon is wel vier maal dikker, ende gelijk de Coffe boonen, als[33] een inwendige naat heeft[g], soo is het ook gelegen met de maagde palm saade.
  Ik hebbe ses van dese zaade, eenige ure in water geleijt, op dat ik de harde schors, met een scharp mesje, na mijn genoegen soude konnen aan schijfjens snijden; ende dat soo dun als het mij doenlijk was, ende alle[h] dese schijfjens voor het Vergroot-glas stellende, sag ik meest door gaans[i] de plant[34], die in het zaat op geslooten lag, veel maal[j] de twee bladeren, die platagtig waren, en waar mede[k] de plant versien is, die ik hadde door sneden, en ik[l] konde ook de vaaten, en aderen in die bladerkens bekennen, ende met[m] de andere snede was dat deel, dat tot de stam, en wortel soude uijt wassen, door sneden, en waar in[n] ik de vaaten die de sappen op ende nederwaarts voeren bekennen[o], dog in andere saade en waren de planten nog niet gemaakt.

---

  [a] A: heel [b] A: bloemen ter hand stelde van Maagde palm [c] A: aan deselvige eenige saaden, die hy my [d] A: saat-huysjens; welke [e] A: hadden; langagtig [f] A: en seer stark [g] A: hebben [h] A: was. Alle [i] A: sag ik door gaans [j] A: saat als opgeslooten lag; en veelmaal ook [k] A: waren, waar mede [l] A: is, en die ik hadde doorsneden. Ik [m] A: bekennen. Met [n] A: doorsneden; waar in [o] A: nederwaarts souden voeren, mede konde bekennen

  [30] *dat ... was*, dat de plant ervoor geschapen was.
  [31] In het hs. is het gezegde van deze zin vergeten en de toevoeging van *ter hand stelde*, als in A lost niet alle moeilijkheden op. Het blijft nl. onduidelijk, of L. de bloemen en het zaad op verschillende tijdstippen heeft gekregen, dan wel tegelijkertijd, na de bedoelde bruiloft. Als we de laatste veronderstelling als de meest waarschijnlijke beschouwen, moet de zin als volgt gereconstrueerd worden: "Seker Heer, komende ter plaatze daar jonge Luijden souden trouwen, en handelende ('in de hand nemende') de (daar gestrooide) maagdepalm, die op een binneplaats daar weijnig son bij komt, was gewassen, vint aan deselve eenige zaaden met der selver saat huijsjens, en eenige bloemen die hij mij ter hand stelde."
  [32] *Welkers zaaden*, de zaden daarvan (nl. van de maagdenpalm); *bruijne*, donkere.
  [33] *als*, als het ware. Het gezegdewerkwoord *heeft* had *hebben* moeten zijn.
  [34] *meest door gaans*, meestal; *de plant*, de kiem.

LETTER No. 324 [XXI]   10 MAY 1716

When I observed through the magnifying glass these flowers, and that which remained on the stalk after the flower had fallen off, I saw very clearly that it was a structure created to bring forth seed; for in it I discovered two to three seeds, although very tiny ones.

A certain gentleman who came to a place where young people were about to marry, and picking up the periwinkle, which had been grown in a courtyard which receives little sunshine, finds on it some seeds with their capsules, and some flowers which he handed to me. *Seeds.*

Which seeds had a dark colour and were rather oblong, and larger than I expected, and they had a tough rind; for they were not much shorter than a coffee bean, but the coffee bean is as much as four times thicker; and just as the coffee beans have a groove on the inside, so it is with the seed of the periwinkle.

I have laid six of those seeds for a few hours in water, in order that I would be able to cut the tough rind with a sharp little knife in little slices to my satisfaction; and that as thin as was feasible for me; and putting all these little slices before the magnifying glass, I saw in almost all cases the embryo which lay enclosed in the seed, and many times the two leaves, which were flattish, and with which the embryo is equipped which I had cut through; and I could also perceive the vessels and veins in those little leaves; and with the other cut that part had been cut crosswise from which the stalk and root were to grow, and in which I could also perceive the vessels which convey the saps upwards and downwards; but in other seeds the embryos had not yet been formed.

Kiem.

    Vorders snede ik de schors, ende de meelagtige stoffe waar in de plant leijt, in haar lengte, aan kleijne stukjens, om de plant in sijn geheel[a] uijt het zaat te hebben, dat ik ook te weeg bragt, en ik sag seer net[35] in de twee[b] langagtige bladeren, met haar vaaten en aderen, ende[36] het geene dat[c] tegen den anderen[7] hadde gelegen platagtig waren, ende de buijte zijde die rontagtig waren, dog[d] de vaaten in dat deel en konde ik om der selver dikte niet wel bekennen, ende ik oordeelde, dat de ingeleijde[37] plant, wel tien maal[e] dunder was, als het soo genaamde[f] zaat waar in de plant op geslooten leijt.

    Gelijk[38] nu de plant in het zaad vande maagde palm, ongemeen lang en dun is, ende dat[39] dese soo genaamde[g] palm, geen stam plant is, maar het gewas dat langs[h] de aarde sig verspreijt, over een komende met de[i] Wijn gaart ranken, die wij wel op binden, maar in geschapen sijn[40], om op de aarde sig uijt te spreijen, soo[41] sijn nu de planten die int saat[j] van de maagde palm, en in het zaad vande wijn gaart, die de kernen vande druijven sijn, van een[k], en gelijke figuur, schoon de zaaden seer verscheijde sijn van maaksel.

    Ik hebbe ook in gedagten genomen, of de redenen[42] niet en is, dat men geen zaaden inde maagde palm vint, om dat[43] men meest door gaans[l], de palm plant in een veragten hoek vanden tuijn, daar de minste sonne komt.

---

    [a] A: in haar geheel   [b] A: net de twee   [c] A: ende dat de syden, die   [d] A: ende dat de buyten syden rondagtig waren. Dog   [e] A: wel sestien maal   [f] A: het soogenoemde   [g] A: dese soogenoemde   [h] A: gewas als langs   [i] A: met veele   [j] A: syn ook de planten in't saat   [k] A: Wyngaart, dat is in de kernen van de druyven, van een   [l] A: of de reden, dat men doorgaans geen zaad aan de Maagde-palm en vint, niet en is, om dat men doorgaans

[35] *net*, mooi, duidelijk. De formulering in het hs. leidt tot de interpretatie dat de kiembladeren iets van elkaar geweken zijn en dat L. in de ruimte daartussen kon kijken. In A wordt door het schrappen van *in* een andere voorstelling van zaken gegeven. Of dit met instemming van L. is gebeurd of zonder, is onbekend.

[36] *ende*, lees: ende (ik sag) dat. Zie voor *het geene* de variant aant. p.

[37] *ingeleijde*, inleggende.

[38] *Gelijk*, zoals.

[39] *dat* vervangt hier *gelijk* en heeft daarom dezelfde betekenis.

[40] *maar ... sijn*, maar die de ingeschapen eigenschap hebben.

[41] *soo*, hervattend voegwoord (overbodig).

[42] *redenen* (lees: reden), oorzaak.

[43] *om dat*, lees: dat.

Furthermore I cut the rind and the mealy substance, in which the embryo is lying, lengthwise into small pieces, in order to extract the embryo in its entirety from the seed; which I actually accomplished, and I saw very clearly the two oblong leaves with their vessels and veins, and that those sides which had been lying against one another were flattish, and the outsides which were rather roundish; but I could not well distinguish the vessels in that part because of their thickness; and I judged that the enclosed embryo was as much as ten[a] times thinner than the so-called seed in which the embryo lies enclosed.

Embryo.

Now just as the embryo in the seed of the periwinkle is exceptionally long and thin, and as this so-called palm is not a plant with a stalk, but a growth which spreads out over the ground, resembling the branches of the vine, which we tie up, but which have been created to creep over the ground, – in the same way the embryos which are present in the seed of the periwinkle have the same form as the seeds of the vine, which are the grape seeds, although the seeds have a very different structure.

I have also considered whether the cause that no seeds are found in the periwinkle is the fact that almost always the palm is planted in a despised corner of the garden with a minimum of sunshine[9].

---

[a] A: sixteen
[9] In the Dutch climate dwarf periwinkles hardly ever produce seed.

Zetmeel.

    Uijt dese[a] waarneminge mogen de bruijden[b] onbeschroomt, met de maagde palmen laten versieren[44], schoon haar maagdom[c] soo wel over een komt, als de maagdom van de[d] maagde palm.

    Vorders hebbe ik waar genomen, dat de meelagtige stoffe, die de plant omvangt, mede ten deele[e] bestaat uijt vliesjens, ende dat in die vliesjens op geslooten leggen seer kleijne bolletjens, waar van[f] de eene veel grooter is, als de andere, en welke vliesjens, in haar ommetrek als[45] veel[g] grooter sijn, als de vliesjens, inde pit, waar uijt voor een gedeelte de Cocos-noot bestaat[46], en als[h] ik de meelagtige stoffe, van het zaat vande maagde-palm, wat hart drukte, soo sag ik veel olij deelen, die soo groot waren, ende een klootze ronte hadden, dat[47] men most oordeelen, dat ze uijt verscheijde olij deeltjens, waren te samen gestremt.

---

[a] A: Niettegenstaande dese   [b] A: bruyden haar   [c] A: haar de maagdom   [d] A: maagdom aan de   [e] hs: ten den deele *in de marge*   [f] A: bestaat uyt vliesjens; waar van   [g] A: ommetrek veel   [h] A: bestaat. Als

[44] Toen L. deze zin met "Uijt dese waarneminge" begon, moet hem een ander vervolg voor de geest gezweefd hebben, dan er ten slotte op het papier kwam. De verbeteringen in A (aant. a, b, c, d) zijn onmisbaar voor het begrip van de zin. Door de verandering van *Uijt* in *Niettegenstaande* en de toevoeging van *haar* ('zich') wordt de voorzin duidelijk. In de nazin (*schoon ... maagde palm*) bemoeilijkt het ongewone gebruik van *over een komt* de interpretatie. L. zal bedoeld hebben: ook al zou (het begrip) maagdelijkheid op haar (de bruijden) evenzeer (dat wil zeggen: even weinig) van toepassing zijn als op de maagdepalm. L. heeft immers aangetoond, dat die zaad draagt en dus niet "maagdelijk" is.

[45] *als* moet geschrapt worden. Zie ook aant. f.

[46] Zie Brief 298 [III] van 28 februari 1713, in dit deel.

[47] *die ... dat*: de omgekeerde volgorde: "die een klootze ronte ('bolvorm') hadden, en soo groot waren dat", zou grammaticaal beter geweest sijn, maar dan fungeert de bolvorm niet nadrukkelijk als factor in L.'s conclusie.

LETTER No. 324 [XXI]   10 MAY 1716

Notwithstanding this observation, brides need not hesitate to allow themselves to be adorned with the periwinkle, although their virginity does really resemble the virginity of the periwinkle.

Furthermore I have observed that the mealy substance which surrounds the embryo consists also partly of little membranes, and that in these little membranes very tiny globules are enclosed, the one of which is much larger than the other, and which little membranes have a circumference which is much larger than that of the little membranes in the core which constitutes a part of the coconut[10]; and when I put some firm pressure on the mealy substance of the seed of the periwinkle, I saw many parts of oil, which had a globular form and were so big, that one must conclude that several little parts of oil had coagulated in them.

Starch.

---

[10] See Letter 298 [III] of 28 February 1713, in this volume.

BRIEF No. 324 [XXI] — 10 MEI 1716

Vorders hebbe ik ses zaaden vande maagde palm, in nat sant geleijt, ende dat geplaast, in een wijde en starke glase tuba, ende na dat ik de tuba een maant lang, bij mij hadde gedragen, en daar het[48] bij nagt[a] een natuurlijke warmte heeft gehad, nam ik een zaatje uijt het zant, en ik konde geen verandering in[b] het saatje gewaar werden, en ik liet[c] de andere zaaden int zant leggen, en ik droeg sorg dat het sant een redelijke vogtigheijt was behoudende, ende nog een maant verloopen sijnde, vont ik de zaaden nog in haar volkome gestalte, dog waren[49] nu soo sagt, dat ik ze met de nagel konde van een breeken, als wanneer[50] ik de plant, uijt de zaaden konde nemen, en waar aan[d] geen de minste bedervinge nog wasdom aan te[e] bekennen was.

Dus verre sijn mijne aanteekeninge ontrent de maagde palm, die ik inde voor ledene jaar hebbe op het papier[f] gebragt, ende goet gedagt hebbe UE: mede te deelen, en sal na veel agtinge blijve[51], sijne

    Hoog geagte Poeet

Onderdanige[g] en verpligte
dienaar
Antoni van Leeuwenhoek

---

    [a] A: lang hadde by my gedragen, daar het by dag   [b] A: sant; doch ik konde geen de minste verandering aan   [c] A: werden. Ik liet dan   [d] A: nemen; waar aan   [e] A: wasdom te   [f] A: in het voorledene jaar op het papier hebbe   [g] A: blyven. Hoog-geagte Poëet. Uw Onderdanige

[48] *en daar het*, waar het (zaad). Dat was dus in L.'s zak. De verandering van *nagt* in *dag* (aant. h) is opmerkelijk. Misschien berust zij op een aanwijzing van L., maar het is ook mogelijk dat de drukker een afwijkend afschrift van de brief als kopij voor zich had.

[49] *in haar volkome gestalte*, geheel gaaf; *dog waren*, maar zij waren.

[50] *als wanneer*, waarbij.

[51] Dit is L.'s enige brief aan POOT.

LETTER No. 324 [XXI]   10 MAY 1716

    Furthermore I have laid six seeds of the periwinkle in moistened sand, and put this in a wide and strong glass tube, and after I had carried the tube with me for a month, and because it had received by night[a] a natural warmth, I took a little seed from the sand and I could not perceive any change in the little seed; and I let the other seeds lie in the sand, and I took care that the sand maintained an adequate degree of dampness; and when another month had gone by, I found the seeds still wholly intact; but now they were so soft that I could break them to pieces with my nail, so that I could extract the embryo from the seed, and on this not the slightest degree of corruption or growth could be discerned.

    Thus far run my notes on the periwinkle, which I had put down on paper last year, and which I thought right to communicate to Your Honour, and I shall remain with much respect[1],

    Highly esteemed Poet,

Your humble and obliged
servant
Antoni van Leeuwenhoek

---

[a] A: day
[1] This is L.'s only letter to Poot.

BRIEF No. 325 [XXII]   16 MEI 1716

Gericht aan: GERARDUS VAN LOON.

Manuscript: Geen manuscript bekend.

GEPUBLICEERD IN:

     A. VAN LEEUWENHOEK 1718: *Send-Brieven,* ..., blz. 198-206 (Delft: A. Beman). - Nederlandse tekst [A].

     A. À LEEUWENHOEK 1719: *Epistolae Physiologicae* ..., blz. 196-205 (Delphis: A. Beman). - Latijnse vertaling [C].

     N. HARTSOEKER 1730: *Extrait Critique des Lettres de feu M. Leeuwenhoek*, in *Cours de Physique* ..., blz. 62 (La Haye: J. Swart). - Frans excerpt.

     S. HOOLE 1799: *The Select Works of Antony van Leeuwenhoek* ..., Dl. 1, blz. 207-212 (London). - Vrijwel volledige Engelse vertaling van de brief met uitzondering van de laatste twee alinea's.

     A.J.J. VANDEVELDE 1923: *De Send-Brieven van Antoni van Leeuwenhoek* ..., in *Versl. en Meded. Kon. Vlaamsche Acad.*, Jrg. 1923, blz. 376-377. - Nederlands excerpt.

SAMENVATTING:

Luikse hop is beter dan de Noord-Nederlandse. Over de bouw van hopbellen en de bitter smakende, lupuline bevattende olieklieren. Zoutdelen uit de olie. Vergelijking met kandijsuiker. Over kiemplantjes uit de zaadjes van de hopbel. L. zegt uit een familie van bierbrouwers te stammen.

OPMERKINGEN:

De hier afgedrukte tekst is die van uitgave A.

LETTER No. 325 [XXII] 16 MAY 1716

Addressed to: GERARDUS VAN LOON.

Manuscript: No manuscript is known.

PUBLISHED IN:

A. VAN LEEUWENHOEK 1718: *Send-Brieven*, ..., pp. 198-206 (Delft: A. Beman). - Dutch text [A].

A. À LEEUWENHOEK 1719: *Epistolae Physiologicae* ..., pp. 196-205 (Delphis: A. Beman). - Latin translation [C].

N. HARTSOEKER 1730: *Extrait Critique des Lettres de feu M. Leeuwenhoek*, in *Cours de Physique* ..., p. 62 (La Haye: J. Swart). - French excerpt.

S. HOOLE 1799: *The Select Works of Antony van Leeuwenhoek* ..., vol. 1, pp. 207-212 (London). - Practically complete English translation of the letter with the exception of the last two paragraphs.

A.J.J. VANDEVELDE 1923: *De Send-Brieven van Antoni van Leeuwenhoek* ..., in *Versl. en Meded. Kon. Vlaamsche Acad.*, 1923, pp. 376-377. - Dutch excerpt.

SUMMARY:

Hops from Liège are better than those from the Northern Netherlands. On the structure of hops, and the lupulin glands which contain a bitter oily substance. Salt particles from the oil. Comparison with sugar candy. Embryos from the seeds of hop. L. descends from a family of beer brewers.

REMARKS:

The text as printed here is that of edition A.

In Delft den 16. Mey 1716.

Aan den Heer Advocaat Gerardus van Loon[1].

Myn Heer.

Hop.

Wanneer ik met UEd: quam te spreeken ontrent de Hop[2], en wat ik daar in hadde waargenomen; soo verhefte UEd: de Hop, die ontrent Luyk valt[3], verre boven die geene die hier te lant gewonnen wert: welke Luykze Hop in de Brouwerye van Mejuffr. van Loon, UEd: Moeder, word gebruykt. Dat nu de Luykze Hop beter valt, als onse Hop, dat moet[4] ons niet vreemt voor komen; omdat Luyk ontrent 12. graat suyderlyker leyt als ons lant; ende dus[5] vroeger kan ryp werden, en ook in een hooger gront is wassende. En nademaal UEd: kennis van de Hop is hebbende, soo hebbe ik goet gedagt myne aanteekeninge, die ik in't ontleden van de Hop op het Papier hebbe gebragt, UEd: te laten toekomen, die dese volgende syn.

Ik hebbe de bladerkens van de Hop, namentlyk die het zaadhuysje uytmaaken, door het Vergroot-glas beschout: ende alsoo die bladerkens seer dun syn, soo was het voor my een aangenaam gesigt, hoe de aderkens in die bladerkens verspreyt lagen, en als[6] in malkanderen vereenigden; en hoe in eenige vaten een roodagtige stoffe lag: en ik bevont ook dat eenige vaten bestonden uyt omwentelende deelen[7], gelyk ik ondervonden[8] hebbe dat de aderen in de Thee-bladeren syn[9].

---

[1] De brief is gericht aan GERARD VAN LOON (1683-1758), advocaat en brouwer te Delft. VAN LOON overhandigde L. op 3 juni 1716 de zilveren medaille waarmee de Leuvense hoogleraren CINK, NAREZ en REGA hem vereerden (DOBELL, *Little Animals*, blz. 80-83). L. bedankte de gevers in Brief 324 [XXV] van 12 juni 1716 (*Send-Brieven*, blz. 220-232, m.n. blz. 220-221; *Alle de Brieven*, Dl. 18).

[2] *Hop*, *Humulus lupulus* L. De lupuline bevattende bitterstoffen uit de vrouwelijke hopbellen zijn een bestanddeel van bier.

[3] *valt*, voorkomt, groeit.

[4] *beter valt*, beter is; *moet*, behoeft.

[5] *ende dus*, en de hop daardoor.

[6] *als*, als het ware.

[7] *bestonden uyt omwentelende deelen*, spiraalvormig van maaksel waren.

[8] *ondervonden*, bevonden.

[9] Dit zijn tracheïden met een spiraalvormige verdikking. Zie Brief 320 [XIX] van 18 november 1715, in dit deel.

At Delft, the 16th of May, 1716

To Mr Gerardus van Loon, Lawyer[1].

Dear Sir,

When I happened to talk with Your Honour about the hop[2] and what I had observed in it: then you set a far greater value on the hop which grows in the neighbourhood of Liège than on that which is produced in our country here: which hop from Liège is used in the brewery of Mrs. van Loon, the mother of Your Honour. It need not appear strange to us that the hop from Liège is better than our hop; because Liège lies approximately one and a half degrees more to the south than our country; and through this the hop can ripen earlier, and it is also growing in a higher soil. And because Your Honour has expert knowledge of the hop, I thought it fit to send to Your Honour my notes, which I have put down on paper when I was dissecting the hop, which are as follows.

I have observed through the magnifying glass the little leaves of the hop, that is to say, the ones which make up the little capsule; and because those little leaves are very thin, it was pleasant for me to see how the little veins lay dispersed in those little leaves and, as it were, united with one another; and how a reddish substance was lying in some vessels; and I also found that some vessels consisted of spiralling parts, as I have also found the veins to be in the tea-leaves[3].

Hop.

---

[1] The letter was addressed to GERARD VAN LOON (1683-1758), lawyer and brewer at Delft. On 3 June 1716 VAN LOON presented to L. the silver medal which the Louvain professors CINK, NAREZ and REGA had bestowed on him (DOBELL, *Little Animals*, pp. 80-83). L. thanked the bestowers in Letter 324 [XXV] of 12 June 1716 (*Send-Brieven*, pp. 220-232, esp. pp. 220-221; *Collected Letters*, vol. 18).

[2] *Hop, Humulus lupulus* L. The bitter tasting substances from the female hops, which contain lupulin, are an ingredient of beer.

[3] These are tracheids with a spiral thickening. See Letter 320 [XIX] of 18 November 1715, in this volume.

BRIEF No. 325 [XXII] 16 MEI 1716

Zaad. Vorders vernam ik[10], dat verscheyden van die bladerkens met een zaatje waren bezet: welk zaadje geplaatst was, daar het blaatje aan syn steeltje was vereenigt geweest, en groot gemaakt synde vast sat. En ik beelt my ook in[11] dat yder blaatje, van een geseyt zaathuysje, gemaakt was geweest om een zaatje voort te brengen. Dog hare volkome wasdom niet genietende[12], hebben de zaatjens tot geen rypigheyt konnen komen.

Kiem. Ik ontleede verscheyde van die zaatjens: en ik bevont, dat de binnestoffe niet anders was als de jonge plant[13], bestaande uyt dat deel dat tot de wortel van de plant verstrekte[14]; ende de rest was twee bladerkens, sonder dat ik eenige andere deelen sag als de menigvuldige vaatjens of aderkens, waar mede dat deel, dat tot de wortel ofte rank sal uytwassen, was versien[15].

Vorders waren alle de bladerkens van het zaathuysje, ende wel meest ontrent de plaats daar de bladerkens haar voetsel en grootmakinge genieten, beset met seer kleyne bolletjens, die een schoone geele coleur hadden[16]; en waren seer na[17] van de groote, na myn oog af te meten, als of der selver axe was als de diameter van een hair van onse kinne[18], en ook veele kleynder. Dese geele bolletjens, beelde ik my in[11], waren geen vrugt van de Hop; maar alleen een uytgestoote stoffe; die wegens overvloet van voetsel door de vaaten niet wel konnende gevoert werden, buyten de vaaten in groote wasdom, ofte door een dag of twee grooter hitte, word gestooten[19].

---

[10] *vernam ik*, zag ik.
[11] *beelt my (...) in*, denk, neem aan.
[12] *hare ... genietende*, maar omdat ze (de zaadhuisjes) niet helemaal volgroeid waren.
[13] *de jonge plant*, de kiem.
[14] *verstrekte*, diende.
[15] Lees: de deelen, die tot de wortel ofte (tot de) rank sullen uytwassen, waren versien.
[16] Dit zijn de klieren die het lupuline bevattende, olieachtige hopmeel produceren.
[17] *seer na*, ongeveer.
[18] Een *hair van onse kinne* is 100 μ.
[19] Men leze de woorden *buyten de vaaten* na *grooter* ('van grote') *hitte*.

Furthermore I saw that on several of those little leaves a little seed was to be found; which little seed was situated where the little leaf had been united to its little stalk, and to which it had become attached when it was fully grown. And I also assume that each little leaf of a capsule, as mentioned above, had been fashioned to bring forth a little seed. But because they had not reached their full growth, the little seeds could not have become wholly ripe. *Seed.*

I dissected several of those seeds; and I found that the matter within was nothing but the young embryo, consisting of that part which was to serve as the root of the plant; and the remainder consisted of two little leaves, without my seeing any other parts than the numerous little vessels or veins, with which those parts are equipped, which will grow into the root or the shoot. *Embryo.*

Furthermore, all the little leaves of the capsule were covered with very tiny globules which had a beautiful yellow colour[4], and that for the most part around the spot where the little leaves receive their nourishment and growth; and their size, as measured by my eye, was approximately as if their axis was equal to the diameter of a hair from our chin[5], and many of these were also smaller. These yellow globules, I assume, were not fruits of the hop, but merely an expelled substance which because of a profusion of nourishment, which cannot easily be conveyed through the vessels, is expelled from the vessels during a spurt of growing, or during some two days of great heat.

---

[4] These are the lupulin glands which produce an oily and mealy substance.
[5] A *hair from our chin* is 100 μ.

BRIEF No. 325 [XXII]   16 MEI 1716

Olie.

Ik brak veele van de geseyde geele bolletjens ontstukken; en ik beelde my in dat ze geen ander bastje hadden, als dat het buytenste van de selven[20] was droog geworden, en het binnenste byna was niet anders dan een seer heldere geele oly; sonder dat eenige de minste deelen in de selve te bekennen waren, als kleyne ronde bolletjens, waer uyt het vordere gedeelte van het bolletje was bestaande, en die niet vloeybaar waren.

Wijnstok.

Wanneer ik over eenige jaren[21] geloogeert was, daar een Wyngaart[22] tegen de agtergevel van het huys, tegen de Zuyder Zon, aan stont; soo viel myn oog op die nieuwe ranken, die op veele plaatsen beset waren met heldere kleyne bolletjens; die ik oordeelde alleen veroorsaakt te syn, om dat door de groote hitte van de son soo veel voetsame stoffe wierd opgestooten, dat deselvige door de Wyn gaart ranken, tot wasdom van bladeren ende druyven niet konden gevoert werden[23]. En dese hitte wierd vermeerdert, stel ik vast[24], om dat eer men in de tuyn quam, de gront daar de wortel van de Wyn-gaert lag, seer net beleyt was, ende dat in vakken, met[25] verscheyde Coleuren van kleyne keysteentjens van ontrent twee duym haar axe[26]; die ook veel warmte aan de wortel hebben gebragt; te meer om dat niet een grasje tussen de steentjes was. Dus wierd het sap dan uyt de ranken gestooten: en wierd aldaar gestolt.

---

[20] *als ... de selven*, dan dat de buitenkant ervan.
[21] *over eenige jaren*, enige jaren geleden.
[22] *Wyngaart*, wijnstok.
[23] De *kleyne bolletjens* zijn 'Perldrüsen' die op jonge organen van de wijnstok kunnen voorkomen. Zie aant. 25 bij Brief 171 van 23 juli 1696, *Alle de Brieven*, Dl. 12, blz. 16.
[24] *stel ik vast*, meen ik stellig.
[25] *seer ... met*, heel mooi belegd was B en wel vaksgewijze B met.
[26] *van ... axe*, met een diameter van ongeveer twee duim.
Een *duym* is 2,61 cm.

I broke many of the said yellow globules to pieces; and I assume that they had no other *Oil.*
little rind than that their outside had dried up; and the matter within consisted of almost
nothing but a very clear yellow oil, without there being any parts, however few, to be discerned in it, apart from tiny round globules of which the remaining part of the little globule
consisted, and which were not fluid.

Some years ago, when I was staying somewhere where a vine was planted against the *Vine.*
rear side of the house, facing the sun in the south, my eye was caught by the new shoots,
which in many places were covered with clear little globules; which I judged to have been
solely brought about because through the great heat of the sun so much nutritive substance
was thrust upwards that this could not be conveyed through the branches of the vine for the
growth of the leaves and grapes[6]. And I am firmly convinced that this heat was enhanced
because before one entered the garden, the soil where the root of the vine was situated had
been very neatly paved in rectangular sections with various colours of little cobblestones,
with a diameter of approximately two inches[7]; which have also transmitted much heat to the
root; and even more so because not a single blade of grass was to be found between the cobblestones. So, then, the sap was expelled from the branches, and there it coagulated.

---

[6] The *clear little globules* are pearl glands which occur on young organs of the vine. See note 6 on Letter 171 of 23 July 1696, *Collected Letters*, vol. 12, p. 17.

[7] An *inch* is 2.61 cm.

Hop.

    Ik nam eenige van die ronde bolletjens, en ik bragt die voor het Vergroot-glas; ende ik sag dat het deel, dat wy een basje souden mogen[27] noemen, niet glat was, maar verscheyde rimpels had; waar uyt ik een besluyt maakte[28], dat de uytgestoote vogt, die sig in een klootze ronte hadde geset[29], voor een gedeelte was weg gewasemt, waar door de vogt een korsje, of schors, hadde bekomen, die ook met rimpels was gedroogt.

    Wanneer ik nu de hier vooren geseyde gele bolletjens, die op de bladerkens van de Hop waren, ontstukken hadde gebrooken, en op een suyver glas[30] eenige dagen hadde laten leggen; besag ik dien oly; en bevont dat veel van deselve gestremt[31] was in lange dunne deeltjens; ende dat in soo een groote menigte, dat ik daar over verstelt stont: ende daar[32] dese oly-agtige stoffe seer dun was leggende, waren de lange deeltjens niet langer, als de diameter van een fyn wolhairtje[33]: en de andere, daar de stoffe wat dik hadde gelegen, waren wel viermaal langer: en op eenige plaatsen lagen wel twaelf lange deeltjens als uyt een punt te voorschyn komende, waar van eenige op haare eynde seer spits waren toeloopende: doch aan haare andere eynden konde men geen spitsigheit bekennen.

---

[27] *mogen*, kunnen.
[28] *een besluyt maakte*, de conclusie trok.
[29] *die ... geset*, dat zich in de vorm van een bolletje had afgezet.
[30] *een suyver glas*, een schoon glasplaatje.
[31] *gestremt*, gestold.
[32] *daar*, waar.
[33] Een *wolhairtje* is 25-30 μ.

I took a few of these round little globules, and I put them before the magnifying glass; and I saw that that part which we could perhaps call a little rind, was not smooth, but that it had several wrinkles; from which I concluded that the expelled moisture, which had deposited itself in a globular form, had partially evaporated, through which the moisture had acquired a crust or rind, which had also dried up with wrinkles.

Now when I had broken the little yellow globules, mentioned above, which were present on the little leaves of the hop, to pieces, and I had left them lying on a clean glass for several days, I viewed that oil; and I found that much of it had coagulated in the form of long thin particles; and that in such a great multitude that I was amazed at it; and where this oil-like substance was lying very thinly, the long particles were not longer than the diameter of a very fine fibre of wool[18]; and the others, where the substance had been lying rather thickly, were as much as four times longer; and in some places as much as twelve long particles were lying, which, as it were, came forth from a single point; some of them were tapering very sharply at their end; but at the other end no pointedness was discernible.

Hop.

---

[18] A *fibre of wool* is 25-30 μ.

BRIEF No. 325 [XXII]　　　　　　　　　　　　　　　　　　　　16 MEI 1716

Zouten.　　　　Nu moeten wy vaststellen[34], dat de geseyde heldere lange deeltjens in den Oly opgeslooten leggende, schoon deselve om haare kleynheyt voor onse oogen sullen verborgen blyven[35], waarlyk soutdeelen syn, en dat de bitterheyt van de smaak, die de Hop aanbrengt, daar uyt ontstaat[36]; en vorders dat de zoutdeelen, schoon deselve meer dan duysentmaal kleynder syn als dat wy die door het Vergroot-glas konnen ontdekken, egter[37] van deselve figuur syn als die grooter gestremt syn: gelyk wy sien aan de seer kleyne sout-figuuren van ons gemeen sout[38], ende aan de salpeter-deelen; en aan veel andere souten, ja selfs siet men't aan
Candy-suyker.　de Candy-suyker[39]; want als die maar in een vogtige lugt geweest was, en in een stoof[40] weder wierd gedroogt; heeft men tot my wel geklaagt dat soodanige suyker dan haare glans verliest. De redenen hier van ondersoekende, bevont ik dat de oppervlakte van de Candy-suyker, door de vogtige lugt, een weynig ontdaan[41] was: en als deselve door de warmte weder gestremt was, dat'er dan by uytnemendheit veele seer kleyne deeltjens waren gestremt, ende veele van die figuur als[42] de groote Suyker-deelen: alle welke kleyne deelen de glansigheyt van de suyker beneemen. Om nu weder tot de zout-deelen van de Hop te koomen, waar sullen dan de Philosophen[43] blyven die seer vast staande houden, dat de bitterheyt wert te weeg gebragt, door dat de zout-deelen kleyne haakjens hebben; welke haakjens soo een prikkeling te weeg brengen, die wy bitter noemen.

　　Ik hebbe verscheyde malen soo een enkel blaatje Hop, als hier vooren is verhaalt, ontrent een halve minuit op myn tonge geleyt; om te vernemen[44], of ik van soo een enkel blaatje, daar veel geele bolletjens op vast saaten, eenige bitterheyt op myn tonge soude gevoelen.

---

[34] *vaststellen*, als zeker beschouwen, ervan uitgaan.

[35] *schoon ... blyven*: daar L. in de vorige alinea de waarneming van de deeltjes heeft gerapporteerd, zal hij hier vermoedelijk bedoelen, dat hij de vorm ervan niet goed kon onderscheiden.

[36] Zie voor L.'s ideeën over smaakgewaarwording Brief 18 [12] van 14 augustus 1675, *Alle de Brieven*, Dl. 1, blz. 306-312; Brief 22 [15] van 2 april 1676, *idem*, Dl. 2, blz. 16-20; Brief 82 [43] van 5 januari 1685, *idem*, Dl. 5, blz. 30-50; en Brief 303 [VIII] van 30 juni 1713, in dit deel.

[37] *egter*, toch.

[38] *ons gemeen sout*, keukenzout.
　　Zie voor keukenzout en salpeter aant. 13 en 17 bij Brief 297 [II] van 17 december 1712, in dit deel.

[39] Zie voor kandijsuiker Brief 282 van 14 januari 1710, *Alle de Brieven*, Dl. 16, blz. 190-208.

[40] *stoof*, ruimte waarin door verwarming suikerbroden of kandij gedroogd worden.

[41] *ontdaan*, opgelost.

[42] *van die figuur als*, van dezelfde vorm als.

[43] *de Philosophen*, de geleerden.

[44] *te vernemen*, waar te nemen, hier: te proeven.

LETTER No. 325 [XXII] 16 MAY 1716

Now we must take it for granted that the said clear long particles, which lie enclosed in the oil, although they will remain hidden to our eyes because of their smallness, are in truth parts of salt, and that the bitter taste, which is imparted by the hop, derives from them[9]; and moreover, that the salt particles, although they are more than a thousand times too small for us to be able to discern them through the magnifying glass, yet have the same figure as those parts which have coagulated into a larger size; as we see in the very tiny salt crystals of our kitchen salt, and in the parts of saltpetre, and in many other kinds of salt[10]; indeed, one observes it even in the case of sugar candy[11]. For when this had been in a damp atmosphere and then was again dried in a stove, people at times complained to me that then the surface of such sugar loses its gloss. When I investigated the causes of this, I found that the surface of the sugar candy had slightly melted through the humidity of the air; and when it had again coagulated through the warmth, that then exceptionally numerous very tiny particles had coagulated, and many of the latter had the same figure as the large parts of sugar; and all these little parts take away the gloss from the sugar. Now, to return to the salt particles of the hop, what price, then, the philosophers, who stubbornly stand by their opinion that the bitterness is brought about by the fact that the salt particles have tiny hooks; which little hooks bring about that kind of stimulation which we call bitter.

Salts.

Sugar candy.

I have several times laid such a single little leaf of the hop, as described above, on my tongue during approximately half a minute; in order to taste whether I would perceive any degree of bitterness on my tongue from such a single little leaf, to which many yellow globules were attached.

---

[9] For L.'s ideas on the perception of taste, see Letter 18 [12] of 14 August 1675, *Collected Letters*, vol. 1, pp. 307-313; Letter 22 [15] of 2 April 1676, *idem*, vol. 2, pp. 17-21; Letter 82 [43] of 5 January 1685, *idem*, vol. 5, pp. 31-51; and Letter 303 [VIII] of 30 June 1713, in this volume.

[10] For kitchen salt and saltpetre, see notes 5 and 6 on Letter 297 [II] of 17 December 1712, in this volume.

[11] For sugar candy, see Letter 282 of 14 January 1710, *Collected Letters*, vol. 16, pp. 191-209.

Ik moet tot myne verwonderinge seggen, dat ik uyt soo een enkel bladerke, wanneer ik het met de tonge tegen het verhemelt van de mont aan drukte, soo veel bitterheit vernam, dat ik het te vooren niet soude gedagt hebben.

Met dese myne verhaalde waarneminge niet vergenoegt synde, hebbe ik op nieuw op twee bysondere[45] glasen de oly-agtige bolletjens van de bladerkens van de Hop, soo[46] ontstukken gebrooken, als nog heel, geplaatst; en heb soo naeukeurig, als het my doenlyk was, myn gesigt[47] laten gaan op de oly-agtige stoffe van de hop-bolletjens; dog geen de minste deelen in de selve konnen ontdekken.

Ik plaaste deselve in een lade van myn Cabinet; ende ik dekte nog de glasen met een papier; op dat geen de minste stoffe op de oly-agtige deelen soude vallen: en na ontrent vier-en-twintig uuren beschoude ik weder de oly-agtige deelen; en doen konde ik, ende dat niet als met de naeuste opmerkinge[48], op eenige weynige plaatsen, de hier vooren gemelde seer korte en dunne lange deeltjens bekenne. Daar[32] de stoffe seer dun had gelegen, quamen ook te voorschyn eenige seer kleyne deeltjens daar aan geen figuur te bekennen was[49]. Maar na verloop van nog vier-en-twintig uuren, konde ik veel meerder sout figuuren bekennen. Dese waarneminge hebbe ik gedaan in't laatste van de maant december, ende in't beginne van Jannuary 1714 als wanneer[50] wy veel mist en vogtig we'er hadden. Doch by aldien wy warm we'er met sonneschyn gehad hadden; ik en twyfel niet of wy souden eerder en meerder t'samen stremminge van zout-deelen vernomen[51] hebben.

---

[45] *bysondere*, verschillende, afzonderlijke.
[46] *soo*, zowel.
[47] *myn gesigt*, mijn ogen.
[48] *niet ... opmerkinge*, slechts met de grootste opmerkzaamheid, slechts door zo scherp mogelijk waar te nemen.
[49] *geen ... was*, geen vorm te onderkennen was.
[50] *als wanneer*, toen.
[51] *t'samen stremminge*, uitkristallisering; *vernomen*, gezien.

To my amazement I must say that from such a single little leaf, when I pressed it with my tongue against the roof of my mouth, I perceived so much bitterness that I would never have thought it before.

Not yet satisfied with these observations of mine, related just now, I have once again put the oil-like little globules of the little leaves of the hop, both broken to pieces and still whole, on two separate glasses; and I have cast my eyes over the oil-like substance of the little hop-globules, as painstakingly as I could; but I could not discover any parts whatsoever in them.

I placed them in a drawer of my cabinet; and I covered, moreover, the glasses with a piece of paper, in order that not the slightest amount of dust would fall on the oil-like parts; and after approximately twenty-four hours I again observed the oil-like parts; and then I could, and that only with the most meticulous scrutiny, discern the aforesaid very short and thin long particles in a few places. Where the substance had been lying very thinly, some very small particles also became visible, in which no figure could be discerned. But after another twenty-four hours I could discern many more salt crystals. I have made these observations towards the end of the month of December and in the beginning of the month of January 1714, when we had much fog and damp weather. But if we would have had warm weather with sunshine, I do not doubt that we would have seen the crystallization of the salt particles sooner and to a greater extent.

Hopbellen.

Kiem.

Nu was het wel waardig dat men in de bloeymaant[52] verscheyde bloessems van boomen en vrugten, en wel voornamentlyk de geene, daar de honig-byen meest op vliegen, als ook die kruyden die de meeste reuk geven, beschoude; om te ontdekken wat uytgestooten deelen op deselve mogten sitten.

Wanneer ik nu in't begin van de maant October den Makelaar van de Hop hoorde seggen, dat'er een seer goet gewas van de Hop was, liet ik my bregen eenige zaat-huysjens van de Hop, die ze bellen noemen; en ik doorsogt weder de bladerkens van deselve; en ik bevont, dat een zaat-huysje of bel tussen dertig en veertig zaatjens hadde. Ik ontbloote de zaatjens van haar omwindsels; ende ik bevond dat de inleggende plantjens uyt seer veel oly bestonden, na[53] de groote van het zaatje: ende ik sag ook, als hier vooren is geseyt, dat deselve twee bladerkens hadden, die seer lang waren naar advenand der selver kleynheyt[54]. De bladerkens in het zaatje lagen in soo een ronte, als wy een slak-hoorntje hadden, dat uyt drie omwentelende kringen was bestaande. Wanneer ik dese bladerkens van een spreyde, konde ik nog de uytnemende[55] kleyne bladerkens, die daar al gemaakt waren, bekennen; dog niet in alle zaatjes. Soo dat in dese zaatjens niet een stoffe opgeslooten leyt, gelyk in meest alle groote zaaden is, die de plant het eerste voetsel toebrengt. Ende dus is hier de plant volkomender[56], dan in het groote zaat de kastanje[57].

---

[52] *was het wel waardig*, zou het wel de moeite waard zijn; *bloeymaant*, mei.
[53] *na*, in aanmerking genomen, in verhouding tot.
[54] *naar ... kleynheyt*, in verhouding tot hun geringe afmetingen.
[55] *uytnemende*, buitengewoon.
[56] *volkomender*, verder uitgegroeid.
[57] Zie voor het zaad van de tamme kastanje Brief 32 [20] van 14 mei 1677, *Alle de Brieven*, Dl. 2, blz. 226 en 230-232; Brief 85 [46] van 13 juli 1685, *idem*, Dl. 5, blz. 254; Brief 92 [50] van 14 mei 1686, *idem*, Dl. 6, blz. 70-78; Brief 241 van 26 februari 1703, *idem*, Dl. 14, blz. 242; en Brief 298 [III] van 28 februari 1713, in dit deel.

Now it would be worthwhile to observe in the month of May several blossoms of trees and fruits, and in particular such kinds to which the honeybees fly most often; as well as the herbs which send forth the strongest fragrance: in order to discover what kinds of expelled parts would be found attached to them.

Now when in the beginning of the month of October I heard broker of the hop say that there was an excellent crop of hop, I ordered some capsules, which are called hops, to be brought to me; and I again searched their little leaves; and I found that a capsule or hop contained thirty to forty little seeds. I removed the husks of the seeds; and I found that the enclosed little embryos consisted of a considerable amount of oil, when compared to the size of the little seed; and I also saw, as has been said here before, that they had two little leaves, which were very long in proportion to their smallness. The little leaves in the seed lay in a curve, just as if we had a snail's shell which consisted of three spiralling coils. When I separated these little leaves I could, moreover, discern the exceptionally tiny leaves which had already been fashioned there; but not in all the little seeds. Consequently, no substance lies enclosed in these little seeds (as is the case in almost all large seeds) which provides the embryo with its initial nourishment. And so the embryo here is further developed than in the large seed of the chestnut[12].

Hops.

Embryo.

---

[12] For the seed of a chestnut, see Letter 32 [20] of 14 May 1677, *Collected Letters*, vol. 2, pp. 227 and 231-233; Letter 85 [46] of 13 July 1685, *idem*, vol. 5, p. 255; Letter 92 [50] of 14 May 1686, *idem*, vol. 6, pp. 71-79; Letter 241 of 26 February 1703, *idem*, vol. 14, p. 243; and Letter 298 [III] of 28 February 1713, in this volume.

Olie.

Ende wat de schoone en geele[58] oly-agtige bolletjens aangaat, die waren met meerder rimpels ingedroogt: en als dese bolletjens waren ontstukken gebroken, heb ik den oly op het glas geleyt, daar ik dan tot twee of drie malen myn warmen adem over liet gaan. Ik bragt die soo aanstonts voor myn gesigt; en sag een onbedenkelyke[59] beweginge in dien oly: want de oly vloeyde aan alle zyden in soo een dunne stoffe, als men sig niet soude konnen verbeelden: en maakte op het glas soodanig eene figuur, als of men een uytnemend[55] dun vliesje van eenig diertje door het Vergroot-glas beschoude, waar in men niet bekennen konde als[60] eenige vaatjens, of striemtjens, die in groote uytstaaken.

Ik plaatste het glas, daar dese oly op was, dat'er[61] geen stof konde bykomen, en ik beschoude het des anderen daags. Toen sag ik soo veele zout-deelen, ende die van verscheyde grootheden leggen, dat het geen mensch is te doen geloven. Veele der selve waren van soo uytnemende kleynheyt, dat byaldien men het maaksel van de groote daar ontrent leggende niet en[a] sag, men deselve aan haar figuuren niet en soude konnen bekennen: synde meest alle versien met twee scharpe punten. Dog als ik laatst dezen oly besag, na dat hy maar een uure op het glas hadde gelegen, soo konde ik al zout-deelen bekennen. Ende na verloop van drie uuren veel meer, en ook veel grooter, als die ik eerst besag. Dese zout-deelen vermenigvuldigden in een groote menigte; ende de kleyne wierden grooter: dan[62] de olyagtige stoffe wasemde weg.

---

[a] A: een
[58] *schoone en geele*, mooie, gele.
[59] *onbedenkelyke*, onvoorstelbare.
[60] *niet (...) als*, niets anders dan.
[61] *dat'er*, zondanig dat er.
[62] *dan*, vervolgens, ten slotte. De zinsvolgorde is zeer ongewoon, ook bij L.

And as regards the beautiful yellow little globules, they had dried in with several wrinkles, and after these little globules had been broken into pieces, I have placed the oil on the glass; then I made my warm breath go over it two or three times. I put this forthwith before my eyes; and saw an inconceivable motion in that oil; for the oil spread out on all sides into a substance which was so thin that one would not be able to imagine it; and it formed such a pattern on the glass as if one observed an exceptionally thin little membrane of some kind of little animal through the magnifying glass, in which one could discern nothing but a few little vessels or strips, which were larger in size than the others.

Oil.

I placed the glass on which this oil was lying so that no dust could reach it, and I observed it the next day. Then I saw so many salt particles lying there, and that of various sizes, that nobody could be made to credit it. Many of them were of such exceptional smallness that if one did not see the structure of the large ones lying around them, one would not be able to perceive them from their figures: almost all of them being equipped with two sharp points. But recently, when I observed this oil when it had been lying on the glass for no more than an hour, I could already discern salt particles. And many more after three hours had passed, and also much larger than the ones I saw before. These salt particles multiplied into a large number; the small ones grew bigger; then the oil-like substance evaporated.

Maar het geene my vreemt voorquam, dat was dat veele van die lange, en die[63] aan beyde de eynde met scharpe punten syn versien, niet als een regte Linie[64], maar een flaauwe bogt hadden; ende of die krom gebooge zoutdeelen soo een beweginge in onsen mont te wege brengen, die wy bitter noemen, dat geef ik aan een ander over.

In 't kort, na myn oordeel sag ik wel twee maal soo veel zout deelen in dese Hop, als in de Hop die voorleden jaar gewassen was.

Brouwers. Myn groot- en over groot-vaders hebben Brouwers geweest, en myn groot-moeder was een Dogter van een Brouwer[65]; ende dus hebben myne Voor-ouders veel Hop gehandelt[66]. En wie weet of hare gedagten wel oyt geloopen hebben op de Hop, hier in bestaande, dat dat deel[67], hetgeene wy een hopje ofte bel noemen, een zaat-huysje is; waar in veel saaden opgesloten leggen. Hier heeft UEd: het geene ik van de Hop, in 't ondersoeken van de selve, op het papier hebbe gebragt; en ik zal na veel agtinge blyven, enz.[68]

Antoni van Leeuwenhoek.

---

[63] *die lange, en die*, die lange (zoutdelen), die.
[64] *niet ... Linie*, niet recht waren; waarschijnlijk is *hadden* hier samengetrokken.
[65] L.'s overgrootvader was SEBASTIAAN BEL VAN DEN BERCH, zijn grootvader JACOB SEBASTIAANS VAN DEN BERCH en zijn grootmoeder MARGRIETE CORNELISDR VERBURCH. Zie SCHIERBEEK, *Leeuwenhoek*, Dl. 1, blz. 15 en de stamboom aan het eind van het boek.
[66] *dus*, zodoende; *gehandelt*, in handen gehad, door de handen laten gaan.
[67] *of ... deel*, of ze er wel ooit over gedacht hebben dat dat deel van de hop.
[68] Dit is L.'s enige brief aan VAN LOON.

What seemed strange to me, however, was that many of these long salt particles, which at both ends were equipped with sharp points, were not like a straight line, but had a slight curve; and whether such curved salt particles cause that kind of motion in our mouth, which we call bitter, that I leave to others.

Briefly, as far as I can judge, I saw as much as two times as many salt particles in this hop as in the hop which had grown last year.

My grandfather and great-grandfather were brewers, and my grandmother was the daughter of a brewer[13]; and hence my ancestors have handled much hop. And who knows, perhaps sometime their thoughts have gone out to the hop, with regard to the fact that that part, which we call a little hop, is a capsule; in which many seeds lie enclosed. Here Your Honour has what I have put down on paper about the hop during my investigation of it; and I shall remain with much respect, etc.[14],

Brewers.

Antoni van Leeuwenhoek.

---

[13] L.'s great-grandfather was SEBASTIAAN BEL VAN DEN BERCH, his grandfather JACOB SEBASTIAANS VAN DEN BERCH and his grandmother MARGRIETE CORNELISDR VERBURCH. See SCHIERBEEK, *Leeuwenhoek*, vol. 1, p. 15 and the pedigree at the end of the book.

[14] This is L.'s only letter to VAN LOON.

BRIEF No. 326 [XXIII] 19 MEI 1716

Gericht aan: GOTTFRIED WILHELM LEIBNIZ.

Manuscript: Eigenhandige, ondertekende brief. Het manuscript bevindt zich te Göttingen, Universitätsbibliothek, Cod. MS Philos. 138, blz. 50-51; 3 kwartobladzijden en 1 octavobladzijde. Een contemporain Duitstalig afschrift is weergegeven in GOTTFRIED WILHELM LEIBNIZ: *Sämtliche Schriften und Briefe, Transkriptionen des Briefwechsels* 1716 (2016), no. 786

GEPUBLICEERD IN:

A. VAN LEEUWENHOEK 1718: *Send-Brieven,* ..., blz. 207-212 (Delft: A. Beman). - Nederlandse tekst [A].

A. À LEEUWENHOEK 1719: *Epistolae Physiologicae* ..., blz. 206-211 (Delphis: A. Beman). - Latijnse vertaling [C].

N. HARTSOEKER 1730: *Extrait Critique des Lettres de feu M. Leeuwenhoek,* in *Cours de Physique* ..., blz. 62 (La Haye: J. Swart). - Frans excerpt.

A.J.J. VANDEVELDE 1923: *De Send-Brieven van Antoni van Leeuwenhoek* ..., in *Versl. en Meded. Kon. Vlaamsche Acad.*, Jrg. 1923, blz. 377-378. - Nederlands excerpt.

SAMENVATTING:

Opsomming van een aantal onderzoeksvragen: de bouw van spiervezels in spieren en pezen; het aantal tepels bij zoogdieren; het aantal spermatozoën. L. heeft geen eieren gevonden in de eierstokken, de tuba fallopiana en de baarmoeder. Hij kan zich geen aanzuigende werking van de tuba fallopiana voorstellen. L. weet niet wat de functie van een ovarium is.

OPMERKINGEN:

In C is de brief abusievelijk gedateerd op 18 september 1715. Deze brief is naar Leibniz verstuurd via Joachim Georg Reinerding, agent van het Hof te Wolfenbüttel te Den Haag. Dit blijkt uit zijn brief aan Leibniz van 19 mei 1716. Daarin schrijft hij: "Anstatt deßen aber kommt hiebey [...] Imgleichen ein Brief von H. Leuwenhoeck welchen ich gestern empfangen". (Leibniz, *Briefe*, no. 372).

LETTER No. 326 [XXIII] 19 MAY 1716

Addressed to: GOTTFRIED WILHELM LEIBNIZ.

Manuscript: Signed autograph letter. The manuscript is to be found in Göttingen, Universitätsbibliothek, Cod. MS Philos. 138, pp. 50-51; 3 quarto pages and 1 octavo page. A contemporary German translation is transcribed in: GOTTFRIED WILHELM LEIBNIZ: *Sämtliche Schriften und Briefe, Transkriptionen des Briefwechsels* 1716 (2016), no. 786.

PUBLISHED IN:

A. VAN LEEUWENHOEK 1718: *Send-Brieven*, ..., pp. 207-212 (Delft: A. Beman). - Dutch text [A].

A. À LEEUWENHOEK 1719: *Epistolae Physiologicae* ..., pp. 206-211 (Delphis: A. Beman). - Latin translation [C].

N. HARTSOEKER 1730: *Extrait Critique des Lettres de feu M. Leeuwenhoek*, in *Cours de Physique* ..., p. 62 (La Haye: J. Swart). - French excerpt.

A.J.J. VANDEVELDE 1923: *De Send-Brieven van Antoni van Leeuwenhoek* ..., in *Versl. en Meded. Kon. Vlaamsche Acad.*, 1923, pp. 377-378. - Dutch excerpt.

SUMMARY:

Enumeration of a number of research questions: the structure of muscle fibres in muscles and tendons; the number of teats on mammals; the number of spermatozoa. L. did not find eggs in ovaries, the Fallopian tube, or the womb. L. cannot imagine how the Fallopian tube could bring about suction. L. does not know what function the ovary has.

REMARKS:

In C the letter has been wrongly dated 28 September 1715. This letter was sent to Leibniz via Joachim Georg Reinerding, Agent of the Court of Wolfenbüttel in The Hague. In his letter to Leibniz of 19 May 1716, he writes "With this comes a letter by Leeuwenhoek, which I have received yesterday". (Leibniz, *Briefe*, no. 372).

BRIEF No. 326 [XXIII]   19 MEI 1716

In Delft desen[a] 19.[e] Meij 1716.

Hoog Geleerde, ende Wijd Vermaarde Heere[1b].

Ik hebbe UEd: Hoog Geleerde, ende Wijd Vermaarde Heere, sijne aan genamen[c] van-den 31.[e] Maart, laast leden wel ontfangen, ende daar inne gesien, dat mijne[d] aan merkinge, in mijne laaste brief vervat, eenige vergenoeginge hebt gehadt[2];

Pezen.

Wat de menbrane aan gaan[3], die inde trekkers[4] leggen, ende deselve ook ten deele[5] omvangen[e], hoe kleijn de trekkers ook mogen wesen, ende welkers[f] dunte inde Muijs, ik veel maal gesien hebbe, dat[g] derselver eijnde soo dun was, als een hairtje van ons hooft[6], en uijt welkers eijnde als dan voort quam, oft beset[7] was, met verscheijde vlees fibertjens[h].

---

[a] A: Delft den [b] A: Aan den geleerden en wyd-vermaarde Heer; Den Heere G: C: Liebnitz [c] A: Ik hebbe, Hoog-geleerde ende wyd-vermaarde Heere, UEd [d] A: dat in myne [e] A: membranen aangaat; die leggen in de Trekkers, ende omvangen de selven ook ten geheelen [f] A: wesen: welkers [g] A: hebbe: soo dat [h] A: hooft. Welkers eynde dan beset was met verscheyde vleesfibertjens: die daar als uyt voortquamen.

[1] De brief is gericht aan Gottfried Wilhelm Leibniz (1646-1716), filosoof en bibliothecaris te Hannover. Zie het Biogr. Reg., *Alle de Brieven*, Dl. 2, blz. 460.
L.'s vorige brief aan Leibniz is Brief 322 [XX] van 3 maart 1716, in dit deel.
[2] *dat mijne aan merkinge (...) eenige Vergenoeginge hebt gehadt*, dat mijn mededelingen (opmerkingen) u enigermate voldaan hebben.
[3] *aan gaan*, lees: aan gaat.
[4] *trekkers*, pezen.
Zie het Voorwoord voor een opsomming van de brieven over spiervezels en pezen in dit deel. L.'s vorige brief over pezen is Brief 322 [XX] van 3 maart 1716, in dit deel.
[5] De verandering van *ten deele* (hs.) in *ten geheelen* (zie aant. e) is opmerkelijk; zij zal toch niet zonder raadpleging van L. aangebracht zijn.
[6] Een *hairtje van ons hooft* is 60-80 μ.
[7] Na *oft* had *welkers eijnde* herhaald moeten worden. Men leze: en uit welk uiteinde (van de trekker van een muis dus) als het ware verscheidene vleesvezeltjes te voorschijn kwamen, of dat daarmee overdekt was.

LETTER No. 326 [XXIII] — 19 MAY 1716

At Delft, the 19th of May, 1716

Highly Learned and Widely Famous Sir[1],

I have received the agreeable letter of You, Highly Learned and Widely Famous Sir, of the 31st of March, in good order and in this I have seen that my comments, contained in my last letter, have given you some satisfaction.

As regards the membranes: these are lying within the tendons[2], and also partially encompass them, however small the tendons may be; and I have often seen their thinness in the mouse; to wit, that their end was as thin as a little hair from our head[3], and that from their end then originated several little fibres of flesh, or that that end was covered with them.

Tendons.

---

[1] The letter was addressed to GOTTFRIED WILHELM LEIBNIZ (1646-1716), philosopher and librarian at Hanover. See the Biogr. Reg., *Collected Letters*, vol. 2, p. 461.
L.'s previous letter to LEIBNIZ is Letter 322 [XX] of 3 March 1716, in this volume.
[2] See the preface for an enumeration of the letters on muscles and tendons in this volume. L.'s previous letter on tendons is Letter 322 [XX] of 3 March 1716, in this volume.
[3] A *little hair from our head* is 60-80 μ.

BRIEF No. 326 [XXIII] 19 MEI 1716

Spiervezels.   Dese vlees-fibertjens, sijn niet gevest⁸, inde lange starkeᵃ deelen dieᵇ de trekker uijt maken, maar inde menbrane, die uijt de trekker voort komen, als ook die de trekkerᶜ om vangen; ende het is mij wel voort gekomen⁹, dat als ik eenige weijnige vlees fibertjens vande trekker, ontrent een hair breete hadde af gescheijden, dat de vlees fibertjens in geschikte ordre, nevens den anderen¹⁰ waren leggende, ende dat mij klaar bleek¹¹, dat de menbrane voor een gedeelte, soo¹² aan de vleesfibertjens, als aan de trekker nog vast waren, ende metᵈ kleijne deeltjens van een geschuurt¹³, en gelijk nu ijder vlees fibertje, als voor desen bij mij aan gewesenᵉ, mede om wonden leijt, in een menbrane, soo staat het bij mij vast, dat de menbrane, soo inde trekkers, als de menbrane dieᶠ de trekkers om vangen, ende de menbrane, die de vlees fibertjens bekleden, soo aan malkanderen geschakelt sijn, dat hetᵍ een ende deselve menbrane is¹⁴.

Voortplanting.   Soo de Mens, en ook verscheijde Dieren¹⁵, geschapen waren, om meest door gaans¹⁶, meer als een schepsel voort te brengen, soo soude de Natuur, haar meer tepels, geschapen hebben, gelijk wij sien, dat verkens, honden enz: die twee rijen tepels hebben, veel jongen voort brengen.

ᵃ A: in de starke   ᵇ hs: die die   ᶜ A: membranen uyt den Trekker voortkomende, en die ook den Trekker als   ᵈ A: en heb die met   ᵉ A: my is aangewesen   ᶠ A: Trekkers als die   ᵍ A: dat het al

⁸ *sijn niet gevest*, zitten niet vast.

⁹ *het ... gekomen*, ik heb wel gezien; *voort* is een verschrijving voor *voor*.

¹⁰ *in ... anderen*, netjes naast elkaar.

¹¹ *ende ... bleek*, en het is mij overkomen, dat mij duidelijk bleek. Het na *ende* samengetrokken "het is mij wel voort gekomen" heeft hier dus een andere betekenis dan bij aant. 9.

¹² *soo*, zowel.

¹³ *geschuurt*, gescheurd. De spelling sluit waarschijnlijk aan bij L.'s uitspraak.

¹⁴ Zie voor eerdere brieven over de spiervezels en de pezen van een muis Brief 311 [XV] van 20 november 1714, Brief 314 [XVI] van 26 maart 1715; en Brief 317 [XVIII] van 28 september 1715, alle in dit deel.

¹⁵ *Dieren*, hier: zoogdieren.

¹⁶ *meest door gaans*, meestal, over het algemeen.

These little fibres of flesh are not attached to the long strong parts, which make up the tendon, but to the membranes which come forth from the tendon and which also encompass the tendon, and at times I have seen that, when I had separated some few little fibres of flesh from the tendon by approximately a hair's breadth, the little fibres of flesh were lying neatly ordered, one next to the other; and it has happened to me that it became evident to me that the membranes were still partially attached both to the little fibres of flesh and to the tendon, and had been torn apart in little fragments; and just as each little fibre of flesh (as has previously been set out by me) also lies wrapped up in a membrane, I am likewise convinced that both the membranes within the tendons and the membranes which encompass the tendons, as well as the membranes which cover the little fibres of flesh, are so connected to one another, that it is one and the same membrane[4].

Muscle fibres.

If man, and several animals[5] as well, would have been created so as to usually bring forth more than a single creature, then Nature would have created more teats in them; as we see that pigs, dogs, etc., which have two rows of teats, bring forth many young.

Generation.

---

[4] For earlier letters on the muscle fibres and the tendons of a mouse, see Letter 311 [XV] of 20 November 1714, Letter 314 [XVI] of 26 March 1715; and Letter 317 [XVIII] of 28 September 1715, all in this volume.

[5] *animals*: here mammals.

BRIEF No. 326 [XXIII]   19 MEI 1716

        Mij gedenkt[17], dat mij een Heer vraagde, waar toe soo veel diertjens inde Mannelijke zaaden; ik daar op[a] tot den selven seijde, soo[18] weijnig redenen als wij hebben[b] om te vragen, waarom een boom, die hondert ende meer jaren kan out werden, ijder[c] jaar, soo veel bloesems voort brengt[d], daar[19] ijder bloesem een appel, ofte peer[20], ende ijder appel ofte peer ses à. agt saaden, en[e] ijder saat weder tot een boom, soude konnen op wassen[21].

Ovaria.   Hadde de geene die voor het Eijernest sijn[22], soo veel ondersoekinge gedaan als ik hebbe int werk gestelt, ze souden nevens mij, het Eijernest wel verworpen[23]; ik hebben veel Conijnen, en eenige honden laten versamelen[24], ende dan de baar-moerders, met de tuba fallopiana op verscheijde plaatsen (al veel jaren geleden) in presentie van onsen Doctor Anatomicus[25], de tuba fallopiana, op verscheijde plaatsen geopent, ende[f] de weijnige stoffe daar uijt genomen, ende de Mannelijke levende Diertjens, inde selve vertoont[26], sonder dat ik oijt een ingebeelt Eije, dat men buselt[g], van het Eijernest af gesogen soude sijn[27] inde tuba gevonden[28h].

        Ook hebbe ik veel maal de baar-moeders vande schapen, door sogt, want sekere tijd int na jaar, en mogen[i] geen schapen in het Vlees huijs[29] alhier gebragt werden, of daar moeten de baar-moeders, met het geene daar aan vast is, aan de schapen vast sijn, om te doen sien, dat de schapen met geen jongen sijn beset[30] geweest.

---

    [a] A: saaden; Waar op ik   [b] A: seyde; soo weynig redenen hebben wy ook   [c] hs: ider   [d] hs: brent
    [e] A: saaden kan voorbrengen: ende   [f] A: *Doctor Anatomicus* geopent; en hebbe daar op   [g] A: beuselt
    [h] A: gevonden heb   [i] A: Want op sekeren tyd in't na-jaar mogen

    [17] *Mij gedenkt*, ik herinner mij.
    [18] *soo*, even. De in A aangebrachte veranderingen (zie aant. o en p) maken de zinsbouw duidelijk.
    [19] *daar*, terwijl.
    [20] Hierna, ofwel na *saaden* (vgl. aant. a), is *voort brengt* vergeten.
    [21] L. maakte deze vergelijking al in Brief 70 [37] van 22 januari 1683, *Alle de Brieven*, Dl. 4, blz. 14-18.
    [22] *die .. sijn*, die de ovariumtheorie aanhangen.
    [23] *het ... verworpen*, (de theorie van) het ovarium zeker verwerpen. De vorm *verworpen* kan een eenvoudig schrijffout zijn, maar ook een gevolg van verwarring van de werkwoordsvormen.
    [24] *versamelen*, paren.
    [25] Het is niet uit te maken welke stadsanatoom L. hier bedoelt. CORNELIS 'S GRAVESANDE (1631-1691) werd in 1661 tot stadsanatoom benoemd. Vgl. HOUTZAGER, "Leeuwenhoek", blz. 76 en het Biogr. Reg., *Alle de Brieven*, Dl. 1, blz. 398-400. In Brief 310 [XIV] van 9 november 1714, in dit deel, schrijft L. dat zijn neef ABRAHAM VAN BLEYSWIJK (1685-1761) toen stadsanatoom was.
    [26] *vertoont*, laten zien.
    [27] *een ... sijn*, een vermeend ei, waarvan men de onzin vertelt, dat het van de eierstok afgezogen zou zijn. *buselt* is een dialectische vorm voor *beuselt*. Aan het eind van de zin moet *heb* toegevoegd worden (zie aant. c).
    [28] Zie Brief 38 [24] van 18 maart 1678, *Alle de Brieven*, Dl. 2, blz. 324-352 (spermatozoën van een hond en een konijn, theorie over bevruchting); Brief 39 [25] van 31 mei 1678, *ibid.*, blz. 354-366 (idem), Brief 72 [38] van 16 juli, *idem*, Dl. 4, blz. 68-70 (spermatozoën van een konijn en een hond); en Brief 84 [45] van 30 maart 1685, *idem*, Dl. 5, blz. 138-212 (meest uitgebreide uiteenzetting over de bevruchting).
    Vgl. SCHIERBEEK, *Leeuwenhoek*, blz. 295-355; IDEM, *Measuring*, blz. 80-107; COLE, "L.'s ... researches", blz. 8-12; en RUESTOW, *Microscope*, blz. 201-259.
    [29] *Vlees huijs*: de nieuwe Vleeshal te Delft werd gebouwd in 1650 en stond op de hoek van de Volderskade en de Hippolytusbuurt. Zie hierover MEISCHKE, "Klassicisme", blz. 181-182.
    [30] *niet ... geweest*, niet drachtig waren (nl. op het moment van het slachten).

I remember that a gentleman asked me to what purpose so many little animals are present in the male semen; and that upon this I said to him: We have as little reason to ask why a tree, which may attain an age of more than a hundred years, each year brings forth so many blossoms, while each blossom is able to bring forth an apple or a pear, and each apple or pear six to eight seeds, and each seed would be able again to grow into a tree[6].

If those people who are champions of the ovary[7] had carried out so many investigations as I have done, they would certainly reject the ovary, as I do; I have made many rabbits and some dogs copulate and then opened the uteri with the Fallopian tube in several places (it is already many years ago), in the presence of our Doctor of Anatomy[8]; and, following this, I have opened the Fallopian tube and taken the small amount of matter out of it, and shown the male living animals in it, without my ever having found in the tube an imagined egg, about which people drivel that it would have been sucked out of the ovary into the tube[9].

Ovaries.

I have also many times searched the uteri of the sheep, for at a certain time of the year it is not allowed to bring sheep into the Meat Market[10] without the uteri and everything attached to it still being attached to those sheep, in order to prove that the sheep had not been with young.

---

[6] L. made this comparison already in Letter 70 [37] of 22 January 1683, *Collected Letters*, vol. 4, pp. 15-19.

[7] L. means: the theory of the ovary.

[8] It cannot be decided which town anatomist L. refers to here. CORNELIS 'S GRAVESANDE (1631-1691) had been appointed as town anatomist in 1661. Cf. HOUTZAGER, "Leeuwenhoek", p. 76 and the Biogr. Reg., *Collected Letters*, vol. 1, pp. 399-401. In Letter 310 [XIV] of 9 November 1714, in this volume, L. writes that at that time his friend ABRAHAM VAN BLEYSWIJK (1685-1761) was town anatomist.

[9] See Letter 38 [24] of 18 March 1678, *Collected Letters*, vol. 2, pp. 325-353 (spermatozoa of a dog and a rabbit, theory of impregnation); Letter 39 [25] of 31 May 1678, *ibid.*, pp. 355-367 (idem), Letter 72 [38] of 16 July, *idem*, vol. 4, pp. 69-71 (spermatozoa of a rabbit and a dog); and Letter 84 [45] of 30 March 1685, *idem*, vol. 5, pp. 139-213 (most detailed exposition of the theory of impregnation).
Cf. SCHIERBEEK, *Leeuwenhoek*, pp. 295-355; IDEM, *Measuring*, pp. 80-107; COLE, "L.'s ... researches", pp. 8-12; and RUESTOW, *Microscope*, pp. 201-259.

[10] The new Meat Market in Delft was built in 1650. It stood on the corner of the Volderskade and the Hippolytusbuurt. On this see MEISCHKE, "Klassicisme", pp. 181-182.

Alsoo ik maar een steen-worp[a], van onse vlees-hal[b] ben woonende, soo hebbe ik op verscheijde tijden, soo danige baar-moeders onder sogt, en wel meest de soo genoemde Eijernesten, maar noijt niet konnen[c] sien, dat soo een verbeelt[31] Eij, met de nagels van het Eijernest, was af te trekken; ik laat staan, dat die vande tuba fallopiana, soude af gesoogen werden, ende dat[32] door de lange, en naeuwe, en kromme tuba fallopiana[d], tot inde baar moeder (ende dat inde versameling[33]) soude gevoert werden[e].

Seker bejaart Theologant[f], die mij veel maal quam[g] besoeken, in die tijd dat ik besig was, in mijne ondersoekinge, ontrent het soo genoemde Ovarium, ende dewelke in sijn jonkheijt, ook inde medicina hadde gestudeert, seijde tot mij, sij sullen niet aan toonen, dat het geene men de mont, vande tuba fallopiana noemt, die soo vast aan sijn om leggende deelen is, dat ze kan[34h] gebragt werden, tot aan het soo genoemde[i] Eijernest.

Wij konnen wel begrijpen, hoe het bloet, door de beweginge van het Hert, het gantsche lighaam door, kan gevoert werden, en hoe de Chijl inde darmen, na beneden waarts gevoert wert[j], en als voort gestooten wert, ende dat[35] door de verscheijdenheijt vande menbrane, die over malkanderen[k] inde darmen leggen; maar hoe datter een suijginge inde tuba fallopiana kan te weeg gebragt werden, dat is bij mij onbegrijpelijk, en ik moet seggen, dat ik veel malen de Genees-heeren, ende Heel-meesters hebbe hooren spreken, van saaken, die mij ongerijmt voor komen, maar geen slegter, als de voor teelinge door het Eijernest, ende de tuba fallopiana. Zij hadden liever geseijt[36], het is een verborgene hoe danigheijt[37]; want te seggen wij weten het niet, dat soude te gering sijn, voor de geleerde.

---

[a] A: steen werp   [b] hs: vees-hal   [c] A: maar heb noyt konnen   [d] A: afgesogen, ende door de lange, naauwe en kromme *Tuba*   [e] A: versameling) gevoert werden   [f] hs: Thelogant   [g] A: veel quam   [h] A: is, kan   [i] A: soogenaamde   [j] A: darmen benedenwaarts gevoert   [k] A: door de verscheyde beweginge van de membranen, die op malkanderen

[31] *verbeelt*, verondersteld.

[32] *dat* moet geschrapt worden.

[33] *ende ... versameling*, en nog wel tijdens de paring.

[34] De woorden *dat ze* moeten geschrapt worden. L. construeerde de bijzin, alsof die aansloot op *soo vast*, hetgeen niet het geval is.

[35] *als voort gestooten*, als het ware voortgestuwd; *ende dat*, en wel. Zie voor het vervolg van de zin ook aant. m.

[36] *Zij ... geseijt*, ze hadden beter kunnen zeggen.

[37] *het ... hoe danigheijt*, het (nl. de functie of het doel van de tuba Fallopiana) is een verborgen eigenschap.

Because I am living within a stone's throw from our slaughterhouse, I have searched on several occasions such uteri, and in particular the so-called ovaries, but I have never been able to see that it was possible to pull with my nails such a supposed egg from the ovary; let alone that it would be sucked off by the Fallopian tube and would be conveyed through the long, narrow, and curved Fallopian tube into the uterus; and that, moreover, during the copulation.

A certain elderly theologian, who many times visited me in the period when I was busy with my investigations of the so-called ovary, and who in his youth had also studied medicine, said to me: they will not prove that what is called the mouth of the Fallopian tube, which is so firmly attached to the parts surrounding it, can be made to reach to the so-called ovary.

We can easily understand how the blood can be conveyed through the entire body by means of the motion of the heart; and how the chyle in the intestines is conveyed downwards and, as it were, driven along, and that specifically by the variety of the membranes[u] which are lying, one upon the other, in the intestines; but that a suction can be brought about in the Fallopian tube, that is incomprehensible to me, and I have to say that I have many times heard the physicians and surgeons talk on matters which seem to me preposterous; but none worse than the procreation via the ovary and the Fallopian tube. They ought rather to have said: it is a hidden quality; because saying: we don't know, that would for a learned man be beneath him.

---

[u] Edition A has: *variety of the movement of the membranes.*

BRIEF No. 326 [XXIII]   19 MEI 1716

Ideeën over voort-
planting.

    Men heeft mij wel te gemoet gevoert, tot wat eijnde[38] het Ovarium gemaakt is; Hier op seijde ik sulks niet te weten.

    Maar laten wij stellen[a], het geene dat inde Vrouwen groot is, dat is, in de Mannen kleijn, want de Vrouwen hebben groote borsten, en tepels, ende de Mannen hebben kleijne borsten en tepels, en waar toe dienen de tepels vande Mannen, de Mannen hebben testicullen: laten wij de[b] testicullen, over brengen tot[39] het Ovarium inde Vrouwen, en dit sien wij ook, dat de Ossen, mede met kleijne tepels sijn versien, en ook veel mannelijke dieren met tepels; int kort, daar wij ons geen redenen van konnen te binnen brengen, moeten wij stil staan[40].

    Ik hebbe wel in gedagten geweest, om bij de een ofte de andere Vleeshouwer te gaan, wanneer sij des winters veel schapen op het stal[41c] hebben, die sij vet mesten, ende bij die schapen een Ram in ons gesigt[42] te brengen, ende dat men het schaap[d], waar mede de Ram versamelt[24] is geweest, uijt te teijkenen[43], ende soo danig schaap, nu een[e], twee, ende drie dagen daar na, te laten slagten, ende dat met verscheijde schapen soude vervolgen[f]. Maar ik hebbe het verworpen, als vast stellende[44], dat ik niet verder soude komen, ende dat mijn arbeijt onnut soude sijn.

    Hier heeft UEd: Hoog Geleerde, ende Wijde Vermaarde Heere, het[g] geene ik voor dees tijd, op UEd: Missive weet te antwoorden, en ik sal onder des met veel[h] agtinge blijven[45].

Sijne Wel Edele Hoog geleerde ende
Wijd Vermaarde Heere.

                                                                             Onderdanigste Dienaar
                                                                          Antoni van Leeuwenhoek[i]

---

    [a] A: wy eens stellen   [b] A: die   [c] A: op stal   [d] A: ende het Schaap   [e] A: Schaap, een   [f] A: Schapen te vervolgen   [g] hs: het het   [h] A: sal ondertussen met seer veel   [i] A: blyven, enz. Antoni van Leeuwenhoek.

    [38] *tot wat eijnde*, met welk doel.

    [39] *over brengen tot*, op een lijn stellen met, gelijk stellen aan.

    [40] *daar ... staan*, de zaken waarvan we de redenen niet kunnen bedenken, moeten we laten rusten.

    [41] *stal* was vroeger ook onzijdig; het lidwoord *het* werd vooral gebruikt na *op*, *in* en *naar*.

    [42] *in ons gesigt*, zo, dat wij konden zien wat er gebeurde.

    [43] *uijt te teijkenen*, te merken. – L. gebruikt in aansluiting op "Ik hebbe wel in gedagten geweest" twee maal een constructie met een infinitief (*te brengen*, *te laten slagten*) en tweemaal een bijzin met *dat*. In A zijn de niet geheel gelukte bijzinnen door correcte infinitiefconstructies vervangen (zie aant. d. en f). Handhaving van de bijzinnen vereist wijziging van *uijt teijkenen* in *soude uit teijkenen* en toevoeging van *dat men* in het begin van de tweede bijzin: *ende dat men dat (...) soude vervolgen*.

    [44] *als vast stellende*, omdat ik stellig meende.

    [45] L.'s volgende brief aan LEIBNIZ is Brief 329 [XXX] van 17 november 1716 (*Send-Brieven*, blz. 292-305; *Alle de Brieven*, Dl. 18).

At times people have argued against me: for what purpose has the ovary been fashioned? Upon this I have said that I did not know that.

But let us keep in mind that what is large in women, is small in men, for women have large breasts and nipples, and men have small breasts and nipples, and what purpose is served by the nipples of the men? Men have testicles; let us equate the testicles with the ovary in women; and we also observe that oxen are equipped with little teats as well; and that there are also many male animals with teats; to summarize: such things for which we cannot think of any causes, those we must let alone.

Ideas about reproduction.

At times I have entertained the thought to go to some or other of the butchers, when in wintertime they have many sheep in the fold, which they fatten; and to bring a ram to these sheep, so that we could observe them; and to mark that sheep with which the ram has copulated; and to let such a sheep to be slaughtered one, two, and three days afterwards; and to continue this procedure with several sheep. But I have rejected this idea, being firmly convinced that I should not make any progress, and that my work would be useless.

Here, Highly Learned and Widely Famous Sir, Your Honour has what at present I am able to reply to the letter of Your Honour, and in the meantime I shall remain, with much respect[12],

Honoured, Highly Learned, and
Widely Famous Sir,

Your most Humble Servant.
Antoni van Leeuwenhoek.

---

[12] L.'s next letter to LEIBNIZ is Letter 329 [XXX] of 17 November 1716 (*Send-Brieven*, pp. 292-305; *Collected Letters*, vol. 18).

BRIEF No. 327 [XXIV] 22 MEI 1716

Gericht aan: Cornelis Spiering.

Manuscript: Geen manuscript bekend.

GEPUBLICEERD IN:

    A. van Leeuwenhoek 1718: *Send-Brieven*, ..., blz. 213-219, 4 figuren (Delft: A. Beman). - Nederlandse tekst [A].
    A. à Leeuwenhoek 1719: *Epistolae Physiologicae* ..., blz. 212-218, 4 figuren (Delphis: A. Beman). - Latijnse vertaling [C].
    N. Hartsoeker 1730: *Extrait Critique des Lettres de feu M. Leeuwenhoek*, in *Cours de Physique* ..., blz. 62 (La Haye: J. Swart). - Frans excerpt.
    S. Hoole 1798: *The Select Works of Antony van Leeuwenhoek* ..., Dl. 1, blz. 68-70 (London). - Engelse vertaling van de eerste acht alinea's van de brief.
    A.J.J. Vandevelde 1923: *De Send-Brieven van Antoni van Leeuwenhoek* ..., in *Versl. en Meded. Kon. Vlaamsche Acad.*, Jrg. 1923, blz. 378. - Nederlands excerpt.

SAMENVATTING:

Over de schubben van een karper en hun rol in de ouderdomsbepaling van een vis. Vergelijking met groeven in de hoorns van runderen. Over de hoeveelheden eieren in kuit en spermatozoën in hom. Veel hiervan dient als voedsel voor andere vissen. Eieren van een garnaal. Grote vissen brengen jongen binnen hun lichaam voort. Bespiegeling over de levensduur van walvissen en vissen.

FIGUREN:

fig. LXIII-LXVI.   De oorspronkelijke tekeningen zijn verloren gegaan. In de uitgaven A en C zijn de vier figuren bijeengebracht op één plaat tegenover blz. 215 in beide uitgaven.

OPMERKINGEN:

De hier afgedrukte tekst is die van uitgave A.

LETTER No. 327 [XXIV]   22 MAY 1716

Addressed to: CORNELIS SPIERING.

Manuscript: No manuscript is known.

PUBLISHED IN:

A. VAN LEEUWENHOEK 1718: *Send-Brieven*, ..., pp. 213-219, 4 figures (Delft: A. Beman). - Dutch text [A].

A. À LEEUWENHOEK 1719: *Epistolae Physiologicae* ..., pp. 212-218, 4 figures (Delphis: A. Beman). - Latin translation [C].

N. HARTSOEKER 1730: *Extrait Critique des Lettres de feu M. Leeuwenhoek*, in *Cours de Physique* ..., p. 62 (La Haye: J. Swart). - French excerpt.

S. HOOLE 1798: *The Select Works of Antony van Leeuwenhoek* ..., vol. 1, pp. 68-70 (London). - English translation of the first eight paragraphs of the letter.

A.J.J. VANDEVELDE 1923: *De Send-Brieven van Antoni van Leeuwenhoek* ..., in *Versl. en Meded. Kon. Vlaamsche Acad.*, 1923, p. 378. - Dutch excerpt.

SUMMARY:

On the scales of a carp and the role of scales in the determination of the age of a fish. Comparison with the horn rings of bovine animals. On the quantity of eggs in hard roe, and spermatozoa in soft roe, and their role as food for other fishes. Eggs of a shrimp. Big fishes bring forth young inside their bodies. Speculations on the life span of whales and fishes.

FIGURES:

The original drawings have been lost. In the editions A and C the four figures have been combined on one plate facing p. 215 in both editions.   *figs. LXIII-LXVI.*

REMARKS:

The text as printed here is that of edition A.

BRIEF No. 327 [XXIV] 22 MEI 1716

Delft den 22. Mey 1716.

Aan den Wel-edelen Heere,
Den Heer Cornelis Spiering, Heere van Spierings-Hoek,
Raat ende Out-Schepen deser Stad[1].

Schubben karper.

UEd: hebt de goetheyt gehadt, myn Heer, van my eenige schobbens[2] van een karper, te senden[a] die van een uytnemende[3] groote was; welke karper, in UEdele Heere syn vyver swemmende, soo mak was, dat hy byna de spys, die men hem gaf, uyt de hant soude genomen hebben; en wanneer de tuyn man, ten tyde van vorst, een gat in't ys was hakkende, om de Vissen als[4] lugt te geven, soo quam dese karper na de byt; en by ongeluk hakte de tuyn man de karper in't hooft, waar van hy gestorven is.

UEdele segt, dat dese kerper[5] 1 5/8 ellen lang was, dat op de Rynlantse ofte Delflantse voet-maat[6] is, 422. duym: ende desselfs dikte was in syn ommetrek 333. duymen[7], soo dat syn dikte naar proportie grooter was als syn lengte. Dese schobbens hebbe ik veel malen in hun geheel beschout door het Vergroot-glas; en hebbe meer-malen geoordeelt dat de karper meer dan dertig jaren out was.

Maar nu laatst is my nog een schobbe van de geseyde karper in de hant gekomen, dewelke ik op een stuk gelt leyde, dat wy een daalder noemen; en sag dat de schobbe grooter van diameter was, als de daalder.

---

[a] A: seden
[1] De brief is gericht aan CORNELIS SPIERING VAN SPIERINGSHOEK (1663-1745).
[2] *schobbens*, schubben. In het oudere Nederlands wordt het meervoud van zelfstandige naamwoorden op -e vaak gevormd met -ns. Bij L. zijn hiervan talrijke voorbeelden te vinden, zoals *siektens, mandens, ribbens* enz.
[3] *uytnemende*, uitzonderlijke.
[4] *als*, als het ware.
[5] *kerper* is een nevenvorm van *karper*; vgl. scharp: scherp, hart: hert.
[6] *op ... voet-maat*, volgens het Rijnlandse of Delflandse maatstelsel.
[7] Een *duym* is 2,61 cm.

Delft, the 22nd of May 1716.

To the Honoured Sir,
Mr Cornelis Spiering, Lord of Spierings-hoek,
Councillor and Former Magistrate of this Town[1].

Your Honour has been so kind, dear Sir, as to send to me some scales of a carp, which was of an exceptionally large size; which carp was swimming in the pond of Your Honour, and was so tame that it would almost have taken the food it was given out of one's hand; and during a freeze, when the gardener was cutting a hole in the ice in order, as it were, to give air to the fishes, then this carp came up to the hole; and accidentally the gardener cut into the head of the carp, from which it died.

Carp scales.

Your Honour says that this carp had a length of 1 5/8 yards, which is, according to the measure of Rhineland and Delfland, 42 1/2 inches[2]; and its girth was 33 1/4 inches; so that its girth was in proportion larger than its length. I have observed these scales many times when still whole through the magnifying glass; and I have repeatedly concluded that the carp was more than thirty years old.

But the other day I again chanced on a scale of the said carp, which I laid on a coin, which we call a thaler; and I saw that the diameter of the scale was larger than that of the thaler.

---

[1] The letter was addressed to CORNELIS SPIERING VAN SPIERINGSHOEK (1663-1745).
[2] An *inch* is 2.61 cm.

BRIEF No. 327 [XXIV]　　　　　　　　　　　　　　　　　　　　22 MEI 1716

  Dese schobbe leyde ik in warm water, op dat ik deselve met een scharp mesje te beter soude doorsnyden: ende ik quam soo een snede te doen, dat ik het eerste gemaakte schobbetje, dat seer kleyn is geweest, mede quam te doorsnyden; ende dus[8] telde ik, dat de schobbe veertig dik aldaar op den anderen[9] was leggende. Want alle jaren wert op nieuw een schobbe gemaakt, die dan grooter is als de voorgaande schobben, daar deselve aan als vereenigt wert[10]. Ende dus leggen soo veel schobbens op den anderen, als de Vissen veele[11] jaren out syn. In dit myn seggen lyde[12] ik veel tegen spreekens: want de menschen oordeelen dat sulks onmogelyk is te bewysen[13].

fig. LXIII. Dit heeft my bewogen om een stukje van de geseyde schobbe soo schuyns te doorsnyden als het my doenlyk was; op dat de op een leggende schobbens des te beter in 't oog souden komen, ende heb het selvige laten afteykenen; als hier fig: 1. met ABCD. wert aangewesen. Want yder afdeelinge, die van A na B. ofte van D na C. is, is een jaar wasdom, die dan eene op nieuw[14] gemaakte schobbe in een jaar heeft toegenomen; de dikte van de schobbe is van B tot C. daar anders[15] in ons bloote oog de schobbe niet dikker is, als een hair van een varken[16].

fig. LXIV. Nu hadde ik voor een ander Vergroot-glas staan een stukje van deselve schobbe, die schuynser was gesneden als de voorgaande, als fig: 2. met EFGH. word aangewesen: soo dat wy hier EF. voor de dikte van de schobbe moeten aannemen: en soo veele trappen, ofte afdeelingen, als men van E tot F. siet, soo veel dikten van schobbens leggen op malkanderen: ende dat soodanig als het de Teykenaar heeft konnen sien: en soo veel jaren synder verloopen, eer deselve schobben op de karper in soo een getal syn toegenomen.

---

  [8] *dus*, zo.
  [9] *op den anderen*, op elkaar. In deze zin gaat L. van de enkelvoudige conceptie in het begin van deze alinea over op de meervoudige van het slot ervan. Voor *dat ... leggende* zijn dus twee parafrases mogelijk: dat de schub veertig lagen dik was, of: dat de schubben veertig dik op elkaar lagen.
  [10] *daar ... wert*, waar deze als het ware één geheel mee gaat vormen.
  [11] *veele* is overtollig.
  [12] *lyde*, ondervind; *tegen spreekens* is een genitief.
  [13] Zie voor eerdere brieven over de schubben van vissen Brief 76 [39] van 17 september 1683, *Alle de Brieven*, Dl. 4, blz. 142-146 (karper, brasem, spiering en kabeljauw; vergelijking met de huid van een mens); Brief 81 [42] van 25 juli 1684, *ibid.*, blz. 292-298 (paling, groei schubben, leeftijdsbepaling); Brief 88 [47] van 12 oktober 1685, *idem*, Dl. 5, blz. 326-336 (paling, brasem, baars); Brief 90 [49] van 2 april 1686, *idem*, Dl. 6, blz. 34-36 (spiering); Brief 113 [66] van 12 januari 1689, *idem*, Dl. 11, blz. 100-102 (voorn; leeftijdsbepaling) en Brief 177 [107] van 27 september 1696, *idem*, Dl. 12, blz. 102-110 (haring, elft, pieterman, paling; leeftijdsbepaling).
  Vgl. COLE, "L.'s ... researches", blz. 15-16.
  [14] *op nieuw*, lees: nieuw.
  [15] *daar anders*, terwijl anders, dat wil zeggen in werkelijkheid.
  [16] Een *hair van een varken* is 172-294 μ.

I laid this scale in warm water, in order to cut the better through it with a sharp little knife; and I happened to make such a cut that I also cut through the little scale which was the first fashioned, which had been very tiny; and so I counted that there the scales lay in a thickness of forty layers one upon the other. For each year a new scale is made, which is, then, larger than the former scales, with which it then becomes, as it were, united; and in this way so many scales are lying one upon the other as the number of years in the age of the fishes. When I say this, I meet with many objections, for people are of the opinion that it is impossible to prove this[3].

This has persuaded me to cut through a little piece of the said scale as obliquely as was feasible for me; in order that the scales lying one upon the other would be the better visible, and I have ordered this to be drawn, as is shown here in fig: 1. with ABCD. For every section which goes from A to B., or from D to C. stands for a year's growth which is, then, the increase of a newly made scale during one year; the thickness of the scale lies between B and C., whereas in reality the scale to our naked eye is not thicker than a hair of a pig[4]. *fig. LXIII.*

Now I had standing before another magnifying glass a little piece of the same scale, which had been cut more obliquely than the previous one; as is shown in fig: 2. with EFGH.; in such a manner that here we must take EF. to represent the thickness of the scale; and so many levels, or sections, as are to be seen from E to F., as many thickness of scales are lying upon one another; and that in such a way as the draughtsman was able to see it; and so many years have gone by before these scales on the carp have increased to such a number. *fig. LXIV.*

---

[3] For earlier letters on the scales of fishes, see Letter 76 [39] of 17 September 1683, *Collected Letters*, vol. 4, pp. 143-147 (carp, bream, smelt and cod; comparison with a human skin); Letter 81 [42] of 25 July 1684, *ibid.*, pp. 293-299 (eel; scale growth; age determination); Letter 88 [47] of 12 October 1685, *idem*, vol. 5, pp. 327-337 (eel, bream, perch); Letter 90 [49] of 2 April 1686, *idem*, vol. 6, pp. 35-37 (smelt); Letter 113 [66] of 12 January 1689, *idem*, vol. 8, pp. 101-103 (roach; age determination) and Letter 177 [107] of 27 September 1696, *idem*, vol. 12, pp. 102-110 (herring, ellis shad, greater weever, eel; age determination).

Cf. COLE, "L.'s ... researches", pp. 15-16.

[4] A *hair of a pig* is 172-294 μ.

BRIEF No. 327 [XXIV]   22 MEI 1716

Leeftijds-
beperking.

fig. LXV.

fig. LXIV.
fig. LXVI.

Jaarringen.

    Dese ontstukken snydinge van de schobbens konnen wy in alle schobbens niet te weeg brengen, om de dunte van de schobbens: maar dan kan men seer na[17] den ouderdom van de Vissen uyt de ommetrekken, die op de schobbens syn, bekennen[18]. En om hier van een schets te geven, soo hebbe ik een seer kleyn gedeelte van een schobbe van een karper, soo als het selve voor het Vergroot-glas stont, mede laten afteykenen, als hier met fig: 3. IKLM. wert aangewesen. Dog de jaarlykse toeneming van de schobbe is wat bruynder[19] geteykent, als men het op de schobbe komt te sien. Soo dat de hoegrootheyt van de jaarlyksche toeneminge van een schobbe tussen IO, en MO. wert aangewesen; en hoe veel datse in drie jaren heeft toegenomen, word in IOK. aangewesen. Omme nu te weeten hoe groot het stukje schobbe is, dat in fig: 2. met EFGH. wert aangewesen, heeft de Teykenaar sulks met fig: 4. tussen P en Q aangewesen.

    Als wy nu bevinden, dat alle jaren op nieuw een schobbe gemaakt wert; soo mogen wy wel vaststellen[20], dat'er een tyd in yder jaar is, waar in de grootwerdinge, of der selver voeding[21] stil staat. Ende dit mogen wy ook wel stellen, dat[22] met alle de lighamen soo gelegen is. Dit sien wy aan alle de boomen hier te lande wassende: ende dit sien wy ook aan het Runt vee; want na een stilstant van wasdom, of anders[23] voeding, worden de Hoornen opnieuw voort gestooten. Waar uyt wy vast stellen[24], dat soo veel krappen[25], als op de Hoornen van een Os staan, een teken syn dat de Os soo veele jaren out is[26]. En schoon wy geen teykenen in andere dieren konnen ontdekken; soo moeten wy egter inbeelden[27], dat sulks in de selve mede plaats heeft: ende dit sien wy aan het verhaaren van de dieren, ende het verwisselen van de veeren van het gevogelte.

---

[17] *seer na*, tamelijk nauwkeurig, ongeveer.
[18] *bekennen*, gewaarworden.
[19] *bruynder*, donkerder.
[20] *vaststellen*, er zeker van zijn, aannemen.
[21] *de grootwerdinge, of der selver voeding*, de groei of hun voeding (nl. van de schubben). Voor L. zijn groei en voeding zo nauw met elkaar verbonden, dat het bijna identieke begrippen zijn (vgl. ook aant. 23).
[22] *Ende ... dat*, en we kunnen er ook wel zeker van zijn, dat.
[23] *anders*, anders gezegd.
[24] *vaststellen*, concluderen.
[25] *krappen*, groeven, randen.
[26] Dit is een onjuiste veronderstelling van L.
[27] *schoon ... inbeelden*, al kunnen wij bij andere dieren geen aanwijzingen ontdekken, moeten wij er toch vanuit gaan.

LETTER No. 327 [XXIV]   22 MAY 1716

    We are not able to accomplish in all scales this dissection of the scales, because of their thinness; but in that case one can perceive with reasonable accuracy the age of the fishes from the outlines which are on the scales. And in order to give a sketch of this, I have also ordered a very small part of a scale of a carp to be drawn, just as it stood before the magnifying glass, as is shown here in fig: 3. IKLM. But the annual increase of the scale has been drawn slightly darker than one manages to see it on the scale. So that the size of the annual growth of a scale is shown between IO. and MO.; and in IOK. is shown how much it has grown in three years. In order to ascertain the size of the little piece of scale which is shown in fig: 2. with EFGH., the draughtsman has shown this in fig: 4. between P and Q.   *Age determination.*   *fig. LXV.*

    Now when we find that in every year a new scale is being made, then we may certainly assume that in each year there is a period that the growth or its nourishment comes to a standstill. And we may certainly also take it for granted that this is the case in all bodies. We see this on all trees which are growing in this country; and we see it on the cattle as well, for after a pause in the growth or, to put it differently, in the nourishment, the horns are again thrust out farther. From this we conclude that the number of horn rings to be found on the horns of an ox is an indication that the ox is as many years old[5]. And although we cannot discover such indications in other animals, we must still assume that such processes are also going on in them; we see this in the moulting of animals and birds shedding their feathers.   *fig. LXIV.*   *fig. LXVI.*   *Annual wings.*

---

[5] This is an incorrect supposition of L.

BRIEF No. 327 [XXIV] 22 MEI 1716

Aantal eieren.   Vorders hebbe ik my selven veel malen niet konnen voldoen[28], hoe in een geslooten Vyver, daar veel jaren groote karpers in syn geweest, geen jonge karpers voortkomen[29]; nademaal de wyfjens van de karpers soo veel kuyt-greynen[30] voortbrengen, dat byaldien van duysent kuytgreynen, die wy wel Eyeren mogen noemen, eene karper voortquam, een Vyver vol karpers soude worden. Ik hebbe noyt op het getal van de kuyt greynen van een karper agt genomen, maar, eenige jaren geleden, sag ik een groote kuyt van een Lenge[31] leggen, die ik liet wegen: ende ik nam eenige kuyt-greynen, die ik op de voet-maat[32] leyde; ende de hoegrootheyt, na myn beste vermogen, uytgerekent hebbende bevont ik dat het getal van kuyt-greynen op 846516. quam[33]. Laten wy nu stellen, dat de kuyt van soo een groote karper maar een vierde deel soo groot is als de kuyt van een Lenge; soo sal de kuyt van een karper nog inhouden twee hondert en elf duysent ses hondert en negen-en-twintig kuyt greyen.

    Ik hebbe voor desen, wanneer ik de diertjens in de hom van een groote Cabbeljaauw beschoude, geoordeelt dat tegen yder kuyt-greyntje van een Cabbeljaauw, wel duysent levende diertjens uyt de hom voortquamen.

---

[28] *hebbe ... ik*, heb ik dikwijls niet bevredigend kunnen verklaren.
[29] *voortkomen*, geboren worden, zich ontwikkelen.
[30] *kuyt-greynen*, korrels kuit.
[31] *Lenge*, leng (*Molva molva* L.).
[32] *voet-maat*, maatstok.
[33] Zie aant. 58 bij Brief 322 [XX] van 3 maart 1716, in dit deel.

Furthermore I have many times been unable satisfactorily to explain how in an enclosed pond, in which large carps have been living for many years, no young carps come into being; because the female carps bring forth so many grains of hard roe, that if from a thousand grains of hard roe (which we may well call eggs) only a single carp came into being, a pond would become filled with carps. I have never taken notice of the number of grains of hard roe in a carp, but some years ago I happened to see a large hard roe of a ling, which I ordered to be weighed, and I took some grains of hard roe, which I laid on the foot rule, and when I had calculated the volume to the best of my ability I found that the number of grains of hard roe came to 846516[6]. Now let us assume that a hard roe of such a large carp is no more than one fourth of the size of a hard roe of a ling; then the hard roe of a carp will still contain two hundred and eleven thousand six hundred and twenty-nine grains of hard roe.

Number of eggs.

Some time ago, when I observed the little animals in the soft roe of a large cod, I concluded that upon each little grain of hard roe of a cod as much as a thousand living little animals were brought forth by the soft roe.

---

[6] See note 10 on Letter 322 [XX] of 3 March 1716, in this volume.

BRIEF No. 327 [XXIV] 22 MEI 1716

Doel van de eieren.

Winden.

Garnaal.

Als wy nu sien, hoe overvloedigh de natuur de Vissen heeft geschapen, soo in[34] de kuyt-greynen, als mannelyke zaaden van de Vissen, ende wy sien dat daar soo weynige of geen jongen van voortkomen, soo moeten wy vaststellen[22], dat'er Vissen moeten wesen, die de kuyt-greynen, of wel de jonge Vissen, moeten tot voetsel gebruyken. Waar ontrent ik ondervonden[35] hebbe, dat de Aalen seer veel kuyt van Vissen verslinden; en als ik sag, dat in een Vyver groote Vissen, die wy Winden[36] noemen, waren, en dat die de kleyne kikvorssen, die ik hen toewierp, gratig op aten, soo nam ik in[a] gedagten, dat de Winden in een Vyver schadelyk waren: want eeten ze kikvorssen, hoe veel te meer sullen ze kleyne visjens eeten.

Ik was eens van voornemen, om de kuyt-greynen van een garnaat, (die altemaal wyfjens syn[37]) te tellen; en ik vont het getal soo groot, dat ik moe was eer ik half gedaan hadde. Moeten wy niet als verbaast staan, als wy gedenken en beschouwen de menigvuldige kuyt-greynen; ende daar by, dat yder kuyt-greyntje nog een bysonder[38] bloet-vat moet hebben, waar door het syn grootmakinge ontfangt. Daar[39] in tegendeel de groote verslindende Vissen, als Wal-vis, Bont-vis[40], Bruyn-vis, Hayen enz. geen kuyt hebben, maar jongen in haar lighaam voortbrengen; want soo ze voort teelden, als andere Vissen, ze verslonden al de kleyne Vissen. Gelyk daar is de Wal-vis, die brengt maar een jong voort: en om syn jong te voeden, heeft hy maar twee tepels, waar uyt de jonge Wal-vissen haar voetsel suygen, dat ook melk is.

---

[a] A: in *ontbreekt*
[34] *soo in*, zowel wat (...) betreft.
[35] *ondervonden*, bevonden.
[36] Een *winde* (*Leuciscus idus* [L.]) is een ook in Nederland voorkomende karperachtige.
[37] L. beweerde dit eerder in Brief 211 [125] van 2 juni 1700, *Alle de Brieven*, Dl. 13, blz. 104 en in Brief 248 van 21 maart 1704, *idem*, Dl. 14, blz. 336.
[38] *bysonder*, afzonderlijke, eigen.
[39] *Daar*, terwijl.
[40] De *Bont vis* is vermoedelijk de tuimelaar (*Tursiops truncatus* Mont.).

Now when we see how plentiful Nature has created the fishes, both with regard to the grains of hard roe as in respect of the male seeds of the fishes, and we see that so few young, or none at all, come into being from this, then we must take for granted that there must be fishes who use the grains of hard roe or, as the case may be, the young fishes, to feed upon. With regard to this I have found that the eels devour much of the hard roe of fishes; and when I saw that many large fishes, which we call ides[7] were present in a pond, and that they eagerly ate the little frogs which I threw to them, then the idea came to me that the convolvuli were harmful in a pond, for if they eat frogs, so much the more they will eat little fishes.

Purpose of the eggs.

Ides.

At one time I planned to count the grains of hard roe of a shrimp (all of which are females[8]), and I found the number to be so large that I was tired before I was halfway through. Ought we not, as it were, to stand amazed when we ponder and observe the multitudinous grains of hard roe; and, with that, the fact that each little grain of hard roe must also have a separate blood vessel through which it receives its growth. Whereas, on the contrary, the great devouring fishes like the whale, bottle-nose, porpoise, sharks etc., have no hard roe, but bring forth young within their body; for if they would multiply like other fishes, they would devour all the little fishes. Likewise there is the whale, which brings forth only a single young; and to nourish its young it has no more than two teats, from which the young suck their nourishment, which is also milk.

Shrimp.

---

[7] *Ides* or orfes (*Leuciscus idus* [L.]) are carp-like fishes which are found in The Netherlands.
[8] L. said this earlier in Letter 211 [125] of 2 June 1700, *Collected Letters*, vol. 13, p. 105 and in Letter 248 of 21 March 1704, *idem*, vol. 14, p. 337.

BRIEF No. 327 [XXIV]   22 MEI 1716

Levensduur walvis.

    Wanneer ik myne gedagten hebbe laten gaan op de hoegrootheyt van de Wal-vissen, die men in den beginne van de Wal-vis-vangst eerst plagt te vangen: ende de groote vis-beenen, die men tot een spektakel[41] heeft opgehangen, hebbe aanschout; hebbe ik wel in gedagten genomen, of soodanige groote Wal-vissen niet wel duysent, en meer jaren, mogten out syn[42] om dat het by my vast staat, dat de Vissen van geen ouderdom sterven, nademaal haar beenderen sagt synde, en blyvende, altyt konnen uytsetten; waar door ze grooter werden: daar[40] de dieren, op de aarde levende, de veranderinge van de lugt onderworpen syn: waar door de beenderen styf werden; ende styf synde, de lighamen in geen verdere grootheyt konnen uytsetten. Ik blyf enz.[43]

                                                                       Antoni van Leeuwenhoek.

---

[41] *tot een spektakel*, als een bezienswaardigheid.

[42] *mogen out syn*, oud zouden kunnen zijn. De passage *wel duysent ... waar door ze grooter werden* is geciteerd in ZORGDRAGER, *Bloeyende Opkomst*, blz. 86. Zie de Opmerkingen bij Brief 299 [IV] van 14 maart 1713, in dit deel.

[43] Dit is L.'s enige brief aan SPIERING VAN SPIERINGSHOEK.

    L. beschrijft de schubben van een haring opnieuw in Brief 341 [XLII] van 10 september 1717 (*Send-Brieven*, blz. 406-414; *Alle de Brieven*, Dl. 18).

LETTER No. 327 [XXIV]   22 MAY 1716

Age of whales.

When I pondered the size of the whales which people were wont to capture in the first times of whaling, and when I regarded the large fish-bones which have been hung up on view, then I have been thinking whether such large whales might not be as much as a thousand years old, or even more; because I am firmly convinced that fishes do not die from old age, because their bones are always able to expand, being and remaining soft; through which they become larger[9], whereas the animals which live on land are subject to the changes of the air; through which the bones become rigid; and, being rigid, the bodies cannot expand to a larger size. I remain, etc.[10],

Antoni van Leeuwenhoek.

---

[9] The passage *might not be as much ... they become larger* is quoted in ZORGDRAGER, *Bloeyende Opkomst*, p. 86. See the Remarks on Letter 299 [IV] of 14 March 1713, in this volume.

[10] This is L.'s only letter to SPIERING VAN SPIERINGSHOEK.

L. describes the scales of a herring again in Letter 341 [XLII] of 10 September 1717 (*Send-Brieven*, pp. 406-414; *Collected Letters*, vol. 18).

LIJST VAN AANGEHAALDE WERKEN

LIST OF QUOTED LITERATURE

Alle de Brieven van Antoni van Leeuwenhoek / The Collected Letters of Antoni van Leeuwenhoek (Amsterdam/Lisse: Swets & Zeitlinger/Tayor and Francis, 1939-2014), 16 vols.

BAAS, P., "Leeuwenhoek's contributions to wood anatomy and his ideas on sap transport in plants", in: PALM & SNELDERS, *Leeuwenhoek*, pp. 79-107.

BECCHI, ALESSANDRO, 'Between learned science and technical knowledge. Leibniz, Leeuwenhoek and the School for Microscopists', in: Lloyd Strickland, Erik Vynckier, Julia Weckend (eds), *Tercentenary Essays on the Philosophy and Science of Leibniz* (Palgrave Macmillan, 2017), pp. 47-80.

BEUKERS, H., "Genezen met alcali en acidum", *Foliolum* 19, no. 3 (2006), pp. 39-43.

BIELEMAN, J., *Geschiedenis van de landbouw in Nederland 1500-1950* (Meppel/Amsterdam: Boom, 1992).

COLE, F.J., *Early Theories of Sexual Generation* (Oxford: Clarendon Press, 1930).

COLE, F.J., "Leeuwenhoek's Zoological Researches - Part 1", *Annals of Science* 2 (1937), pp. 1-46.

COLE, F.J., "Leeuwenhoek's Zoological Researches - Part II. Bibliography and Analytical Index", *Annals of Science* 2 (1937), pp. 185-235.

DAMSTEEGT, B.C., "Syntaktische verschijnselen in de taal van Antoni van Leeuwenhoek", Alle de Brieven, vol. 9, pp. 381-414; IDEM, "Syntactic phenomena in the language of Antoni van Leeuwenhoek" *Collected Letters*, vol. 9, pp. 376-380 (summary).

DOBELL, C., *Antony van Leeuwenhoek and his "Little Animals", being some Account of the Father of Protozoology and Bacteriology and his Multifarious Discoveries in these Disciplines* (Amsterdam: Swets & Zeitlinger, 1933).

FORD, B.J., "The Rotifera of Antoni van Leeuwenhoek", *Microscopy* 34 (1982), pp. 362-373.

HARTSOEKER, N., *Cours de Physique. Accompagne de plusieurs pieces concernant la Physique qui ont déja paru, et d'un Extrait Critique des Lettres de M. Leeuwenhoek* (La Haye: J. Swart, 1730). [The *Extrait Critique* has a separate pagination.]

HOOLE, S., *The Select Works of Antony van Leeuwenhoek, containing his Microscopical Discoveries in many of the Works of Nature* (London, s.p., 1798-1807), 2 vols. [Reprint New York: Arno Press, 1977.]

HOUTZAGER, H.L., "Van Leeuwenhoek en zijn Delftse tijdgenoten", in HOUTZAGER & PALM, *Van Leeuwenhoek herdacht ...* , pp. 71-86.

HOUTZAGER, H.L. & L.C. PALM, *Van Leeuwenhoek herdacht ... Bundeling van de voordrachten gehouden op het symposium georganiseerd ter gelegenheid van de herdenking van de 350ste geboortedag van Antoni van Leeuwenhoek* (Amsterdam: Rodopi, 1982).

HUYGENS, C., *De wereldbeschouwer, of gissingen over de hemelse aardklooten, en derzelver cieraad* (Rotterdam: Barend Bos, 1699). [Also referred to as *Kosmotheoros*.]

Journal Book Original (Archives of the Royal Society of London).

JONCKHEERE, K., '»Was ich aus Braband und Holland mitgebracht« Anton Ulrich (1633-1714), seine Gemaldesammlung und die Niederlande', in: Jochen Luckhardt & Wolfgang Leschhorn (eds.), *Das Herzog Anton Ulrich Museum und Seine Samlungen 1578 · 1754 2004* (München 2004), pp. 88-121.

KEGEL-BRINKGREVE, E. & A.M. LUYENDIJK-ELSHOUT, eds, *Boerhaave's Orations* (Leiden: Brill/Leiden University Press, 1983).

KIRCHER, A., *d'Onder-aardse Weereld in Haar Goddelyke Maaksel en Wonderbare Uitwerkselen aller Dingen ...* ('t Amsteldam: Erven. J.J. van Waasberge, 1682).

KNOOP, J.H., *Pomologia, dat is beschryvingen en afbeeldingen van de beste zoorten van Appels en Peeren, ...* (te Leeuwarden: by Abraham Ferwerda, boekverkooper, 1758).

LEEUWENHOEK, A., *Epistolae Physiologicae super Compluribus Naturae Arcanis; ...* (Delphis: apud Adrianum Beman, 1719).

—, *Send-Brieven, Zoo aan de Hoog Edele Heeren van de Koninklyke Societeit te Londen, als aan andere Aansienelyke en Geleerde Lieden, ...* (Delft: Adriaan Beman, 1718).

LEIBNIZ, G.G., *Essais de Theodicee sur la bonté de Dieu, la liberte de l'homme, et l'Origine du Mal* (Amsterdam: Isaac Troyel, 1710).

LINDEBOOM, G.A., "Leeuwenhoek and the Problem of Sexual Reproduction", in: PALM & SNELDERS, *Leeuwenhoek*, pp. 129-152.

MEISCHKE, R., "Achttiende-eeuws klassicisme: twee boukundige prijsvragen", *Nederlands Kunsthistorisch Jaarboek*, X (1959), pp. 252-62.

MENDELS, J.I.H., "Leeuwenhoek's taal", *Alle de Brieven*, vol. 4, pp. 314-321;

—, "Leeuwenhoek's language", *Collected Letters*, vol. 4, pp. 322-324.

PALM, L.C., "Leeuwenhoek and other Dutch correspondents of the Royal Society", *Notes and Records of the Royal Society of London* 43 (1989), pp. 191-207.

Philosophical Transactions (London: Royal Society, 1665-...).

PITCAIRNE, ARCHIBALD, *Dissertatio de motu sanguinis per vasa minima* (Lugduni Batavorum: A. Elzevier, 1693), republished in: idem, *Dissertationes Medicae, quarum syllabum pagina sequens exhibit* (Roterdam 1701), pp. 14-34. Translated into English as 'A dissertation upon the circulation of the blood in born animals en embryos', in: George Sewell and J.T. Desaguliers, *The whole whorks of Dr. Archibald Pitcairn, published by himself. ... from the Latin Original* (London 1727 - second edition), pp. 33-65.

POOT, H.K., *Gedichten van Hubert Korneliszoon Pool, met kunstige printen versiert* (Te Delf: gedrukt by Reinier Boitet, 1722).

ROGER, J., *The Life Sciences in Eighteenth-Century French Thought*, K.R. Benson ed., R. EHrich, trans. (Stanford CA: Stanford University Press, 1997).

RUESTOW, E.G., "Images and Ideas: Leeuwenhoek's perception of the Spermatozoa", *Journal of the*

History of Biology 16 (1983), pp. 185-224.

—, *The Microscope in the Dutch Republic. The Shaping of Discovery* (Cambridge: Cambridge University Press, 1996).

SCHIERBEEK, A., *Antoni van Leeuwenhoek. Zijn Leven en zijn Werken* (Lochem: De Tijdstroom, 1950-1951), 2 vols. [An abridged version in English translation is: IDEM, *Measuring the Invisible World. The Life and Works of Antoni van Leeuwenhoek FRS* (London/New York: Abelard-Schuman, 1959).]

SETERS, W.H. VAN, "Leeuwenhoek's microscopen, praepareer- en observatiemethoden", *Nederlandsch Tijdschrift voor Geneeskunde* 77 (1933) pp. 4571-4589.

VANDEVELDE, A.J.J., "De Send-Brieven van Antoni van Leeuwenhoek (6e Bijdrage tot de studie over de geschriften van den Stichter der micrographie)", *Verslagen en Mededeelingen der Koninklijke Vlaamsche Academie voor Taal- en Letterkunde* (1923), pp. 350-400.

WESTERMANN, E, ed., *Internationaler Ochsenhandel (1530-1750)* (Stuttgart: Klett-Cotta, 1979).

WIELEMA, M.R., "Nicolaas Hartsoeker (1656-1725): van mechanisme naar vitalisme", Gewina 15 (1992), pp. 243-261.

WNT: Woordenboek der Nederlandsche Taal ('s-Gravenhage/Leiden: M. Nijhoff, Sijthoff, 1882-2001), 29 vols.

ZEEMAN, W.P.C., "Van Leeuwenhoek en de oogheelkunde", *Alle de Brieven*, vol. 4, pp. 300-312;

—, "Van Leeuwenhoek and ophthalmology", *Collected Letters*, vol. 4, pp. 301-313.

ZORGDRAGER, C.G., *Bloeyende Opkomst der Aloude en Hedendaagsche Groenlandsche Visschery ...* ('t Amsterdam: Joannes Oosterwijk, 1720).

ZUIDERVAART, H.J. & D. ANDERSON, "Antony van Leeuwenhoek's microscopes and other scientific instruments: new information from the Delft archives", *Annals of Science* 73:3 (2016), pp. 257-288.

ZUIDERVAART, H.J. & M. RIJKS, "Most Rare Workmen': Optical Practitioners in Early Seventeenth-Century Delft', *The British Journal for the History of Science*, 48:1 (2015), pp. 53-85.

MATEN EN GEWICHTEN DOOR LEEUWENHOEK GEBRUIKT

TABEL[1]

Lengtematen.

Mijl	7,4074 km
Rijnlandsche roede	3,767 m
Rijnlandsche voet	31,4 cm
Duijm	2,61 cm
Nagel van ons hant	1,5-2 cm
Groff sant	870 µ
Gemeen sant	400 µ
Santge	100-260 µ
Verckens hair	172-294 µ
Paardenhaar	125 µ
Hair uijt mijn baert	100 µ
Hair van ons hooft	60-80 µ
Hair van mijn paruijck	43 µ
Hairtge van een schaep	25-30 µ
Hair van een luijs	3-9 µ
Hairtge van een miter	1-3 µ
Oog van een watervloo	200 µ
Oog van een luijs	50-60 µ
Sijdwormdraatgen	8 bij 16 µ
"Root clootgen van het bloet" of "globule die het bloet root maeckt" (erythrocyt)	7,2 µ Ø
Kleinste "diertgens in peperwater" (bacteriën)	2-3 µ

Inhoudsmaten.

Schagt	4,45 m³
Rijnlantsche cubicq voet	0,03 m³
Rijnlantsche cubicq duijm	17,78 cm³
Voeder	900 l
Toelast	500 l
Silvijlse pijpe	435 l
Vat	380 l
Bordeaus oxhooffd	220 l
Aam	150 l
Viertel	7,5 l
Stoop	2,3-2,5 l
Pint	0,35-0,9 l
Geerstgreijntge	2 mm Ø
Groff sant	0,659 mm³
Gemeen sant	0,064 mm³
Santge	0,01-0,018 mm³

Gewichtsmaten.

Pont	475 g
Once	30 g
Engels	1,5 g
Greijn	65 mg
Aes	47 mg

Oppervlaktematen.

Mijl, vierkante	54,264 km²
Duijm, vierkante	6,81 cm²
Gemeen sant	0,16 mm²

---

[1] Zie voor de toelichting: *Alle de Brieven*, Dl. 1, blz. 378 e.v.

WEIGHTS AND MEASURES USED BY LEEUWENHOEK

TABLE

Linear measures.

Mile	7.4074 km
Rhineland rod	3.767 m
Rhineland foot	31.4 cm
Inch	2.61 cm
A nail of our hand	1.5-2 cm
A coarse grain of sand	870 μ
A common sand	400 μ
A fine grain of sand	100-260 μ
Hair of a pig	172-294 μ
Hair of a horse	125 μ
A hair from my beard	100 μ
A hair from our head	60-80 μ
A hair from my wig	43 μ
A hair of a sheep	25-30 μ
The hair of a louse	3-9 μ
The hair of a cheese-mite	1-3 μ
The eye of a water-flea	200 μ
The eye of a louse	50-60 μ
A thread from the cocoon of a silkworm	8 by 16 μ
A red globule of the blood (erythrocyt)	7.2 μ Ø
The smallest animals in pepperwater (bacteria)	2-3 μ

Measures of surface.

A square mile	54.264 km^2
A square inch	6.81 cm^2
A common sand	0.16 mm^2

Measures of capacity.

A shipload of sand	4.45 m^3
A cubic Rhineland foot	0.03 m^3
A cubic Rhineland inch	17.78 cm^3
A cartload of wine	900 l
A *toelast* of wine	500 l
A Sevilla pipe	435 l
A tun of wine	380 l
A Bordeaux hogshead	220 l
An *aam*	150 l
A quarter	7.5 l
A stoup	2.3-2.5 l
A pint	0.35-0.9 l
A millet-seed	2 mm Ø
A coarse grain of sand	0.659 mm^3
A common sand	0.064 mm^3
A fine grain of sand	0.01-0.018 mm^3

Weights.

Pound	475 g
Ounce	30 g
Pennyweight	1.5 g
Grain	65 mg
Aas	47 mg

---

[1] See *Collected Letters*, vol. 1, p. 379 sqq. for the elucidatory.
An *Aas* is the smallest Dutch commercial weight, being 1/32 of a pennyweight.

ZAAK- EN NAAMREGISTER

A.

aalbes, 61
abeelboom, 89
abricoos, 63
aderen, 83, 89, 161, 173, 207, 209, 211, 363, 365, 367, 373, 375, 377, 379, 381, 383, 385, 407, 427, 429, 437, 439, 477
amandel, 63
Amsterdam, 417
ANDRY, NICOLAUS, 339
angel, 177, 179, 223, 235
ANTON ULRICH, DUKE OF BRUNSWICK, 333, 399
appel, 51, 61, 375
appelboom, 51, 63, 65, 67, 69
appelpit, 43, 51, 63
arterie, 343, 355, 365, 379, 385, 395, 409
ASSENDELFT, ADRIAEN VAN, 85, 87, 101, 105, 245, 247, 249

B.

baardhaar, 89
baarmoeder, 395, 455
baars, 19, 39, 341, 471
BAGLIVE, GEORGES, 417
BAYLE, PIERRE, 337
beer, 85, 89, 93, 95, 97
BEHRENS, CONRAD BARTHOLD, 415
BERCH, JACOB SEBASTIAANS VAN DEN, 453
BERCH, SEBASTIAAN BEL VAN DEN, 453
bierbrouwers, 435, 453
bladluis, 169, 181
BLEYSWIJK, ABRAHAM VAN, 259, 461
bloed, 13, 19, 21, 23, 35, 97, 163, 207, 209, 255, 267, 347, 379, 385, 405, 407, 409, 421, 463
bloedeloose dieren, 163, 219
bloedvaten. Zie aderen
blote oog, 61, 65, 109, 111, 133, 161, 173, 177, 215, 253, 267, 323, 471
BOERHAAVE, HERMAN, 339
BOETZELAAR, VAN, 219
BOISREGARD, NICOLAS ANDRY DE, 417
bonen, 43, 49, 427
bontvis (tuimelaar), 403
bot (vis), 19, 35, 37
brasem, 471
brouwerij, 173

bruinvis, 403, 477
bunzing, 85, 89, 93, 265, 291
BURNET, GILBERT, 339, 351
buxus, 91

C.

Cambodja, 85, 103, 185
CHAMBERLAYNE, JOHN, 265
chemische experimenten, 139
CINK, ANTONI, 169, 171, 187, 301, 303, 313, 315, 317, 329, 437
citroen, 61

D.

Danzig, 141
Delft
    hippolytusbuurt, 7, 113, 461
    Nieuwe Kerk, 83
    noordeinde, 7
    oude delft, 7
    volderskade, 113, 461
DESCARTES, RENÉ, 407
druiven, 49
duizendpoot, 177

E.

eekhoorn, 89
eendekroos, 121
eieren, 181, 203, 215, 391, 401, 455, 467, 475, 477
eierstokken, 403, 455
eijernest. Zie ovarium
eland, 89, 99
elft, 471
ermine, 93
erwten, 43, 49, 389
esdoorn, 59

G.

gans, 119, 321
garnaal, 19, 21, 33, 75, 467, 477
gerst, 43, 45, 49
gevogelte, 101, 291, 321, 397, 473
glasslijpen, 343
glasslijpers, 335
Göttingen, 335, 357, 361, 455
gouden tor, 219, 221, 225

goudpeer, 371, 377
GRAVESANDE, CORNELIS 'S, 461
gregoriaanse kalender, 5
grootte van het heelal, 419

H.

haai, 403, 477
Hannover, 331, 333, 337, 349, 359, 363, 391, 393, 411, 457
Hanover, 351, 359, 363
haring, 471, 479
harpuys, 55
hart, 9, 53, 99, 215, 229, 279, 323, 385, 391, 407, 409, 431, 469
HARTSOEKER, NICOLAAS, 121, 189, 245, 251, 331, 333, 335, 337, 347, 349, 351, 361, 391, 417, 419
hazelaar, 181
hazelnoot, 49, 63
heelmeesters, 463
HEINSIUS, ANTHONIE, 1, 3, 5, 7, 19, 21, 107, 109, 137, 139, 141, 165, 293, 295, 297, 387, 389
hermelijn, 85, 93
hert, 89, 407, 409, 463, 469
hoen, 193, 201, 215, 243, 261, 311
hom, 467, 475
hommel, 275
hond, 75, 89, 179, 459, 461
honingbij, 195, 203, 209, 221, 231, 235, 239, 265, 289, 449
hoofdhaar, 13, 125, 153, 173, 271, 363
hoorns van runderen, 467
hoornvlies, 73, 75
hop, 435, 437, 439, 443, 445, 447, 449, 453
huidverwisseling, 151
HUYGENS, CHRISTIAAN, 399, 423
hygrometer, 413

I.

ijsbeer, 85, 95
indische duizendpoot, 177
insekten, 181, 219, 233, 237

K.

kabeljauw, 7, 19, 23, 25, 27, 29, 31, 33, 35, 75, 163, 311, 313, 341, 471, 475
kandijsuiker, 435, 445
KARL LANDGRAF VON HESSEN-KASSEL, 399
karper, 467, 469, 471, 473, 475

kastanje, 49, 51, 53
kastanjeboom, 49
kat, 75, 83, 85, 89, 93, 99
KERCKRING, THEODORE, 417
kersen, 49
kersenboom, 181
keukenzout, 23, 445
kikker, 177, 179, 477
kin van een mens, 85, 101, 137
kip, 195, 201, 251, 261
KIRCHER, ATHANASIUS, 169, 171, 175, 177, 181
klokdiertjes, 121
koe, 7, 107, 109, 117, 195, 197, 199, 221, 235, 237, 243, 245, 249, 253
koffieboon, 427
kokosboom, 85, 103
kokosnoot, 43, 53, 55, 57, 185, 375, 377, 383, 431
konijn, 75, 85, 89, 461
krab, 139, 159, 163, 325
kreeft, 7, 139, 141, 143, 145, 147, 151, 153, 155, 157, 159, 161, 163, 315, 323, 325
kreeftsogen, 139, 141, 155
KRIMPEN, ISAACK VAN, 7, 75, 79
kristallen, 21, 23
kruisbes, 61
kuit, 341, 391, 401, 403, 409, 467, 475, 477

L.

lam, 85, 103, 113
landmeter, 83
langpootmug, 221, 233
LEEUWEN, PHILIPS VAN, 167
LEIBNIZ, GOTTFRIED WILHELM, 331, 335, 337, 347, 349, 353, 357, 359, 361, 363, 385, 391, 393, 409, 411, 413, 415, 417, 455, 457, 465
leng (molva molva (l), 403, 475
lenzen slijpen. Zie glasslijpen
Leuven, 171, 303, 315, 317, 437
lindeboom, 181
lofdicht, 419, 421
Londen, 5, 121, 165, 189, 191, 195, 223, 265, 303, 345, 417, 421
LOON, GERARD VAN, 171, 435, 437
Luik, 435, 437
lupuline, 435, 437, 439

M.

maagdenpalm, 419, 425, 427, 429, 431, 433
MALLEBRANCHE, NICOLAS, 337
mannen, 465

MARIOTTE, EDME, 413
meerlingen, 411
MEERMAN, JAN FRANSZ., 43, 45, 63, 71, 73, 75, 83
membraan, 7, 11, 13, 15, 17, 19, 25, 27, 29, 33, 35, 37, 39, 41, 45, 111, 121, 137, 161, 167, 191, 193, 197, 199, 201, 203, 221, 227, 229, 237, 253, 255, 257, 261, 267, 273, 275, 277, 279, 287, 291, 305, 309, 315, 323, 325, 327, 345, 347, 349, 353, 355, 385, 405, 407, 409, 411, 413, 457, 459, 463
micro-organismen, 121, 419
microscoop, 331, 349, 417
mier, 193, 195, 213
mijt, 135, 177, 195
mol, 85, 91
Moscou, 97
mug, 223, 345
muggenpoot, 221
muis, 17, 45, 85, 87, 89, 91, 93, 101, 105, 107, 113, 117, 137, 193, 195, 203, 241, 243, 245, 249, 251, 261, 265, 267, 277, 279, 285, 301, 303, 307, 311, 321, 345, 457, 459
mus, 119, 321
muskaatboom, 389
musket, 183
MUYS, WIJER WILLEM, 385

N.

NAREZ, URSMER, 317, 329, 437

O.

okkernoot, 49
olifant, 89
oog, 13, 17, 27, 31, 33, 37, 53, 59, 65, 73, 75, 81, 83, 87, 93, 153, 159, 177, 187, 209, 211, 233, 239, 259, 261, 285, 307, 311, 323, 327, 383, 439, 441, 471
van walvis, 73, 75, 79
ooglens, 73, 75, 77
ooievaar, 321
os, 45, 51, 83, 107, 115, 117, 119, 167, 193, 241, 249, 251, 253, 305, 321, 345, 401, 405, 473
ovarium ('eijernest'), 215, 403, 455, 461, 463, 465

P.

paddengif, 177
Padua, 337
paling, 35, 471
palmboom, 91, 185, 425
papegaai, 85, 101, 103

papegaaienveer, 101
peer, 361, 363, 365, 367, 369, 371, 377, 379, 381, 393, 397, 461
perenboom, 181
perzik, 49, 63
pezen, 7, 205, 249, 265, 301, 303, 315, 317, 335, 345, 383, 387, 389, 391, 405, 455, 457, 459
Philosophical Transactions, 5, 17, 135, 165, 167, 189, 191, 195, 219
piekboom, 85
pieterman, 471
pit, 49, 51, 53, 55, 57, 63, 367, 431
PITCAIRNE, ARCHIBALD, 337, 339, 351
POOT, HUBERT KORNELISZOON, 419, 421
populier, 89
pruimenboom, 181

Q.

quadrant, 83

R.

raderdiertjes, 121, 123, 131, 137
ram, 465
ratelslang, 177
ree, 85, 99
REEDE VAN RENSWOUDE, FREDERIK ADRIAAN VAN, 403
REGA, HENDRIK JOSEF, 317, 329, 437
reiger, 321
REINERDING, JOACHIM GEORG, 331, 391, 455
REINERDING, JOHANN THIELE, 331
riet, 67, 85, 103, 185
rogge, 49, 389
Rome, 417
Royal Society, 5, 17, 121, 123, 137, 165, 167, 189, 191, 193, 195, 197, 219, 221, 223, 243, 251, 253, 263, 265, 267, 291, 293, 335
rund, 17, 117, 199, 201, 261, 473
rups, 181

S.

salie, 169, 171, 173, 175, 183, 187
salpeter, 23, 445
schaap, 75, 89, 107, 113, 241, 251, 261, 465
schelvis, 403
schilder, 389
schorpioen, 177
schubben, 39, 313, 467, 469, 471, 473, 479
sinasappel, 61
SLOANE, HANS, 5, 165, 167

snoek, 177
spermatozoïden. Zie zaadcellen
spiering, 31, 167, 471
SPIERING, CORNELIS, 467, 469
spiervezels, 5, 7, 17, 19, 21, 25, 41, 45, 107, 109, 113, 119, 121, 139, 161, 163, 165, 189, 193, 195, 197, 203, 205, 213, 215, 219, 221, 223, 235, 243, 245, 249, 251, 253, 263, 265, 267, 279, 291, 293, 295, 301, 303, 313, 315, 317, 323, 325, 329, 335, 345, 387, 391, 405, 409, 455, 457, 459
spin, 21, 177
spinnekop, 177
spiraalvormige samentrekking, 221, 301
spontane generatie, 175
SPOORS, JACOB, 83
stro, 67, 85, 103, 185, 383
studenten, 343
SWAMMERDAM. JOHANNES, 337, 417

T.

tamme kastanje, 43, 49, 449
tandplak, 121
tarwe, 43, 45, 47, 49, 63, 69, 389
tekenaar, 7, 11, 31, 51, 59, 67, 197, 201, 203, 211, 229, 471, 473
tepels, 455, 459, 465, 477
testikel
   van de mens, 465
   van een walvis, 341
theebladeren, 169, 361, 383, 385
theologant, 463
touw, 81, 215, 245, 247, 315, 319, 321
trekkers, 205, 207, 209, 211, 215, 217, 225, 233, 243, 249, 255, 257, 259, 261, 263, 267, 269, 271, 273, 277, 279, 281, 283, 285, 287, 289, 291, 293, 295, 303, 305, 307, 309, 311, 317, 321, 323, 325, 345, 347, 355, 383, 385, 389, 405, 407, 409, 413, 457, 459
trekschuit, 319
tuba fallopiana, 455, 461, 463
tuimelaar. Zie bontvis
tweelingen, 393

U.

Uppsala, 251

V.

VALLISNIERI, ANTONIO, 331, 333, 337, 349, 351, 417
varken, 7, 75, 85, 89, 107, 115, 471
varkenshaar, 383

velum, 121
venkel, 175
VERBURCH, MARGRIETE CORNELISDR, 453
VERDONK, MARGARETHA, 167
vergif, 169
vergrootglas, 7, 9, 13, 27, 29, 31, 35, 37, 39, 47, 49, 51, 59, 65, 69, 87, 93, 95, 97, 99, 101, 105, 109, 113, 115, 117, 119, 129, 133, 141, 143, 147, 151, 157, 161, 163, 171, 173, 177, 183, 187, 193, 197, 199, 201, 203, 205, 211, 215, 217, 225, 233, 237, 239, 243, 249, 253, 255, 259, 261, 267, 275, 277, 285, 287, 305, 323, 325, 363, 367, 369, 371, 373, 377, 383, 405, 427, 437, 443, 445, 451, 469, 471, 473
vertaler, 193
vijverwater, 121
vink, 119
vissen, 27, 31, 35, 39, 41, 77, 81, 341, 391, 401, 403, 409, 467, 469, 471, 473, 477
vleeshouwer, 465
vlieg, 181, 193, 195, 203, 205, 207, 209, 211, 215, 217, 221, 231, 235, 321, 325, 345, 397, 449
vliegjes, 181, 321
vlies. Zie membraan
vlo, 7, 193, 195, 213, 325
vogels, 35, 315, 321, 391, 397
VOORSTAD, LIDIA, 7
vrouwen, 465

W.

WALLER, RICHARD, 189, 195
walnoot, 49, 63
walvis, 5, 7, 9, 15, 17, 19, 21, 27, 33, 73, 75, 77, 79, 83, 95, 137, 165, 167, 189, 191, 195, 215, 217, 227, 243, 253, 323, 341, 403, 467, 477, 479
walvisvangst, 479
wijn azijn, 145, 159
WILDEBURG, JOHANN BERNHARD, 415
WILT, THOMAS VAN DER, 7

Z.

zaadcellen, 331, 335, 341, 347, 349, 391, 455, 461, 467
zenuwen, 7, 83, 315, 327, 329, 335, 347, 407
zetmeel, 43, 47, 387, 389
zijderups, 181, 383
zouten, 19, 147, 445
zwaan, 85, 103

489

INDEX OF NAMES AND SUBJECTS

A.

almond, 64
Amsterdam, 418
ANDRY, NICOLAUS, 340
animals, 32, 82, 88, 90, 92, 94, 96, 100, 110, 116, 120, 134, 164, 174, 178, 180, 200, 220, 250, 260, 268, 276, 326, 328, 340, 348, 352, 356, 360, 372, 376, 380, 392, 394, 396, 412, 416, 418, 422, 460, 462, 466, 468, 474, 480
ant, 194, 196, 214
ANTON ULRICH, DUKE OF BRUNSWICK, 334, 400
aphid, 170, 182
apple pip, 44, 52
apple tree, 64, 66, 68, 70
apricot, 64
arteries, 356, 366, 386
ASSENDELFT, ADRIAEN VAN, 86, 88, 106, 246, 248, 250

B.

bacon-eater, 234
BAGLIVE, GEORGES, 418
barley, 44, 46, 50, 64
BAYLE, PIERRE, 338
beans, 44, 50, 428
bear, 86, 90, 94, 96, 98
beaver, 90
beer, 136, 438
BEHRENS, CONRAD BARTHOLD, 416
BERCH, JACOB SEBASTIAANS VAN DEN, 454
BERCH, SEBASTIAAN BEL VAN DEN, 454
birds, 36, 102, 120, 292, 316, 322, 392, 398, 474
BLEYSWIJK, ABRAHAM VAN, 260, 462
blood, 14, 20, 22, 24, 36, 90, 98, 164, 196, 208, 210, 212, 232, 256, 268, 328, 348, 356, 380, 386, 406, 408, 410, 416, 422, 464, 478
BOERHAAVE, HERMAN, 340
BOETZELAAR, VAN, 220
BOISREGARD, NICOLAS ANDRY DE, 418
bottlenose dolphin, 404
bream, 472
breweries, 174
brewers, 436, 454
bumblebee, 276
BURNET, GILBERT, 340, 352
buxus, 92

C.

Cambodia, 86, 104, 186
carp, 470, 472, 474, 476, 478
cat, 76, 84, 86, 90, 94, 100
centipede, 178
CHAMBERLAYNE, JOHN, 266
chemical experiments, 140
chestnut, 44, 50, 52, 54, 450
chicken, 196, 202, 252, 262
CINK, ANTONI, 170, 171, 172, 188, 302, 304, 314, 316, 318, 330, 438
coconut, 44, 54, 56, 58, 86, 104, 376, 378, 384
cod, 8, 20, 24, 26, 28, 30, 32, 34, 36, 76, 162, 164, 168, 312, 314, 336, 342, 358, 362, 456, 472, 476
cow, 8, 18, 108, 110, 118, 196, 198, 200, 202, 222, 236, 238, 244, 246, 250, 254, 262
crabs, 142, 144, 146, 156, 158, 160, 164, 326
crystals, 22, 24, 164, 446, 448
currant, 62, 182

D.

deer, 90, 100
Delft
    hippolytusbuurt, 8, 114, 462
    Nieuwe Kerk, 84
    noordeinde, 8
    oude delft, 8
    volderskade, 114, 462
dental plaque, 122
DESCARTES, RENÉ, 408
draughtsman, 8, 12, 32, 52, 60, 68, 198, 202, 204, 212, 230, 472, 474
duckweed, 122, 124, 126, 132

E.

eel, 36, 472
elephant, 90, 136
ermine, 86, 94
eye, 14, 28, 34, 38, 60, 66, 74, 78, 82, 84, 88, 94, 154, 160, 188, 240, 242, 262, 286, 308, 324, 328, 384, 440, 442
    lens of the, 76, 78
    of a crab, 140, 142, 156, 158, 160
    of a whale, 74, 76, 80, 84

F.

fallopian tube, 456, 462, 464
fennel, 176
fish, 22, 24, 26, 28, 30, 32, 34, 36, 38, 40, 42, 78, 82, 134, 152, 160, 162, 164, 168, 218, 240, 312, 324, 326, 336, 342, 392, 402, 404, 410, 468, 470, 472, 474, 478, 480
flee, 194, 196
flounder, 20, 36, 38
fly, 8, 182, 194, 196, 204, 206, 208, 210, 212, 216, 218, 222, 232, 234, 236, 322, 326, 346, 398
frog, 8, 36, 178

G.

Gdańsk, 142, 144
geese, 120
glass grinders, 336, 344
gold pear, 372
goose, 120, 322
gooseberries, 62
Göttingen, 336, 358, 362, 456
GRAVESANDE, CORNELIS 'S, 462
greater weever, 472
gregorian calendar, 6

H.

hair from the beard, 90
hairs, 86, 88, 90, 92, 94, 96, 98, 100, 102, 106, 118, 170, 172, 178, 264
Hanover, 332, 333, 334, 338, 350, 351, 360, 364, 392, 394, 412, 458
hare, 76, 252, 262
harpuys, 56
HARTSOEKER, NICOLAAS, 122, 190, 246, 252, 332, 334, 336, 338, 346, 348, 350, 352, 362, 392, 418, 420
hazelnut, 50, 64, 182
heart, 280, 356, 386, 392, 408, 410, 416, 464
HEINSIUS, ANTHONIE, 2, 4, 6, 8, 20, 22, 108, 110, 138, 140, 142, 166, 294, 296, 298, 388, 390
heron, 322
herring, 472, 480
honeybee, 196, 204, 210, 222, 232, 236, 240, 266, 290, 450
hop, 436, 438, 440, 443, 444, 446, 448, 450, 454
horn rings, 468, 474
horse, 90, 248, 320, 396
human chin, 46, 86, 98, 102, 138, 160, 330, 406, 440

HUYGENS, CHRISTIAAN, 400, 424
hygrometer, 414

I.

insects, 226, 234, 238

K.

KARL LANDGRAF VON HESSEN-KASSEL, 400
KERCKRING, THEODORE, 418
KIRCHER, ATHANASIUS, 170, 172, 176, 178, 182
kitchen salt, 24, 446
KRIMPEN, ISAACK VAN, 8, 76, 80

L.

lamb, 86, 104, 114
leaves of tea, 170
LEEUWEN, PHILIPS VAN, 168
LEIBNIZ, GOTTFRIED WILHELM, 332, 336, 338, 348, 350, 354, 358, 360, 362, 364, 386, 392, 394, 410, 412, 414, 416, 418, 456, 458, 466
Leiden, 344
lemon, 62
lens grinding, 344
Liège, 436, 438
ling, 404, 476
little animals, 124, 126, 130, 132, 136, 170, 172, 174, 214, 216, 322, 334, 338, 342, 396, 402, 418, 422, 424, 462, 476
lobster, 8, 140, 144, 146, 148, 150, 152, 154, 156, 158, 160, 162, 164, 316, 324, 326
London, 166, 190, 192, 224, 344, 346, 420, 422, 436, 468
LOON, GERARD VAN, 172, 436, 438
Louvain, 172, 304, 316, 318, 438
lupulin glands, 436, 440

M.

magnifying glass, 8, 10, 14, 28, 30, 32, 34, 36, 38, 40, 48, 50, 52, 60, 70, 88, 94, 96, 98, 100, 102, 106, 114, 116, 118, 120, 130, 134, 142, 146, 148, 154, 160, 162, 164, 172, 174, 178, 184, 188, 194, 198, 200, 202, 204, 206, 212, 216, 218, 226, 234, 238, 240, 244, 250, 254, 256, 260, 262, 268, 276, 278, 286, 288, 306, 324, 326, 364, 368, 370, 372, 374, 378, 384, 406, 428, 438, 444, 446, 452, 470, 472, 474

MALLEBRANCHE, NICOLAS, 338

maple tree, 60
MARIOTTE, EDME, 414
MEERMAN, JAN FRANSZ., 44, 46, 64, 72, 74, 76, 84
membrane, 8, 12, 14, 16, 18, 20, 26, 28, 30, 32, 34, 36, 38, 40, 42, 44, 46, 48, 50, 52, 58, 60, 62, 64, 66, 68, 72, 82, 84, 100, 110, 112, 114, 116, 118, 120, 122, 138, 140, 154, 156, 160, 162, 164, 168, 192, 194, 198, 200, 202, 204, 222, 228, 230, 232, 238, 254, 256, 262, 268, 270, 274, 276, 278, 280, 288, 292, 306, 310, 312, 316, 324, 326, 328, 346, 348, 350, 354, 356, 374, 378, 380, 382, 386, 406, 408, 410, 412, 414, 432, 452, 458, 460, 464
micro-organisms, 122, 420, 422
microscope, 332, 350, 418
mite, 136, 216
mole, 86, 92
Moscow, 98
mosquito, 224
mouse, 18, 46, 86, 88, 90, 92, 94, 102, 106, 108, 112, 114, 116, 118, 138, 168, 194, 196, 204, 242, 244, 246, 250, 252, 262, 266, 268, 272, 274, 278, 280, 284, 286, 292, 302, 304, 308, 312, 322, 346, 458, 460
multiple births, 412
muscle fibres, 6, 8, 18, 20, 22, 26, 42, 46, 108, 110, 114, 120, 122, 140, 162, 164, 166, 190, 194, 196, 198, 204, 206, 214, 216, 220, 222, 224, 236, 244, 246, 250, 252, 254, 264, 266, 268, 280, 292, 294, 296, 302, 304, 314, 316, 318, 324, 326, 330, 336, 346, 388, 392, 406, 410, 456, 460
musket, 184
MUYS, WIJER WILLEM, 386

N.

naked eye, 62, 66, 110, 112, 134, 162, 174, 216, 254, 268, 472
NAREZ, URSMER, 318, 330, 438
nerve, 84, 316, 328, 330, 336, 348, 390, 408
nitre, 24

O.

orange, 62, 64
os, 52
ovary, 216, 404, 418, 456, 462, 464, 466
ox, 8, 46, 76, 84, 90, 108, 116, 118, 120, 138, 168, 194, 242, 250, 252, 254, 306, 322, 346, 354, 402, 406, 466, 474

P.

Padua, 338
painter, 390
palmtree, 86, 92, 186, 430
panegyrics, 420, 422
parrot, 86, 102, 104
parthenogenesis, 182
peach, 50, 64
pear, 182, 362, 364, 366, 368, 370, 372, 378, 380, 382, 398, 462
peas, 44, 50, 390
perch, 20, 40, 342, 472
periwinkle, 420, 426, 428, 430, 432, 434
Philosophical Transactions, 6, 18, 136, 166, 168, 190, 192, 196, 220
pig, 8, 76, 86, 90, 98, 108, 116, 384, 460, 472
pincer, 140, 144, 146, 148, 150, 152, 154, 156, 160
pip, 52, 64, 368
PITCAIRNE, ARCHIBALD, 338, 340, 352
poison, 170, 178
polar bear, 86
polecat, 86, 90, 94, 266, 292
pond water, 122
POOT, HUBERT KORNELISZOON, 420, 422

Q.

quadrant, 84

R.

rabbit, 76, 86, 90, 94, 100, 462
ram, 466
reed, 68, 86, 104, 186
REEDE VAN RENSWOUDE, FREDERIK ADRIAAN VAN, 404
REGA, HENDRIK JOSEF, 318, 330, 438
REINERDING, JOACHIM GEORG, 332, 392, 456
REINERDING, JOHANN THIELE, 332
roach, 472
roe, 86, 100, 152, 342, 392, 402, 404, 410, 468, 476, 478
Rome, 418
rope, 216, 246, 248, 250, 316, 320, 322
rose chafer, 220, 222, 226
rotifer, 122, 124, 132, 138
Royal Society, 6, 18, 122, 124, 138, 166, 168, 190, 192, 194, 196, 198, 220, 221, 222, 224, 244, 252, 254, 264, 266, 268, 292, 294, 304, 336, 344, 364, 410, 422

S.

sage, 170, 172, 174, 176, 184, 188
sage leaves, 170, 172, 184
salts, 20, 148, 446
scales of a carp, 468, 470
scorpion, 178
shad, 472
sheep, 76, 90, 108, 114, 242, 252, 262, 462, 466
shrimp, 8, 20, 22, 24, 34, 76, 468, 478
silkworm, 182
size of the universe, 420
skin, 36, 56, 62, 66, 88, 90, 92, 96, 98, 100, 102, 104, 106, 118, 136, 144, 152, 212, 228, 230, 268, 304, 314, 354, 362, 380, 382, 414, 472
skin shedding, 152
SLOANE, HANS, 6, 166, 168
smelt, 32, 168, 472
sparrow, 120, 322
spermatozoa, 332, 336, 342, 348, 350, 392, 456, 462, 468
spider, 22, 178
SPIERING, CORNELIS, 468, 470
spontaneous generation, 176
SPOORS, JACOB, 84
starch, 432
starch grains, 48, 388, 390
stork, 322
straw, 68, 86, 104, 186, 384
students, 344, 392
sugar candy, 436, 446
surgeons, 464
surveyor, 84
SWAMMERDAM. JOHANNES, 338, 418
swan, 86, 104

T.

tea-leaves, 362
teats, 456, 460, 466, 478
tendon, 206, 208, 210, 212, 216, 218, 226, 234, 244, 250, 256, 258, 260, 262, 264, 266, 268, 270, 272, 274, 278, 280, 282, 284, 286, 288, 290, 292, 294, 296, 302, 304, 306, 308, 310, 312, 316, 318, 322, 324, 326, 336, 346, 348, 356, 384, 386, 388, 390, 392, 406, 408, 414, 456, 458, 460
testicles
    of a whale, 342
    of men, 466
theologian, 464
thread of a silk worm, 384
twins, 352, 392, 394, 416

U.

Uppsala, 252

V.

VALLISNIERI, ANTONIO, 332, 334, 338, 350, 352, 418
veins, 208, 210, 212, 344, 364, 366, 378, 384
velum, 122, 126, 128
venom, 178
VERBURCH, MARGRIETE CORNELISDR, 454
VERDONK, MARGARETHA, 168
VOORSTAD, LIDIA, 8
vorticellids, 122, 132

W.

WALLER, RICHARD, 190, 196
walnut, 50, 54, 64
whale, 6, 8, 10, 16, 18, 20, 22, 28, 32, 34, 74, 76, 78, 80, 84, 136, 138, 166, 168, 190, 192, 196, 216, 218, 228, 244, 254, 324, 342, 404, 468, 478, 480
wheat, 44, 46, 48, 50, 64, 70, 390
WILDEBURG, JOHANN BERNHARD, 416
WILT, THOMAS VAN DER, 8
wine vinegar, 146, 160
womb, 396, 456

LIJST VAN FIGUREN

Plaat I	Fig. I-VII.	Spiervezels, walvis.
Plaat II	Fig. VIII-X.	Spiervezels, kabeljauw.
Plaat III	Fig. XI.	Spiervezel, kabeljauw.
Plaat IV	Fig. XII.	Spiervezelmembraan, walvis.
	Fig. XIII.	Spiervezels, garnaal.
Plaat V	Fig. XIV.	Zetmeelkorrels, pronkboon.
	Fig. XV.	Zetmeelkorrels, tarwekorrel.
	Fig. XVI.	Zetmeelkorrels, tamme kastanje.
	Fig. XVII.	Appel, doorsnede door pit.
	Fig. XVIII-XIX.	Kokosnoot, doorsnede door vruchtvlees.
Plaat VI	Fig. XX-XXIV.	Appel, pit en kiemplant.
Plaat VII	Afb. 1-5.	Appel, pit en kiemplant.
Plaat VIII	Fig. XXV-XXX.	Haren: muis, "Westindische beer", en L.'s kin, ree.
Plaat IX	Fig. XXXI-XXXV.	Spiervezels, koe, kip, muis.
Plaat X	Fig. XXXVI.	Spiervezel, honingbij.
	Fig. XXXVIII-XXXIX.	Bloedvaten, honingbij.
Plaat XI	Fig. XXXVII.	Spiervezels, vlieg.
Plaat XII	Fig. XL.	Vlieg, poot.
	Fig. XLI-XLIII.	Spiervezels, vlo, mier, walvis.
Plaat XIII	Fig. XLIV-XLVI.	Pezen en spiervezels, mug, gouden tor, vlieg.
Plaat XIV	Fig. XLVII.	Langpootmug (*Tipula paludosa*).
	Fig. XLVIII-L.	Spiervezels, honingbij, koe.
Plaat XV	Fig. LI.	Spiervezels, muis.
Plaat XVI	Fig. LII-LIV.	Spiervezels, muis, honingbij.
Plaat XVII	Fig. LV-LVI.	Muis, achterpoot, spiervezels.
	Fig. LVII.	Koperdraad.
Plaat XVIII	Fig. LVIII-LXI.	Peer, pit, kiemplant, vaatbundel.
	Fig. LXII.	Theeblad, tracheïde.
Plaat XIX	Fig. LXIII-LXVI.	Karper, schubben.

LIST OF FIGURES

Plate I	Figs I-VII.	Muscle fibres, whale.
Plate II	Figs VIII-X.	Muscle fibres, cod.
Plate III	Fig. XI.	Muscle fibre, cod.
Plate IV	Fig. XII.	Muscle fibre membrane, whale.
	Fig. XIII.	Muscle fibres, shrimp.
Plate V	Fig. XIV.	Starch grains, scarlet runner.
	Fig. XV.	Starch grains, wheat grain.
	Fig. XVI.	Starch grains, chestnut.
	Fig. XVII.	Apple, section through pip.
	Figs XVIII-XIX.	Coconut, section through flesh of the fruit.
Plate VI	Figs XX-XXIV.	Apple, pip and embryo.
Plate VII	Ills 1-5.	Apple, pip and embryo.
Plate VIII	Figs XXV-XXX.	Hairs: mouse, "West Indian bear", and L.'s chin, roe.
Plate IX	Figs XXXI-XXXV.	Muscle fibres, cow, chicken, mouse.
Plate X	Fig. XXXVI.	Muscle fibre, honeybee.
	Figs XXXVIII-XXXIX.	Blood vessels, honeybee.
Plate XI	Fig. XXXVII.	Muscle fibres, fly.
Plate XII	Fig. XL.	Fly, leg.
	Figs XLI-XLIII.	Muscle fibres, flee, ant, whale.
Plate XIII	Figs XLIV-XLVI.	Tendons and muscle fibres, mosquito, rose chafer, fly.
Plate XIV	Fig. XLVII.	Crane fly (*Tipula paludosa*).
	Figs XLVIII-L.	Muscle fibres, honeybee, cow.
Plate XV	Fig. LI.	Muscle fibres, mouse.
Plate XVI	Figs LII-LIV.	Muscle fibres, mouse, honeybee.
Plate XVII	Figs LV-LVI.	Mouse, hind leg, muscle fibres.
	Fig. LVII.	Copper wire.
Plate XVIII	Figs LVIII-LXI.	Pear, pip, embryo, vascular bundle.
	Fig. LXII.	Tea leaf, tracheid.
Plate XIX	Figs LXIII-LXVI.	Carp, scales.

INHOUD

Bladz.

Voorwoord					VI
Brief 295	8 november 1712	aan	Anthonie Heinsius	Den Haag	2
Brief 296 [I]	8 november 1712	aan	Anthonie Heinsius	Den Haag	6
Brief 297 [II]	17 december 1712	aan	Anthonie Heinsius	Den Haag	20
Brief 298-A [III]	28 februari 1713	aan	Jan Meerman	Delft	44
Brief 298-B [III]	maart 1713	aan	Jan Meerman	Delft	64
Brief 299 [IV]	14 maart 1713	aan	Jan Meerman	Delft	74
Brief 300 [V]	25 maart 1713	aan	Adriaen van Assendelft	Delft	86
Brief 301 [VI]	29 maart 1713	aan	Anthonie Heinsius	Den Haag	108
Brief 302 [VII]	28 juni 1713	aan	de Royal Society	Londen	122
Brief 303 [VIII]	30 juni 1713	aan	Anthonie Heinsius	Den Haag	140
Brief 304	12 oktober 1713	aan	Hans Sloane	Londen	164
Brief 305 [IX]	24 oktober 1713	aan	Antoni Cink	Leuven	168
Brief 306 [X]	22 juni 1714	aan	de Royal Society	Londen	188
Brief 307 [XI]	21 augustus 1714	aan	de Royal Society	Londen	194
Brief 308 [XII]	26 oktober 1714	aan	de Royal Society	Londen	220
Brief 309 [XIII]	4 november 1714	aan	Adriaen van Assendelft	Delft	244
Brief 310 [XIV]	9 november 1714	aan	de Royal Society	Londen	250
Brief 311 [XV]	20 november 1714	aan	de Royal Society	Londen	264
Brief 312	11 januari 1715	aan	Anthonie Heinsius	Den Haag	292
Brief 313	28 februari 1715	van	Anthonie Heinsius	Den Haag	296
Brief 314 [XVI]	26 maart 1715	aan	Antoni Cink	Leuven	300
Brief 315 [XVII]	7 juli 1715	aan	Antoni Cink	Leuven	314
Brief 316	5 augustus 1715	van	Gottfried Wilhelm Leibniz	Hannover	332
Brief 317 [XVIII]	28 september 1715	aan	Gottfried Wilhelm Leibniz	Hannover	334
Brief 318	29 oktober 1715	van	Gottfried Wilhelm Leibniz	Hannover	350
Brief 319	18 november 1715	aan	Gottfried Wilhelm Leibniz	Hannover	356
Brief 320 [XIX]	18 november 1715	aan	Gottfried Wilhelm Leibniz	Hannover	360
Brief 321	25 februari 1716	aan	Anthonie Heinsius	Den Haag	386
Brief 322 [XX]	3 maart 1716	aan	Gottfried Wilhelm Leibniz	Hannover	390
Brief 323	31 maart 1716	van	Gottfried Wilhelm Leibniz	Hannover	410
Brief 324 [XXI]	10 mei 1716	aan	Hubert Korneliszoon Poot	Abtswoude	418
Brief 325 [XXII]	16 mei 1716	aan	Gerardus van Loon	Delft	434
Brief 326 [XXIII]	19 mei 1716	aan	Gottfried Wilhelm Leibniz	Hannover	454
Brief 327 [XXIV]	22 mei 1716	aan	Cornelis Spiering	Delft	466
Lijst van aangehaalde werken					481
Maten en gewichten door Leeuwenhoek gebruikt					484
Zaak- en naamregister					486
Lijst der figuren en afbeeldingen					494
Inhoud					496

CONTENTS

					Pages
Preface					VII
Letter 295	8 November 1712	to	Anthonie Heinsius	The Hague	3
Letter 296 [I]	8 November 1712	to	Anthonie Heinsius	The Hague	7
Letter 297 [II]	17 December 1712	to	Anthonie Heinsius	The Hague	21
Letter 298-A [III]	28 February 1713	to	Jan Meerman	Delft	45
Letter 298-B [III]	March 1713	to	Jan Meerman	Delft	65
Letter 299 [IV]	14 March 1713	to	Jan Meerman	Delft	75
Letter 300 [V]	25 March 1713	to	Adriaen van Assendelft	Delft	87
Letter 301 [VI]	29 March 1713	to	Anthonie Heinsius	The Hague	109
Letter 302 [VII]	28 June 1713	to	The Royal Society	London	123
Letter 303 [VIII]	30 June 1713	to	Anthonie Heinsius	The Hague	141
Letter 304	12 October 1713	to	Hans Sloane	London	165
Letter 305 [IX]	24 October 1713	to	Antoni Cink	Leuven	169
Letter 306 [X]	22 June 1714	to	The Royal Society	London	189
Letter 307 [XI]	21 augustus 1714	to	The Royal Society	London	195
Letter 308 [XII]	26 October 1714	to	The Royal Society	London	221
Letter 309 [XIII]	4 November 1714	to	Adriaen van Assendelft	Delft	245
Letter 310 [XIV]	9 November 1714	to	The Royal Society	London	251
Letter 311 [XV]	20 November 1714	to	The Royal Society	London	265
Letter 312	11 January 1715	to	Anthonie Heinsius	The Hague	293
Letter 313	28 February 1715	from	Anthonie Heinsius	The Hague	297
Letter 314 [XVI]	26 March 1715	to	Antoni Cink	Leuven	301
Letter 315 [XVII]	7 July 1715	to	Antoni Cink	Leuven	315
Letter 316	5 August 1715	from	Gottfried Wilhelm Leibniz	Hanover	333
Letter 317 [XVIII]	28 Sept. 1715	to	Gottfried Wilhelm Leibniz	Hanover	335
Letter 318	29 October 1715	from	Gottfried Wilhelm Leibniz	Hanover	351
Letter 319	18 November 1715	to	Gottfried Wilhelm Leibniz	Hanover	357
Letter 320 [XIX]	18 November 1715	to	Gottfried Wilhelm Leibniz	Hanover	361
Letter 321	25 February 1716	to	Anthonie Heinsius	The Hague	387
Letter 322 [XX]	3 March 1716	to	Gottfried Wilhelm Leibniz	Hanover	391
Letter 323	31 March 1716	from	Gottfried Wilhelm Leibniz	Hanover	411
Letter 324 [XXI]	10 May 1716	to	Hubert Korneliszoon Poot	Abtswoude	419
Letter 325 [XXII]	16 May 1716	to	Gerardus van Loon	Delft	435
Letter 326 [XXIII]	19 May 1716	to	Gottfried Wilhelm Leibniz	Hanover	455
Letter 327 [XXIV]	22 May 1716	to	Cornelis Spiering	Delft	467
List of quoted literature					481
Weights and measures used by Leeuwenhoek					485
Index of names and subjects					490
List of figures					495
Contents					497

PLATEN

PLATES

Plaat I — Plate I

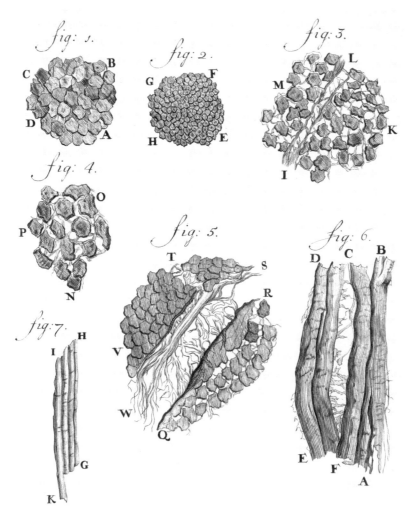

Plaat I

Fig. I-VII. *Walvis.* fig. 1-7 spiervezels Uit *Send-Brieven* tegenover blz. 3. – (Vgl. Brief 296 [I]).

Plate I

Figs I-VII. *Whale.* figs 1-7 muscle fibres. From *Send-Brieven* facing p. 3. – (See Letter 296 [I]).

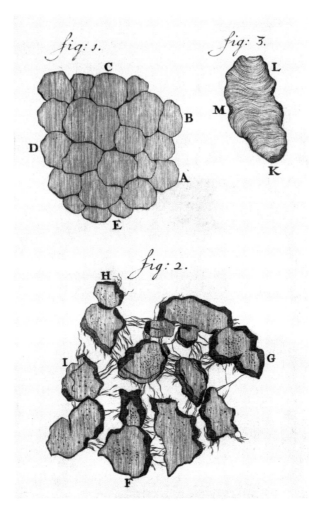

Plaat II

Fig. VIII-X. *Kabeljauw*. fig. 1-3 spiervezels. Uit *Send-Brieven* tegenover blz. 15. – (Vgl. Brief 297 [II]).

Plate II

Figs VIII-X. *Cod*. figs 1-3 muscle fibres. From *Send-Brieven* facing p. 15. – (See Letter 297 [II]).

Plaat III · Plate III

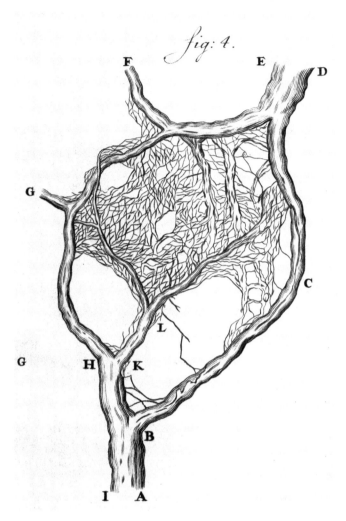

Plaat III

Fig. XI. *Kabeljauw*. fig. 4 spiervezel. Uit *Send-Brieven* tegenover blz. 15. – (Vgl. Brief 297 [II]).

Plate III

Fig. XI. *Cod*. fig. 4 muscle fibre. From *Send-Brieven* facing p. 15. – (See Letter 297 [II]).

Plaat IV   Plate IV

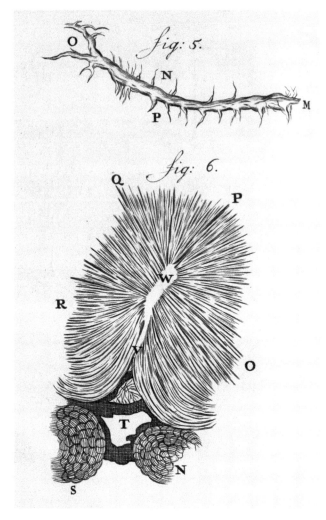

Plaat IV

    Fig. XII. *Walvis.* fig. 5 membraan rond spiervezel. Uit *Send-Brieven* tegenover blz. 15. – (Vgl. Brief 297 [II]).

    Fig. XIII. *Garnaal.* fig. 6 spiervezels. Uit *Send-Brieven* tegenover blz. 15. – (Vgl. Brief 297 [II]).

Plate IV

    Fig. XII. *Whale.* fig. 5 membrane around muscle fibre. From *Send-Brieven* facing p. 15. – (See Letter 297 [II]).

    Fig. XIII. *Shrimp.* fig. 6 muscle fibres. From *Send-Brieven* facing p. 15. – (See Letter 297 [II]).

Plaat V
Plate V

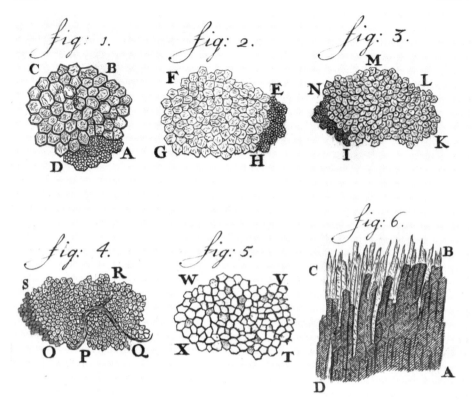

Plaat V

Fig. XIV. *Pronkboon*. fig. 1 zetmeelkorrels. Uit *Send-Brieven* tegenover blz. 25. – (Vgl. Brief 298 [III]).

Fig. XV. *Tarwekorrel*. fig. 2 zetmeelkorrels. Uit *Send-Brieven* tegenover blz. 25. – (Vgl. Brief 298 [III]).

Fig. XVI. *Tamme kastanje*. fig. 3 zetmeelkorrels. Uit *Send-Brieven* tegenover blz. 25. – (Vgl. Brief 298 [III]).

Fig. XVII. *Appel*. fig. 4 doorsnede door pit. Uit *Send-Brieven* tegenover blz. 25. – (Vgl. Brief 298 [III]).

Fig. XVIII-XIX. *Kokosnoot*. fig. 5-6 doorsende door vruchtvlees. Uit *Send-Brieven* tegenover blz. 25. – (Vgl. Brief 298 [III]).

Plate V

Fig. XIV. *Scarlet runner*. fig. 1 starch grains. From *Send-Brieven* facing p. 25. – (See Letter 298 [III]).

Fig. XV. *Wheat grain*. fig. 2 starch grains. From *Send-Brieven* facing p. 25. – (See Letter 298 [III]).

Fig. XVI. *Chestnut*. fig. 3 starch grains. From *Send-Brieven* facing p. 25. – (See Letter 298 [III]).

Fig. XVII. *Apple*. fig. 4 section through pip. From *Send-Brieven* facing p. 25. – (See Letter 298 [III]).

Figs XVIII-XIX. *Coconut*. figs 5-6 section through the flesh of the fruit. From *Send-Brieven* facing p. 25. – (See Letter 298 [III]).

Plaat VI

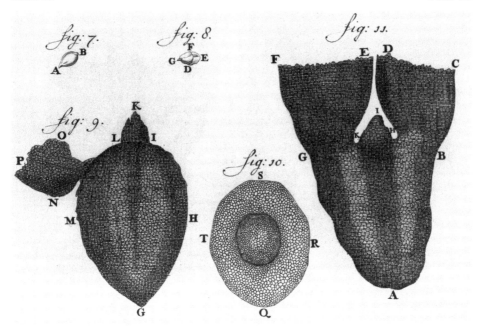

Plaat VI

Fig. XX-XXIV. *Appel.* fig. 7-8 appelpit; fig. 9 en 11 lengtedoorsnede door kiemplant; fig. 10 dwarsdoorsnede door kiemplant. Uit *Send-Brieven* tegenover blz. 25. – (Vgl. Brief 298 [III]).

Plate VI

Figs XX-XXIV. *Apple.* figs 7-8 pip; figs 9 and 11 longitudinal section through embryo; fig. 10 transverse section through embryo. From *Send-Brieven* facing p. 25. – (See Letter 298 [III]).

Plaat VII

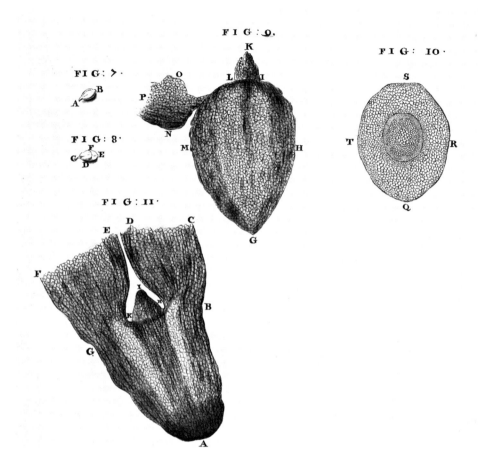

Plaat VII

Afb. 1-5. *Appel.* fig. 7-8 appelpit; fig. 9 en 11 lengtedoorsnede door kiemplant; fig. 10 dwarsdoorsnede door kiemplant. Koninklijke Bibliotheek Den Haag, 130 KW 130 C 1, p. 451. – (Vgl. Brief 298 [III]).

Plate VII

Ills 1-5. *Apple.* figs 7-8 pip; figs 9 and 11 longitudinal section through embryo; fig. 10 transverse section through embryo. Koninklijke Bibliotheek, The Hague, KW 130 C 1, p. 451. – (See Letter 298 [III]).

Plaat VIII   Plate VIII

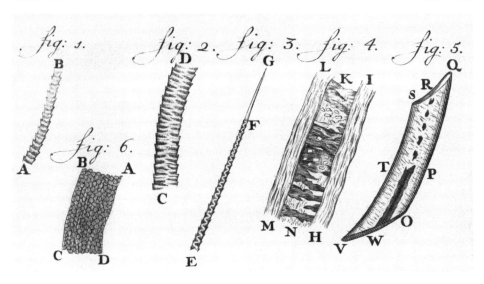

Plaat VIII

Fig. XXV-XXX. *Haren.* fig. 1-3 muis; fig. 4 "Westindische beer"; fig. 5 van L.'s kin; fig. 6 ree. Uit *Send-Brieven* tegenover blz. 47. – (Vgl. Brief 300 [V]).

Plate VIII

Figs XXV-XXX. *Hairs.* figs 1-3 mouse; fig. 4 "bear from the West Indies"; fig. 5 from L.'s chin; fig. 6 roe. From *Send-Brieven* facing p. 47. – (See Letter 300 [V]).

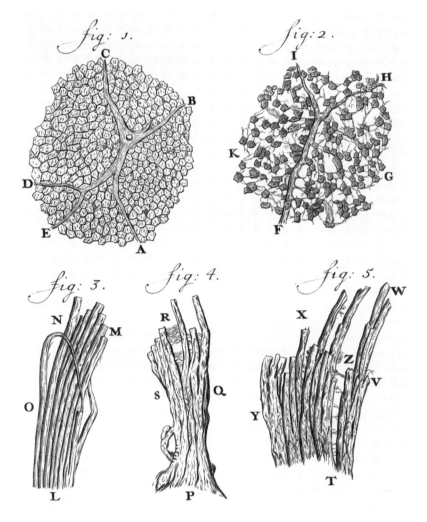

Plaat IX

Fig. XXXI-XXXV. *Spiervezels*. fig. 1-3 koe; fig. 4 kip; fig. 5 muis. Uit *Send-Brieven* tegenover blz. 100. – (Vgl. Brief 307 [XI]).

Plate IX

Figs XXXI-XXXV. *Muscle fibres*. figs 1-3 cow; fig. 4 chicken; fig. 5 mouse. From *Send-Brieven* facing p. 100. – (See Letter 307 [XI]).

Plaat X Plate X

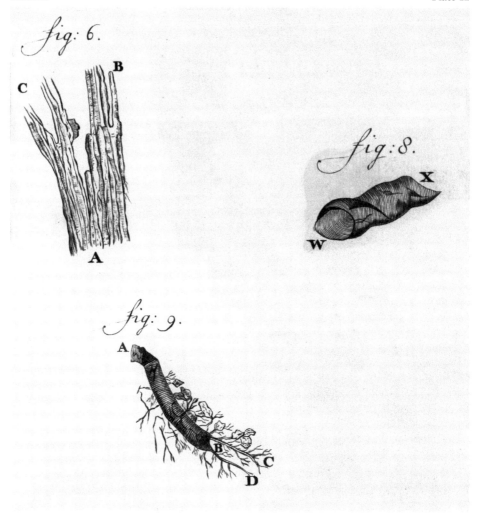

Plaat X

Fig. XXXVI. *Spiervezel*. fig. 6 honingbij. Uit *Send-Brieven* tegenover blz. 102. – (Vgl. Brief 307 [XI]).

Fig. XXXVIII-XXXIX. *Bloedvaten*. fig. 8-9 honingbij. Uit *Send-Brieven* tegenover blz. 102. – (Vgl. Brief 307 [XI]).

Plate X

Fig. XXXVI. *Muscle fibre*. fig. 6 honeybee. From *Send-Brieven* facing p. 102. – (See Letter 307 [XI]).

Figs XXXVIII-XXXXIX. *Blood vessels*. figs 8-9 honeybee. From *Send-Brieven* facing p. 102. – (See Letter 307 [XI]).

Plaat XI / Plate XI

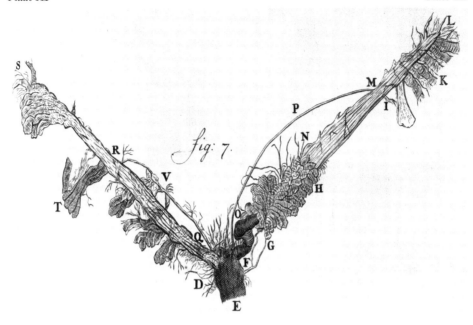

Plaat XI

Fig. XXXVII. *Spiervezels*. fig. 7 vlieg. Uit *Send-Brieven* tegenover blz. 102. – (Vgl. Brief 307 [XI]).

Plate XI

Fig. XXXVII. *Muscle fibres*. fig. 7 fly. From *Send-Brieven* facing p. 102. – (See Letter 307 [XI]).

Plaat XII

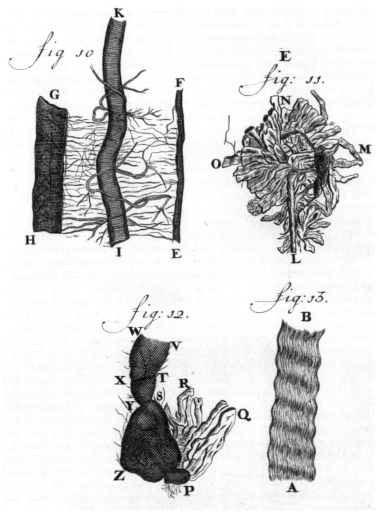

Plaat XII

Fig. XL. *Vlieg*. fig. 10 dwarsdoorsnede door poot. Uit *Send-Brieven* tegenover blz. 102. – (Vgl. Brief 307 [XI]).

Fig. XLI-XLIII. *Spiervezels*. fig. 11 uit de borst van een vlo; fig. 12 uit de borst van een mier; fig. 13 walvis. Uit *Send-Brieven* tegenover blz. 102. – (Vgl. Brief 307 [XI]).

Plate XII

Fig. XL. *Fly*. fig. 10 longitudinal section through leg. From *Send-Brieven* facing p. 102. – (See Letter 307 [XI]).

Figs XLI-XLIII. *Muscle fibres*. fig. 11 from the breast of a flea; fig. 12 from the breast of an ant; fig. 13 whale. From *Send-Brieven* facing p. 102. – (See Letter 307 [XI]).

Plaat XIII Plate XIII

Plaat XIII Plate XIII

Fig. XLIV-XLVI. *Pezen en spiervezels*. fig. 1 mug; fig. 2 gouden tor; fig. 3 vlieg. Uit *Send-Brieven* tegenover blz. 113. – (Vgl. Brief 308 [XII]).

Figs XLIV-XLVI. *Tendons and muscle fibres*. fig. 1 mosquito; fig. 2 rose chafer; fig. 3 fly. From *Send-Brieven* facing p. 113. – (See Letter 308 [XII]).

Plaat XIV   Plate XIV

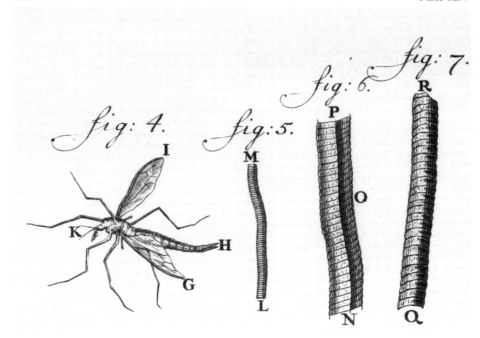

Plaat XIV

Fig. XLVII. fig. 4 langpootmug (*Tipula paludosa* Meigen). Uit *Send-Brieven* tegenover blz. 113. – (Vgl. Brief 308 [XII]).

Fig. XLVIII-L. *Spiervezels*. fig. 5 honingbij; fig. 6-7 koe. Uit *Send-Brieven* tegenover blz. 113. – (Vgl. Brief 308 [XII]).

Plate XIV

Fig. XLVII. fig. 4 *Crane fly* (*Tipula paludosa* Meigen). From *Send-Brieven* facing p. 113. – (See Letter 308 [XII]).

Figs XLVIII-L. *Muscle fibres*. fig. 5 honeybee; figs 6-7 cow. From *Send-Brieven* facing p. 113. – (See Letter 308 [XII]).

Plaat XV

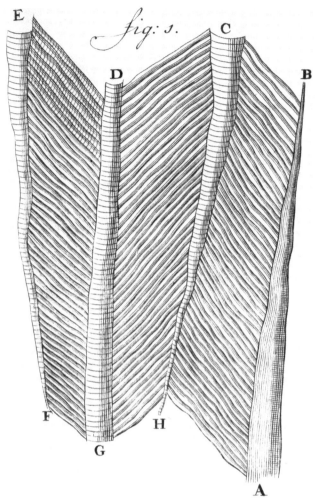

Plaat XV

Fig. LI. *Spiervezels*. fig. 1 muis. Uit *Send-Brieven* tegenover blz. 144. – (Vgl. Brief 311 [XV]).

Plate XV

Fig. LI. *Muscle fibres*. fig. 1 mouse. From *Send-Brieven* facing p. 144. – (See Letter 311 [XV]).

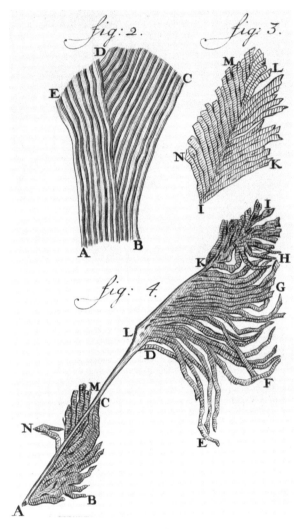

Plaat XVI

Fig. LII-LIV. *Spiervezels*. fig. 2-3 muis; fig. 4 honingbij. Uit *Send-Brieven* tegenover blz. 144. – (Vgl. Brief 311 [XV]).

Plate XVI

Figs LII-LIV. *Muscle fibres*. figs 2-3 mouse; fig. 4 honeybee. From *Send-Brieven* facing p. 144. – (See Letter 311 [XV]).

Plaat XVII · Plate XVII

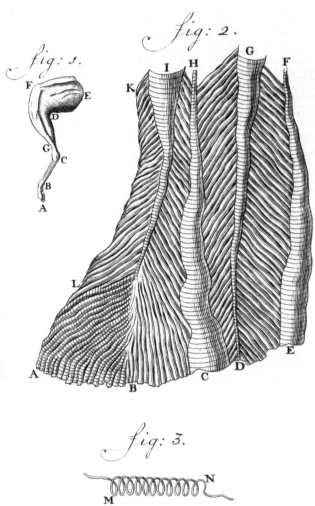

Plaat XVII

Fig. LV-LVI. *Muis*. fig. 1 achterpoot; fig. 2 spiervezels. Uit *Send-Brieven* tegenover blz. 151. – (Vgl. Brief 314 [XVI]).

Fig. LVII. *Koperdraad*. fig. 3 spiraalvormig gewonden. Uit *Send-Brieven* tegenover blz. 151. – (Vgl. Brief 314 [XVI]).

Plate XVII

Figs LV-LVI. *Mouse*. fig. 1 hind leg; fig. 2 muscle fibres. From *Send-Brieven* facing p. 151. – (See Letter 314 [XVI]).

Fig. LVII. *Copper wire*. fig. 3 spirally wound. From *Send-Brieven* facing p. 151. – (See Letter 314 [XVI]).

Plaat XVIII

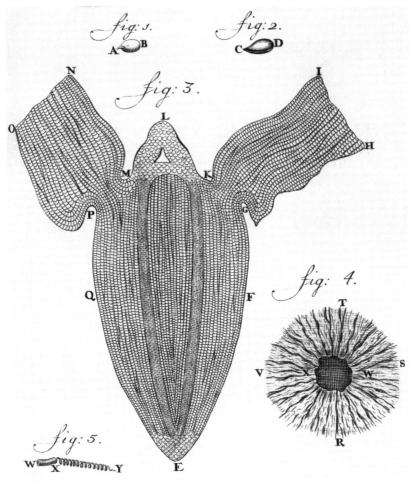

Plaat XVIII

Fig. LVIII-LXI. *Peer.* fig. 1-2 pit; fig. 3 lengtedoorsnede door kiemplant; fig. 4 dwarsdoorsnede door vaatbundel. Uit *Send-Brieven* tegenover blz. 178. – (Vgl. Brief 320 [XIX]).

Fig. LXII. *Theeblad.* fig. 5 spiraalvormige verdikkingen uit tracheïde. Uit *Send-Brieven* tegenover blz. 178. – (Vgl. Brief 320 [XIX]).

Plate XVIII

Figs LVIII-LXI. *Pear.* fig. 1-2 pip; fig. 3 longitudinal section through embryo; fig. 4 transversal section through vascular bundle. From *Send-Brieven* facing p. 178. – (See Letter 320 [XIX]).

Fig. LXII. *Tea-leaf.* fig. 5 spirally shaped thickening from tracheid. From *Send-Brieven* facing p. 178. – (See Letter 320 [XIX]).

Plaat XIX   Plate XIX

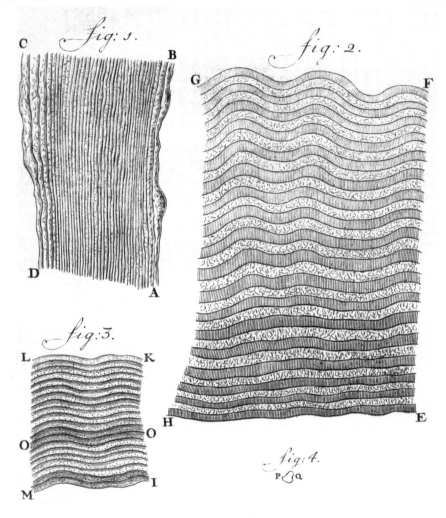

Plaat XIX

Fig. LXII-LXVI. *Karper*. fig. 1-3 dwarsdoorsnede door schub; fig. 4 schub op ware grootte. Uit *Send-Brieven* tegenover blz. 215. [b] (Vgl. Brief 327 [XXIV]).

Plate XIX

Figs LXIII-LXVI. *Carp*. figs 1-3 transverse sectiond through scale; fig. 4 scale at full-size. From *Send-Brieven* facing p. 215. – (See Letter 327 [XXIV]).